CorelDRAW 平面设计应用教程

王梅 丛艺菲 ◎ 主编　张妙 武晓雅 陈巧静 ◎ 副主编

人民邮电出版社
北京

图书在版编目（CIP）数据

CorelDRAW平面设计应用教程 : CorelDRAW 2020 /
王梅，丛艺菲主编. -- 2版. -- 北京 : 人民邮电出版社，
2024.8
职业教育数字媒体应用人才培养系列教材
ISBN 978-7-115-64265-3

Ⅰ. ①C… Ⅱ. ①王… ②丛… Ⅲ. ①平面设计－图形
软件－职业教育－教材 Ⅳ. ①TP391.412

中国国家版本馆CIP数据核字(2024)第078924号

内 容 提 要

本书对 CorelDRAW 2020 的基本操作方法、图形图像处理技巧及其在各领域中的应用进行全面的讲解。全书分上下两篇：上篇为基础技能篇，介绍 CorelDRAW 2020 的基本操作，包括初识 CorelDRAW 2020、图形的绘制和编辑、曲线的绘制和颜色填充、对象的排序和组合、文本的编辑、位图的编辑及应用特殊效果等内容；下篇为案例实训篇，介绍 CorelDRAW 2020 在各领域中的应用，包括插画设计、宣传单设计、Banner 广告设计、海报设计、图书封面设计、包装设计和 VI 设计等内容。

本书适合作为高等职业院校数字媒体类专业“CorelDRAW”课程的教材，也可作为 CorelDRAW 初学者的参考书。

◆ 主　　编　王　梅　丛艺菲
副 主 编　张　妙　武晓雅　陈巧静
责任编辑　王亚娜
责任印制　王　郁　焦志炜

◆ 人民邮电出版社出版发行　　北京市丰台区成寿寺路 11 号
邮编　100164　　电子邮件　315@ptpress.com.cn
网址　https://www.ptpress.com.cn
三河市兴达印务有限公司印刷

◆ 开本：787×1092　1/16
印张：16.25　　2024 年 8 月第 2 版
字数：419 千字　　2024 年 8 月河北第 1 次印刷

定价：69.80 元

读者服务热线：(010)81055256　印装质量热线：(010)81055316
反盗版热线：(010)81055315
广告经营许可证：京东市监广登字 20170147 号

前言

CorelDRAW 是强大的矢量图形设计软件，应用领域广泛。为了帮助高等职业院校教师全面、系统地讲授 CorelDRAW 相关课程，使学生能够熟练地使用 CorelDRAW 进行平面设计，几位长期从事 CorelDRAW 教学的教师共同编写了本书。

本书全面贯彻党的二十大精神，以社会主义核心价值观为引领，传承中华优秀传统文化，坚定文化自信。为使内容更好地体现时代性、把握规律性、富于创造性，编者精心设计了本书的知识结构体系。在基础技能篇中，主要内容按照“软件功能解析 — 任务实践 — 项目实践 — 课后习题”的思路编排。其中，软件功能解析用于帮助学生快速熟悉软件功能；任务实践用于帮助学生提高软件操作技巧；项目实践和课后习题用于提高学生的实际应用能力。在案例实训篇中，根据 CorelDRAW 2020 的主要应用领域精心安排了 14 个商业案例，帮助学生贴近实际工作，拓展设计思维，提高设计水平。本书在内容选择方面，力求细致全面、重点突出；在文字叙述方面，注意言简意赅、通俗易懂；在案例设计方面，强调案例的针对性和实用性。

为方便教师教学，本书配备了案例素材、微课视频、PPT 课件、教学大纲、电子教案等丰富的教学资源，任课教师可到人邮教育社区（www.ryjiaoyu.com）免费下载。本书的参考学时为 64 学时，其中实践环节为 26 学时，各项目的参考学时见下面的学时分配表。

项目	内 容	学时分配	
		讲授	实训
项目 1	初识 CorelDRAW 2020	2	—
项目 2	图形的绘制和编辑	4	2
项目 3	曲线的绘制和颜色填充	6	2
项目 4	对象的排序和组合	2	2
项目 5	文本的编辑	4	2
项目 6	位图的编辑	2	2

续表

项目	内 容	学时分配	
		讲授	实训
项目 7	应用特殊效果	4	2
项目 8	插画设计	2	2
项目 9	宣传单设计	2	2
项目 10	Banner 广告设计	2	2
项目 11	海报设计	2	2
项目 12	图书封面设计	2	2
项目 13	包装设计	2	2
项目 14	VI 设计	2	2
学时总计		38	26

由于编者水平有限，书中难免存在不足之处，敬请广大读者批评指正。

编者

2024 年 2 月

教学辅助资源

资源类型	数量	资源类型	数量
教学大纲	1 份	PPT 课件	14 个
电子教案	1 套	微课视频	97 个

微课视频

项目	微课视频
项目 1 初识 CorelDRAW 2020	界面操作
	文件操作
	页面操作
项目 2 图形的绘制和编辑	绘制花灯插画
	绘制风景插画
	绘制计算器图标
	绘制南天竹插画
	绘制卡通猫咪
项目 3 曲线的绘制和颜色填充	制作环境保护 App 引导页
	绘制送餐车图标
	绘制卡通小狐狸
	绘制水果图标
	绘制折纸标志
	绘制饺子插画
项目 4 对象的排序和组合	制作民间剪纸海报
	绘制风筝插画
	制作中秋节海报
	绘制舞狮贴纸
项目 5 文本的编辑	制作女装 App 引导页
	制作美食杂志内页
	制作女装 Banner 广告
	制作咖啡招贴
	制作台历
项目 6 位图的编辑	制作课程公众号封面首图
	制作美食宣传海报
	制作家具广告
项目 7 应用特殊效果	制作霜降节气海报
	制作阅读平台推广海报
	制作冰糖葫芦宣传单
	制作护肤品广告
	绘制日历小图标

项目	微课视频
项目 8 插画设计	绘制家电 App 引导页插画
	绘制旅游插画
	绘制仙人掌插画
	绘制鸳鸯插画
	绘制鲸鱼插画
	绘制假日游轮插画
项目 9 宣传单设计	制作食品宣传单
	制作家居宣传单折页
	制作农产品宣传单
	制作化妆品宣传单
	制作木雕宣传单
	制作饮品宣传单
项目 10 Banner 广告设计	制作电商类 App 主页 Banner 广告
	制作时尚女鞋网页 Banner 广告
	制作美妆类 App 主页 Banner 广告
	制作箱包类 App 主页 Banner 广告
	制作生活家电类 App 主页 Banner 广告
	制作现代家具类网站 Banner 广告
项目 11 海报设计	制作文化展览海报
	制作音乐会海报
	制作阅读平台推广海报
	制作重阳节海报
	制作招聘海报
	制作咖啡厅海报
项目 12 图书封面设计	制作刺绣图书封面
	制作剪纸图书封面
	制作创意家居图书封面
	制作美食图书封面
	制作茶鉴赏图书封面
	制作化妆美容图书封面
项目 13 包装设计	制作核桃奶包装

续表

项目	微课视频	项目	微课视频
项目 13 包装设计	制作夹心饼干包装	项目 14 VI 设计	制作欣然智能家居 VI
	制作柠檬汁包装		制作企业名片
	制作巧克力豆包装		制作企业信纸
	制作大米包装		制作 5 号信封
	制作肉酥包装		制作纸杯
项目 14 VI 设计	制作欣然智能家居标志		制作员工胸卡

目录

上篇　基础技能篇

目录

目录

目录

目录

上篇

基础技能篇

项目 1
初识 CorelDRAW 2020

项目引入

CorelDRAW 2020 的基础知识和基本操作是进一步学习 CorelDRAW 2020 平面设计的基础。本项目主要讲解 CorelDRAW 2020 的工作界面、文件的基本操作方法、页面的设置方法以及图像和图形的基础知识。通过对这些内容的学习，读者可以为后期的设计和制作打下坚实的基础。

项目目标

- ✔ 了解 CorelDRAW 2020 的工作界面。
- ✔ 了解图像、色彩的基础知识。

技能目标

- ✔ 掌握界面操作的方法。
- ✔ 掌握文件操作的方法。
- ✔ 掌握页面操作的方法。

素养目标

- ✔ 培养自主学习能力。
- ✔ 培养夯实基础的学习习惯。

任务 1.1 CorelDRAW 2020 的工作界面

本任务主要介绍 CorelDRAW 2020 的工作界面，还将对 CorelDRAW 2020 的菜单栏、标准工具栏、工具箱及泊坞窗做简单说明。

1.1.1 工作界面

CorelDRAW 2020 的工作界面主要由“标题栏”“菜单栏”“标准工具栏”“属性栏”“工具箱”“标尺”“绘图页面”“页面控制栏”“状态栏”“泊坞窗”“调色板”等部分组成，如图 1-1 所示。

标题栏
菜单栏
标准工具栏
工具箱
标尺
绘图页面
页面控制栏
状态栏
属性栏
调色板
泊坞窗

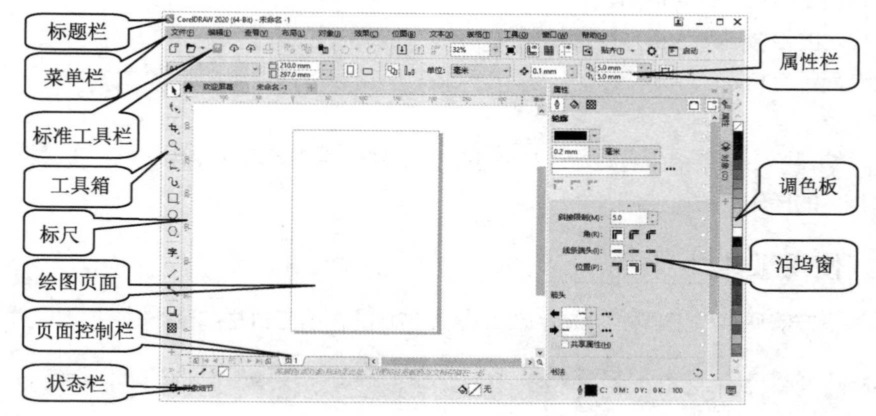

图 1-1

标题栏：用于显示软件信息和当前操作文件的文件名，还可以用于调整 CorelDRAW 2020 窗口的大小。

菜单栏：集合了 CorelDRAW 2020 中的所有命令，并将其分门别类地放置在不同的菜单中，供用户选择、使用。执行 CorelDRAW 2020 菜单中的命令是最基本的操作方式之一。

标准工具栏：提供了一些最常用的操作按钮，可使用户轻松地完成最基本的操作任务。

属性栏：显示了所绘制图形的信息，并提供了一系列可对图形进行相关修改操作的工具。

工具箱：分类存放着 CorelDRAW 2020 中最常用的工具，这些工具可以帮助用户完成各种工作。使用工具箱可以大大简化操作步骤，提高工作效率。

标尺：用于度量图形的尺寸并对图形进行定位，是进行平面设计工作不可缺少的辅助工具。

绘图页面：指绘图窗口中带矩形边缘的区域，只有此区域内的图形才可被输出。

页面控制栏：可以创建新页面，并显示 CorelDRAW 2020 中文档各页面的内容。

状态栏：可以为用户提供有关当前操作的各种提示信息。

泊坞窗：是 CorelDRAW 2020 中最具特色的窗口之一，因它可以被放在绘图窗口边缘而得名。它提供了许多常用的功能，使用户在创作时更加得心应手。

调色板：可以直接对所选定的图形或图形边缘的轮廓线进行颜色填充。

1.1.2 使用菜单栏

CorelDRAW 2020 的菜单栏包含“文件”“编辑”“查看”“布局”“对象”“效果”“位图”“文本”“表格”“工具”“窗口”“帮助”12 个菜单，如图 1-2 所示。

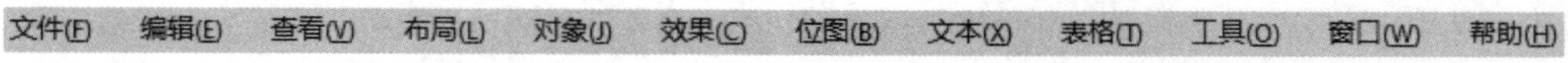

文件(F) 编辑(E) 查看(V) 布局(L) 对象(J) 效果(C) 位图(B) 文本(X) 表格(T) 工具(O) 窗口(W) 帮助(H)

图 1-2

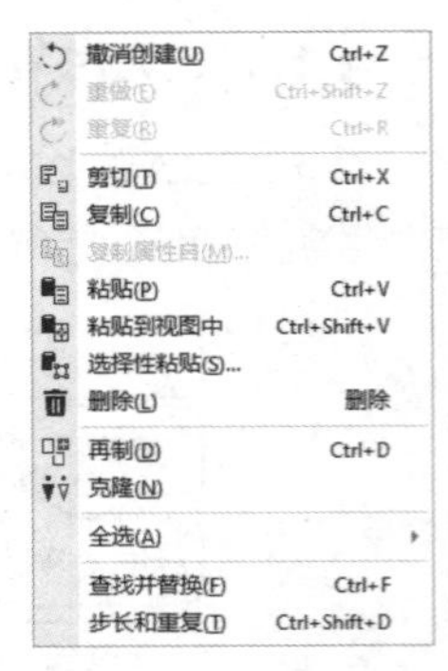

图 1–3

单击每一个菜单都将弹出其下拉菜单，如单击“编辑”菜单，将弹出图 1–3 所示的“编辑”下拉菜单。

“编辑”下拉菜单中的最左边为图标，它和工具栏中具有相同功能的工具的图标一致，便于用户记忆和使用。

最右边显示的组合键则为操作快捷键，便于用户提高工作效率。

某些命令后带有▸标记，表示该命令还有子菜单，将鼠标指针悬停在命令上即可弹出子菜单。

此外，“编辑”下拉菜单中有些命令呈灰色，表示该命令当前不可使用，需进行一些相关的操作后方可使用。

1.1.3 使用工具栏

在菜单栏下方的通常是工具栏，CorelDRAW 2020 的标准工具栏如图 1–4 所示。

图 1–4

这里存放了常用的命令按钮，如“新建”按钮、“打开”按钮、“保存”按钮、“打印”按钮、“剪切”按钮、“复制”按钮、“粘贴”按钮、“撤销”按钮、“重做”按钮、“导入”按钮、“导出”按钮、“发布为 PDF”按钮、“缩放级别”按钮、“全屏预览”按钮、“显示标尺”按钮、“显示网格”按钮、“显示辅助线”按钮、“贴齐”按钮、“选项”按钮、“应用程序启动器”按钮。使用这些命令按钮，用户可以便捷地完成一些基本的操作。

此外，CorelDRAW 2020 还提供了一些其他工具栏，用户可以在“窗口 > 工具栏”子菜单中选择对应命令以显示它们。选择“窗口 > 工具栏 > 文本”命令，则可显示“文本”工具栏，如图 1–5 所示。

图 1–5

选择“窗口 > 工具栏 > 变换”命令，则显示“变换”工具栏，如图 1–6 所示。

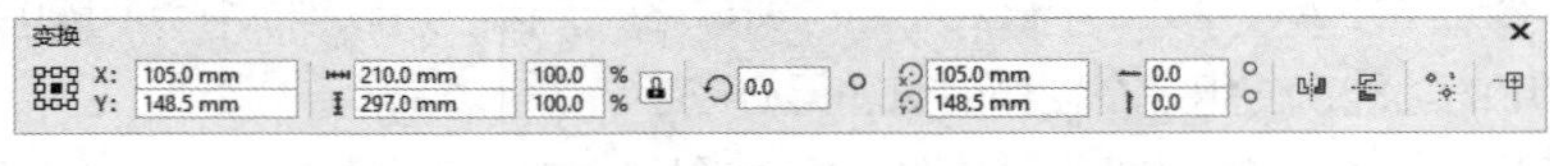

图 1–6

1.1.4 使用工具箱

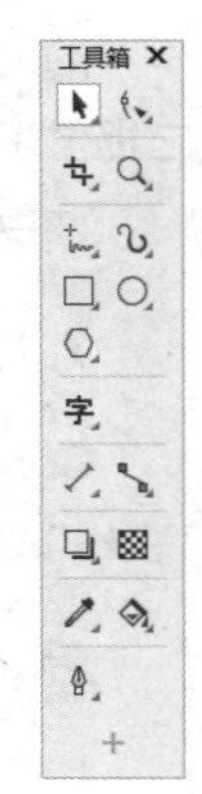

图 1–7

CorelDRAW 2020 的工具箱中放置着在绘制图形时最常用的一些工具，这些工具是每一个软件使用者都必须掌握的基本操作工具。CorelDRAW 2020 的工具箱如图 1–7 所示。

在工具箱中，依次分类排放着“选择”工具、“形状”工具、“裁剪”工具、“缩放”工具、“手绘”工具、“艺术笔”工具、“矩形”工具、“椭圆形”工具、“多边形”工具、“文本”工具、“平行度量”工具、“连接器”工具、“阴影”工具、“透明度”工具、“颜色滴管”工具和“交互式填充”工具等工具按钮。

其中，有些工具按钮带有小三角标记，表明其还有展开工具栏，单击其即可展开。例如，单击“平行度量”工具，将展开它的展开工具栏，如图 1–8 所示。

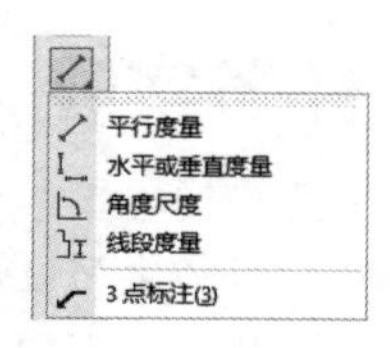

图 1–8

1.1.5 使用泊坞窗

选择“窗口 > 泊坞窗 > 属性”命令，或按 Alt+Enter 组合键，即可弹出图 1–9 右侧所示的“属性”泊坞窗。

图 1–9

用户还可将泊坞窗拖曳出来，放在任意的位置，并可通过单击窗口右上角的和按钮将窗口卷起或放下，如图 1–10 所示。因此，它又被称为“卷帘工具”。

CorelDRAW 2020 泊坞窗的列表，位于“窗口 > 泊坞窗”子菜单中。用户可以选择“泊坞窗”下的各个命令来打开相应的泊坞窗。用户可以打开一个或多个泊坞窗，当多个泊坞窗都打开时，除了活动的泊坞窗，其余的泊坞窗将沿着泊坞窗的边缘以标签形式显示，效果如图 1–11 所示。

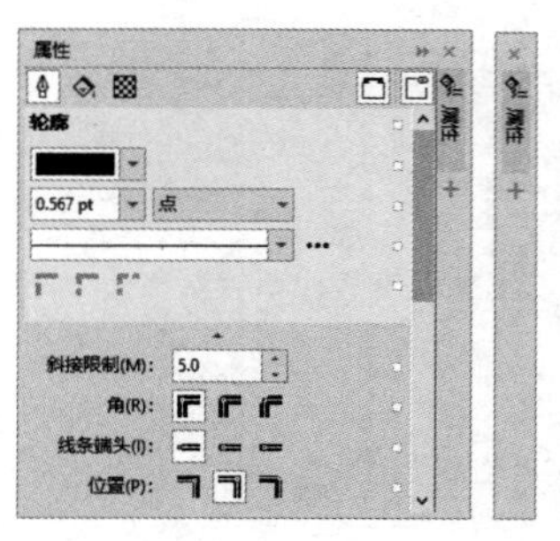

图 1–10

图 1–11

任务实践　界面操作

图 1-12

任务学习目标　学习并掌握 CorelDRAW 的工作界面及基础操作。

任务知识要点　通过打开文件和取消群组熟悉菜单栏的操作；通过选取图形掌握工具箱中工具的使用方法。界面操作效果如图 1-12 所示。

效果所在位置　云盘\Ch01\效果\界面操作.cdr。

（1）打开 CorelDRAW 2020，选择“文件 > 打开”命令，弹出“打开绘图”对话框。选择云盘中的“Ch01\素材\界面操作\01.cdr”文件，如图 1-13 所示。单击“打开”按钮，打开文件，如图 1-14 所示，显示 CorelDRAW 2020 的工作界面。

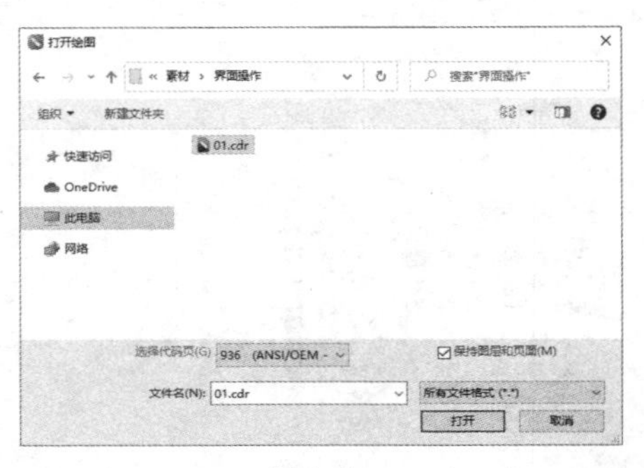

图 1-13

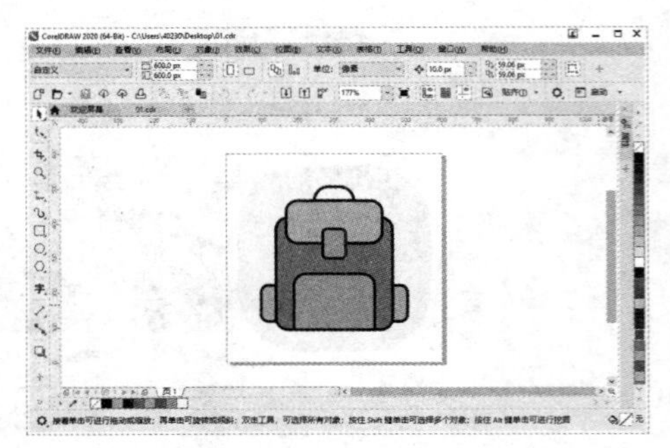

图 1-14

（2）在左侧工具箱中选择“选择”工具，单击选取书包图形，如图 1-15 所示。按 Ctrl+C 组合键复制书包图形。

（3）按 Ctrl+N 组合键，弹出“创建新文档”对话框，其中各选项的设置如图 1-16 所示，单击“OK”按钮，新建一个文档，如图 1-17 所示。按 Ctrl+V 组合键，将复制的书包图形粘贴到新建的页面中，如图 1-18 所示。

（4）在上方的菜单栏中选择“对象 > 组合 > 取消群组”命令，取消对象的组合状态。选择“选择”工具，选取图形，如图 1-19 所示。按 Shift+F11 组合键，弹出“编辑填充”对话框，单击“均匀填充”按钮■，选择“RGB”色彩模式，然后设置 RGB 颜色值，如图 1-20 所示。单击“OK”按钮，图形被填充颜色，效果如图 1-21 所示。

图 1-15

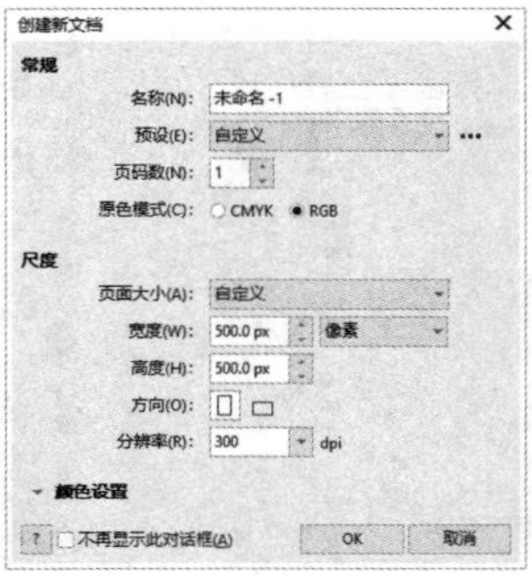

图 1-16

图 1-17

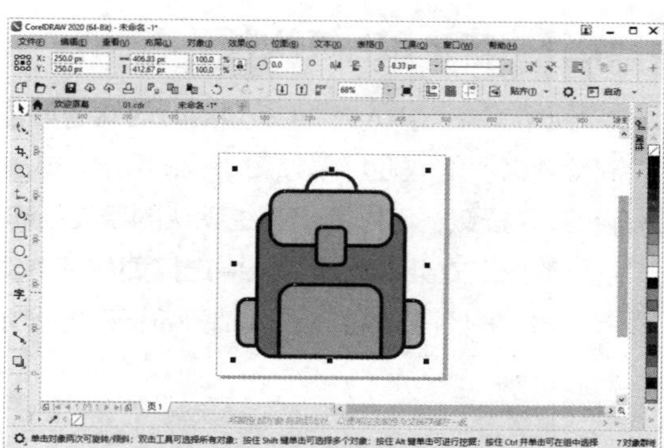

图 1-18

图 1-19

图 1-20

（5）按 Ctrl+S 组合键，弹出“保存绘图”对话框，如图 1-22 所示。设置保存文件的文件名、保存类型和路径，单击“保存”按钮，保存文件。

图 1-21

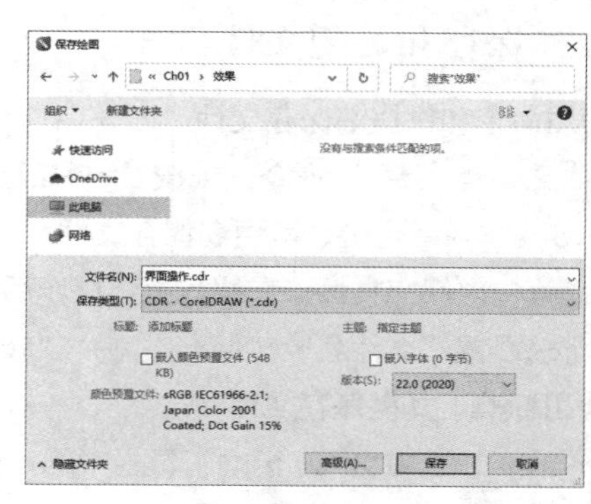

图 1-22

任务 1.2 文件的基本操作

掌握文件的一些基本操作，是开始设计和制作作品所必需的。下面介绍 CorelDRAW 2020 中文件的一些基本操作。

1.2.1 新建和打开文件

1. 使用 CorelDRAW 2020 启动时的欢迎屏幕新建和打开文件

启动软件时的欢迎屏幕如图 1–23 所示。单击“新文档”图标，可以建立一个新的文档；单击“从模板新建...”按钮，可以使用系统默认的模板创建文件；单击“打开文件...”按钮，弹出图 1–24 所示的“打开绘图”对话框，可以从中选择要打开的图形文件；单击最近使用过的文档预览图，还可以打开最近编辑过的图形文件，在文档预览图下方显示文件名、文件大小等信息。

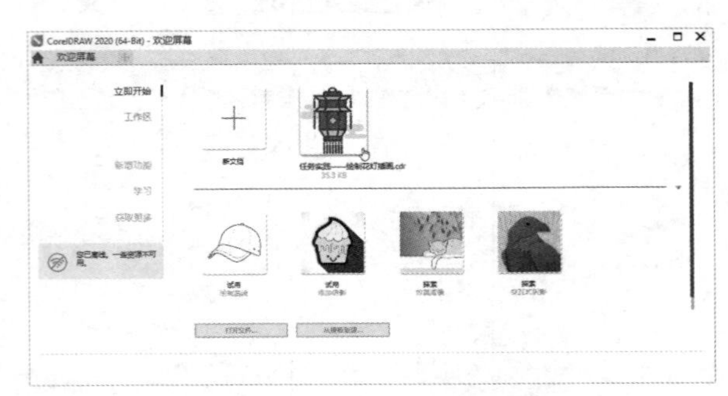

图 1–23

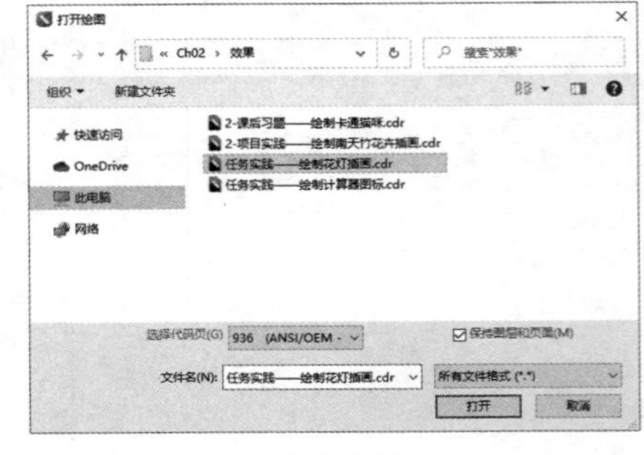

图 1–24

2. 使用命令或快捷键新建和打开文件

选择“文件 ＞ 新建”命令，或选择“文件 ＞ 从模板新建”命令，或按 Ctrl+N 组合键，可新建文件。选择“文件 ＞ 打开”命令，或按 Ctrl+O 组合键，可打开文件。

3. 使用标准工具栏新建和打开文件

也可以使用 CorelDRAW 2020 标准工具栏中的“新建”按钮和“打开”按钮来新建和打开文件。

1.2.2 保存和关闭文件

1. 使用命令和快捷键保存文件

选择“文件 ＞ 保存”命令，或按 Ctrl+S 组合键，可保存文件。选择“文件 ＞ 另存为”命令，或按 Ctrl+Shift+S 组合键，可更名保存文件。

如果是第一次保存文件，在执行上述操作后，会弹出图 1–25 所示的“保存绘图”对话框。在对话框中，可以设置“文件名”“保存类型”“版本”等保存选项。

2. 使用标准工具栏保存文件

使用 CorelDRAW 2020 标准工具栏中的“保存”按钮可以保存文件。

3. 使用命令、快捷键或按钮关闭文件

选择“文件 ＞ 关闭”命令，或按 Alt+F4 组合键，或单击绘图窗口右上角的“关闭”按钮，可关闭文件。

此时，如果文件未保存，将弹出图 1–26 所示的提示框，询问用户是否保存文件。单击“是”按钮，保存文件；单击“否”按钮，不保存文件；单击“取消”按钮，取消保存操作。

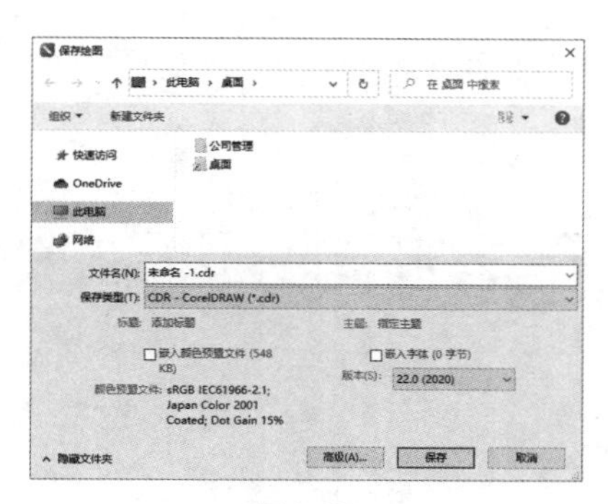

图 1-25

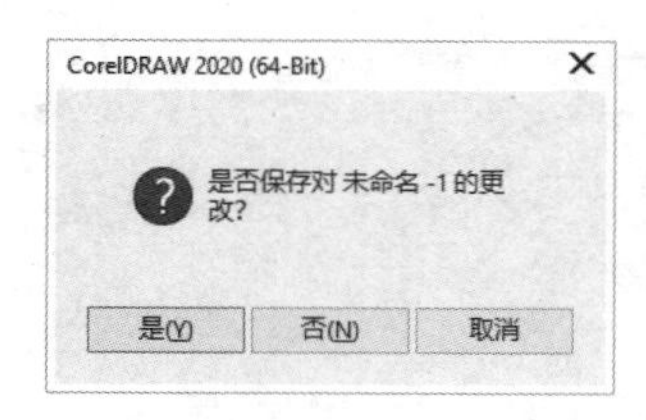

图 1-26

1.2.3 导入和导出文件

1. 使用命令和快捷键导入和导出文件

选择“文件 > 导入”命令，或按 Ctrl+I 组合键，弹出图 1-27 所示的“导入”对话框。在对话框中选择要导入的文件，单击“导入”按钮，导入文件。

选择“文件 > 导出”命令，或按 Ctrl+E 组合键，弹出图 1-28 所示的“导出”对话框。在对话框中设置文件路径、文件名和保存类型等导出选项，单击“导出”按钮，导出文件。

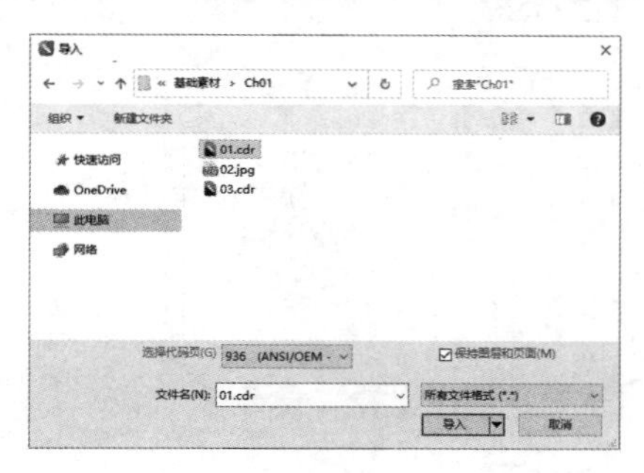

图 1-27

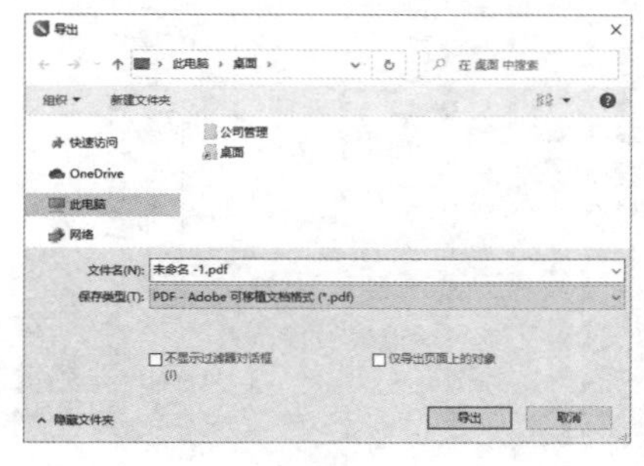

图 1-28

2. 使用标准工具栏导入和导出文件

使用 CorelDRAW 2020 标准工具栏中的“导入”按钮和“导出”按钮也可以将文件导入和导出。

任务实践 文件操作

任务学习目标 学习并掌握 CorelDRAW 文件的操作技巧。

任务知识要点 通过打开素材文件熟练掌握“打开”命令的使用方法；通过新建文档熟练掌握“新建”操作；通过关闭新建文件掌握“保存”和“关闭”操作。通过导出文档掌握“导出”操作。文件操作效果如图 1-29 所示。

效果所在位置 云盘\Ch01\效果\文件操作.cdr。

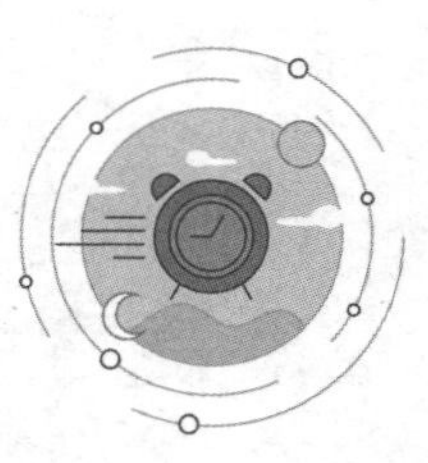

图 1-29

（1）打开 CorelDRAW 2020，选择“文件 > 打开”命令，弹出“打开绘图”

对话框。选择云盘中的“Ch01\素材\文件操作\01.cdr”文件，如图 1–30 所示，单击“打开”按钮，打开文件，如图 1–31 所示。

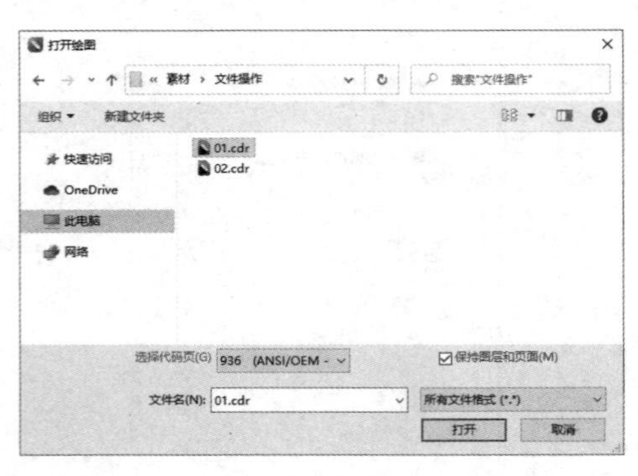

图 1–30

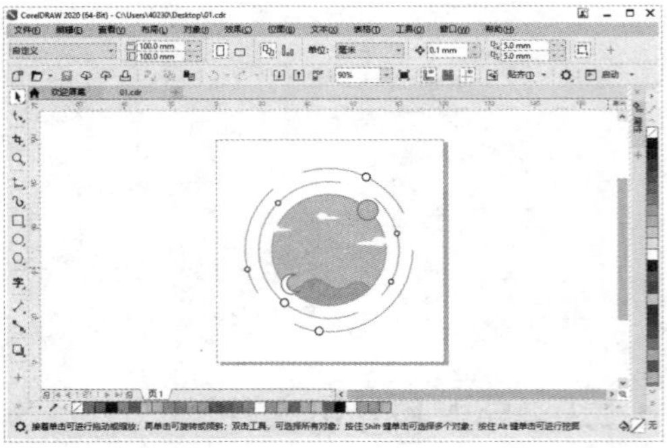

图 1–31

（2）按 Ctrl+I 组合键，弹出“导入”对话框，选择云盘中的“Ch01\素材\文件操作\02.cdr”文件，如图 1–32 所示，单击“导入”按钮。在页面中单击导入的图片，选择“选择”工具，拖曳图片到适当的位置，效果如图 1–33 所示。

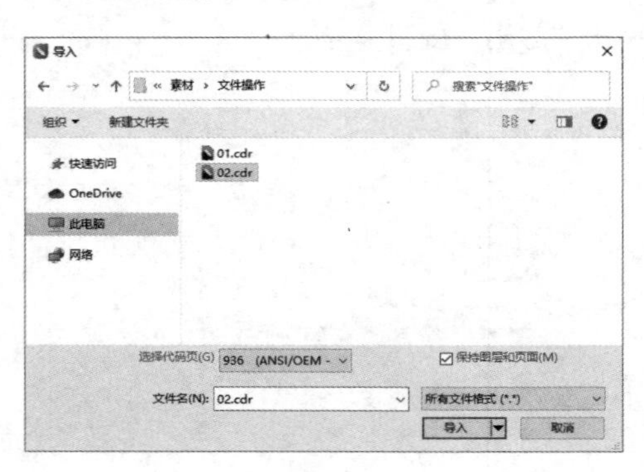

图 1–32

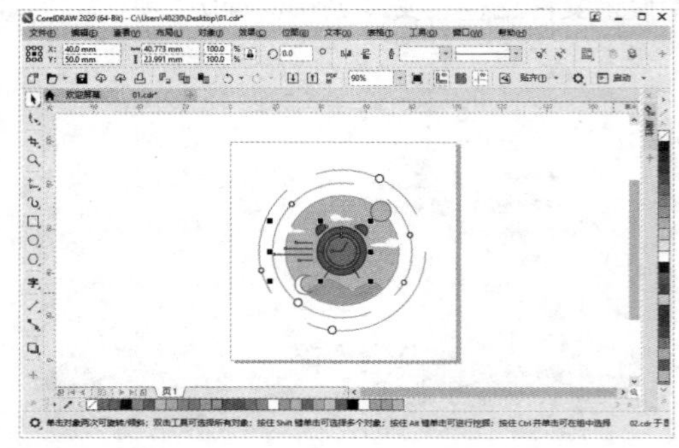

图 1–33

（3）按 Ctrl+A 组合键，全选图形，如图 1–34 所示。按 Ctrl+C 组合键，复制选中的图形。按 Ctrl+N 组合键，弹出“创建新文档”对话框，其中各选项的设置如图 1–35 所示。单击“OK”按钮，新建一个文档，如图 1–36 所示。

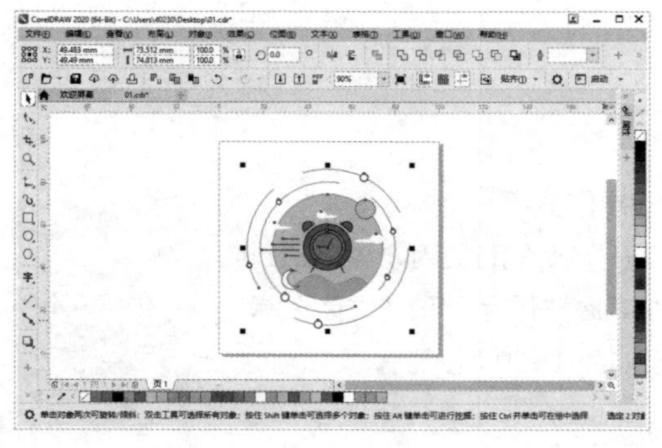

图 1–34

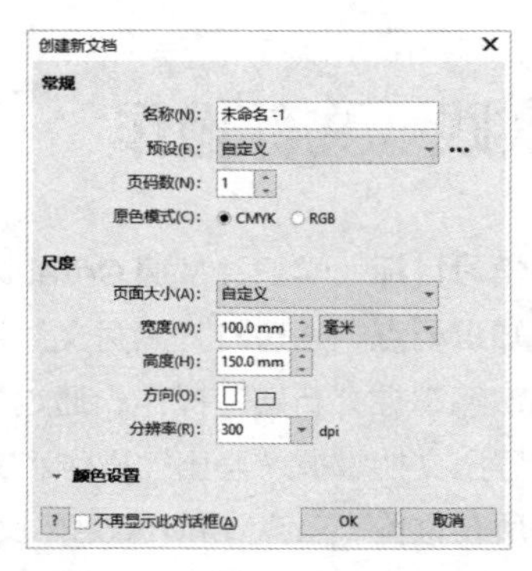

图 1–35

图 1–36

（4）按 Ctrl+V 组合键，将复制的图形粘贴到新建的页面中，如图 1–37 所示。单击绘图窗口右上角的“关闭”按钮⊠，弹出提示框，如图 1–38 所示。单击“是”按钮，弹出“保存绘图”对话框，其中各选项的设置如图 1–39 所示。单击“保存”按钮，保存文件，同时关闭该文档，并自动切换到“01”文档窗口，如图 1–40 所示。

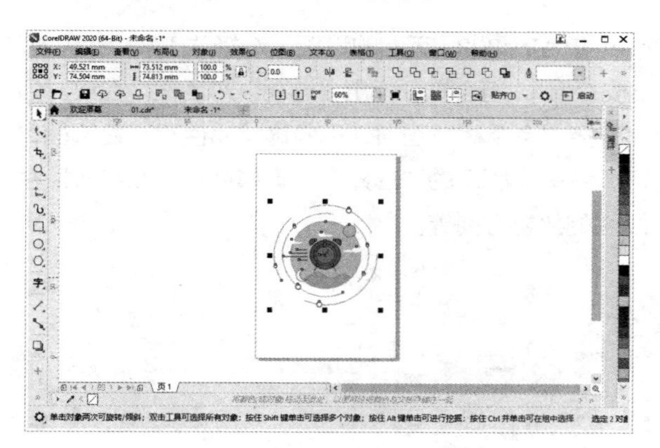

图 1–37

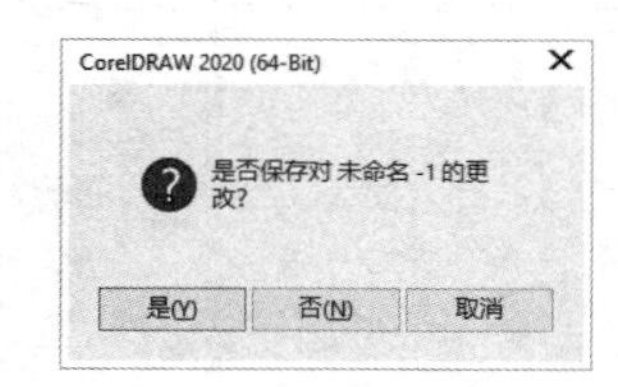

图 1–38

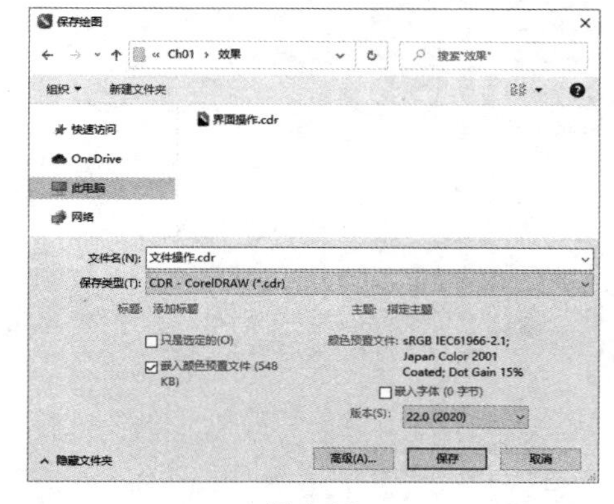

图 1–39

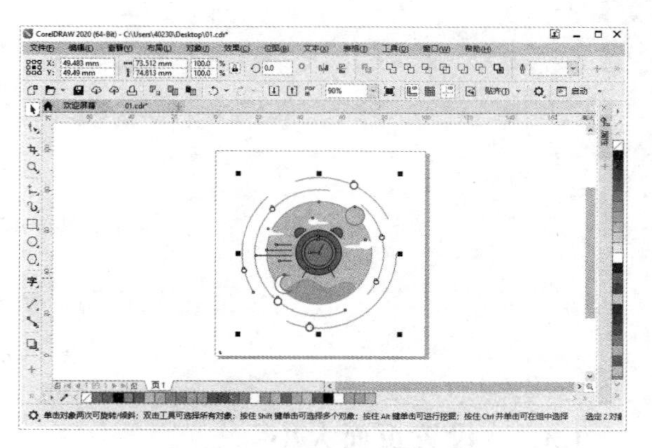

图 1–40

（5）按 Ctrl+E 组合键，弹出“导出”对话框，设置导出文件的文件名、保存类型和路径，如图 1–41 所示。单击“导出”按钮，弹出“导出到 JPEG”对话框，其中各选项的设置如图 1–42 所示。单击“OK”按钮，导出文件。

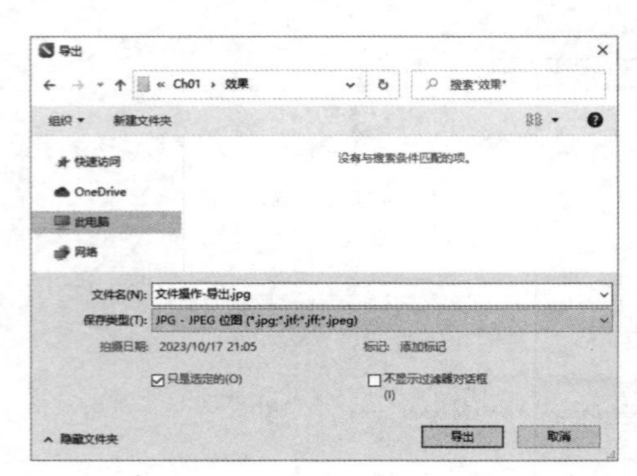

图 1-41

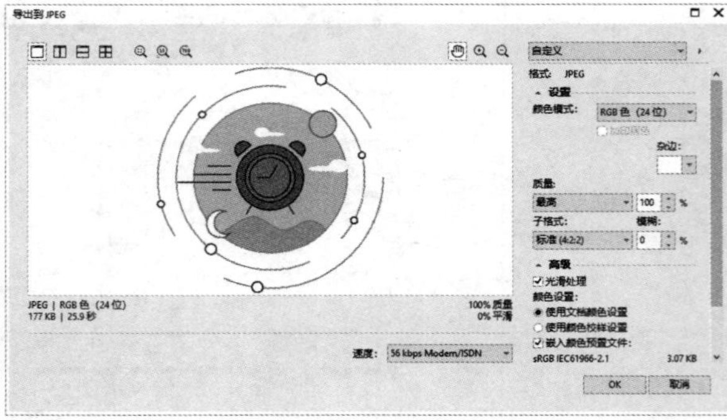

图 1-42

任务 1.3 设置页面

利用“选择”工具属性栏可以轻松地进行 CorelDRAW 2020 页面的设置。选择“工具 > 选项”命令，或单击标准工具栏中的“选项”按钮，或按 Ctrl+J 组合键，弹出“选项”对话框。在该对话框中单击“自定义”按钮，切换到相应的界面，选择“命令栏”选项，再勾选“属性栏”复选框，如图 1-43 所示，然后单击“OK”按钮，则可显示图 1-44 所示的“选择”工具属性栏。在该属性栏中，可以设置纸张的型号、纸张的高度和宽度、纸张的放置方向等。

图 1-43

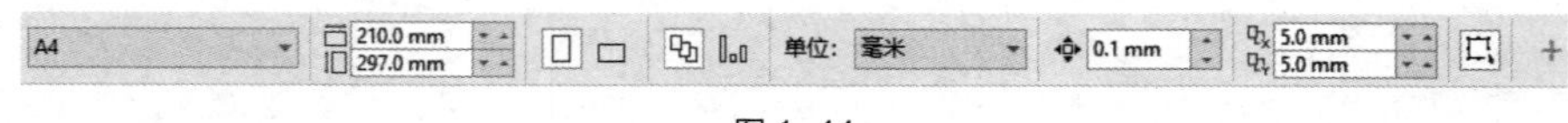

图 1-44

1.3.1 设置页面大小

利用“布局”菜单中的“页面大小”命令，可以进行更详细的设置。选择“布局 > 页面大小”命令，弹出“选项”对话框，如图 1-45 所示。选择“页面尺寸”选项可以对页面大小和方向进行设置，还可设置页面出血、渲染分辨率等选项。

选择“标记预设”单选项时，“选项”对话框如图 1-46 所示，这里汇集了 800 多种标签格式供用户选择。

图 1-45

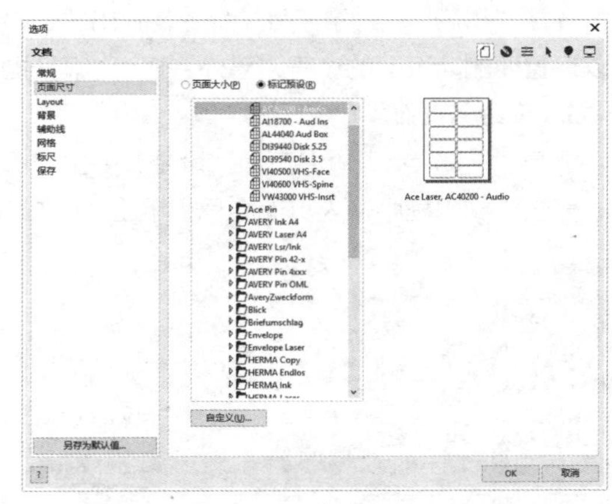

图 1-46

1.3.2　设置页面布局

选择“Layout”选项时，“选项”对话框如图 1-47 所示，可从中选择版面的布局。

1.3.3　设置页面背景

选择“背景”选项时，“选项”对话框如图 1-48 所示，可以从中选择纯色或位图图像作为绘图页面的背景。

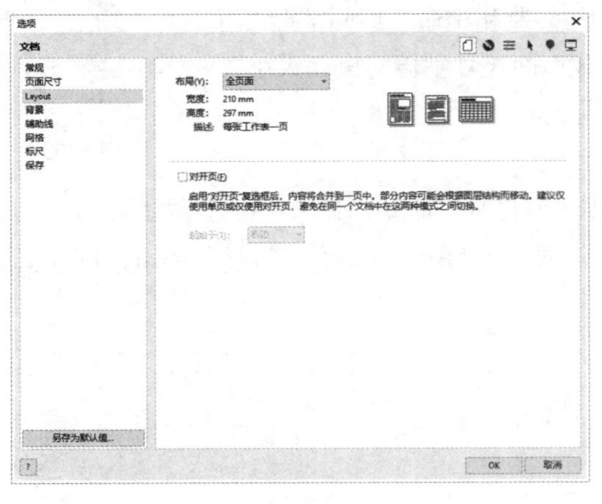

图 1-47

图 1-48

1.3.4　插入、删除与重命名页面

1. 插入页面

选择“布局 > 插入页面”命令，弹出“插入页面”对话框，如图 1-49 所示。在对话框中，可以设置插入页面的数目、位置、大小和方向等选项。

在 CorelDRAW 状态栏的页面标签上单击鼠标右键，弹出图 1-50 所示的快捷菜单，在菜单中选择插入页面相关命令，即可插入新页面。

2. 删除页面

选择“布局 > 删除页面”命令，弹出“删除页面”对话框，如图 1-51 所示。在该对话框中，可以设置要删除页面的序号，另外，还可以同时删除多个连续的页面。

3. 重命名页面

选择“布局 > 重命名页面”命令，弹出“重命名页面”对话框，如图 1-52 所示。在对话框中的“页名”文本框中输入页面名称，单击“OK”按钮，即可重命名页面。

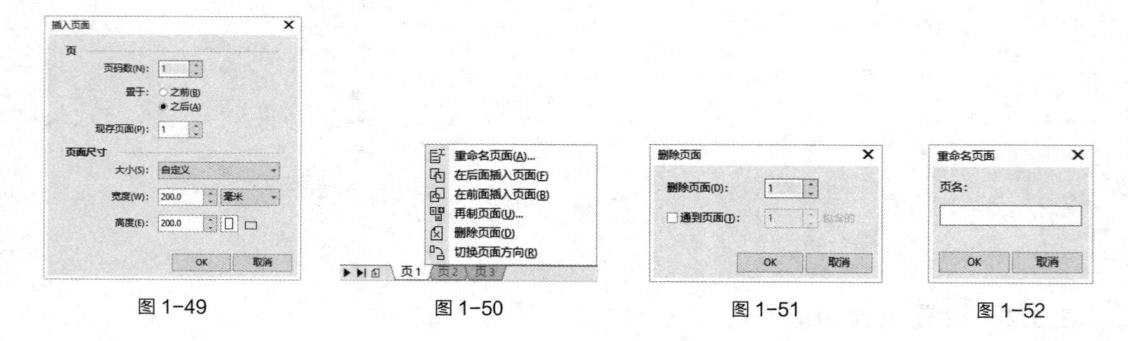

图 1-49　　图 1-50　　图 1-51　　图 1-52

任务实践　页面操作

任务学习目标　学习并掌握 CorelDRAW 页面的操作技巧。

任务知识要点　通过打开素材文件熟练掌握“打开”命令的使用方法；通过更换背景颜色掌握“页面背景”命令的使用方法；通过复制和重命名页面掌握“再制页面”“重命名页面”命令的使用方法；通过更改页面尺寸掌握“页面大小”命令的使用方法。页面操作效果如图 1-53 所示。

图 1-53

效果所在位置　云盘\Ch01\效果\页面操作.cdr。

（1）打开 CorelDRAW 2020 软件，选择“文件 > 打开”命令，弹出“打开绘图”对话框。选择云盘中的“Ch01\素材\页面操作\01.cdr”文件，如图 1-54 所示，单击“打开”按钮，打开文件，如图 1-55 所示。

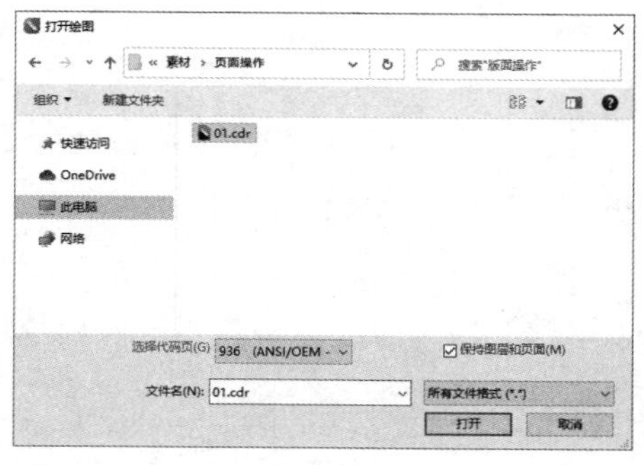

图 1-54

图 1-55

（2）选择“布局 > 页面背景”命令，弹出“选项”对话框。选择“纯色”单选项，单击右侧的▾按钮，在弹出的列表中设置“背景”颜色的 CMYK 值为 1、4、15、0，其他选项的设置如图 1-56 所示。单击“OK”按钮，效果如图 1-57 所示。

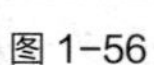
图 1-56

图 1-57

（3）选择“布局 > 再制页面”命令，弹出“再制页面”对话框，其中各选项的设置如图 1-58 所示。单击“OK”按钮，复制一个页面，如图 1-59 所示。

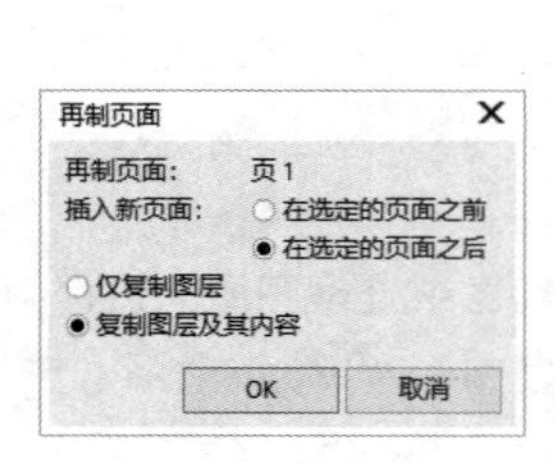

图 1-58

图 1-59

（4）选择“布局 > 重命名页面”命令，弹出“重命名页面”对话框，其中页名的设置如图 1-60 所示。单击“OK”按钮，重命名页面，如图 1-61 所示。

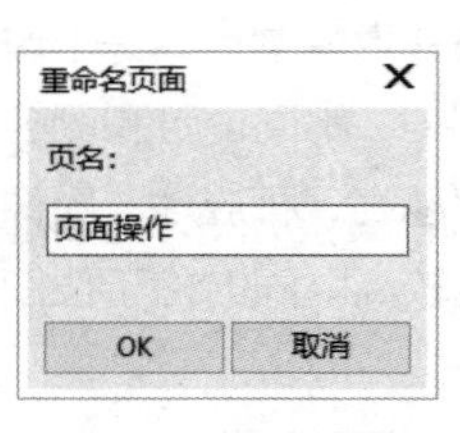

图 1-60

图 1-61

（5）选择“布局 > 页面大小”命令，弹出“选项”对话框，其中各选项的设置如图 1-62 所示。单击“OK”按钮，效果如图 1-63 所示。

图 1-62

图 1-63

（6）按 Ctrl+Shift+S 组合键，弹出“保存绘图”对话框，设置保存文件的文件名、保存类型和路径，单击“保存”按钮，保存文件。

任务 1.4 图像、色彩的基础知识

如果想要应用好 CorelDRAW，就需要对图像的类型、色彩模式及文件格式有所了解和掌握。下面将对这些内容进行详细的介绍。

1.4.1 位图图像和矢量图形

在计算机中，图像可以分为两大类：位图图像和矢量图形。在绘图或处理图像的过程中，这两种类型的图像可以相互交叉使用。位图图像效果如图 1-64 所示，矢量图形效果如图 1-65 所示。

图 1-64

图 1-65

位图图像也叫点阵图像，是由许多单独的小方块组成的，这些小方块称为像素点。每个像素点都有特定的位置和颜色值，位图图像的显示效果与像素点是紧密联系在一起的，不同位置和颜色值的像素点组合在一起构成了一幅色彩丰富的图像。像素点越多，图像的分辨率越高，相应地，图像文件的数据量也会越大。因此，处理位图图像时，对计算机硬盘和内存的要求也较高。同时由于位图图像本身的特点，图像在缩放和旋转变形时会产生失真的现象。

矢量图形也叫向量图形，是一种基于图形的几何特性来描述的图像。矢量图形中的各种图形元素

称为对象，每一个对象都是独立的个体，都具有大小、颜色、形状和轮廓等属性。矢量图形在缩放时不会产生失真的现象，并且它的文件占用的内存空间较小。这种图像的缺点是不易制作色彩丰富的图像，无法像位图图像一样精确地描绘各种绚丽的色彩。

这两种类型的图像各具特色，也各有优缺点，并且两者之间具有良好的互补性。因此，在图像处理和图形绘制的过程中，将这两种图像交互使用，取长补短，能使创作出来的作品更加完美。

1.4.2 色彩模式

CorelDRAW 提供了多种色彩模式，这些色彩模式提供了把色彩协调一致地用数值表示的方法，这些色彩模式是使设计并制作的作品能够在屏幕和印刷品上成功表现的重要保障。在这些色彩模式中，经常使用的有 RGB 模式、CMYK 模式、Lab 模式、HSB 模式及灰度模式等。每种色彩模式都有不同的色域，读者可以根据需要选择合适的色彩模式，并且各个模式之间可以互相转换。

1. RGB 模式

RGB 模式是工作中使用最广泛的色彩模式之一。RGB 模式是一种加色模式，它通过红、绿、蓝 3 种颜色相叠加而形成更多的颜色。一幅 24 bit 的 RGB 图像有 3 个色彩通道：红色（R）、绿色（G）和蓝色（B）。

每个通道都有一个 0 ~ 255 的亮度色域。3 种颜色的亮度值越大，颜色就越浅，如 3 种颜色的亮度值都为 255 时，颜色被调整为白色；3 种颜色的亮度值越小，颜色就越深，如 3 种颜色的亮度值都为 0 时，颜色被调整为黑色。

选择 RGB 模式的操作步骤为：按 Shift+F11 组合键，弹出“编辑填充”对话框，在对话框中单击“均匀填充”按钮■，选择“RGB”色彩模式，然后设置 RGB 值，如图 1–66 所示。

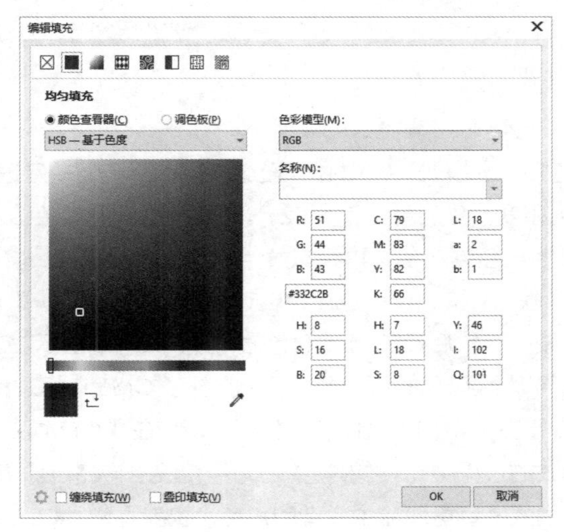

图 1–66

2. CMYK 模式

CMYK 模式应用了色彩学中的减法混合原理，它通过反射某些颜色的光并吸收另外一些颜色的光来产生不同的颜色，是一种减色色彩模式。CMYK 代表印刷时用的 4 种油墨色：C 代表青色，M 代表洋红色，Y 代表黄色，K 代表黑色。CorelDRAW 默认状态下使用的就是 CMYK 模式。

选择 CMYK 模式的操作步骤为：按 Shift+F11 组合键，弹出“编辑填充”对话框，单击“均匀填充”按钮■，选择“CMYK”色彩模式，然后设置 CMYK 颜色值，如图 1-67 所示。

3. HSB 模式

HSB 模式是一种更直观的色彩模式，它的调色方法更接近人的视觉原理，使用户在调色过程中更容易找到需要的颜色。

H 代表色相，S 代表饱和度，B 代表亮度。色相表示红、黄、蓝等颜色特征；饱和度代表色彩的纯度，黑、白 2 种色彩没有饱和度；亮度是色彩的明亮程度。

选择 HSB 模式的操作步骤为：按 Shift+F11 组合键，弹出“编辑填充”对话框，单击“均匀填充”按钮■，选择“HSB”色彩模式，然后设置 HSB 颜色值，如图 1-68 所示。

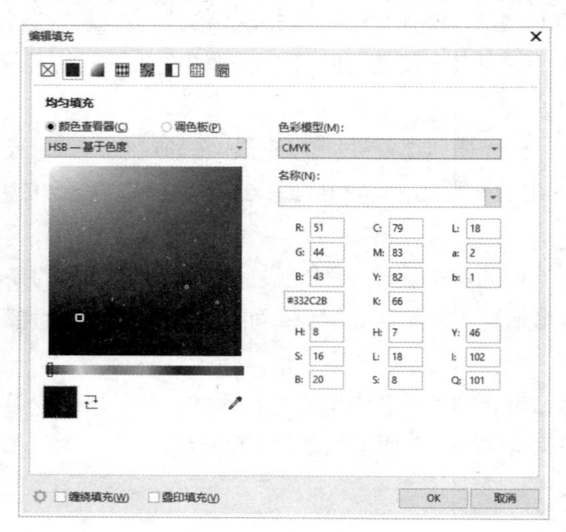

图 1-67

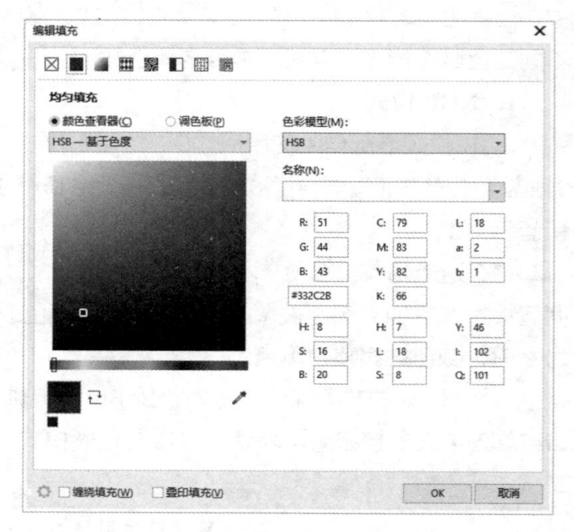

图 1-68

4. Lab 模式

Lab 模式是一种国际色彩标准模式，它由 3 个通道组成：一个通道是透明度，即 L；其他两个通道是色彩通道，即色相和饱和度，分别用 a 和 b 表示。a 通道包括的颜色从深绿色到灰色，再到亮粉红色；b 通道包括的颜色从亮蓝色到灰色，再到焦黄色。这些色彩混合后将产生明亮的色彩。

选择 Lab 模式的操作步骤为：按 Shift+F11 组合键，弹出“编辑填充”对话框，单击“均匀填充”按钮■，选择“Lab”色彩模式，然后设置 Lab 颜色值，如图 1-69 所示。

Lab 模式在理论上包括了人眼可见的所有色彩，它弥补了 CMYK 模式和 RGB 模式的不足。在这种模式下，图像的处理速度比在 CMYK 模式下的快数倍，与在 RGB 模式下的速度相仿，而且在把 Lab 模式转换成 CMYK 模式的过程中，所有的色彩都不会丢失或被替换。事实上，在将 RGB 模式转换成 CMYK 模式时，Lab 模式一直扮演着中介者的角色。也就是说，RGB 模式先转换成 Lab 模式，然后再转换成 CMYK 模式。

5. 灰度模式

灰度模式形成的灰度图又叫 8bit 深度图。当彩色模式文件被转换为灰度模式文件时，所有的颜色信息都将从文件中丢失。尽管 CorelDRAW 允许将灰度模式文件转换为彩色模式文件，但不可能将原来的颜色信息完全还原。所以，当要将彩色模式文件转换为灰度模式时，应先做好图像的备份。

选择灰度模式的操作步骤为：按 Shift+F11 组合键，弹出“编辑填充”对话框，单击“均匀填充”按钮■，选择“Grayscale”色彩模式，然后设置灰度值，如图 1-70 所示。

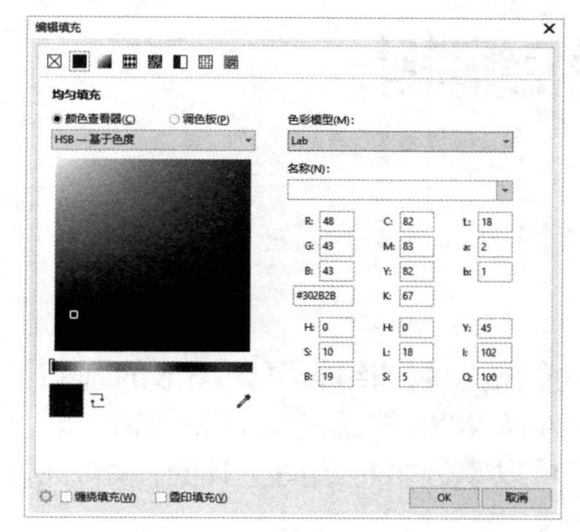

图 1-69

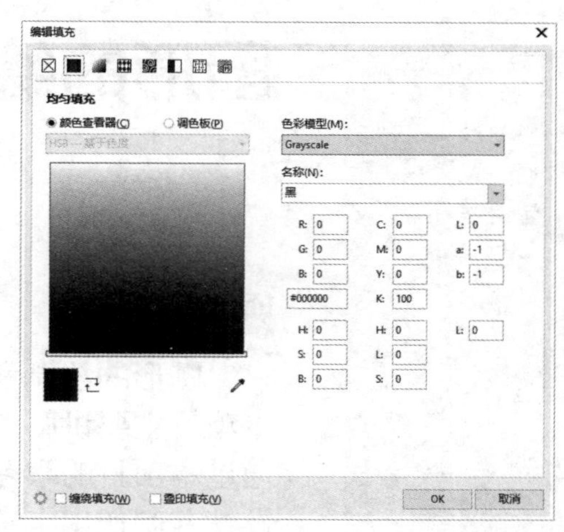

图 1-70

项目 2 图形的绘制和编辑

项目引入

图形的绘制和编辑功能是绘制和组合复杂图形的基础。本项目主要讲解 CorelDRAW 2020 的绘图工具和编辑功能。通过本项目的学习，读者可以掌握多种绘图工具的使用方法，设计并制作出丰富的图形效果。

项目目标

- 掌握绘制几何图形的方法和技巧。
- 掌握并灵活运用对象的编辑功能。
- 掌握对象的造型方法和技巧。

技能目标

- 掌握花灯插画的绘制方法。
- 掌握风景插画的绘制方法。
- 掌握计算器图标的绘制方法。

素养目标

- 培养对图形处理的兴趣。
- 培养对细节的掌控能力。

任务 2.1 绘制几何图形

使用 CorelDRAW 2020 的基本绘图工具可以绘制简单的几何图形。通过本任务的讲解和练习，读者可以初步掌握 CorelDRAW 2020 基本绘图工具的特性，为今后绘制更复杂、更优质的图形打下坚实的基础。

2.1.1 绘制矩形

“矩形”工具用于绘制直角矩形、圆角矩形、扇形角图形、倒棱角图形和任意角度放置的矩形。

1. 绘制直角矩形

选择“矩形”工具，在绘图页面中按住鼠标左键不放，拖曳鼠标指针到需要的位置，松开鼠标，矩形绘制完成，如图 2-1 所示。“矩形”工具属性栏如图 2-2 所示。

按 Esc 键，取消矩形的选取状态，效果如图 2-3 所示。选择“选择”工具，在矩形上单击鼠标左键，选择刚绘制好的矩形。

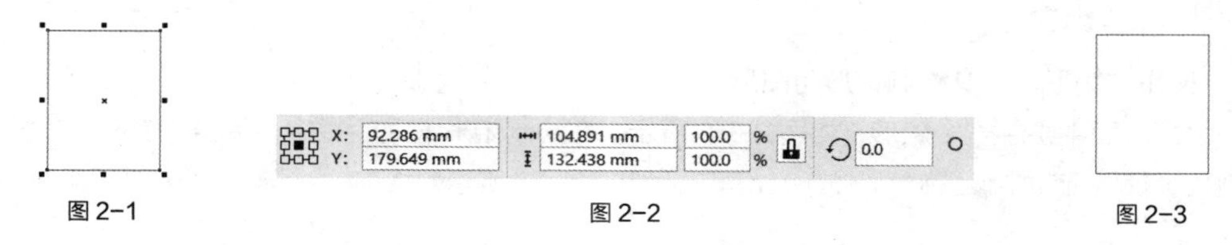

图 2-1　　图 2-2　　图 2-3

按 F6 键，快速选择“矩形”工具，可在绘图页面中适当的位置绘制矩形。

按住 Ctrl 键，可在绘图页面中绘制正方形。

按住 Shift 键，可在绘图页面中以当前点为中心绘制矩形。

按住 Shift+Ctrl 组合键，可在绘图页面中以当前点为中心绘制正方形。

提示

双击工具箱中的“矩形”工具，可以绘制出一个和绘图页面大小一样的矩形。

2. 使用“矩形”工具绘制圆角矩形

在绘图页面中绘制一个矩形，如图 2-4 所示。在绘制矩形的属性栏中，如果先将“圆角半径”选项的小锁图标选定，则改变“圆角半径”选项时，4 个角的角圆滑度数值将进行相同的改变。设定“圆角半径”选项，如图 2-5 所示。按 Enter 键，效果如图 2-6 所示。

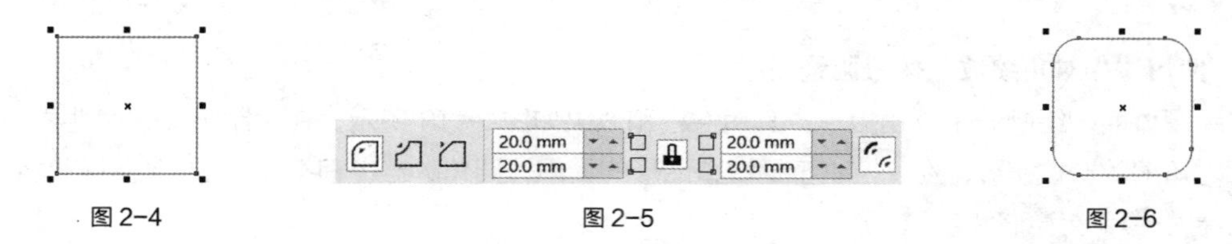

图 2-4　　图 2-5　　图 2-6

如果不选定小锁图标，则可以单独改变一个角的圆滑度数值；在绘制矩形的属性栏中，分别设定“圆角半径”选项，如图 2-7 所示。按 Enter 键，效果如图 2-8 所示。如果要将圆角矩形还原为直角矩形，可以将圆滑度数值设定为“0.0 mm”。

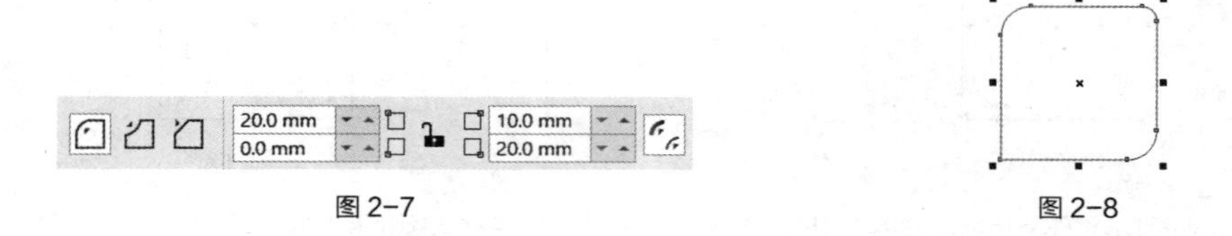

图 2-7　　图 2-8

3. 使用鼠标拖曳矩形边角的节点绘制圆角矩形

绘制一个矩形。按 F10 键，快速选择“形状”工具，选中矩形边角的节点，如图 2-9 所示。按住鼠标左键拖曳矩形边角的节点，可以改变边角的圆滑程度，如图 2-10 所示。松开鼠标左键，圆角矩形的效果如图 2-11 所示。

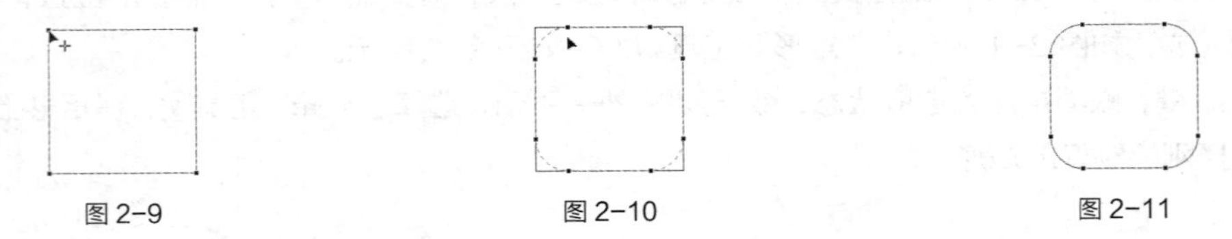

图 2-9　　图 2-10　　图 2-11

4. 使用“矩形”工具绘制扇形角图形

在绘图页面中绘制一个矩形，如图 2-12 所示。在绘制矩形的属性栏中，单击“扇形角”按钮，在“圆角半径”选项中设置值为“20.0 mm”，如图 2-13 所示。按 Enter 键，效果如图 2-14 所示。

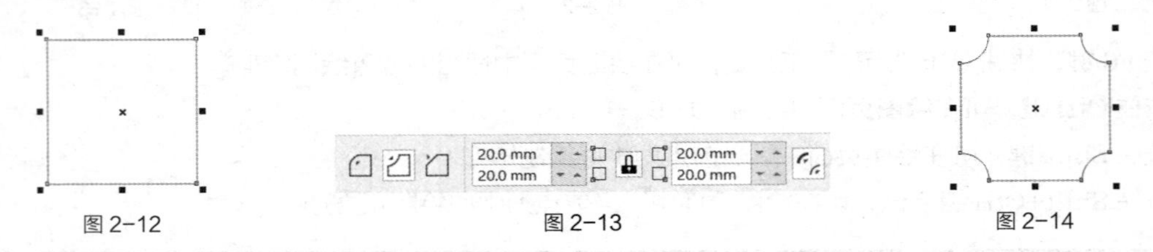

图 2-12　　图 2-13　　图 2-14

5. 使用“矩形”工具绘制倒棱角图形

在绘图页面中绘制一个矩形，如图 2-15 所示。在绘制矩形的属性栏中，单击“倒棱角”按钮，在“圆角半径”选项中设置值为“20.0 mm”，如图 2-16 所示。按 Enter 键，效果如图 2-17 所示。

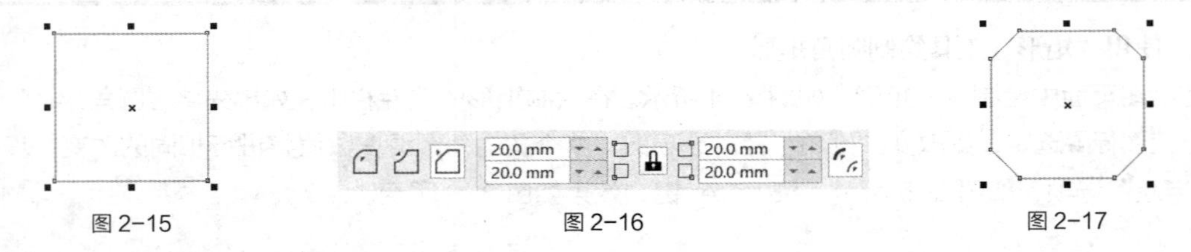

图 2-15　　图 2-16　　图 2-17

6. 使用“相对角缩放”按钮调整图形

在绘图页面中绘制一个圆角矩形，其属性栏和效果如图 2-18 所示。在绘制矩形的属性栏中，单击“相对角缩放”按钮，拖曳控制手柄调整图形的大小，圆角的半径根据图形的调整进行改变，调整后的属性栏和效果如图 2-19 所示。

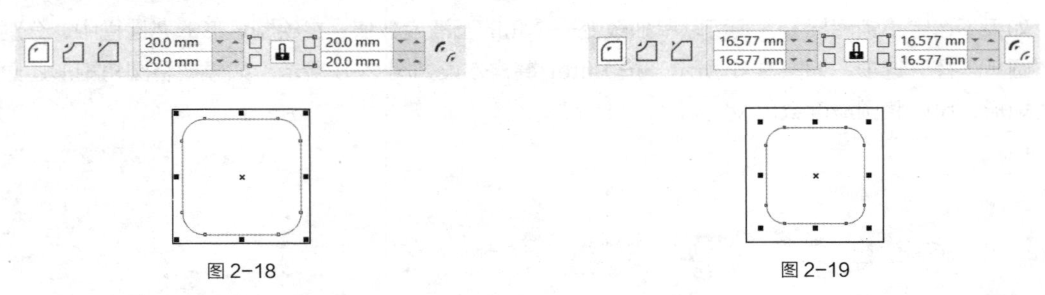

图 2-18　　图 2-19

当图形为扇形角图形和倒棱角图形时，调整的效果与圆角矩形调整的效果相同。

7. 绘制任意角度放置的矩形

选择“矩形”工具的展开工具栏中的“3 点矩形”工具，在绘图页面中按住鼠标左键不放，拖曳鼠标指针到需要的位置，可绘制出一条任意方向的线段作为矩形的一条边，如图 2-20 所示。先松开鼠标左键，再拖曳鼠标指针到需要的位置，即可确定矩形的另一条边，如图 2-21 所示。单击鼠标左键，任意角度放置的矩形绘制完成，效果如图 2-22 所示。

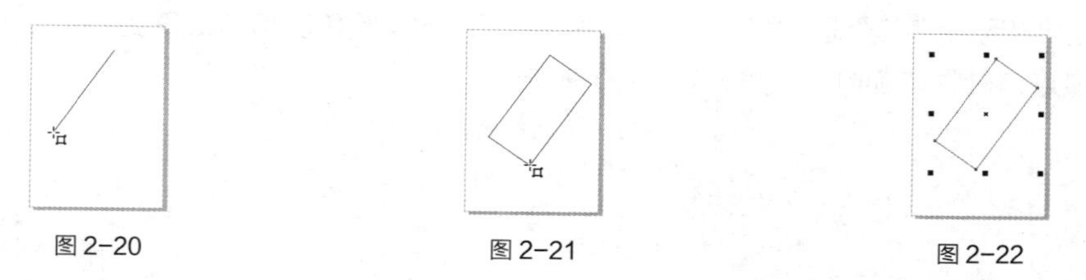

图 2-20　　图 2-21　　图 2-22

2.1.2 绘制椭圆形和圆形

“椭圆形”工具用于绘制椭圆形、圆形、饼形、弧形和任意角度放置的椭圆形。

1. 绘制椭圆形和圆形

选择“椭圆形”工具，在绘图页面中按住鼠标左键不放，拖曳鼠标指针到需要的位置，松开鼠标左键，椭圆形绘制完成，如图 2-23 所示；“椭圆形”工具属性栏如图 2-24 所示。

按住 Ctrl 键，在绘图页面中可以绘制圆形，如图 2-25 所示。

按 F7 键，快速选择“椭圆形”工具，可在绘图页面中适当的位置绘制椭圆形。

按住 Shift 键，可在绘图页面中以当前点为中心绘制椭圆形。

按住 Shift+Ctrl 组合键，可在绘图页面中以当前点为中心绘制圆形。

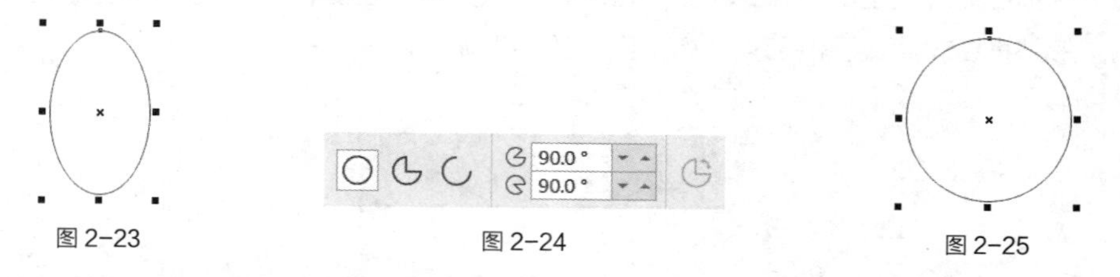

图 2-23　　图 2-24　　图 2-25

2. 使用“椭圆形”工具绘制饼形和弧形

绘制一个圆形，如图 2-26 所示。单击“椭圆形”工具属性栏（见图 2-27）中的“饼形”按钮，可将椭圆形转换为饼形，如图 2-28 所示。

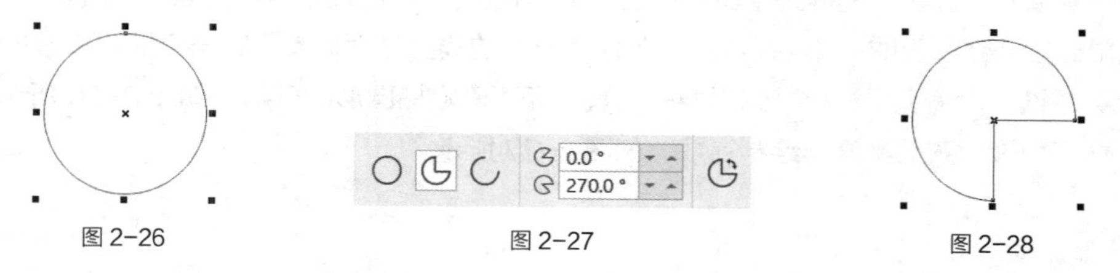

图 2-26　　图 2-27　　图 2-28

单击“椭圆形”工具属性栏（见图 2-29）中的“弧形”按钮，可将椭圆形转换为弧形，如图 2-30 所示。

图 2-29　　图 2-30

在“起始和结束角度”选项中设置饼形和弧形的起始角度和结束角度，按 Enter 键，可以获得饼形和弧形角度的精确值，效果如图 2-31 所示。

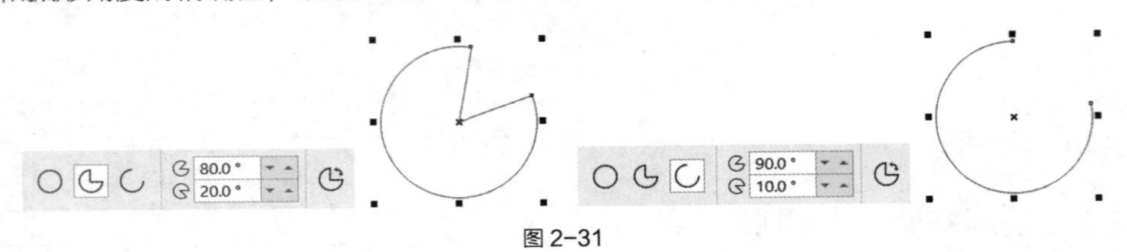

图 2-31

提示

椭圆形在选中状态下，在“椭圆形”工具属性栏中，单击“饼形”按钮或“弧形”按钮，可以使椭圆形在饼形和弧形之间转换。单击属性栏中的“更改方向”按钮，可以将饼形或弧形进行 180°的镜像翻转。

3. 拖曳圆形轮廓线上的节点来绘制饼形和弧形

选择“椭圆形”工具，绘制一个圆形。按 F10 键，快速选择“形状”工具，单击轮廓线上的节点并按住鼠标左键不放，如图 2-32 所示。

向圆形内拖曳轮廓线上的节点，如图 2-33 所示。松开鼠标左键，圆形转换为饼形，效果如图 2-34 所示。向圆形外拖曳轮廓线上的节点，可使圆形转换为弧形。

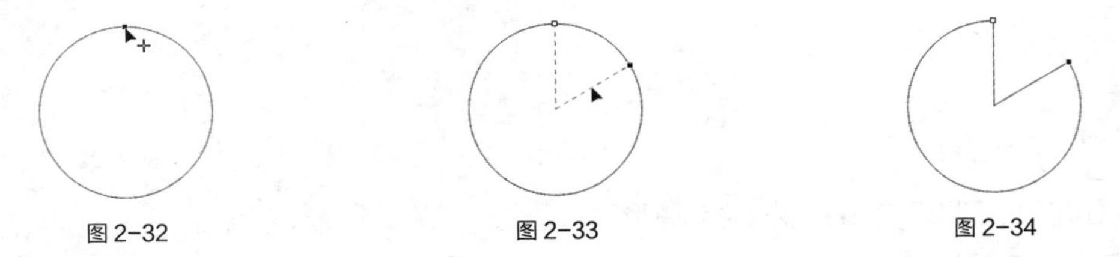
图 2-32　　图 2-33　　图 2-34

4. 绘制任意角度放置的椭圆形

选择“椭圆形”工具的展开工具栏中的“3 点椭圆形”工具，在绘图页面中按住鼠标左键不放，拖曳鼠标指针到需要的位置，可绘制一条任意方向的线段作为椭圆形的一个轴，如图 2-35 所示。先松开鼠标左键，再拖曳鼠标指针到需要的位置，即可确定椭圆形的形状，如图 2-36 所示。单击鼠标左键，任意角度放置的椭圆形绘制完成，如图 2-37 所示。

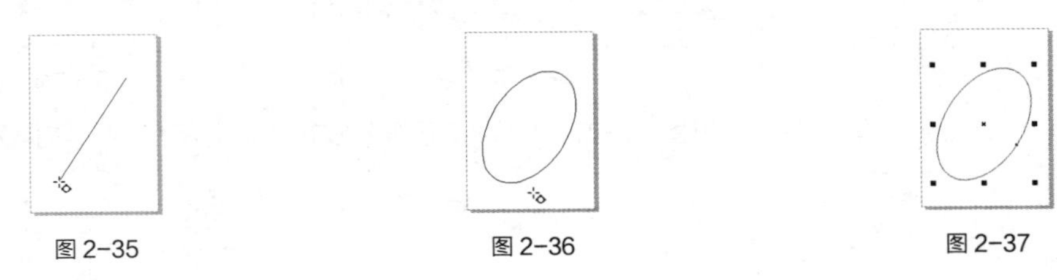
图 2-35　　图 2-36　　图 2-37

2.1.3　绘制多边形

选择“多边形”工具，在绘图页面中按住鼠标左键不放，拖曳鼠标指针到需要的位置，松开鼠标左键，多边形绘制完成，如图 2-38 所示。“多边形”工具属性栏如图 2-39 所示。

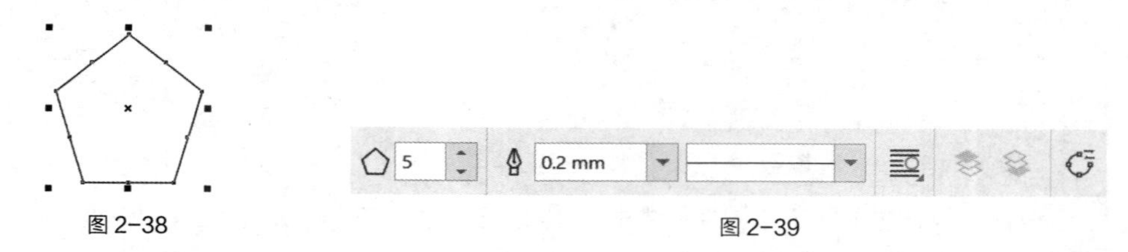

图 2-38　　图 2-39

设置“多边形”工具属性栏中的“点数或边数”选项为 9，如图 2-40 所示。按 Enter 键，多边形效果如图 2-41 所示。

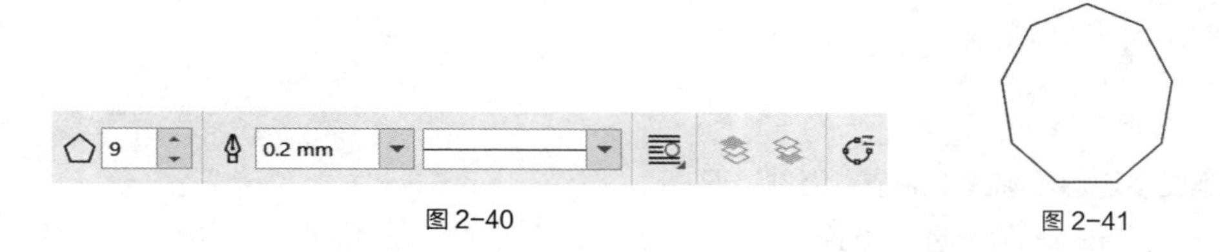

图 2-40　　图 2-41

2.1.4　绘制星形与复杂星形

1. 绘制星形

选择“多边形”工具的展开工具栏中的“星形”工具，在绘图页面中按住鼠标左键不放，拖曳鼠标指针到需要的位置，松开鼠标左键，星形绘制完成，如图 2-42 所示。“星形”工具属性栏如图 2-43 所示。

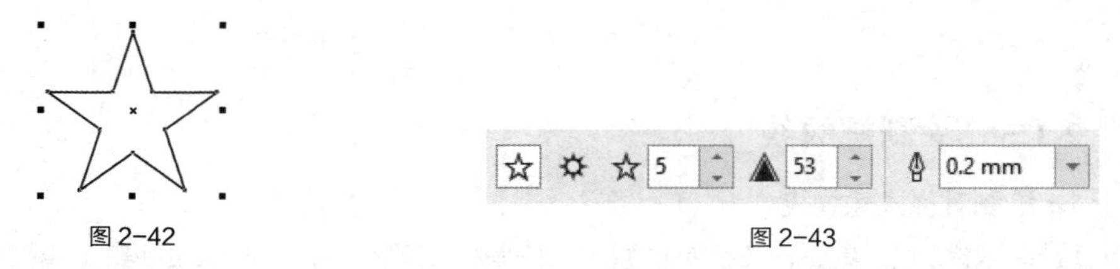

图 2-42　　图 2-43

设置“星形”工具属性栏中的“点数或边数”选项为 8，如图 2-44 所示。按 Enter 键，星形效果如图 2-45 所示。

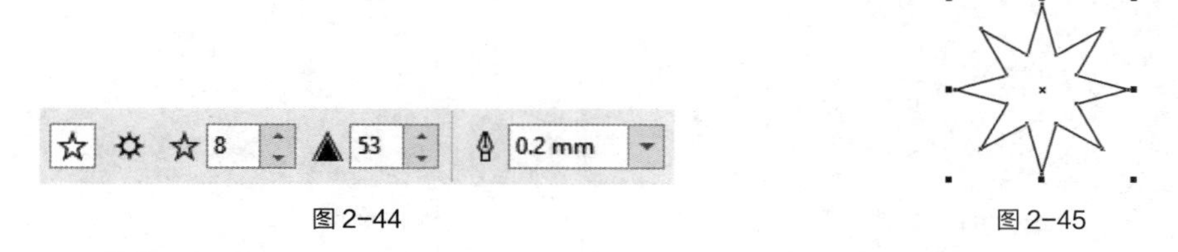

图 2-44　　图 2-45

2. 绘制复杂星形

在“星形”工具属性栏中单击“复杂星形”按钮，在绘图页面中按住鼠标左键不放，拖曳鼠标指针到需要的位置，松开鼠标左键，复杂星形绘制完成，如图 2-46 所示。“复杂星形”工具属性栏如图 2-47 所示。

图 2-46　　图 2-47

设置“复杂星形”工具属性栏中的“点数或边数”选项为 12，“锐度”数值为 3，如图 2-48 所示。按 Enter 键，复杂星形效果如图 2-49 所示。

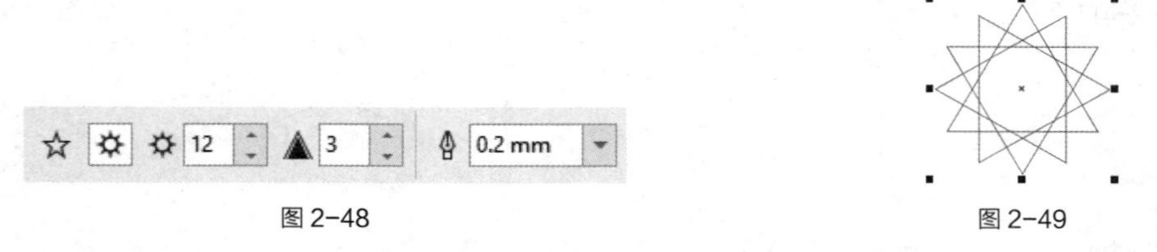

图 2-48　　图 2-49

3. 使用鼠标拖曳多边形轮廓线上的节点绘制星形

绘制一个多边形，如图 2-50 所示。选择“形状”工具，单击轮廓线上的节点并按住鼠标左键不放，如图 2-51 所示。向多边形内或外拖曳轮廓线上的节点，如图 2-52 所示，可以将多边形改变为星形，效果如图 2-53 所示。

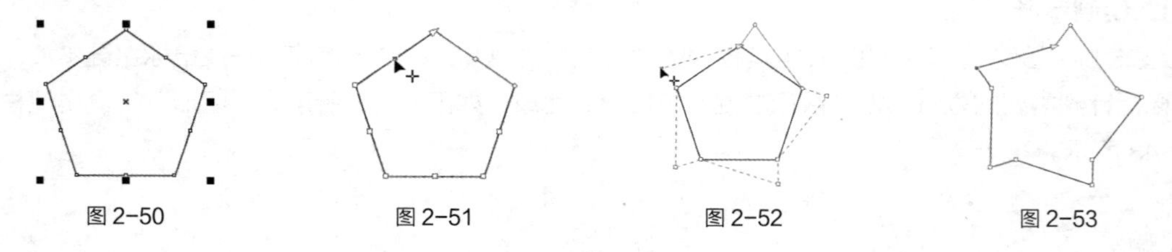

图 2-50　　图 2-51　　图 2-52　　图 2-53

2.1.5 绘制螺纹线

1. 绘制对称式螺纹线

选择“螺纹”工具，在绘图页面中按住鼠标左键不放，从左上角向右下角拖曳鼠标指针到需要的位置，松开鼠标左键，对称式螺纹线绘制完成，如图 2-54 所示。“螺纹”工具属性栏如图 2-55 所示。

图 2-54　　图 2-55

如果从右下角向左上角拖曳鼠标指针到需要的位置，可以绘制出反向的对称式螺纹线。在选项中可以重新设定螺纹线的圈数，绘制需要的螺纹线效果。

2. 绘制对数式螺纹线

选择“螺纹”工具，在属性栏中单击“对数螺纹”按钮，在绘图页面中按住鼠标左键不放，从左上角向右下角拖曳鼠标指针到需要的位置，松开鼠标左键，对数式螺纹线绘制完成，如图 2-56 所示，“螺纹”工具属性栏如图 2-57 所示。

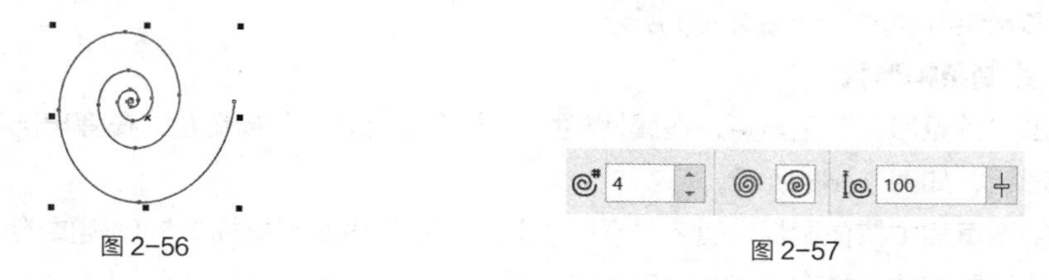

图 2-56　　图 2-57

在选项中可以重新设定螺纹线的扩展参数，将数值分别设定为 80 和 20 时，螺纹线向外扩展的幅度会逐渐变小，如图 2-58 所示。当数值为 1 时，将绘制出对称式螺纹线。

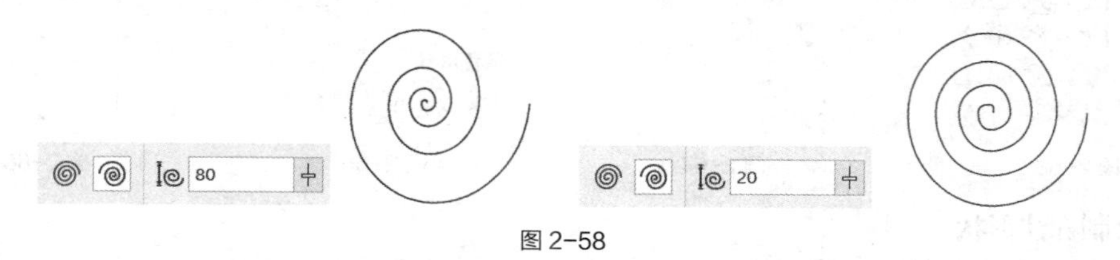

图 2-58

按 A 键，快速选择“螺纹”工具，可在绘图页面中适当的位置绘制螺纹线。

按住 Ctrl 键，在绘图页面中绘制正圆螺纹线。

按住 Shift 键，在绘图页面中会以当前点为中心绘制螺纹线。

按住 Shift+Ctrl 组合键，在绘图页面中会以当前点为中心绘制正圆螺纹线。

2.1.6 绘制与调整常见的形状

1. 绘制基本形状

单击“常见形状”工具，在属性栏中单击“常用形状”按钮，在弹出的下拉列表中选择需要的基本形状，如图 2-59 所示。

在绘图页面中按住鼠标左键不放，从左上角向右下角拖曳鼠标指针到需要的位置，松开鼠标左键，基本形状绘制完成，效果如图 2-60 所示。

2. 绘制箭头形状

单击“常见形状”工具，在属性栏中单击“常用形状”按钮，在弹出的下拉列表中选择需要的箭头形状，如图 2-61 所示。

在绘图页面中按住鼠标左键不放，从左上角向右下角拖曳鼠标指针到需要的位置，松开鼠标左键，箭头形状绘制完成，如图 2-62 所示。

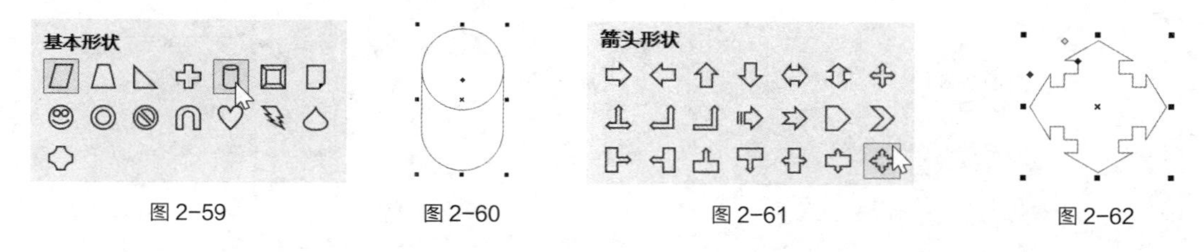

图 2-59　　图 2-60　　图 2-61　　图 2-62

3. 绘制流程图形状

单击“常见形状”工具，在属性栏中单击“常用形状”按钮，在弹出的下拉列表中选择需要的流程图形状，如图 2-63 所示。

在绘图页面中按住鼠标左键不放，从左上角向右下角拖曳鼠标指针到需要的位置，松开鼠标左键，流程图形状绘制完成，如图 2-64 所示。

4. 绘制条幅形状

单击“常见形状”工具，在属性栏中单击“常用形状”按钮，在弹出的下拉列表中选择需要的条幅形状，如图 2-65 所示。

在绘图页面中按住鼠标左键不放，从左上角向右下角拖曳鼠标指针到需要的位置，松开鼠标左键，条幅形状绘制完成，如图 2-66 所示。

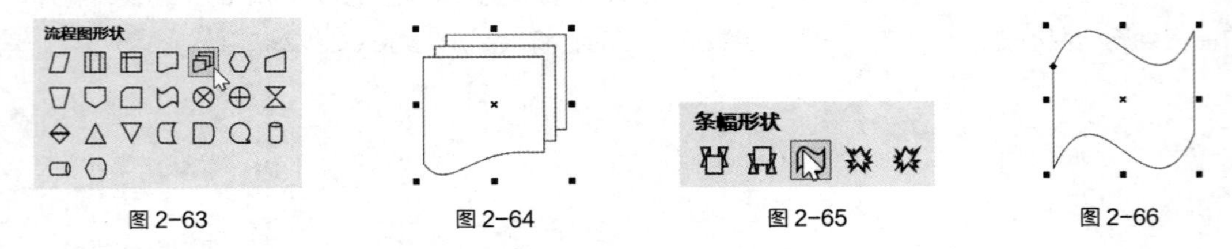

图 2-63　图 2-64　图 2-65　图 2-66

5. 绘制标注形状

单击“常见形状”工具，在属性栏中单击“常用形状”按钮，在弹出的下拉列表中选择需要的标注形状，如图 2-67 所示。

在绘图页面中按住鼠标左键不放，从左上角向右下角拖曳鼠标指针到需要的位置，松开鼠标左键，标注形状绘制完成，如图 2-68 所示。

图 2-67　图 2-68

6. 调整常见形状

绘制一个标注形状，如图 2-69 所示。单击要调整的标注形状的红色菱形符号，并按住鼠标左键不放将其拖曳到需要的位置，如图 2-70 所示。得到需要的形状后，松开鼠标左键，效果如图 2-71 所示。

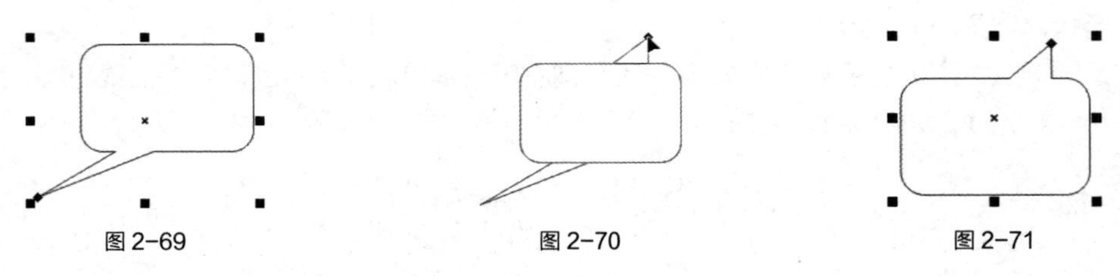

图 2-69　图 2-70　图 2-71

流程图形状中没有红色菱形符号，所以不能对它进行调整。

任务实践　绘制花灯插画

任务学习目标　学习使用几何图形的绘图工具绘制花灯插画。

任务知识要点　使用“矩形”工具、“常见形状”工具、“形状”工具、“椭圆形”工具等绘制花灯插画。花灯插画效果如图 2-72 所示。

效果所在位置　云盘\Ch02\效果\绘制花灯插画.cdr。

图 2-72

（1）按 Ctrl+N 组合键，弹出“创建新文档”对话框，在其中设置文档的宽度为 100mm，高度为 100 mm，方向为横向，色彩模式为 CMYK，渲染分辨率为 300dpi，单击“OK”按钮，创建一个文档。

（2）选择“矩形”工具□，在页面中绘制一个矩形，如图 2-73 所示。按数字键盘上的+键，复制矩形。选择“选择”工具，在按住 Shift 键的同时，水平向右拖曳矩形左侧中间的控制手柄到适当的位置，效果如图 2-74 所示。

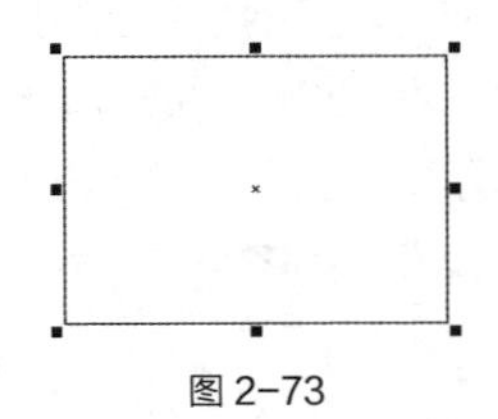

图 2-73

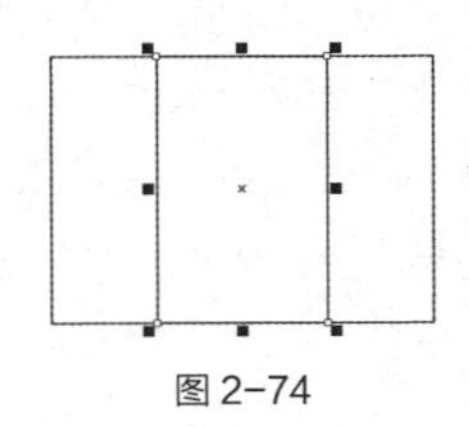

图 2-74

（3）按 F12 键，弹出“轮廓笔”对话框，在“颜色”选项中设置轮廓线颜色的 CMYK 值为 49、100、100、26，其他选项的设置如图 2-75 所示。单击“OK”按钮，效果如图 2-76 所示。

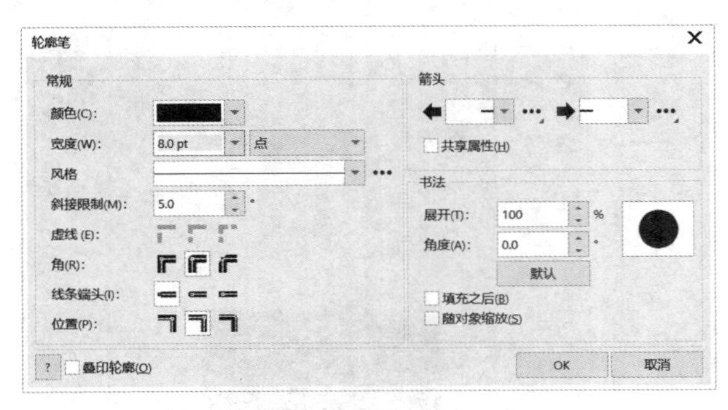

图 2-75

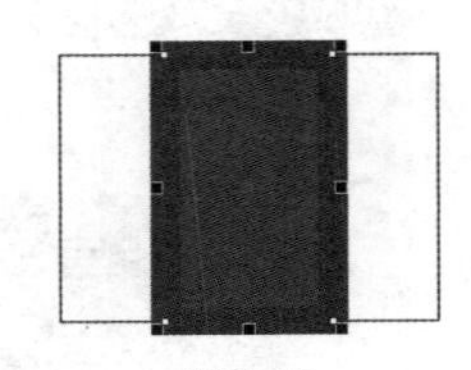

图 2-76

（4）选取下方矩形，按 F12 键，弹出“轮廓笔”对话框，在“颜色”选项中设置轮廓线颜色的 CMYK 值为 49、100、100、26，其他选项的设置如图 2-77 所示。单击“OK”按钮，效果如图 2-78

所示。在“CMYK 调色板”中的“红”色块上单击鼠标左键，填充图形，并删除图形的轮廓线，效果如图 2-79 所示。

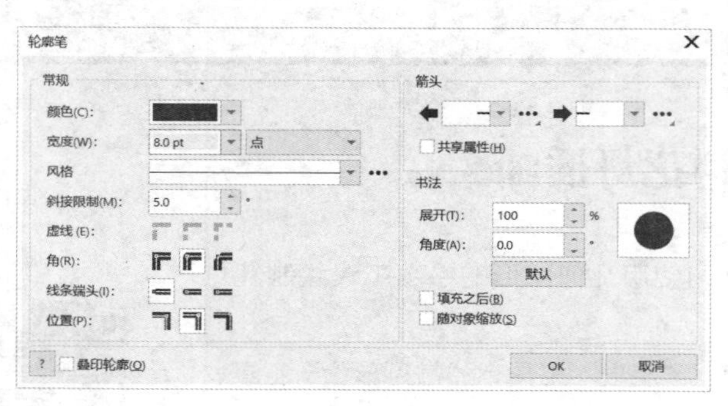

图 2-77

（5）选择“常见形状”工具，在属性栏中单击“常用形状”按钮，在弹出的下拉列表中选择需要的基本形状，如图 2-80 所示。在适当的位置拖曳鼠标指针绘制图形，效果如图 2-81 所示。

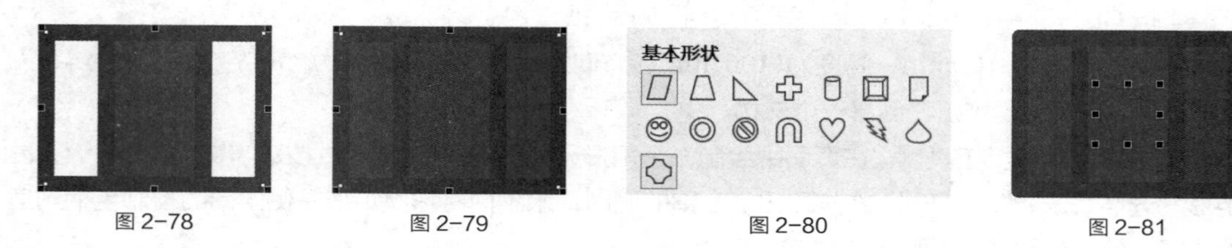

图 2-78　图 2-79　图 2-80　图 2-81

（6）选择“形状”工具，单击并拖曳红色菱形符号到适当的位置，调整圆角大小，效果如图 2-82 所示。选择“选择”工具，按 F12 键，弹出“轮廓笔”对话框，在“颜色”选项中设置轮廓线颜色的 CMYK 值为 49、100、100、26，其他选项的设置如图 2-83 所示。单击“OK”按钮，效果如图 2-84 所示。设置图形颜色的 CMYK 值为 0、20、100、0，填充图形，效果如图 2-85 所示。

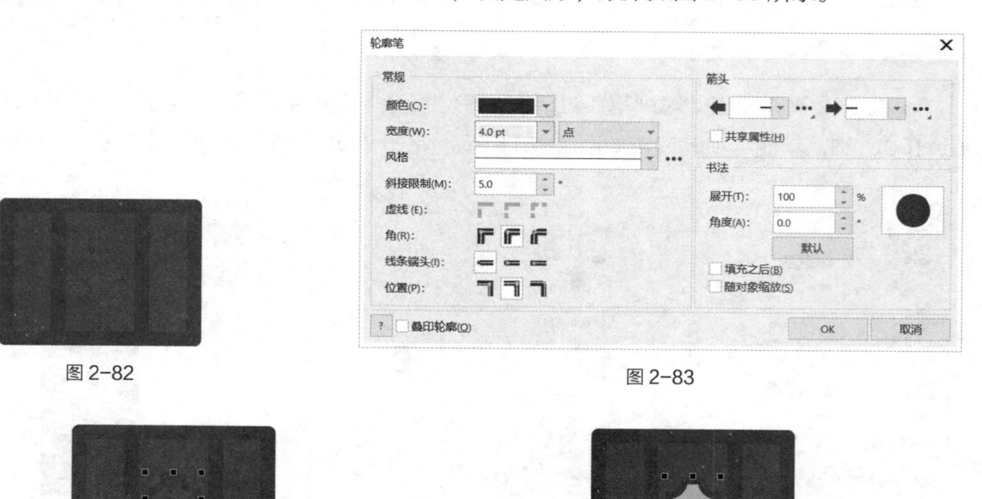

图 2-82　图 2-83

图 2-84　图 2-85

（7）选择“矩形”工具□，在适当的位置绘制一个矩形，如图 2-86 所示。单击属性栏中的“转换为曲线”按钮，将图形转换为曲线，如图 2-87 所示。

（8）选择“形状”工具，选取左上角的节点，在按住 Shift 键的同时，水平向右拖曳选中的节点到适当的位置，效果如图 2-88 所示。用相同的方法调整右上角的节点到适当的位置，效果如图 2-89 所示。

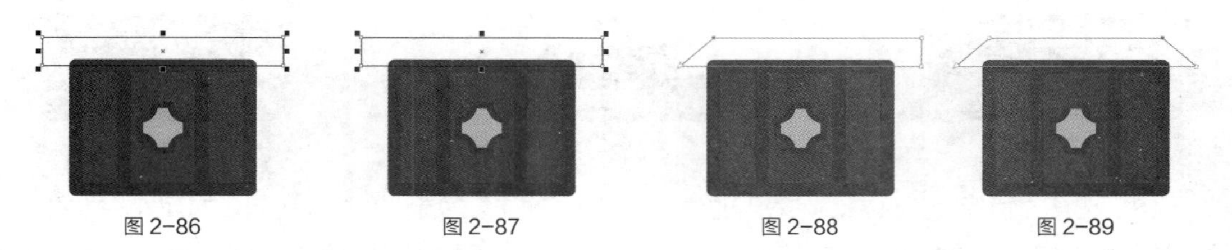

图 2-86　　图 2-87　　图 2-88　　图 2-89

（9）按 F12 键，弹出“轮廓笔”对话框，在“颜色”选项中设置轮廓线颜色的 CMYK 值为 49、100、100、26，其他选项的设置如图 2-90 所示。单击“OK”按钮，效果如图 2-91 所示。设置图形颜色的 CMYK 值为 0、20、100、0，填充图形，效果如图 2-92 所示。

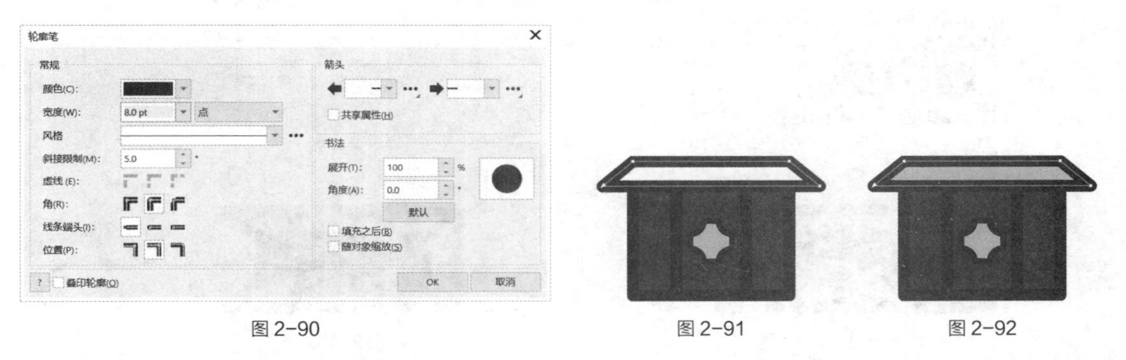

图 2-90　　图 2-91　　图 2-92

（10）选择“选择”工具，按数字键盘上的+键，复制图形。按住 Shift 键的同时，水平向右拖曳图形左侧中间的控制手柄到适当的位置，效果如图 2-93 所示。用相同的方法绘制其他矩形，并填充相应的颜色，效果如图 2-94 所示。

图 2-93　　图 2-94

（11）选择“选择”工具，用圈选的方法将所绘制的部分图形同时选取，如图 2-95 所示。按数字键盘上的+键，复制图形。按住 Shift 键的同时，垂直向上拖曳复制的图形到适当的位置，效果如图 2-96 所示。单击属性栏中的“垂直镜像”按钮，垂直翻转图形，效果如图 2-97 所示。用相同的方法绘制其他图形，并填充相应的颜色，效果如图 2-98 所示。

（12）选择“椭圆形”工具○，按住 Ctrl 键的同时，在适当的位置绘制一个圆形，设置图形颜色的 CMYK 值为 49、100、100、26，填充图形，并删除图形的轮廓线，效果如图 2-99 所示。

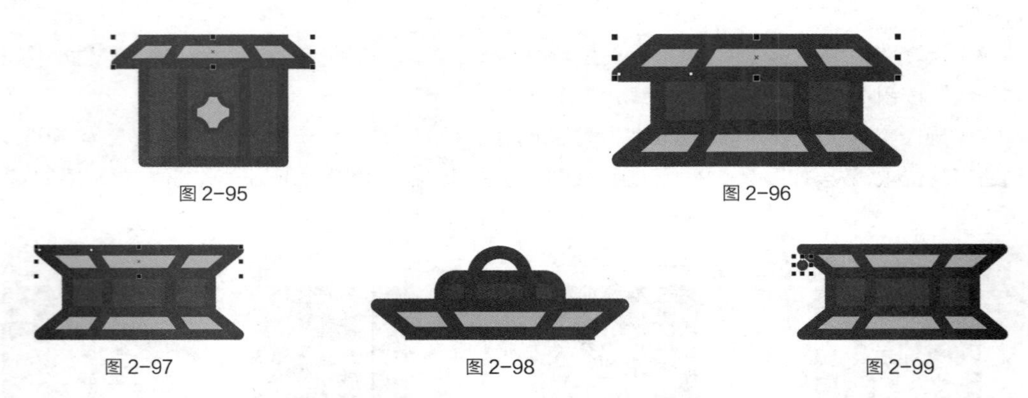

图 2-95　图 2-96

图 2-97　图 2-98　图 2-99

（13）选择“矩形”工具□，在适当的位置绘制一个矩形，如图 2-100 所示。在属性栏中将“圆角半径”选项均设为 1.4 mm，如图 2-101 所示。按 Enter 键，效果如图 2-102 所示。设置图形颜色的 CMYK 值为 49、100、100、26，填充图形，并删除图形的轮廓线，效果如图 2-103 所示。

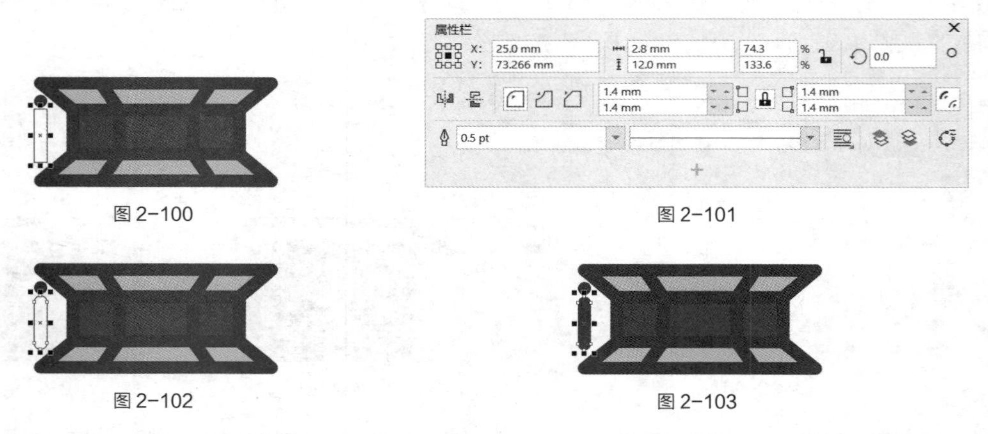

图 2-100　图 2-101

图 2-102　图 2-103

（14）选择“选择”工具，按住 Shift 键的同时，单击上方圆形将其同时选取，如图 2-104 所示。按数字键盘上的+键，复制图形。按住 Shift 键的同时，垂直向下拖曳复制的图形到适当的位置，效果如图 2-105 所示。

（15）选择“选择”工具，选取下方圆角矩形，按住 Shift 键的同时，垂直向下拖曳圆角矩形下侧中间的控制手柄到适当的位置，调整其大小，效果如图 2-106 所示。

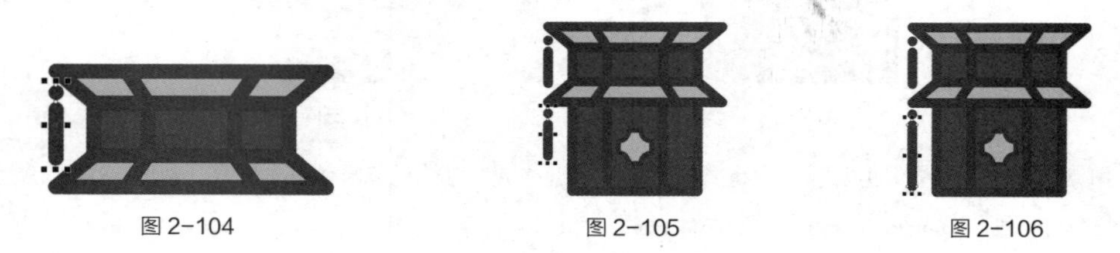

图 2-104　图 2-105　图 2-106

（16）使用“选择”工具，用圈选的方法将所绘制的部分图形同时选取，如图 2-107 所示。按数字键盘上的+键，复制图形。按住 Shift 键的同时，水平向右拖曳复制的图形到适当的位置，效果如图 2-108 所示。用相同的方法分别绘制其他图形，并填充相应的颜色，效果如图 2-109 所示。

（17）选择“矩形”工具□，在适当的位置绘制一个矩形，如图 2-110 所示。在属性栏中将“圆角半径”选项均设为 5.2 mm，如图 2-111 所示。按 Enter 键，效果如图 2-112 所示。设置图形颜色的 CMYK 值为 0、20、20、0，填充图形，并删除图形的轮廓线，效果如图 2–113 所示。

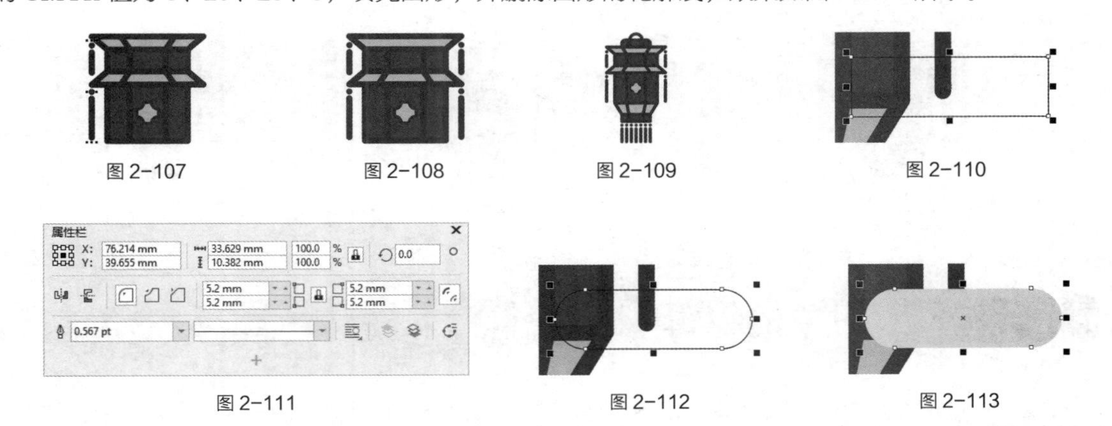

图 2–107　图 2–108　图 2–109　图 2–110

图 2–111　图 2–112　图 2–113

（18）选择“矩形”工具□，在适当的位置绘制一个矩形，如图 2–114 所示。设置图形颜色的 CMYK 值为 0、20、20、0，填充图形，并删除图形的轮廓线，效果如图 2–115 所示。

（19）选择“椭圆形”工具○，按住 Ctrl 键的同时，在适当的位置绘制一个圆形，设置图形颜色的 CMYK 值为 0、20、20、0，填充图形，并删除图形的轮廓线，效果如图 2–116 所示。

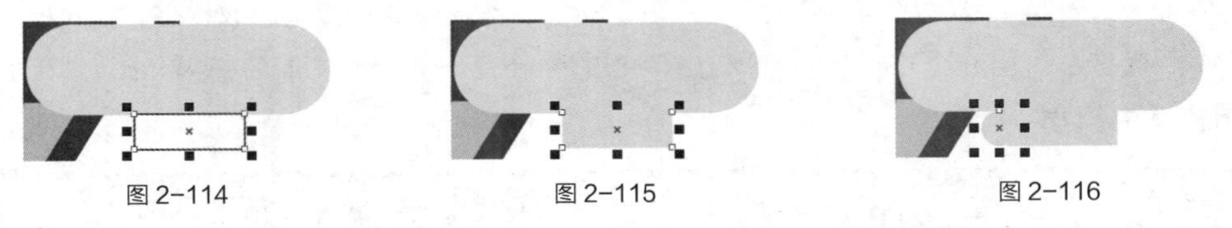

图 2–114　图 2–115　图 2–116

（20）按数字键盘上的+键，复制圆形。选择“选择”工具，按住 Shift 键的同时，水平向右拖曳复制的圆形到适当的位置，效果如图 2–117 所示。用圈选的方法将所绘制的部分图形同时选取，单击属性栏中的“移除前面对象”按钮，将 3 个图形剪切为一个图形，效果如图 2–118 所示。用相同的方法再绘制一个圆角矩形，并填充相应的颜色，效果如图 2–119 所示。

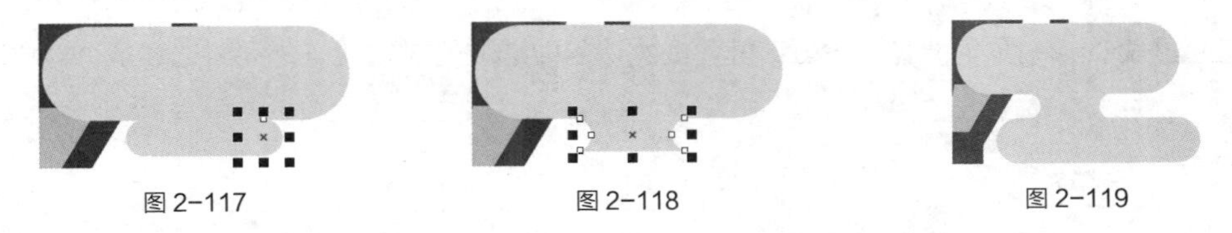

图 2–117　图 2–118　图 2–119

（21）选择“选择”工具，用圈选的方法将所绘制的部分图形同时选取，如图 2–120 所示，按 Ctrl+G 组合键，将其群组。按 Shift+PageDown 组合键，将图形向后移到适当的位置，效果如图 2–121 所示。

图 2–120　图 2–121

（22）按数字键盘上的+键，复制图形。向左上角拖曳群组图形到需要的位置，如图 2–122 所示。单击属性栏中的“垂直镜像”按钮，垂直翻转图形，效果如图 2–123 所示。花灯插画绘制完成，效果如图 2-124 所示。

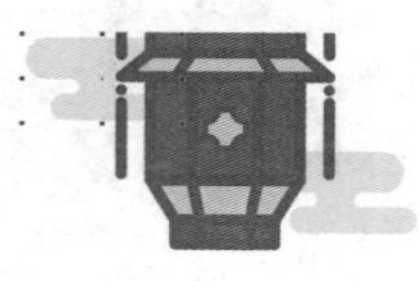

图 2-122

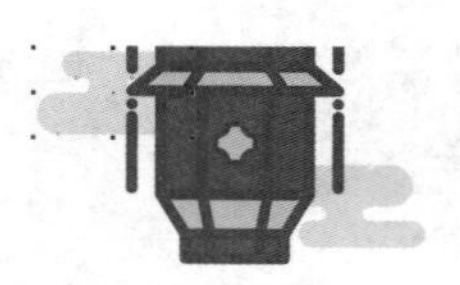

图 2-123

图 2-124

任务 2.2 对象的编辑

在 CorelDRAW 2020 中，用户可以使用强大的图形对象编辑功能对图形对象进行编辑，其中包括对象的多种选取方式，对象的缩放、移动、镜像、旋转、倾斜、复制和删除以及撤销和恢复对象的操作。本任务将讲解多种编辑图形对象的方法和技巧。

2.2.1 对象的选取

在 CorelDRAW 2020 中，新建一个图形对象时，图形对象一般呈选取状态，在对象的周围出现圈选框，圈选框是由 8 个控制手柄组成的，对象的中心有一个“×”形的中心标记。对象的选取状态如图 2-125 所示。

提示

在 CorelDRAW 2020 中，如果要编辑一个对象，首先要选取这个对象。当选取多个图形对象时，多个图形对象共有一个圈选框。要取消对象的选取状态，只要在绘图页面中的其他位置单击或按 Esc 键即可。

1. 使用鼠标点选的方法选取对象

选择“选择”工具，在要选取的图形对象上单击鼠标左键，即可选取该对象。

选取多个图形对象时，按住 Shift 键，依次单击要选取的对象即可，同时选取多个对象的效果如图 2-126 所示。

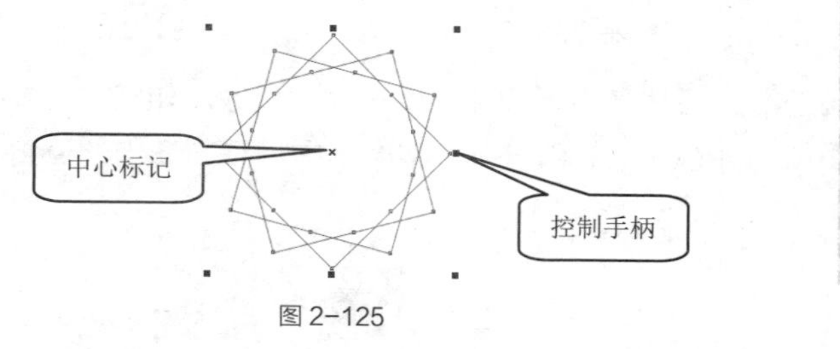

图 2-125

图 2-126

2. 使用鼠标圈选的方法选取对象

选择“选择”工具，在绘图页面中要选取的图形对象外围单击并拖曳鼠标指针，拖曳后会出现一个蓝色的虚线圈选框，如图 2-127 所示。在圈选框完全圈选住对象后松开鼠标左键，被圈选的对象即处于选取状态，如图 2-128 所示。用圈选的方法可以同时选取一个或多个对象。

在圈选的同时按住 Alt 键，蓝色的虚线圈选框接触到的对象都将被选取，如图 2-129 所示。

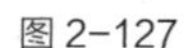
图 2-127

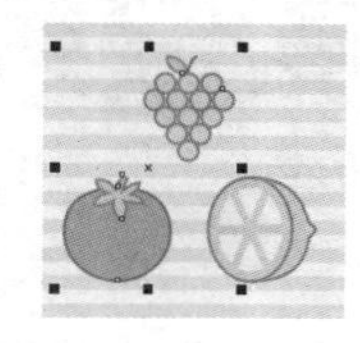
图 2-128

图 2-129

3. 使用命令或快捷键选取对象

可选择“编辑 > 全选”子菜单下的各命令来选取对象；也可按 Ctrl+A 组合键，即选取绘图页面中的全部对象。

提示

当绘图页面中有多个对象时，按空格键，快速选择“选择”工具，连续按 Tab 键，可以依次选择下一个对象。按住 Shift 键，再连续按 Tab 键，可以依次选择上一个对象。按住 Ctrl 键，用鼠标点选可以选取群组中的单个对象。

2.2.2 对象的缩放

1. 使用鼠标缩放对象

使用“选择”工具选取要缩放的对象，对象的周围出现控制手柄。

用鼠标拖曳控制手柄可以缩放对象。拖曳图形对角线上的控制手柄可以按比例缩放对象，如图 2-130 所示。拖曳图形中间的控制手柄可以不按比例缩放对象，如图 2-131 所示。

拖曳图形对角线上的控制手柄时，按住 Ctrl 键，对象会以 100%的比例缩放。同时按住 Shift+Ctrl 组合键，对象会以 100%的比例从中心缩放。

图 2-130

图 2-131

2. 使用“自由变换”工具缩放对象

选取要缩放的对象，对象的周围出现控制手柄。选择“选择”工具的展开工具栏中的“自由变换”工具，在“自由变换”工具属性栏中单击“自由缩放”按钮，如图 2-132 所示。

图 2-132

在“自由变换”工具属性栏中的“对象大小”选项中，输入对象的宽度和高度。如果选择了“缩放因子”选项中的“锁定比例”按钮，则宽度和高度将按比例缩放，只要改变宽度和高度中的一个值，另一个值就会自动按比例调整。在“自由变换”工具属性栏中调整好宽度和高度后，按 Enter 键，完成对象的缩放，效果如图 2-133 所示。

图 2-133

3. 使用“变换”泊坞窗缩放对象

选取要缩放的对象，如图 2-134 所示。选择“窗口 > 泊坞窗 > 变换”命令，或按 Alt+F7 组合键，弹出“变换”泊坞窗，如图 2-135 所示。其中，“W”表示宽度，“H”表示高度。如果不勾选“按比例”复选框，就可以不按比例缩放对象。

在“变换”泊坞窗中，图 2-136 所示的是可供选择的圈选框控制手柄所在的 9 个点的位置，单击一个按钮以定义一个在缩放对象时保持固定不动的点，缩放的对象将基于这个点进行缩放，这个点可以决定缩放后的图形与原图形的相对位置。

在“变换”泊坞窗中设置好需要的数值，如图 2-137 所示。单击“应用”按钮，完成对象的缩放，效果如图 2-138 所示。使用“变换”泊坞窗中的“副本”选项，可以复制并生成多个缩放好的对象。

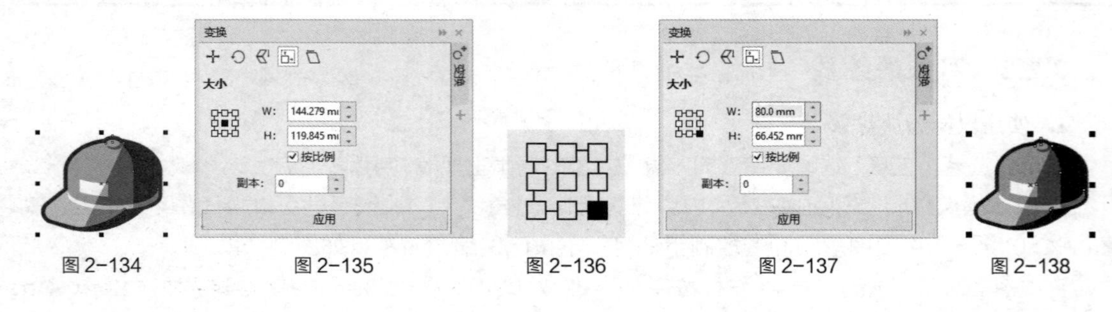

图 2-134　图 2-135　图 2-136　图 2-137　图 2-138

2.2.3　对象的移动

1. 使用工具和键盘移动对象

使用“选择”工具选取要移动的对象，如图 2-139 所示。使用“选择”工具或其他的绘图工具，将鼠标指针移到对象的中心标记上，指针将变为十字箭头形状“✥”，如图 2-140 所示。按住鼠标左键不放，拖曳对象到需要的位置，松开鼠标左键，完成对象的移动，效果如图 2-141 所示。

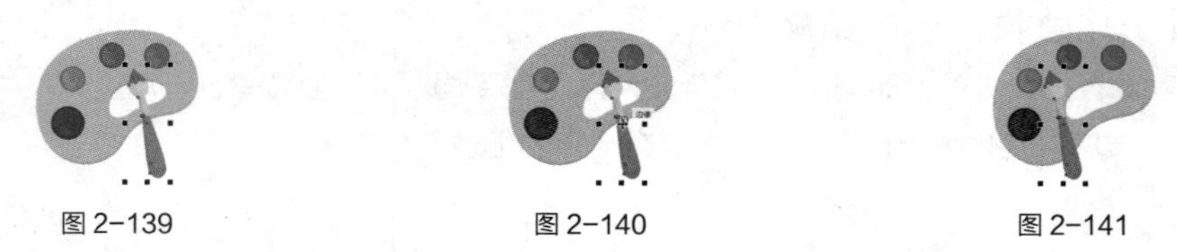

图 2-139　图 2-140　图 2-141

选取要移动的对象，用键盘上的方向键可以微调对象的位置，系统使用默认值时，对象将以 2.54 mm 的增量移动。选择“选择”工具后不选取任何对象，在属性栏中的 0.1 mm 选项中可以重新设定每次微调移动的距离。

2. 使用属性栏移动对象

选取要移动的对象，在属性栏的“对象位置”框 X: 92.0 mm Y: 83.5 mm 中输入对象要移动到的新位置的横坐标和纵坐标，即可移动对象。

3. 使用“变换”泊坞窗移动对象

选取要移动的对象，如图 2-142 所示。在“变换”泊坞窗中，单击“位置”按钮，切换到相应的选项卡，如图 2-143 所示。“X”表示对象所在位置的横坐标，“Y”表示对象所在位置的纵坐标。如果勾选“相对位置”复选框，对象将相对于原位置的中心进行移动。

在“变换”泊坞窗中设置好需要的数值，如图 2-144 所示，单击“应用”按钮，或按 Enter 键，完成对象的移动，效果如图 2-145 所示。

图 2-142

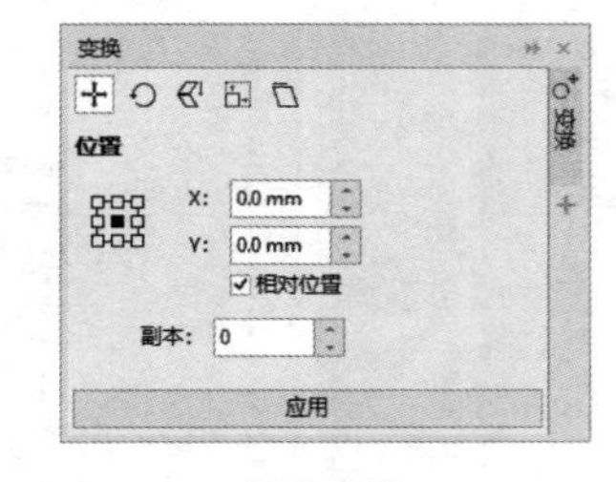

图 2-143

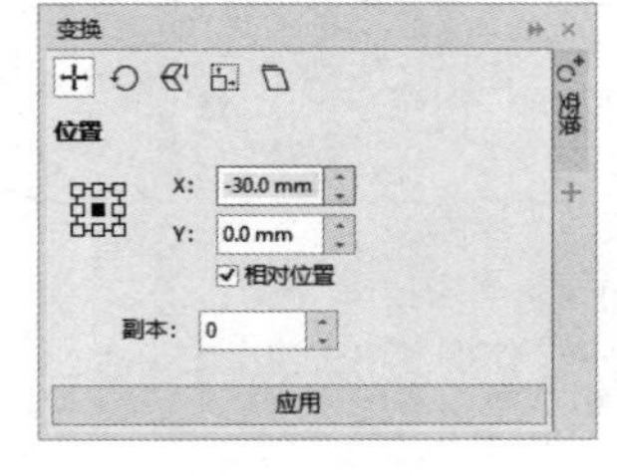

图 2-144

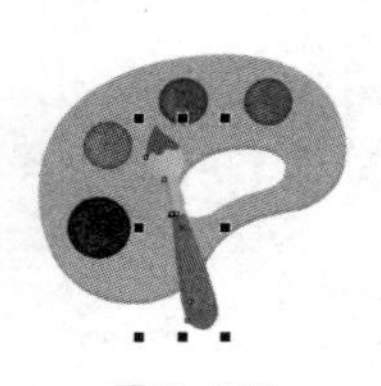
图 2-145

设置好数值后，在“副本”选项中输入数值 1，可以在移动的新位置复制并生成一个新的对象。

2.2.4 对象的镜像

镜像效果经常被应用到设计作品中。在 CorelDRAW 2020 中，可以使用多种方法使对象沿水平、垂直或对角线的方向进行镜像翻转。

1. 使用鼠标镜像翻转对象

选取要进行镜像翻转的对象，如图 2-146 所示。按住鼠标左键直接拖曳控制手柄到原对象相对的边，直到显示对象的蓝色轮廓，如图 2-147 所示，松开鼠标左键就可以得到不规则的镜像对象，如图 2-148 所示。

图 2-146

图 2-147

图 2-148

按住 Ctrl 键，直接拖曳对象左侧或右侧中间的控制手柄到相对的边，可以完成保持原对象比例的水平镜像翻转，如图 2-149 所示。按住 Ctrl 键，直接拖曳对象上侧或下侧中间的控制手柄到原对象相对的边，可以完成保持原对象比例的垂直镜像翻转，如图 2-150 所示。按住 Ctrl 键，直接拖曳对象边角上的控制手柄到原对象相对的边，可以完成保持原对象比例的沿对角线方向的镜像翻转，如图 2-151 所示。

图 2-149

图 2-150

图 2-151

提示

镜像翻转的过程只能使对象本身产生镜像。如果想产生图 2-149、图 2-150 和图 2-151 所示的效果，就要在镜像翻转的位置生成一个复制对象。方法很简单，在松开鼠标左键之前按鼠标右键，就可以在镜像翻转的位置生成一个复制对象。

2. 使用属性栏镜像翻转对象

使用“选择”工具选取要进行镜像翻转的对象，如图 2-152 所示。这时的属性栏如图 2-153 所示。

图 2-152

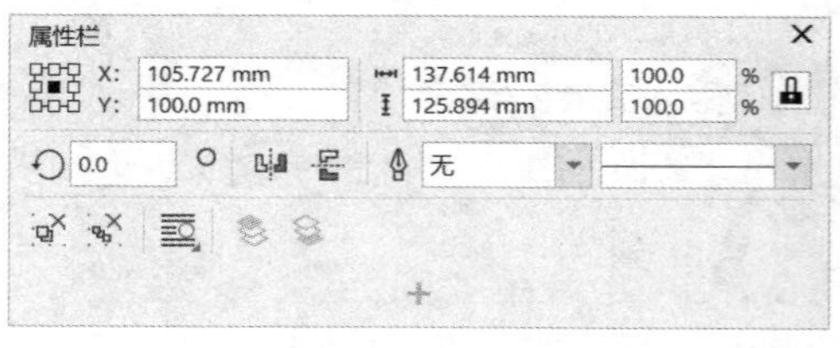

图 2-153

单击属性栏中的“水平镜像”按钮，可以使对象沿水平方向进行镜像翻转，单击“垂直镜像”按钮，可以使对象沿垂直方向进行镜像翻转。

3. 使用“变换”泊坞窗镜像翻转对象

选取要镜像翻转的对象，在“变换”泊坞窗中，单击“缩放和镜像”按钮，切换到相应的选项卡，单击“水平镜像”按钮，可以使对象沿水平方向进行镜像翻转。单击“垂直镜像”按钮，可以使对象沿垂直方向进行镜像翻转。设置好需要的数值，单击“应用”按钮即可看到镜像翻转效果。

还可以设置生成一个变形的镜像对象。将“变换”泊坞窗按图 2-154 所示进行参数设置，设置好后，单击“应用”按钮，生成一个变形的镜像对象，效果如图 2-155 所示。

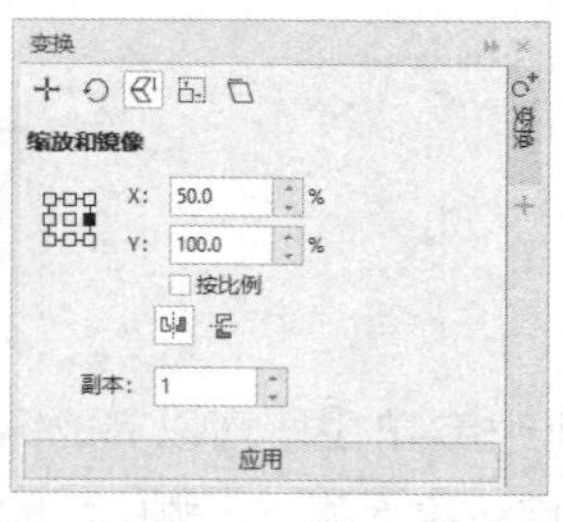

图 2-154

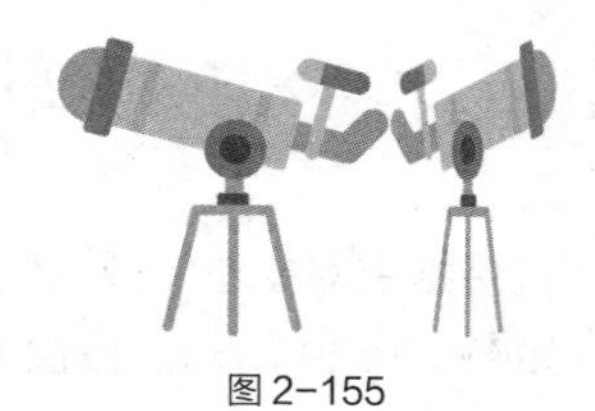
图 2-155

2.2.5 对象的旋转

1. 使用鼠标旋转对象

使用“选择”工具选取要旋转的对象，对象的周围出现控制手柄。再次单击对象，这时对象的周围出现旋转和倾斜控制手柄，如图 2-156 所示。

将鼠标指针移动到旋转控制手柄上，这时的鼠标指针变为旋转符号，如图 2-157 所示。按住鼠标左键，拖曳鼠标旋转对象，旋转时对象会出现蓝色轮廓框指示旋转方向和角度，如图 2-158 所示。旋转到需要的方向和角度后，松开鼠标左键，完成对象的旋转，效果如图 2-159 所示。

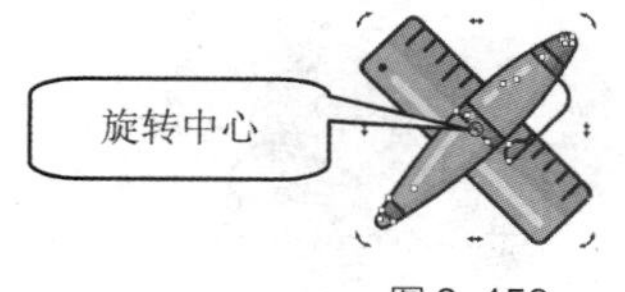

图 2-156

图 2-157

图 2-158

图 2-159

对象是围绕旋转中心⊙旋转的，默认的旋转中心⊙是对象的中心点，将鼠标指针移动到旋转中心上，按住鼠标左键拖曳旋转中心⊙到需要的位置，松开鼠标左键，完成对旋转中心的移动。

2. 使用属性栏旋转对象

选取要旋转的对象，效果如图 2-160 所示。选择“选择”工具，在属性栏中的“旋转角度”选项中输入旋转的角度数值为 30.0，如图 2-161 所示，按 Enter 键，效果如图 2-162 所示。

3. 使用“变换”泊坞窗旋转对象

选取要旋转的对象，如图 2-163 所示。在“变换”泊坞窗中，单击“旋转”按钮，切换到相应的选项卡，其中各选项的设置如图 2-164 所示。

图 2-160

图 2-161

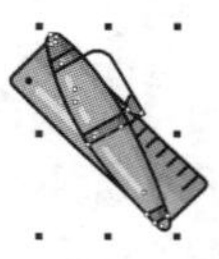
图 2-162

图 2-163

在“变换”泊坞窗的“旋转”设置区的“角度”文本框中直接输入旋转的角度数值，旋转的角度数值可以是正值也可以是负值。在“中”设置区中输入旋转中心的坐标位置。勾选“相对中心”复选框，对象将以选中的点为旋转中心进行旋转。对“变换”泊坞窗进行图 2-165 所示的设置，设置完成后，单击“应用”按钮，对象旋转的效果如图 2-166 所示。

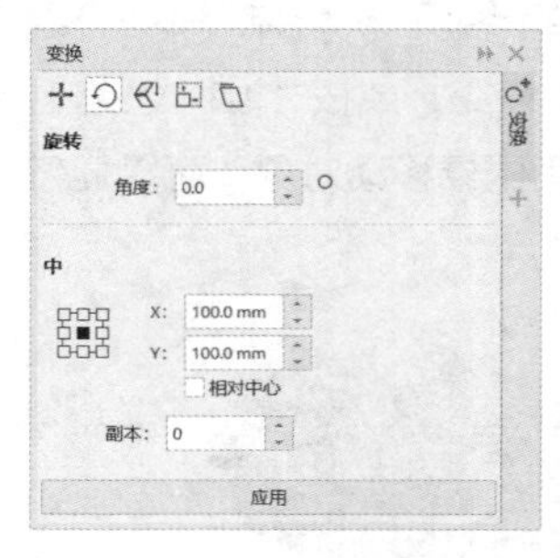

图 2-164

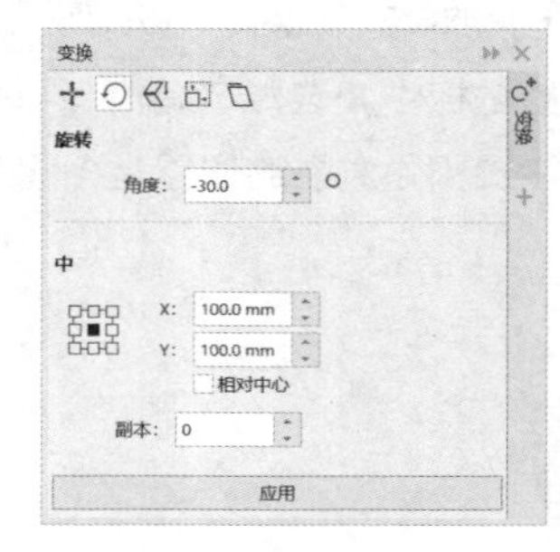

图 2-165

图 2-166

2.2.6 对象的倾斜

1. 使用鼠标倾斜对象

使用“选择”工具选取要倾斜的对象，对象的周围出现控制手柄。再次单击对象，这时对象的周围出现旋转和倾斜控制手柄，如图 2-167 所示。

将鼠标指针移动到倾斜控制手柄上，鼠标指针变为倾斜符号，如图 2-168 所示。按住鼠标左键，拖曳鼠标指针倾斜对象，倾斜变形时对象会出现蓝色轮廓框指示倾斜变形的方向和角度，如图 2-169 所示。倾斜到需要的方向和角度后，松开鼠标左键，对象倾斜变形的效果如图 2-170 所示。

图 2-167

图 2-168

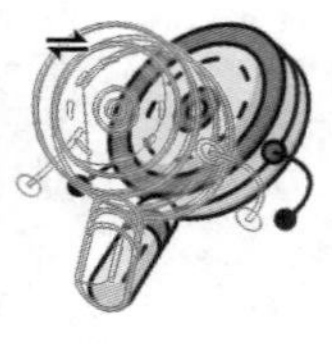

图 2-169

图 2-170

2. 使用“变换”泊坞窗倾斜对象

选取要倾斜变形的对象，如图 2-171 所示。在“变换”泊坞窗中，单击“倾斜”按钮，切换到相应的选项卡，如图 2-172 所示。“X”表示设置一个角度以水平倾斜对象，“Y”表示设置一个角度以竖直倾斜对象。如果勾选“使用锚点”复选框，对象将相对于定义锚点进行倾斜。

在“变换”泊坞窗中设置好需要的数值，如图 2-173 所示。单击“应用”按钮，对象产生倾斜变形，效果如图 2-174 所示。

图 2-171

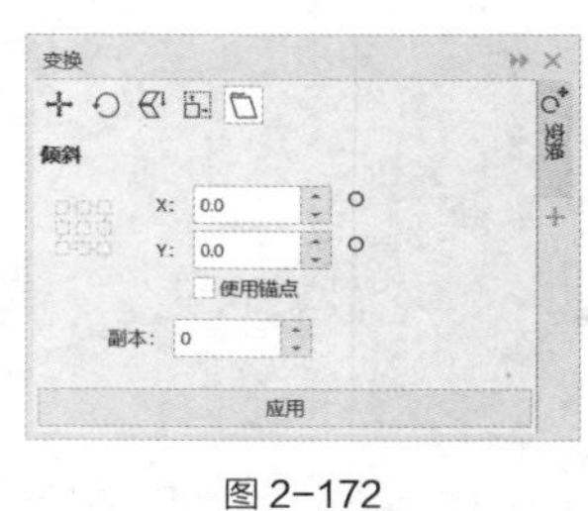

图 2-172

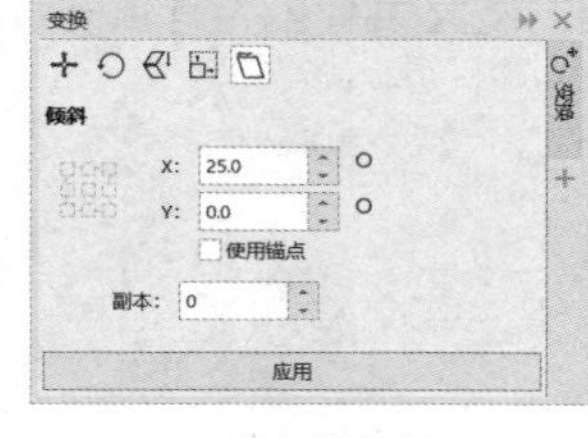

图 2-173

图 2-174

2.2.7 对象的复制

1. 使用命令或快捷键复制对象

使用“选择”工具选取要复制的对象，如图 2-175 所示。选择“编辑 > 复制”命令，或按 Ctrl+C 组合键，对象的副本将被放置在剪贴板中。选择“编辑 > 粘贴”命令，或按 Ctrl+V 组合键，对象的副本被粘贴到原对象的下面，位置和原对象的位置是相同的。用鼠标移动对象，可以显示复制的对象，如图 2-176 所示。

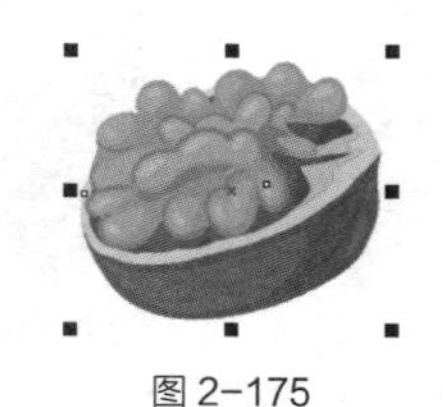

图 2-175

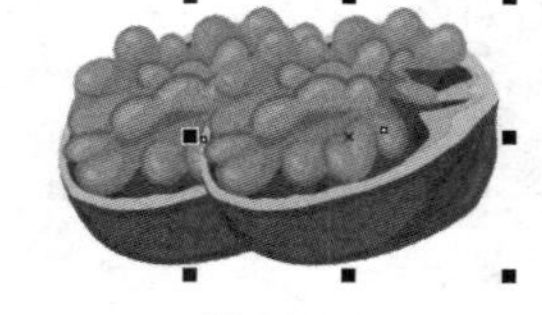

图 2-176

提示

选择“编辑 > 剪切”命令，或按 Ctrl+X 组合键，对象将从绘图页面中删除并被放置在剪贴板上。

2. 使用鼠标复制对象

使用鼠标复制对象的第一种方式是选取要复制的对象，如图 2-177 所示。将鼠标指针移动到对象的中心标记上，鼠标指针变为移动指针，如图 2-178 所示。按住鼠标左键拖曳对象到需要的位置，如图 2-179 所示。在位置合适后单击鼠标右键，完成对象的复制，效果如图 2-180 所示。

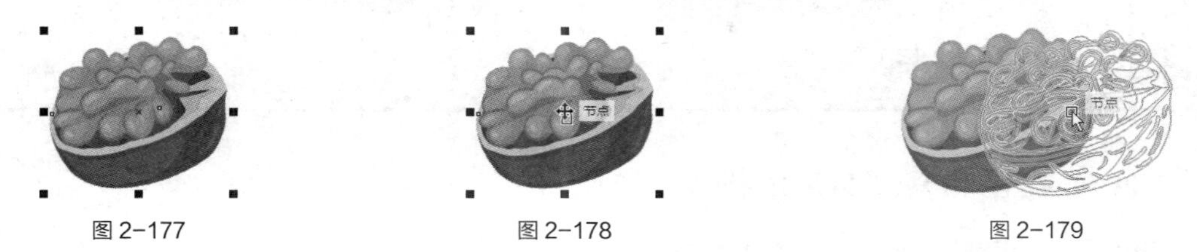

图 2-177　　图 2-178　　图 2-179

第二种方式是选取要复制的对象，用鼠标右键单击并拖曳对象到需要的位置，松开鼠标右键后，在弹出的快捷菜单中选择“复制”命令，如图 2-181 所示，完成对象的复制，效果如图 2-182 所示。

图 2-180　　图 2-181　　图 2-182

提示

使用“选择”工具选取要复制的对象，在数字键盘上按+键，可快速复制对象。

3. 使用命令复制对象属性

选取要复制属性的对象，如图 2-183 所示。选择“编辑 > 复制属性自”命令，弹出“复制属性”对话框，在对话框中勾选“填充”复选框，如图 2-184 所示，单击“OK”按钮，鼠标指针显示为黑色箭头，在要复制属性的对象上单击，如图 2-185 所示，对象的属性复制完成，效果如图 2-186 所示。

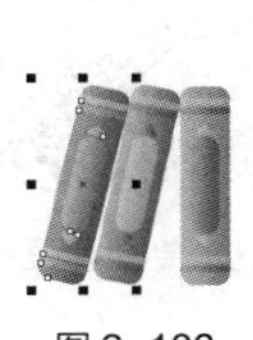

图 2-183

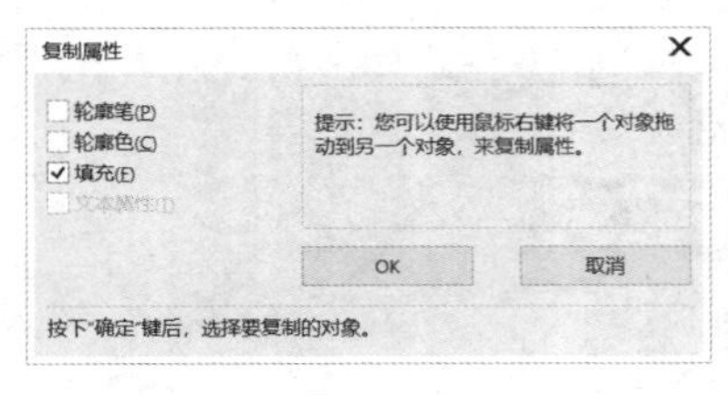

图 2-184

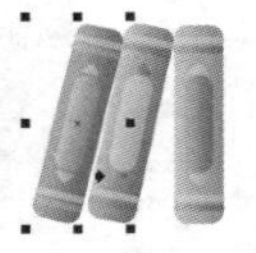

图 2-185

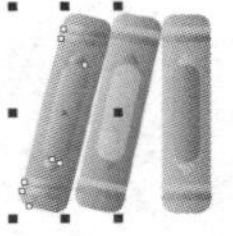

图 2-186

提示

可以在两个不同的绘图页面中复制对象。使用鼠标左键拖曳其中一个绘图页面中的对象到另一个绘图页面中，在松开鼠标左键前单击鼠标右键即可复制对象。

2.2.8 对象的删除

在 CorelDRAW 2020 中，可以方便、快捷地删除对象。下面介绍如何删除不需要的对象。

选取要删除的对象，选择“编辑 > 删除”命令，或按 Delete 键，可以将选取的对象删除。

提示

如果想删除多个或全部的对象，首先要选取这些对象，再执行“删除”命令或按 Delete 键。

2.2.9 撤销和恢复对象的操作

在进行设计和制作的过程中，可能经常会出现错误的操作。下面介绍撤销和恢复对象的操作。

撤销对象的操作：选择“编辑 > 撤销”命令，如图 2-187 所示，或按 Ctrl+Z 组合键，可以撤销上一次的操作。

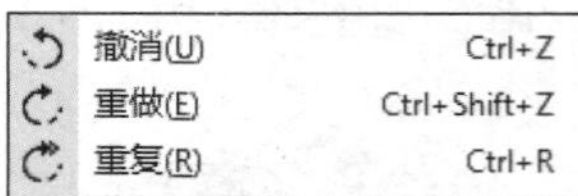

图 2-187

单击标准工具栏中的“撤销”按钮，也可以撤销上一次的操作。单击“撤销”按钮右侧的按钮，在弹出的下拉列表中可以对多个操作进行撤销。

恢复对象的操作：选择“编辑 > 重做”命令，或按 Ctrl+Shift+Z 组合键，可以恢复上一次的操作。

单击标准工具栏中的“重做”按钮，也可以恢复上一次的操作。单击“重做”按钮右侧的按钮，在弹出的下拉列表中可以对多个操作进行恢复。

任务实践　绘制风景插画

任务学习目标　学习使用对象编辑方法绘制风景插画。

任务知识要点　使用“选择”工具移动并缩放图形；使用“水平镜像”按钮翻转图形；使用“变换”泊坞窗复制并镜像翻转图形。风景插画效果如图 2-188 所示。

图 2-188

效果所在位置　云盘\Ch02\效果\绘制风景插画.cdr。

（1）按 Ctrl+O 组合键，打开云盘中的“Ch02\素材\绘制风景插画\01”文件，如图 2-189 所示。选择“选择”工具，选取云彩图形，如图 2-190 所示。

图 2-189

图 2-190

（2）按数字键盘上的+键，复制云彩图形。向右下角拖曳复制的云彩图形到适当的位置，效果如图 2–191 所示。按 Shift 键的同时，拖曳云彩图形右上角的控制手柄等比例缩放云彩图形，效果如图 2–192 所示。

图 2–191

图 2–192

（3）单击属性栏中的“水平镜像”按钮，水平翻转云彩图形，效果如图 2–193 所示。用相同的方法分别复制其他云彩、树和老鹰图形，并调整其大小，效果如图 2–194 所示。

（4）使用“选择”工具，按住 Shift 键的同时，选取需要的图形，如图 2–195 所示。按 Alt+F9 组合键，弹出“变换”泊坞窗，其中各选项的设置如图 2–196 所示，再单击“应用”按钮，复制并镜像翻转图形，效果如图 2–197 所示。按 Shift 键的同时，垂直向上拖曳镜像翻转的图形到适当的位置，效果如图 2–198 所示。

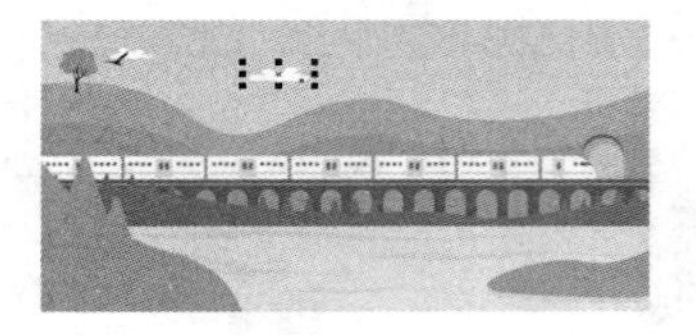
图 2–193

图 2–194

图 2–195

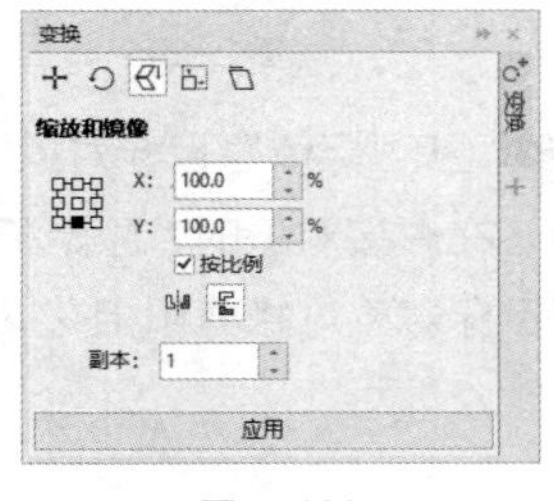

图 2–196

图 2–197

图 2–198

（5）选择“透明度”工具，在属性栏中单击“均匀透明度”按钮，其他选项的设置如图 2–199 所示。按 Enter 键，透明效果如图 2–200 所示。

（6）按 Esc 键，取消图形选取状态，风景插画绘制完成，效果如图 2–201 所示。

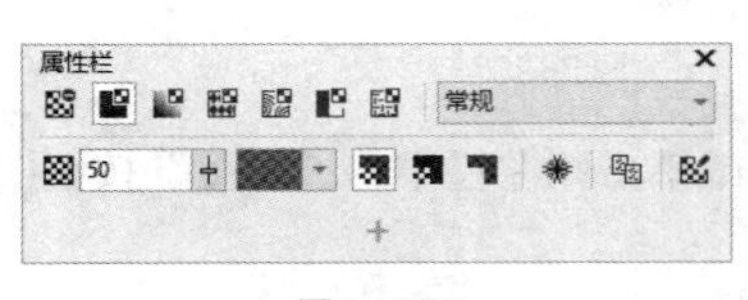

图 2–199

图 2–200

图 2–201

任务 2.3 对象的造型

在 CorelDRAW 2020 中，造型功能是用于编辑图形对象的重要手段。使用造型功能中的焊接、修剪、相交、简化等命令可以创建出复杂的全新图形。

2.3.1 焊接

焊接是将多个对象结合成一个对象的操作。新的对象轮廓由被焊接的对象边界组成，被焊接对象的交叉线都会消失。

使用“选择”工具选中要焊接的对象，如图 2-202 所示。选择“窗口 > 泊坞窗 > 形状”命令，弹出“形状”泊坞窗，如图 2-203 所示。在“形状”泊坞窗中选择“焊接”选项，再单击“焊接到”按钮，将鼠标指针移至目标对象上，如图 2-204 所示。单击鼠标左键，完成对象的焊接，效果如图 2-205 所示。

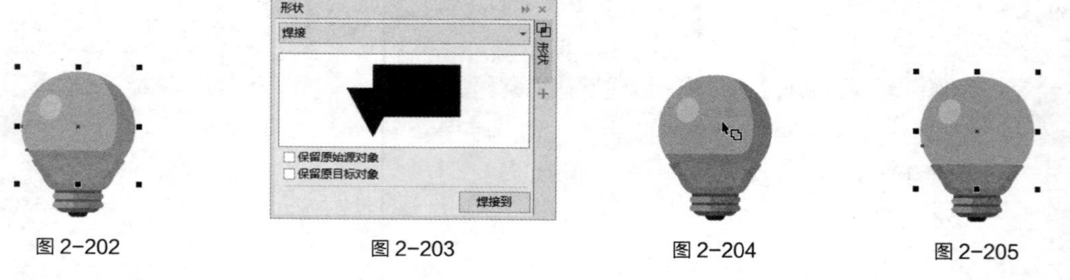

图 2-202 图 2-203 图 2-204 图 2-205

在进行焊接操作之前，可以在“形状”泊坞窗中设置“保留原始源对象”和“保留原目标对象”。勾选“保留原始源对象”和“保留原目标对象”复选框，如图 2-206 所示。在焊接对象时，原始源对象和原目标对象都会被保留，效果如图 2-207 所示。保留原始源对象和原目标对象对修剪和相交操作也适用。

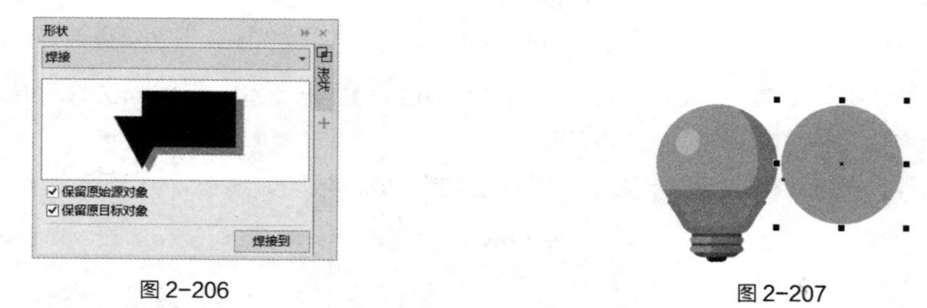

图 2-206 图 2-207

选择要焊接的对象后，选择“对象 > 造型 > 合并”命令，或单击属性栏中的“焊接”按钮，可以完成对象的焊接。

2.3.2 修剪

修剪是将原目标对象与原始源对象的相交部分裁剪，使原目标对象的形状被更改的操作。修剪后的原目标对象保留其填充和轮廓属性。

使用“选择”工具选中原始源对象，如图 2–208 所示。在“形状”泊坞窗中选择“修剪”选项，如图 2–209 所示。单击“修剪”按钮，将鼠标指针移至原目标对象上，如图 2–210 所示，单击鼠标左键，完成对象的修剪，效果如图 2–211 所示。

图 2–208

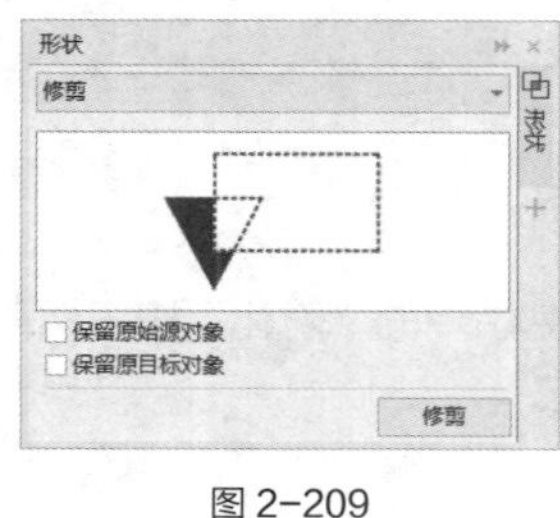

图 2–209

图 2–210

图 2–211

选择“对象 > 造型 > 修剪”命令，或单击属性栏中的“修剪”按钮，也可以完成修剪，原始源对象和被修剪的原目标对象会同时存在于绘图页面中。

提示

圈选多个图形时，在最底层的图形对象就是原目标对象。按住 Shift 键，选择多个图形时，最后选中的图形就是原目标对象。

2.3.3 相交

相交是将两个或两个以上对象的相交部分保留，使相交的部分成为一个新的对象的操作。新对象的填充和轮廓属性与原目标对象的相同。

使用“选择”工具选中原始源对象，如图 2–212 所示。在“形状”泊坞窗中选择“相交”选项，如图 2–213 所示。单击“相交对象”按钮，将鼠标指针移至原目标对象上，如图 2–214 所示，单击鼠标左键，完成对象的相交，效果如图 2–215 所示。

图 2–212

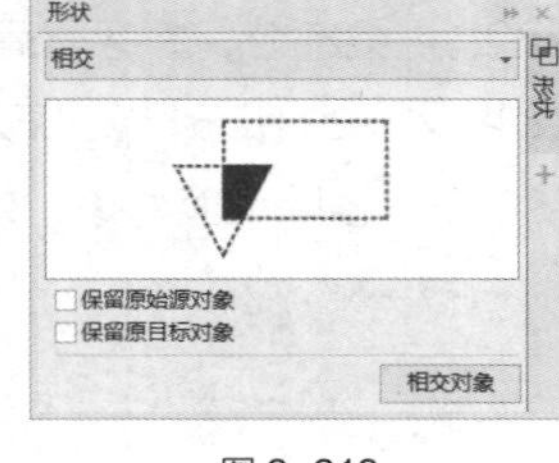

图 2–213

图 2–214

图 2–215

选择“对象 > 造型 > 相交”命令，或单击属性栏中的“相交”按钮，也可以完成相交。原始源对象、原目标对象，以及相交后的新对象同时存在于绘图页面中。

2.3.4 简化

简化是删除后面图形中和前面图形的重叠部分，并保留前面图形和后面图形状态的操作。

使用“选择”工具选中两个相交的对象，如图 2–216 所示。在“形状”泊坞窗中选择“简化”选项，如图 2–217 所示。单击“应用”按钮，完成对象的简化，效果如图 2–218 所示。

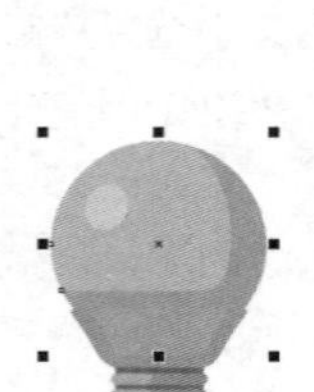

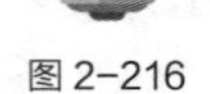

图 2-216

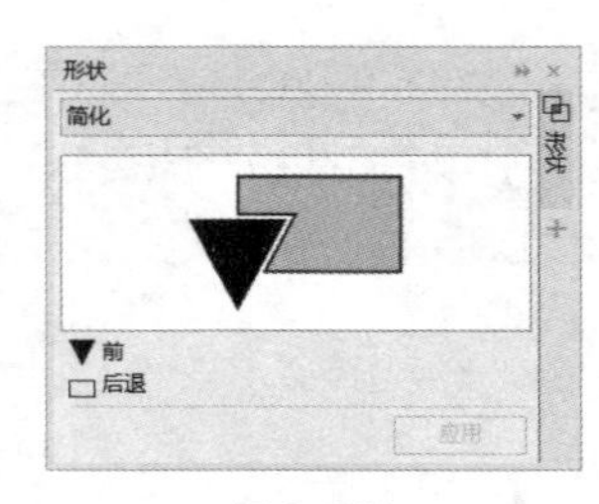

图 2-217

图 2-218

选择“对象 > 造型 > 简化”命令，或单击属性栏中的“简化”按钮，也可以完成对象的简化。

2.3.5　移除后面对象

移除后面对象会移除后面图形，以及前后图形的重叠部分，并保留前面图形的剩余部分。

使用“选择”工具选中两个相交的对象，如图 2-219 所示。在“形状”泊坞窗中选择“移除后面对象”选项，如图 2-220 所示。单击“应用”按钮，移除后面对象，效果如图 2-221 所示。

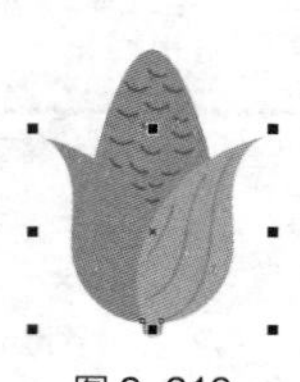

图 2-219

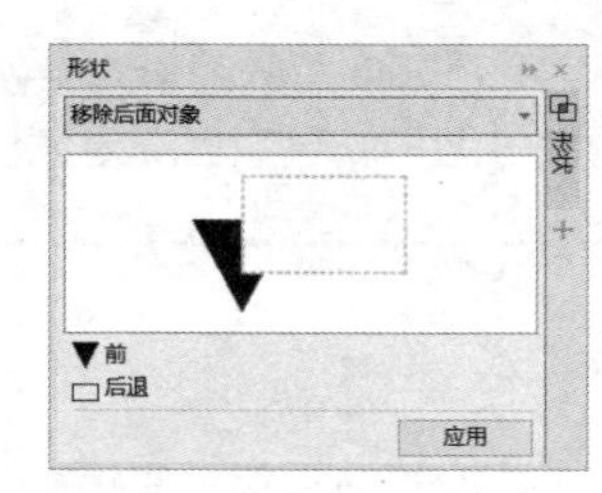

图 2-220

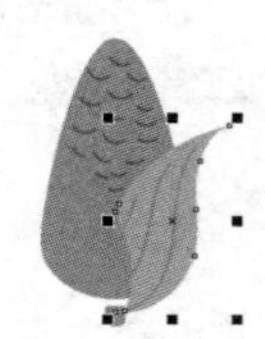

图 2-221

选择“对象 > 造型 > 移除后面对象”命令，或单击属性栏中的“移除后面对象”按钮，也可以完成对对象的操作。

2.3.6　移除前面对象

移除前面对象会移除前面图形，以及前后图形的重叠部分，并保留后面图形的剩余部分。

使用“选择”工具选中两个相交的对象，如图 2-222 所示。在“形状”泊坞窗中选择“移除前面对象”选项，如图 2-223 所示。单击“应用”按钮，移除前面对象，效果如图 2-224 所示。

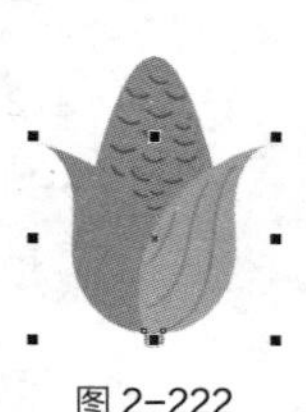

图 2-222

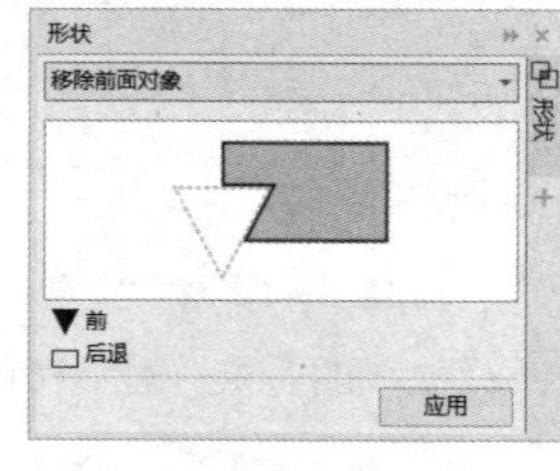

图 2-223

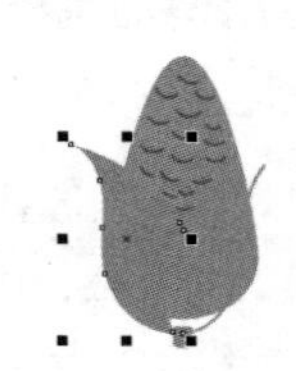

图 2-224

选择“对象 > 造型 > 移除前面对象”命令，或单击属性栏中的“移除前面对象”按钮，也可以完成对对象的操作。

2.3.7　边界

边界是一个可以围绕着所选对象的新对象。

使用“选择”工具选中要创建边界的对象，如图 2-225 所示。在“形状”泊坞窗中选择“边界”选项，如图 2-226 所示。单击“应用”按钮，边界效果如图 2-227 所示。

图 2-225

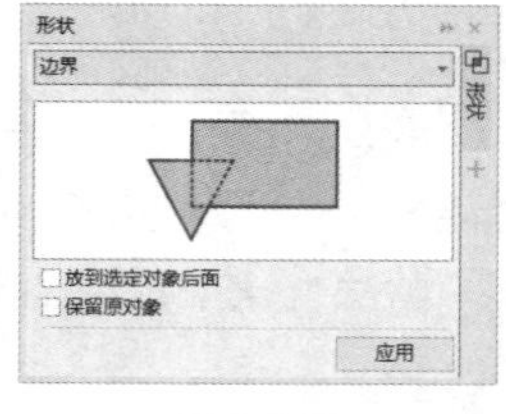

图 2-226

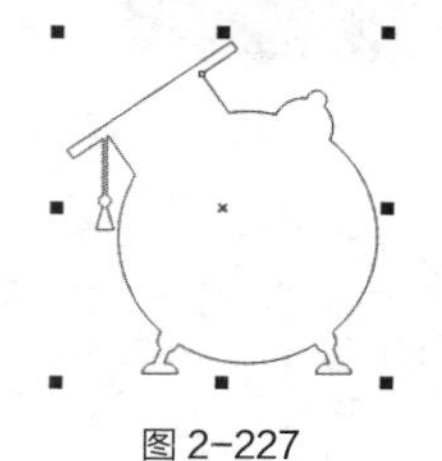
图 2-227

选择“对象 > 造型 > 边界”命令，或单击属性栏中的“创建边界”按钮，也可以完成图形的边界的创建。

任务实践　绘制计算器图标

任务学习目标　学习使用图形绘制工具、“形状”泊坞窗绘制计算器图标。

任务知识要点　使用“矩形”工具、“圆角半径”选项、“移除前面对象”按钮、“水平镜像”按钮、“垂直镜像”按钮、“文本”工具和“透明度”工具绘制计算器机身、显示屏和按钮；使用“阴影”工具为机身、按钮添加投影效果。计算器图标效果如图 2-228 所示。

效果所在位置　云盘\Ch02\效果\绘制计算器图标.cdr。

图 2-228

1. 绘制计算器机身、显示屏

（1）按 Ctrl+N 组合键，弹出“创建新文档”对话框，在其中设置文档的宽度为 1024 px，高度为 1024 px，方向为纵向，原色模式为 RGB，分辨率为 72 dpi，单击“OK”按钮，创建一个文档。

（2）双击“矩形”工具，绘制一个与页面大小相等的矩形，如图 2-229 所示。设置图形颜色的 RGB 值为 95、42、119，填充图形，并删除图形的轮廓线，效果如图 2-230 所示。

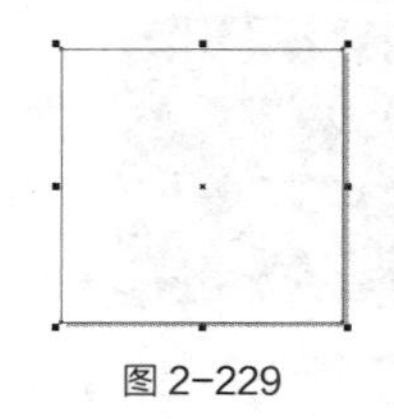
图 2-229

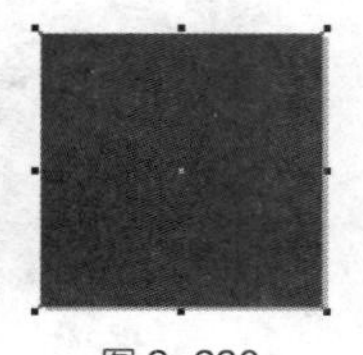
图 2-230

（3）使用“矩形”工具□再绘制一个矩形，如图 2-231 所示。在属性栏中将“圆角半径”选项均设为 50.0 px，如图 2-232 所示。按 Enter 键，效果如图 2-233 所示。

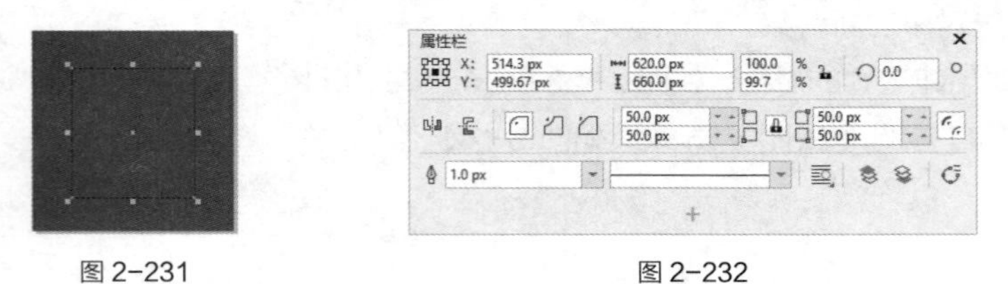

图 2-231　　图 2-232

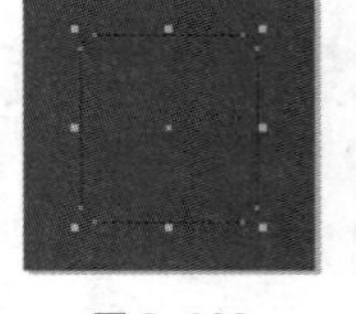

图 2-233

（4）按 F12 键，弹出“轮廓笔”对话框，在“颜色”选项中设置轮廓线颜色的 RGB 值为 81、28、99，其他选项的设置如图 2-234 所示。单击“OK”按钮，效果如图 2-235 所示。

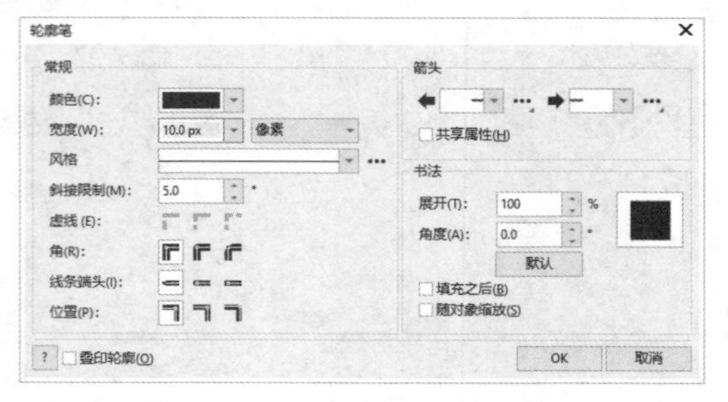

图 2-234

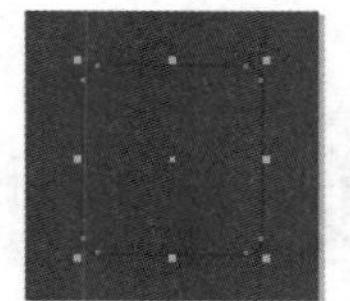

图 2-235

（5）设置图形颜色的 RGB 值为 240、82、29，填充图形，效果如图 2-236 所示。选择“阴影”工具□，在属性栏中单击“预设列表”选项，在弹出的下拉列表中选择“平面左下”，其他选项的设置如图 2-237 所示。按 Enter 键，效果如图 2-238 所示。

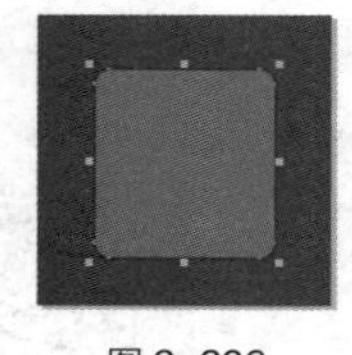

图 2-236

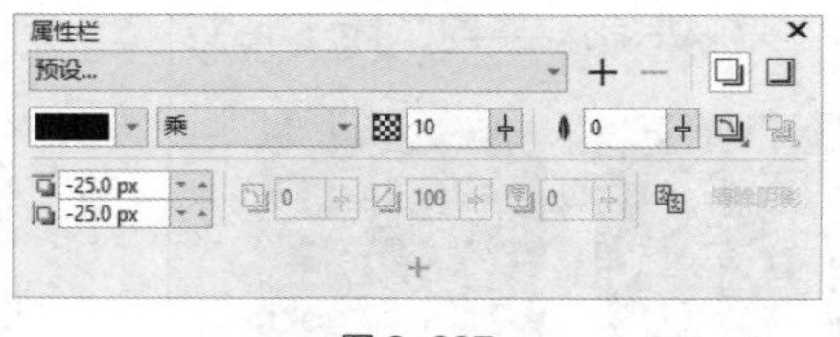

图 2-237

图 2-238

（6）选择“选择”工具▶，选择圆角矩形，按数字键盘上的+键，复制圆角矩形。按住 Shift 键的同时，垂直向上拖曳复制的圆角矩形到适当的位置，效果如图 2-239 所示。设置图形颜色的 RGB 值为 251、161、46，填充图形，效果如图 2-240 所示。

（7）按数字键盘上的+键，复制圆角矩形。垂直向下微调复制的圆角矩形到适当的位置，效果如图 2-241 所示。设置图形颜色的 RGB 值为 252、114、68，填充图形，并删除图形的轮廓线，效果如图 2-242 所示。按 Ctrl+PageDown 组合键，将图形向后移一层，效果如图 2-243 所示。

图 2-239

图 2-240

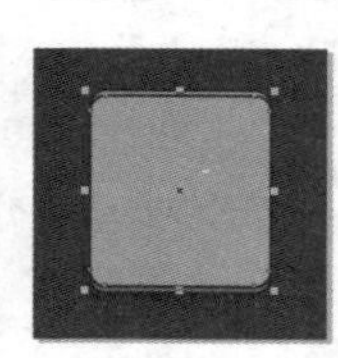

图 2-241

图 2-242

图 2-243

（8）选择“选择”工具，选择最上方的圆角矩形，按数字键盘上的+键，复制圆角矩形，如图 2-244 所示。设置图形颜色的 RGB 值为 251、148、53，填充图形，并删除图形的轮廓线，效果如图 2-245 所示。

（9）按数字键盘上的+键，复制圆角矩形。水平向右微调复制的圆角矩形到适当的位置，填充图形为白色，效果如图 2-246 所示。按住 Shift 键的同时，单击左侧原图形将其同时选取，如图 2-247 所示。单击属性栏中的“移除前面对象”按钮，将两个图形剪切为一个图形，效果如图 2-248 所示。

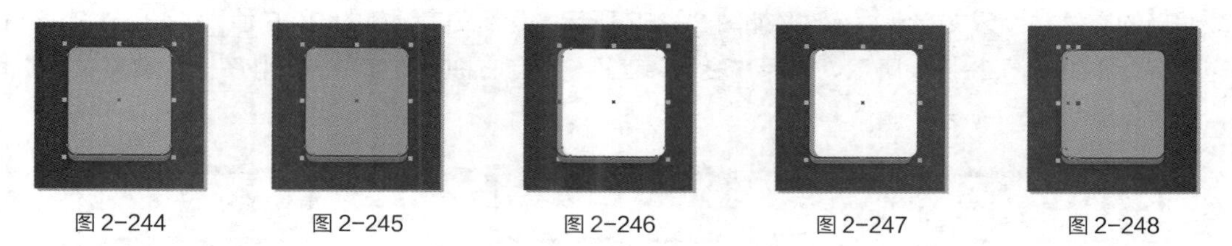

图 2-244　　图 2-245　　图 2-246　　图 2-247　　图 2-248

（10）按数字键盘上的+键，复制图形。单击属性栏中的“水平镜像”按钮，水平翻转图形，效果如图 2-249 所示。选择“选择”工具，按住 Shift 键的同时，水平向右拖曳翻转的图形到适当的位置，效果如图 2-250 所示。设置图形颜色的 RGB 值为 255、180、48，填充图形，效果如图 2-251 所示。

（11）选择“矩形”工具，在适当的位置绘制一个矩形，如图 2-252 所示。在属性栏中将“圆角半径”选项均设为 10.0px。按 Enter 键，效果如图 2-253 所示。

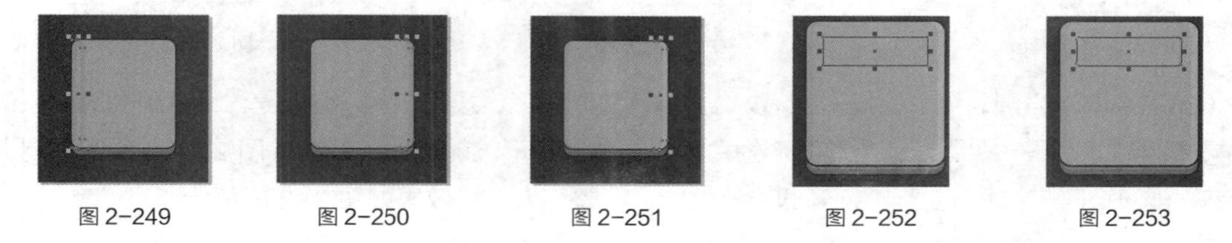

图 2-249　　图 2-250　　图 2-251　　图 2-252　　图 2-253

（12）按 F12 键，弹出“轮廓笔”对话框，在“颜色”选项中设置轮廓线颜色的 RGB 值为 81、28、99，其他选项的设置如图 2-254 所示。单击“OK”按钮，效果如图 2-255 所示。设置图形颜色的 RGB 值为 165、243、255，填充图形，效果如图 2-256 所示。

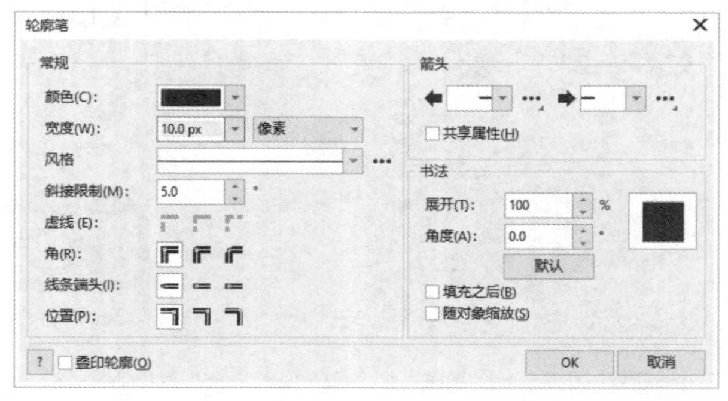

图 2-254

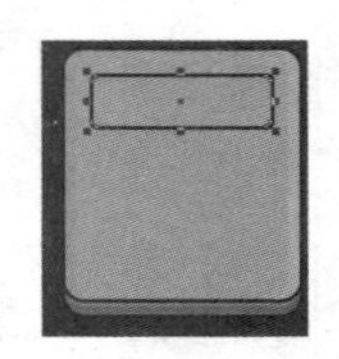

图 2-255

图 2-256

（13）选择“文本”工具，在适当的位置输入需要的文字。选择“选择”工具，在属性栏中选取适当的字体并设置文字大小，效果如图 2-257 所示。设置文字颜色的 RGB 值为 143、203、224，填充文字，效果如图 2-258 所示。选择“形状”工具，向右拖曳文字下方的图标，调整文字的间距，效果如图 2-259 所示。

图 2-257

图 2-258

图 2-259

（14）选择“选择”工具，按 Ctrl+Q 组合键，将文字转换为曲线，如图 2-260 所示。按 Ctrl+K 组合键，拆分曲线。按住 Shift 键的同时，依次单击最后 2 个数字“8”需要的笔画将其同时选取，如图 2-261 所示。设置文字颜色的 RGB 值为 81、28、99，填充文字，效果如图 2-262 所示。

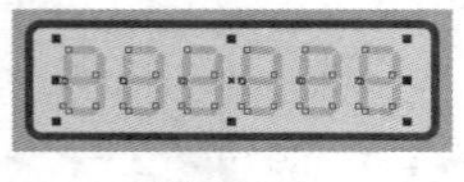

图 2-260

图 2-261

图 2-262

（15）选取下方圆角矩形，按 Ctrl+C 组合键，复制图形，按 Ctrl+V 组合键，将复制的图形原位粘贴，效果如图 2-263 所示。填充图形为白色，并删除图形的轮廓线，效果如图 2-264 所示。向上拖曳圆角矩形下侧中间的控制手柄到适当的位置，调整其大小，效果如图 2-265 所示。

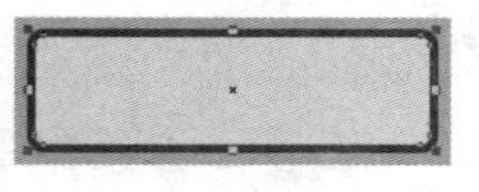

图 2-263

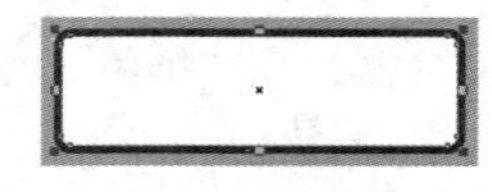

图 2-264

图 2-265

（16）保持图形选取状态。在属性栏中将“圆角半径”选项均设为 10.0px 和 0.0px，如图 2-266 所示。按 Enter 键，效果如图 2-267 所示。

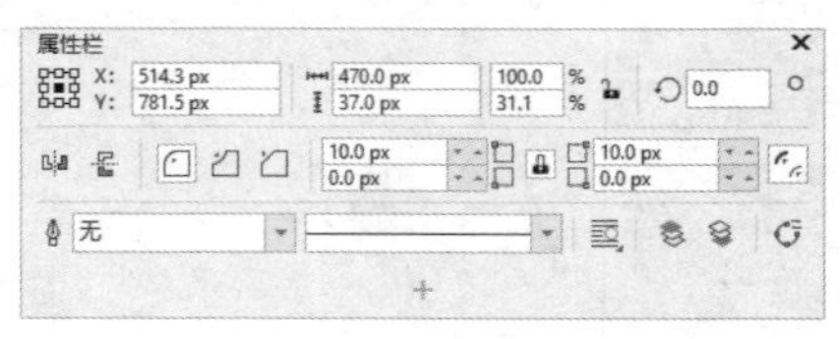

图 2-266

图 2-267

（17）选择“透明度”工具，在属性栏中单击“均匀透明度”按钮，其他选项的设置如图 2-268 所示。按 Enter 键，效果如图 2-269 所示。

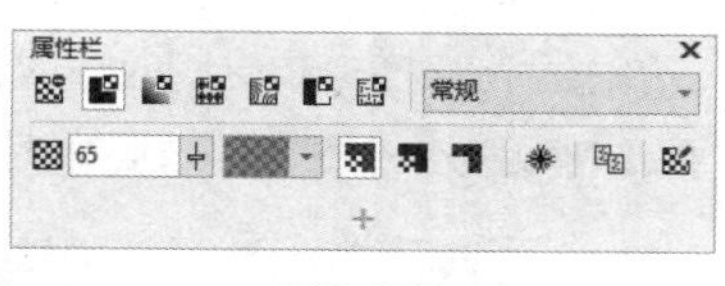

图 2-268

图 2-269

2. 绘制计算器按钮

（1）选择“矩形”工具□，在适当的位置绘制一个矩形，如图 2-270 所示。在属性栏中将“圆角半径”选项均设为 10.0px。按 Enter 键，效果如图 2-271 所示。

图 2-270

图 2-271

（2）按 F12 键，弹出“轮廓笔”对话框，在“颜色”选项中设置轮廓线颜色的 RGB 值为 81、28、99，其他选项的设置如图 2-272 所示。单击“OK”按钮，效果如图 2-273 所示。设置图形颜色的 RGB 值为 141、45、237，填充图形，效果如图 2-274 所示。

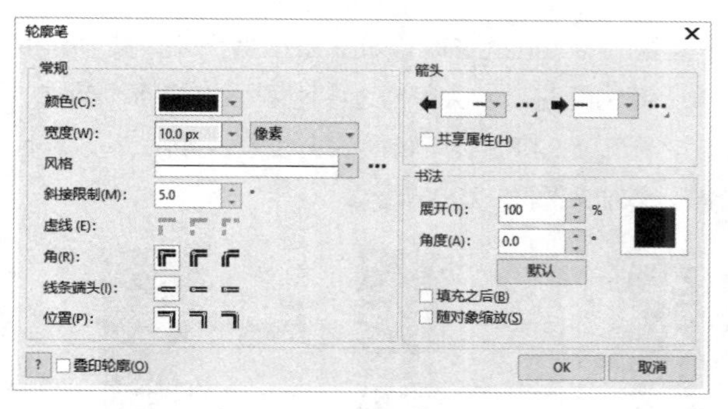

图 2-272

图 2-273

图 2-274

（3）选择“阴影”工具□，在属性栏中单击“预设列表”选项，在弹出的下拉列表中选择“平面左下”，其他选项的设置如图 2-275 所示。按 Enter 键，效果如图 2-276 所示。

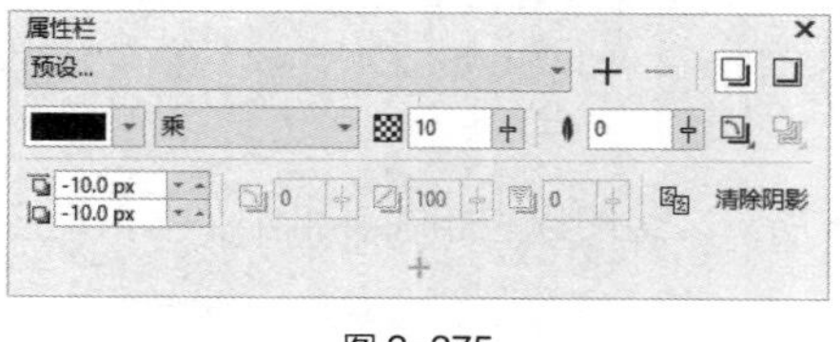

图 2-275

图 2-276

（4）选择“选择”工具↖，选择圆角矩形，按数字键盘上的+键，复制圆角矩形，如图 2-277 所示。设置图形颜色的 RGB 值为 122、24、219，填充图形，并删除图形的轮廓线，效果如图 2-278 所示。

（5）按数字键盘上的+键，复制圆角矩形。水平向右微调复制的圆角矩形到适当的位置，填充图形为白色，效果如图 2-279 所示。按住 Shift 键的同时，单击左侧原图形将其同时选取，如图 2-280 所示。单击属性栏中的“移除前面对象”按钮，将两个图形剪切为一个图形，效果如图 2-281 所示。

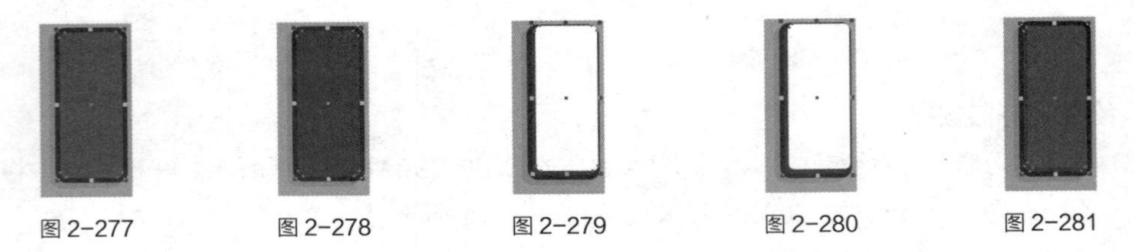

图 2-277　图 2-278　图 2-279　图 2-280　图 2-281

（6）按数字键盘上的+键，复制剪切后的图形。在属性栏中分别单击“水平镜像”按钮和“垂直镜像”按钮，镜像翻转图形，效果如图 2-282 所示。填充图形为白色，效果如图 2-283 所示。

（7）选择“形状”工具，编辑状态如图 2-284 所示，在适当的位置分别双击，添加 4 个节点，如图 2-285 所示。

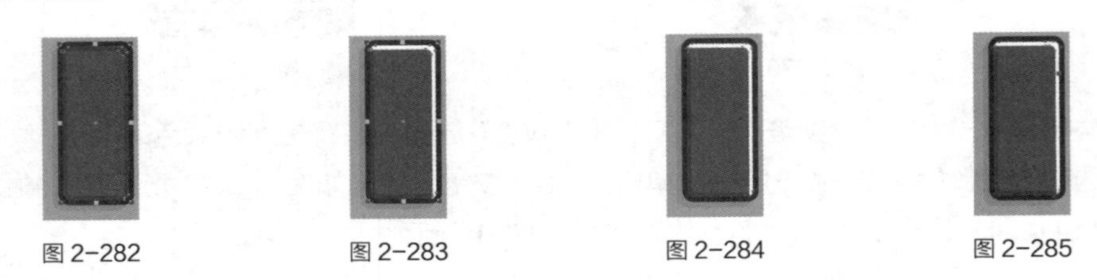

图 2-282　图 2-283　图 2-284　图 2-285

（8）按住 Shift 键的同时，用圈选的方法将不需要的节点同时选取，如图 2-286 所示。按 Delete 键，删除选中的节点，如图 2-287 所示。按住 Ctrl 键的同时，依次单击选中刚刚添加的 4 个节点，如图 2-288 所示。在属性栏中单击“转换为线条”按钮，将曲线段转换为直线段，如图 2-289 所示。选择“选择”工具，拖曳图形到适当的位置，效果如图 2-290 所示。

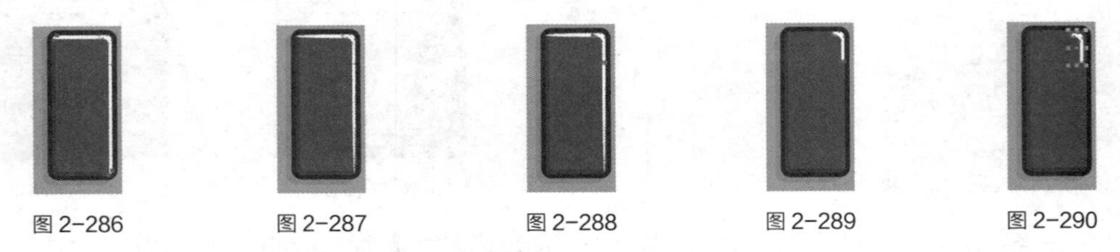

图 2-286　图 2-287　图 2-288　图 2-289　图 2-290

（9）选择“文本”工具，在适当的位置输入需要的文字。选择“选择”工具，在属性栏中选取适当的字体并设置文字大小，效果如图 2-291 所示。设置文字颜色的 RGB 值为 81、28、99，填充文字，效果如图 2-292 所示。用相同的方法分别制作“+”“-”“×”“÷”按钮，效果如图 2-293 所示。

（10）计算器图标绘制完成，效果如图 2-294 所示。将图标应用在手机中，会自动应用圆角遮罩图标，使图标呈现出圆角效果，如图 2-295 所示。

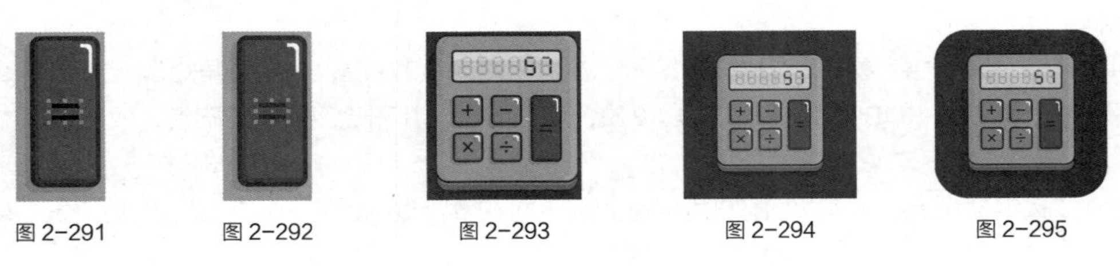

图 2-291　图 2-292　图 2-293　图 2-294　图 2-295

项目实践　绘制南天竹插画

实践知识要点　使用“导入”命令导入素材图片；使用“多边形”工具、“旋转角度”文本框、“透明度”工具、“常见形状”工具、“椭圆形”工具绘制花盆；使用“椭圆形”工具、“水平镜像”按钮、“复杂星形”按钮绘制南天竹。南天竹插画效果如图 2-296 所示。

效果所在位置　云盘\Ch02\效果\绘制南天竹插画.cdr。

图 2-296

课后习题　绘制卡通猫咪

习题知识要点　使用“椭圆形”工具、“矩形”工具、“3 点矩形”工具、“移除前面对象”按钮等绘制猫咪头部；使用“3 点椭圆形”工具、“移除前面对象”按钮、“形状”工具等绘制猫咪五官、躯干、腿和尾巴。卡通猫咪效果如图 2-297 所示。

效果所在位置　云盘\Ch02\效果\绘制卡通猫咪.cdr。

微课

绘制卡通猫咪 2

图 2-297

项目 3
曲线的绘制和颜色填充

项目引入

曲线的绘制和颜色填充是作品设计和制作过程中必不可少的技能之一。本项目主要讲解 CorelDRAW 2020 中曲线的绘制和编辑方法、图形填充的多种方式和应用技巧。通过本项目的学习，读者可以绘制出优美的曲线并为图形填充丰富多彩的颜色和底纹，使设计出的作品更富于变化、更加生动。

项目目标

- 掌握绘制曲线的方法。
- 掌握编辑曲线的技巧。
- 掌握轮廓线的编辑方法和编辑技巧。
- 掌握均匀填充的方法。
- 掌握渐变填充的方法。
- 掌握图样填充的方法。
- 掌握底纹和网状填充的方法。

技能目标

- 掌握环境保护 App 引导页的制作方法。
- 掌握送餐车图标的绘制方法。
- 掌握卡通小狐狸的绘制方法。
- 掌握水果图标的绘制方法。

素养目标

- 培养耐心和专注力。
- 培养细致的工作作风。

任务 3.1 绘制曲线

在 CorelDRAW 2020 中，绘制出的作品都是由几何对象构成的，而几何对象的构成元素是直线和曲线。通过学习绘制直线和曲线，读者可以进一步掌握 CorelDRAW 2020 强大的绘图功能。

3.1.1 认识曲线

在 CorelDRAW 2020 中，曲线是矢量图形的组成部分。用户可以使用绘图工具绘制曲线，也可以将任意矩形、多边形、椭圆形及文本对象转换成曲线。下面先对曲线的节点、线段、控制线、控制点等概念进行讲解。

节点：构成曲线的基本要素。用户可以通过定位、调整节点、调整节点上的控制点来绘制和改变曲线的形状。通过在曲线上增加和删除节点可以使曲线的绘制更加简便；通过转换节点的性质，可以将直线和曲线的节点相互转换，使直线转换为曲线或曲线转换为直线。

线段：指两个节点之间的部分。线段包括直线段和曲线段，直线段在转换成曲线段后，可以进行具有曲线特性的操作，如图 3-1 所示。

控制线：在绘制曲线的过程中，节点的两边会出现蓝色的虚线。选择“形状”工具，在已经绘制好的曲线的节点上单击，节点的两边会出现控制线。

提示

直线的节点没有控制线。将直线段转换为曲线段并单击它的节点后，节点的两边会出现控制线。

控制点：在绘制曲线的过程中，节点的两边会出现控制线，在控制线两端的是控制点。通过拖曳或移动控制点可以调整曲线的弯曲程度，如图 3-2 所示。

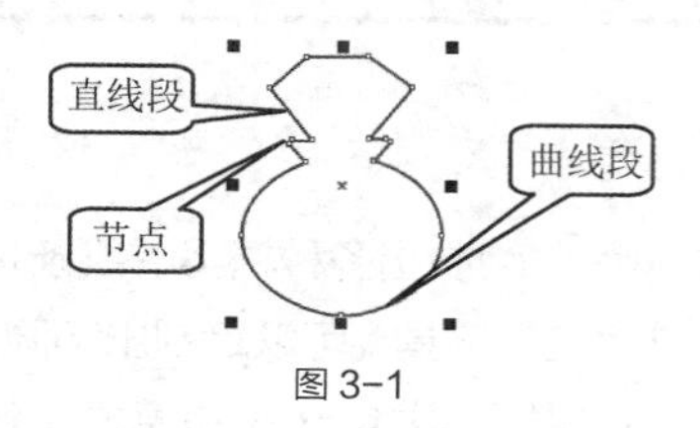

图 3-1

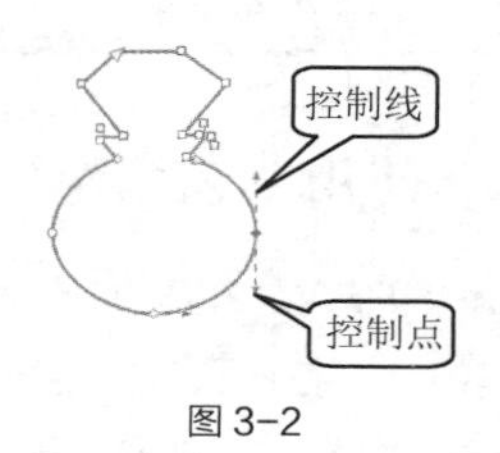

图 3-2

3.1.2 使用“贝塞尔”工具

“贝塞尔”工具可以绘制平滑、精确的曲线。可以通过确定节点和改变控制点的位置来控制曲线的弯曲程度，还可以使用节点和控制点对绘制完的直线或曲线进行精确的调整。

1. 绘制直线和折线

选择“贝塞尔”工具，在绘图页面中单击鼠标左键以确定直线的起点，拖曳鼠标指针到需要的位置，再单击鼠标左键以确定直线的终点，绘制出一段直线。只要确定下一个节点，就可以绘制出折线的效果，如果想绘制出具有多个折角的折线，只要继续确定节点即可，如图 3-3 所示。

使用“形状”工具，双击折线上的节点，将删除这个节点；折线的另外两个节点将自动连接，效果如图 3-4 所示。

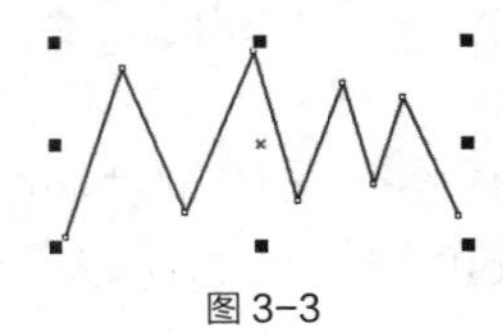
图 3-3

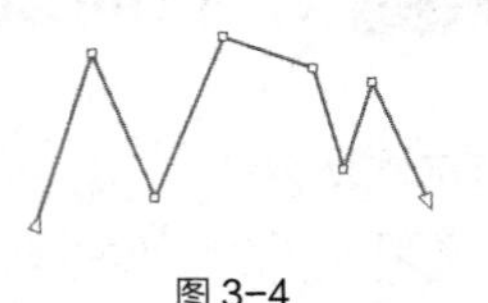
图 3-4

2. 绘制曲线

选择“贝塞尔”工具，在绘图页面中按住鼠标左键并拖曳鼠标指针以确定曲线的起点，即第 1 个节点，松开鼠标左键，这时该节点的两端出现控制线和控制点，如图 3-5 所示。

将鼠标指针移动到需要的位置单击并按住鼠标左键出现第 2 个节点，在两个节点间出现一条曲线段。拖曳鼠标指针，第 2 个节点的两端出现控制线和控制点。控制线和控制点会随着鼠标指针的移动而发生变化，曲线的形状也会随之发生变化。将曲线调整到需要的效果后松开鼠标左键，如图 3-6 所示。

在下一个需要的位置单击鼠标左键后，将出现一条连续的平滑曲线，如图 3-7 所示。用“形状”工具在第 2 个节点处单击鼠标左键，出现控制线和控制点，效果如图 3-8 所示。

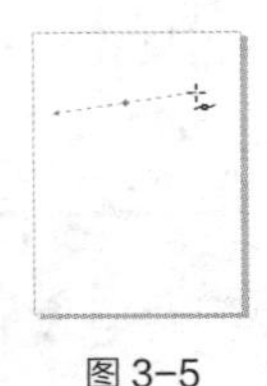
图 3-5

图 3-6

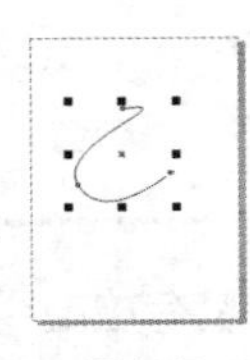
图 3-7

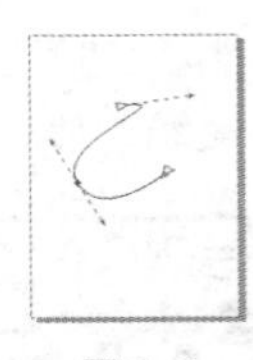
图 3-8

提示

当确定一个节点后，在这个节点上双击，再单击确定下一个节点后出现直线。当确定一个节点后，在这个节点上双击，再单击确定下一个节点并拖曳这个节点后出现曲线。

3.1.3 使用“艺术笔”工具

在 CorelDRAW 2020 中，使用“艺术笔”工具可以绘制出多种精美的线条和图形，可以模仿画笔的真实效果，在画面中产生丰富的变化。使用“艺术笔”工具可以绘制出不同风格的设计作品。

选择“艺术笔”工具，其属性栏如图 3-9 所示。属性栏中包含 5 种模式，分别是“预设”模式、“笔刷”模式、“喷涂”模式、“书法”模式和“表达式”模式。

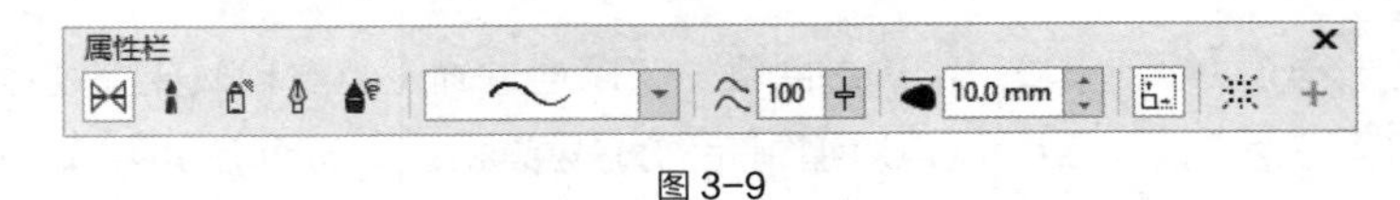

图 3-9

1. “预设”模式

“预设”模式提供了多种线条类型，并且可以改变曲线的宽度。单击属性栏的“预设笔触”右侧的按钮，弹出其下拉列表，如图 3-10 所示。在该下拉列表中选择需要的线条类型。

在“手绘平滑”选项中输入数值或拖曳滑动条可以调节绘图时线条的平滑程度。在“笔触宽度”选项中输入数值可以设置曲线的宽度。选择“预设”模式和线条类型后，鼠标指针变为形状，在绘图页面中按住鼠标左键并拖曳鼠标指针，可以绘制出封闭的线条图形。

2. “笔刷”模式

“笔刷”模式提供了多种颜色和样式的画笔，将画笔运用在绘制的曲线上，可以绘制出漂亮的效果。

在属性栏中单击“笔刷”模式按钮，单击属性栏的“笔刷笔触”右侧的按钮，弹出其下拉列表，如图 3-11 所示。在该下拉列表中选择需要的笔刷类型，在页面中按住鼠标左键并拖曳鼠标指针，绘制出所需要的图形。

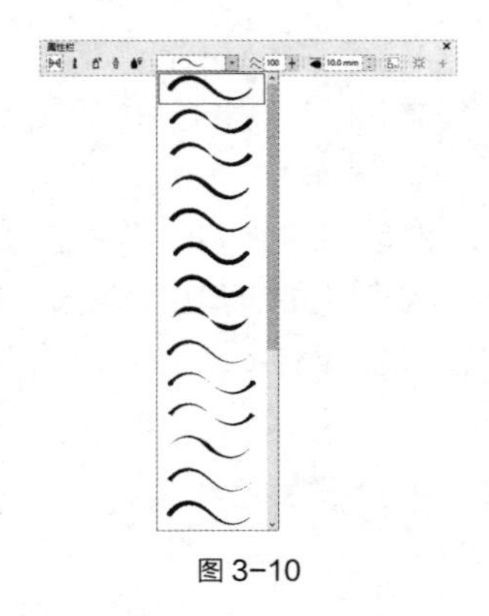

图 3-10

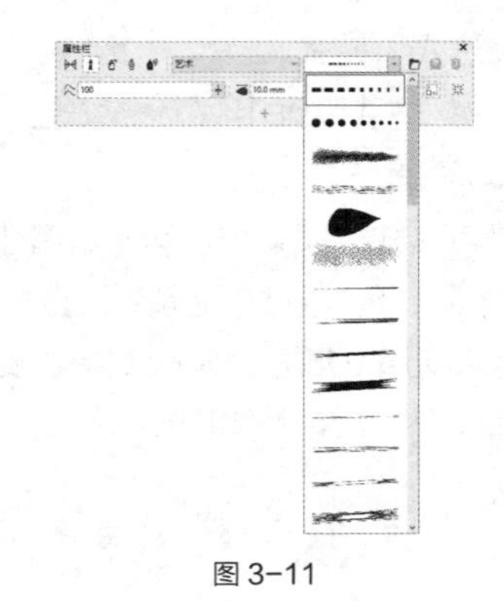

图 3-11

3. “喷涂”模式

“喷涂”模式提供了多种有趣的图形对象，这些图形对象可以应用在绘制的曲线上。可以在属性栏的“喷涂列表文件列表”下拉列表中选择喷雾的形状来绘制需要的图形。

在属性栏中单击“喷涂”模式按钮，单击属性栏中“喷射图样”右侧的按钮，弹出其下拉列表，如图 3-12 所示。在该下拉列表中选择需要的喷涂类型。单击属性栏中的“顺序”下拉按钮，弹出下拉列表，如图 3-13 所示，可以选择喷出图形的分布方式。选择“随机”选项，喷出的图形将会随机分布；选择“顺序”选项，喷出的图形将会以方形区域分布；选择“按方向”选项，喷出的图形将会随鼠标拖曳的路径分布。在页面中按住鼠标左键并拖曳鼠标指针，绘制出需要的图形。

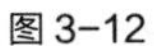

图 3-12

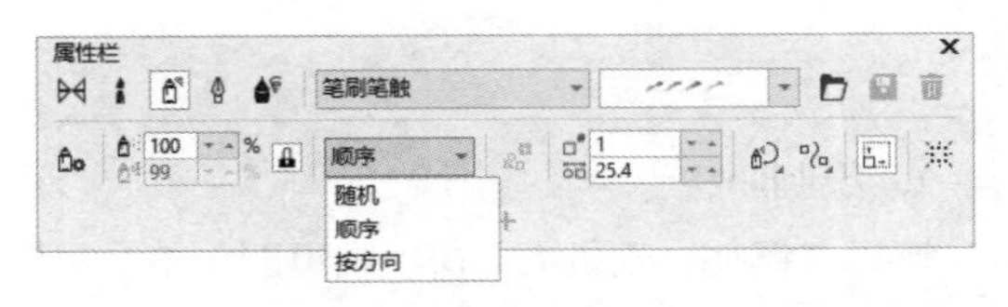

图 3-13

4. “书法”模式

“书法”模式可以绘制出类似书法笔的效果，可以改变曲线的粗细。

在属性栏中单击“书法”模式按钮，其属性栏如图 3-14 所示。在属性栏的“书法角度”选项 45.0 °中，可以设置“笔触”和“笔尖”的角度。如果角度值设为 0° ，书法笔在垂直方向上画出的线条最粗，此时笔尖是水平的。如果角度值设为 90° ，书法笔在水平方向上画出的线条最粗，此时笔尖是垂直的。在绘图页面中按住鼠标左键并拖曳鼠标指针绘制图形。

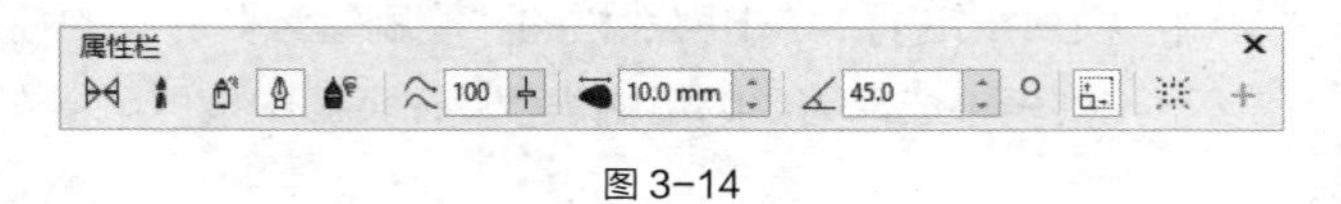

图 3-14

5. “表达式”模式

“表达式”模式可以用压力感应笔或键盘输入的方式改变线条的粗细，应用好这个功能可以绘制出特殊的图形效果。

单击“表达式”模式按钮，其属性栏如图 3-15 所示。通过“笔压”按钮，可以使用笔触压力来改变笔尖大小。通过“笔倾斜”按钮，可以使用笔触倾斜来改变笔尖的平滑度。通过“笔方位”按钮，可以使用笔触方位来改变笔尖旋转。设置好压力感应笔的上述参数后，在绘图页面中按住鼠标左键并拖曳鼠标指针绘制图形。

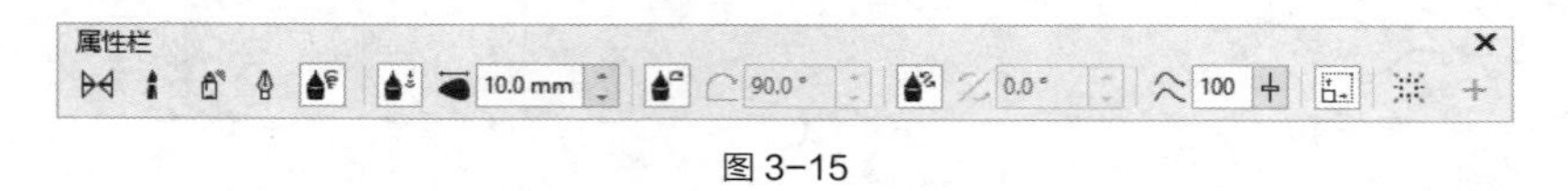

图 3-15

3.1.4 使用“钢笔”工具

“钢笔”工具可以绘制出多种精美的曲线和图形，还可以对已绘制的曲线和图形进行编辑和修改。在 CorelDRAW 2020 中，各种复杂的曲线和图形都可以通过“钢笔”工具来绘制。

1. 绘制直线和折线

选择“钢笔”工具，在绘图页面中单击鼠标左键以确定直线的起点，拖曳鼠标指针到需要的位置，再单击鼠标左键以确定直线的终点，绘制出一段直线，效果如图 3-16 所示。再继续单击鼠标左键确定下一个节点，就可以绘制出折线的效果，如果想绘制出具有多个折角的折线，只要继续单击鼠标左键确定节点就可以了，折线的效果如图 3-17 所示。要结束绘制，按 Esc 键或单击“钢笔”工具即可。

图 3-16　　图 3-17

2. 绘制曲线

选择“钢笔”工具，在绘图页面中单击鼠标左键以确定曲线的起点，即第 1 个节点。松开鼠标左键，将鼠标指针移动到需要的位置再单击并按住鼠标左键不动，出现第 2 个节点，在两个节点间出现一条直线段，如图 3–18 所示。拖曳鼠标指针，第 2 个节点的两端出现控制线和控制点，控制线和控制点会随着鼠标指针的移动而发生变化，直线段变为曲线的形状，如图 3–19 所示。调整到需要的效果后松开鼠标左键，曲线的效果如图 3–20 所示。

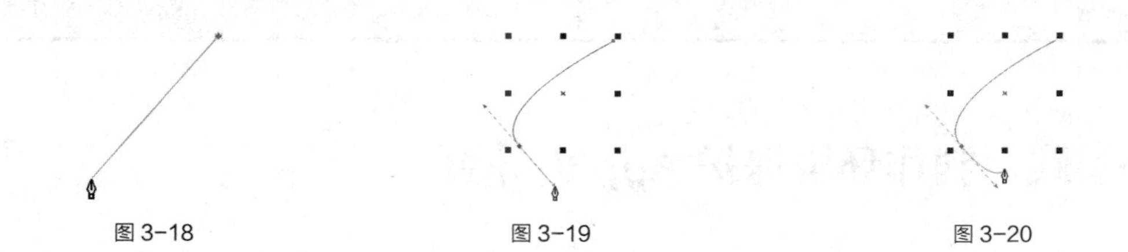

图 3–18　　图 3–19　　图 3–20

使用相同的方法可以继续绘制曲线，效果如图 3–21 和图 3–22 所示。

如果想在绘制曲线后绘制出直线，按住 C 键，在要继续绘制出直线的节点上按住鼠标左键并拖曳鼠标指针，这时出现节点的控制点。松开 C 键，将控制点拖曳到下一个节点的位置，如图 3–23 所示。松开鼠标左键，再单击鼠标左键，可以绘制出一条直线，效果如图 3–24 所示。

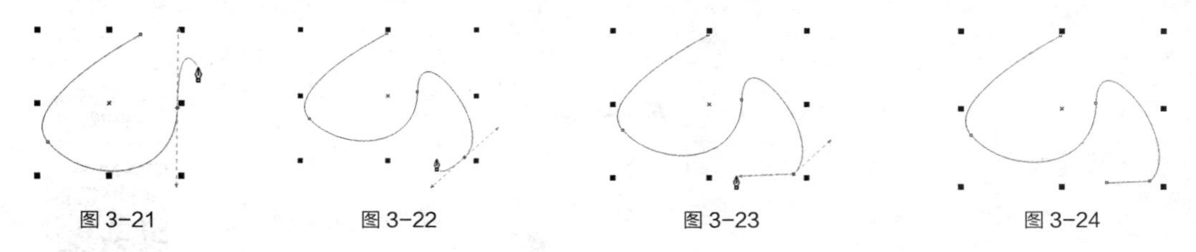

图 3–21　　图 3–22　　图 3–23　　图 3–24

3. 编辑曲线

在“钢笔”工具的属性栏中，单击“自动添加或删除节点”按钮，曲线绘制的过程变为自动添加或删除节点模式。

选择“钢笔”工具，将鼠标指针移动到节点上，鼠标指针变为删除节点图标，如图 3–25 所示。单击鼠标左键可以删除节点，效果如图 3–26 所示。

选择“钢笔”工具，将鼠标指针移动到曲线上，鼠标指针变为添加节点图标，如图 3–27 所示。单击鼠标左键可以添加节点，效果如图 3–28 所示。

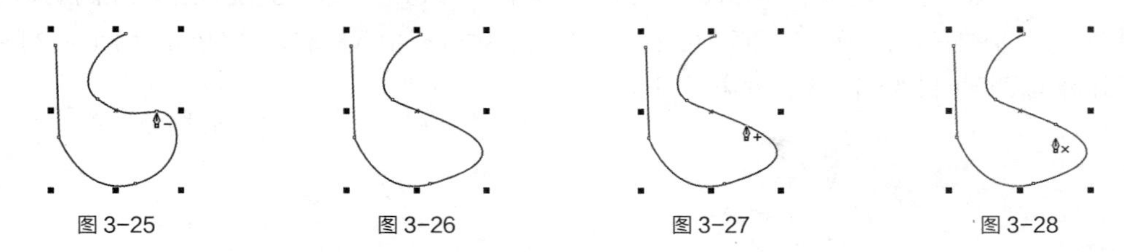

图 3–25　　图 3–26　　图 3–27　　图 3–28

选择“钢笔”工具，将鼠标指针移动到曲线的起点上，指针变为闭合曲线图标，如图 3–29 所示。单击鼠标左键可以闭合曲线，效果如图 3–30 所示。

图 3–29　　图 3–30

提示

绘制曲线的过程中，按住 Alt 键，可以编辑曲线段以及进行节点的转换、移动和调整等操作；松开 Alt 键可以继续进行绘制。

任务实践 制作环境保护 App 引导页

任务学习目标 学习使用“艺术笔”工具制作环境保护 App 引导页。

任务知识要点 使用“艺术笔”工具、“旋转角度”框绘制狐狸、树和树叶图形；使用“椭圆形”工具绘制阴影。环境保护 App 引导页效果如图 3-31 所示。

效果所在位置 云盘\Ch03\效果\制作环境保护 App 引导页.cdr。

图 3-31

（1）按 Ctrl+O 组合键，打开云盘中的“Ch03\素材\制作环境保护 App 引导页\01”文件，如图 3-32 所示。

（2）选择“艺术笔”工具，单击属性栏中的“喷涂”按钮，在“类别”选项的下拉列表中选择“其他”，如图 3-33 所示。在“喷射图样”选项的下拉列表中选择需要的图形，如图 3-34 所示。在页面外拖曳鼠标指针绘制图形，效果如图 3-35 所示。

图 3-32

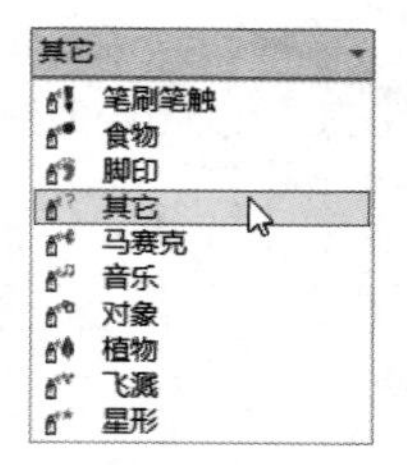

图 3-33

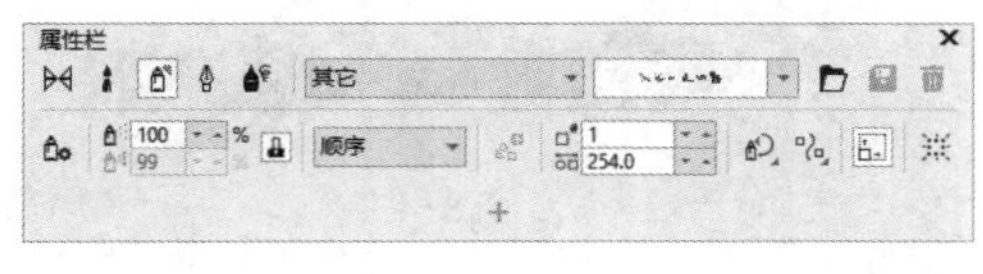

图 3-34

图 3-35

（3）按 Ctrl+K 组合键，拆分艺术笔群组，如图 3-36 所示。按 Ctrl+U 组合键，取消图形群组。选择“选择”工具，用圈选的方法选取不需要的图形，如图 3-37 所示。按 Delete 键，将其删除，效果如图 3-38 所示。

图 3-36　　图 3-37　　图 3-38

（4）选择“选择”工具，选中并拖曳狐狸图形到页面中适当的位置，调整其大小，效果如图 3-39 所示。单击属性栏中的“水平镜像”按钮，水平翻转图形，效果如图 3-40 所示。

（5）选择“椭圆形”工具，在适当的位置绘制一个椭圆形，设置图形颜色的 RGB 值为 226、220、169，填充图形，并删除图形的轮廓线，效果如图 3-41 所示。按 Ctrl+PageDown 组合键，将图形向后移一层，效果如图 3-42 所示。

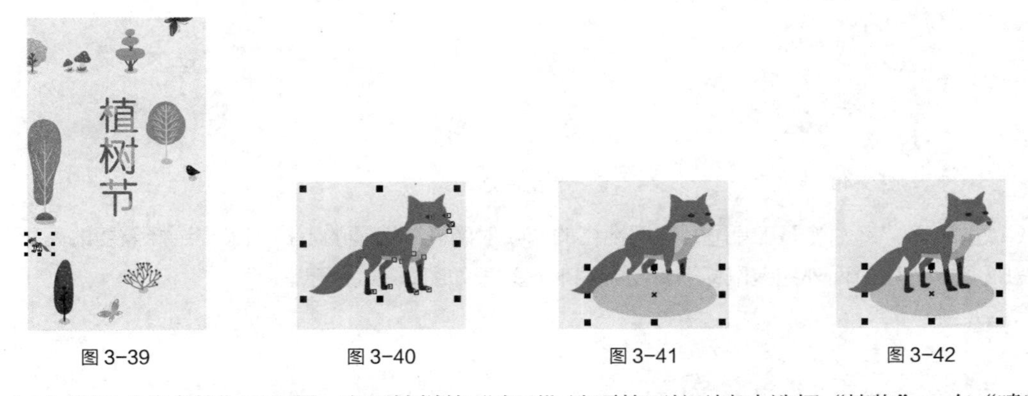

图 3-39　　图 3-40　　图 3-41　　图 3-42

（6）选择“艺术笔”工具，在属性栏的“类别”选项的下拉列表中选择“植物”，在“喷射图样”选项的下拉列表中选择需要的图形，如图 3-43 所示。在页面外拖曳鼠标指针绘制图形，效果如图 3-44 所示。

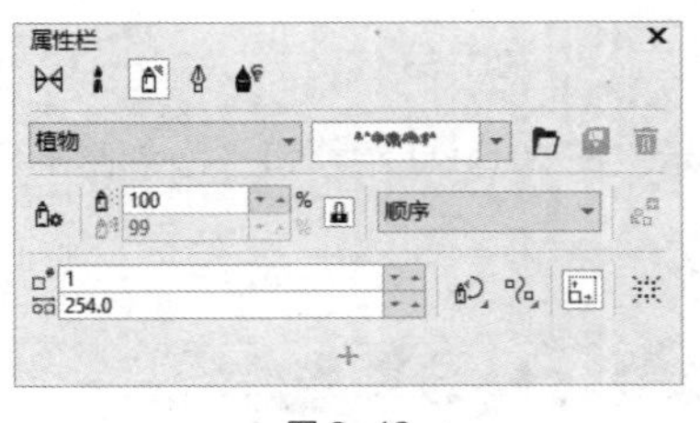

图 3-43

图 3-44

（7）按 Ctrl+K 组合键，拆分艺术笔群组，如图 3-45 所示。按 Ctrl+U 组合键，取消图形群组。选择“选择”工具，选取需要的图形，如图 3-46 所示。

图 3-45　　　　图 3-46

（8）选择“选择”工具，拖曳图形到页面中适当的位置，并调整其大小，效果如图 3-47 所示。用相同的方法拖曳其他图形到页面中适当的位置，并调整其大小，效果如图 3-48 所示。

图 3-47

图 3-48

（9）选择“椭圆形”工具，在适当的位置分别绘制 2 个椭圆形，如图 3-49 所示，选择“选择”工具，将绘制的椭圆形同时选取，设置图形颜色的 RGB 值为 226、220、169，填充图形，并删除图形的轮廓线，效果如图 3-50 所示。连续按 Ctrl+PageDown 组合键，将图形向后移至适当的位置，效果如图 3-51 所示。

图 3-49

图 3-50

图 3-51

（10）选择“艺术笔”工具，在属性栏的“喷射图样”选项的下拉列表中选择需要的图形，如图 3-52 所示。在页面外拖曳鼠标指针绘制图形，效果如图 3-53 所示。

图 3-52

图 3-53

（11）按 Ctrl+K 组合键，拆分艺术笔群组，如图 3-54 所示。按 Ctrl+U 组合键，取消图形群组。选择“选择”工具，选取需要的图形，如图 3-55 所示。

图 3-54

图 3-55

（12）选择“选择”工具，拖曳图形到页面中适当的位置，并调整其大小，效果如图 3-56 所示。

在属性栏中的“旋转角度”选项 0.0 °中设置数值为 34。按 Enter 键，效果如图 3-57 所示。

图 3-56

图 3-57

（13）用相同的方法拖曳其他图形到页面中适当的位置，并调整其大小，效果如图 3-58 所示。环境保护 App 引导页制作完成，效果如图 3-59 所示。

图 3-58

图 3-59

任务 3.2 编辑曲线

在 CorelDRAW 2020 中，完成曲线或图形的绘制后，可能还需要进一步调整曲线或图形来达到设计方面的要求，这时就需要使用 CorelDRAW 2020 的编辑曲线功能来进行更完善的编辑。

3.2.1 编辑曲线的节点

节点是构成曲线或图形的基本要素，使用“形状”工具选择曲线或图形后，会显示曲线或图形的全部节点。通过移动节点和调整节点的控制点、控制线，可以编辑曲线或图形的形状，还可以通过增加和删除节点来进一步编辑曲线或图形。

绘制一条曲线，如图 3-60 所示。使用“形状”工具，单击选中曲线上的节点，如图 3-61 所示。弹出的属性栏如图 3-62 所示。

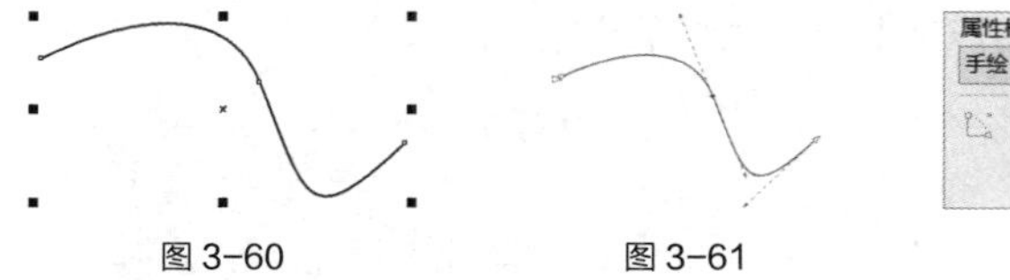

图 3-60　　图 3-61

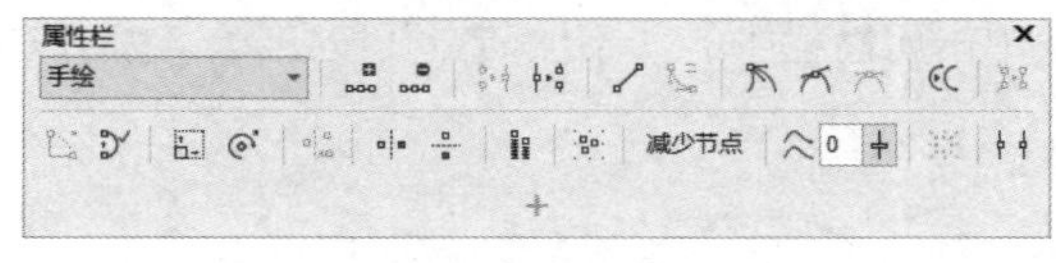

图 3-62

1. 节点类型

在属性栏中有 3 种节点类型：尖突节点、平滑节点和对称节点。节点类型的不同决定了节点控制点的属性也不同，单击属性栏中的按钮可以转换 3 种节点类型。

“尖突节点”按钮：尖突节点的控制点是独立的，当移动一个控制点时，另外一个控制点并不移动，从而使得通过尖突节点的曲线能够尖突弯曲。

“平滑节点”按钮：平滑节点的控制点之间是相关的，当移动一个控制点时，另外一个控制点也会随之移动，通过平滑节点连接的线段将产生平滑的过渡。

“对称节点”按钮：对称节点的控制点之间不仅是相关的，而且控制线之间的长度是相等的，从而使得对称节点两端曲线的曲率也是相等的。

2. 选取并移动节点

绘制一个图形，如图 3-63 所示。选择“形状”工具，单击鼠标左键选中节点，如图 3-64 所示，按住鼠标左键拖曳鼠标指针，节点被移动，如图 3-65 所示。松开鼠标左键，图形调整的效果如图 3-66 所示。

图 3-63　图 3-64　图 3-65　图 3-66

使用“形状”工具选中并拖曳节点上的控制点，如图 3-67 所示。松开鼠标左键，图形调整的效果如图 3-68 所示。

使用“形状”工具圈选图形上的部分节点，如图 3-69 所示。松开鼠标左键，图形中被选中的部分节点如图 3-70 所示。拖曳任意一个被选中的节点，其他被选中的节点也会随之移动。

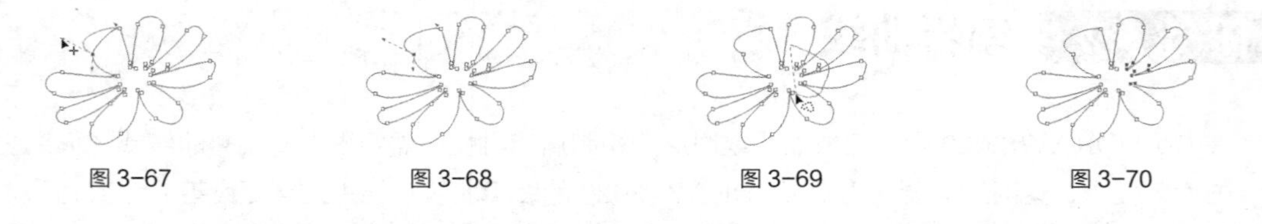

图 3-67　图 3-68　图 3-69　图 3-70

提示

因为在 CorelDRAW 2020 中有 3 种节点类型，所以当移动不同类型节点上的控制点时，图形的形状也会有不同形式的变化。

3. 增加或删除节点

绘制一个图形，如图 3-71 所示。使用“形状”工具选择需要增加或删除节点的曲线，在曲线上要增加节点的位置双击，如图 3-72 所示，可以在这个位置增加一个节点，效果如图 3-73 所示。

单击属性栏中的“添加节点”按钮，也可以在曲线上增加节点。

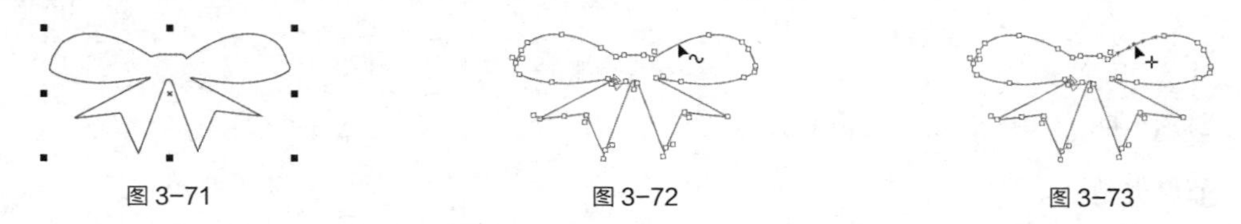

图 3-71　图 3-72　图 3-73

将鼠标指针放在要删除的节点上，如图 3-74 所示，双击，可以删除这个节点，效果如图 3-75 所示。

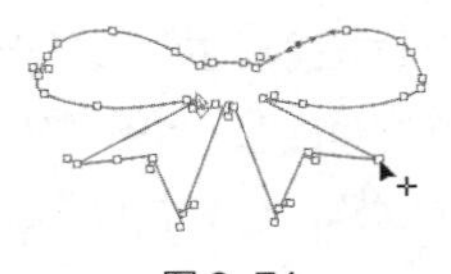
图 3-74

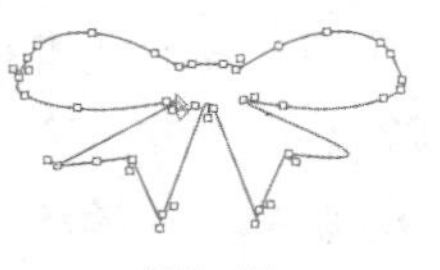
图 3-75

选中要删除的节点，单击属性栏中的“删除节点”按钮，也可以在曲线上删除选中的节点。

提示

如果需要在曲线和图形中删除多个节点，可以先按住 Shift 键，再用鼠标选择要删除的多个节点，选择好后按 Delete 键。也可以使用圈选的方法选择需要删除的多个节点，选择好后按 Delete 键。

4. 合并和连接节点

绘制一个图形，如图 3-76 所示。使用“形状”工具，按住 Ctrl 键，选中两个需要合并的节点，如图 3-77 所示。单击属性栏中的“连接两个节点”按钮，将节点合并，使曲线成为闭合的，如图 3-78 所示。

使用“形状”工具圈选两个需要连接的节点，单击属性栏中的“闭合曲线”按钮，可以将两个节点以直线连接，使曲线成为闭合的。

5. 断开节点

在曲线中要断开的节点上单击鼠标左键，选中该节点，如图 3-79 所示。单击属性栏中的“断开曲线”按钮，断开节点，曲线效果如图 3-80 所示。再使用“形状”工具选中并移动节点，曲线的节点被断开，效果如图 3-81 所示。

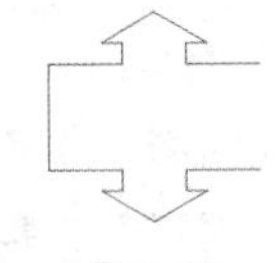
图 3-76

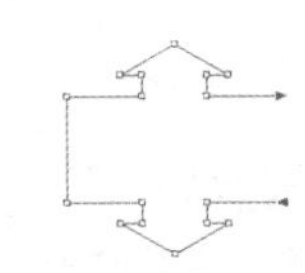
图 3-77

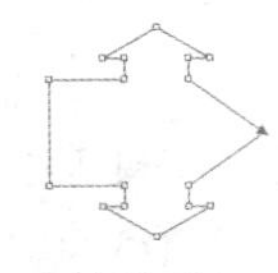
图 3-78

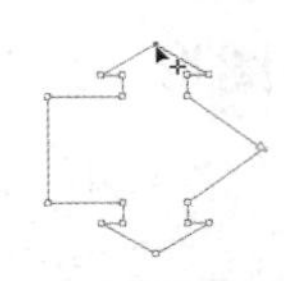
图 3-79

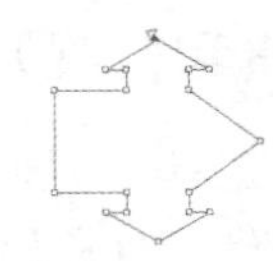
图 3-80

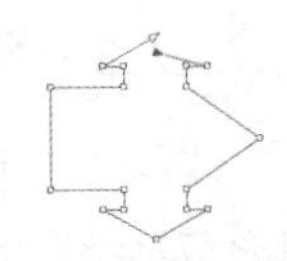
图 3-81

提示

在绘制图形的过程中有时需要将开放的路径闭合。选择“对象 > 连接曲线”命令，可以以直线或曲线的方式闭合路径。

3.2.2 编辑曲线的端点和轮廓

通过属性栏可以设置一条曲线的端点和轮廓的样式，这项功能可以帮助用户制作出非常实用的效果。

绘制一条曲线，再用“选择”工具选择这条曲线，如图 3-82 所示。这时的属性栏如图 3-83 所示。在属性栏中单击“轮廓宽度”选项 0.2 mm 右侧的按钮，弹出轮廓宽度的下拉列表，如图 3-84 所示。在其中进行选择，将曲线变宽，效果如图 3-85 所示，也可以在“轮廓宽度”数值框中输入数值后，按 Enter 键，设置曲线宽度。

在属性栏中有 3 个可供选择的下拉列表按钮，按从左到右的顺序分别是“线条样式”、“起始箭头”和“终止箭头”。单击“起始箭头”选项右侧的按钮，弹出“起始箭头”下拉列表，如图 3-86 所示。单击需要的箭头样式，在曲线的起点会出现选择的箭头，效果如图 3-87 所示。单击“线条样式”选项右侧的按钮，弹出“线条样式”下拉列表，如图 3-88 所示。单击需要的线条样式，曲线的样式被改变，效果如图 3-89 所示。单击“终止箭头”选项右侧的按钮，弹出“终止箭头”下拉列表，如图 3-90 所示。单击需要的箭头样式，在曲线的终点会出现选择的箭头，如图 3-91 所示。

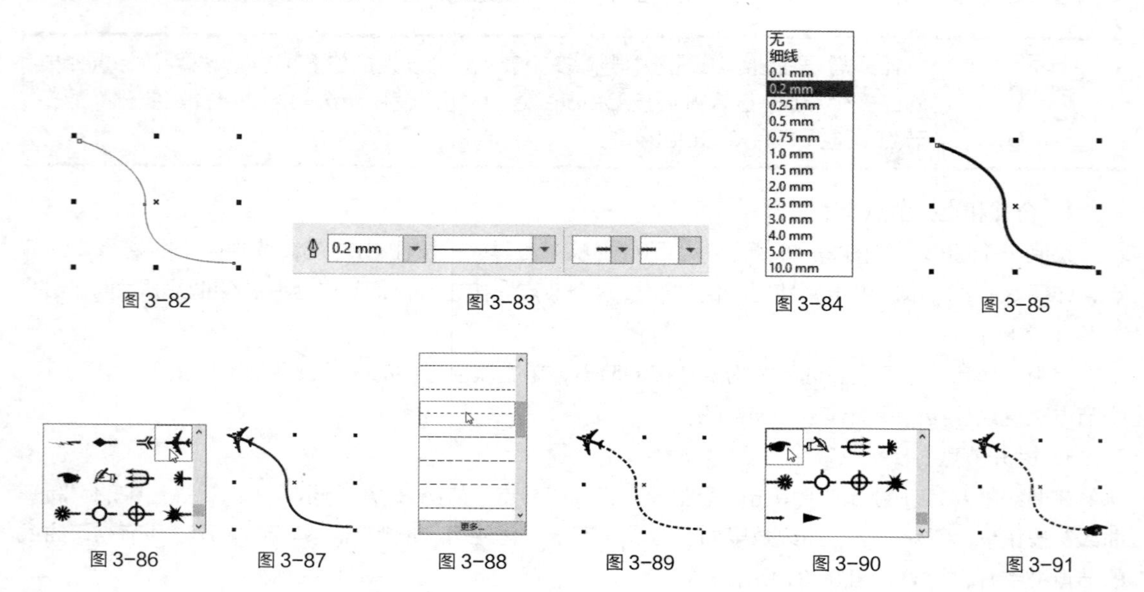

图 3-82 图 3-83 图 3-84 图 3-85
图 3-86 图 3-87 图 3-88 图 3-89 图 3-90 图 3-91

3.2.3 编辑和修改几何图形

使用“矩形”工具、“椭圆形”工具和“多边形”工具等绘制的图形都是简单的几何图形。这类图形有其特殊的属性，图形上的节点比较少，只能对其进行简单的编辑。如果想对其进行更复杂的编辑，就需要将简单的几何图形转换为曲线。

1. 椭圆形转换为曲线

使用“椭圆形”工具绘制一个椭圆形，效果如图 3-92 所示。在属性栏中单击“转换为曲线”按钮，将椭圆形转换为曲线，在曲线上增加了多个节点，如图 3-93 所示。使用“形状”工具拖曳曲线上的节点，如图 3-94 所示。松开鼠标左键，调整后的图形效果如图 3-95 所示。

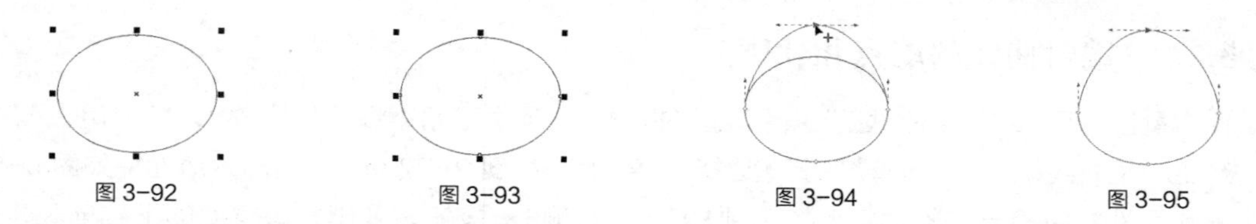
图 3-92 图 3-93 图 3-94 图 3-95

2. 直线转换为曲线

使用“多边形”工具绘制一个多边形，如图 3-96 所示。选择“形状”工具，单击需要选中的节点，如图 3-97 所示。单击属性栏中的“转换为曲线”按钮，将直线转换为曲线，在曲线上出现节点，图形的对称性被保持，如图 3-98 所示。使用“形状”工具拖曳节点调整图形，如图 3-99 所示。松开鼠标左键，图形效果如图 3-100 所示。

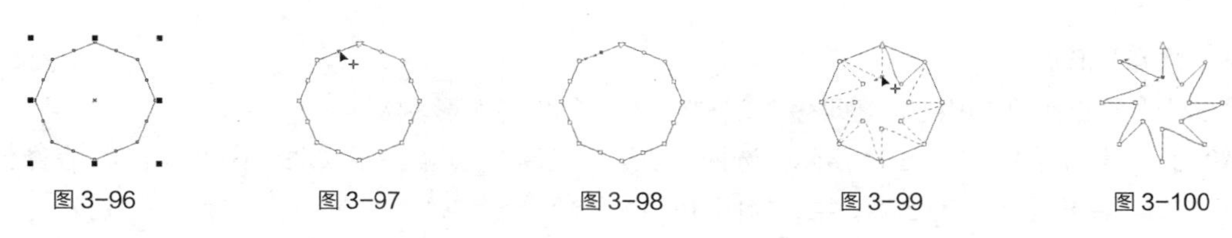

图 3-96　图 3-97　图 3-98　图 3-99　图 3-100

3. 裁切图形

使用“刻刀”工具可以对单一的图形对象进行裁切，使一个图形被裁切成两个部分。

选择“刻刀”工具，鼠标指针变为刻刀形状。将鼠标指针放到图形上准备裁切的起点位置，鼠标指针变为竖直形状后单击鼠标左键，如图 3-101 所示。移动鼠标指针会出现一条裁切线，将鼠标指针放在准备裁切的终点位置后单击鼠标左键，如图 3-102 所示。图形裁切完成的效果如图 3-103 所示。使用“选择”工具拖曳裁切后的图形，如图 3-104 所示。裁切的图形被分成了两部分。

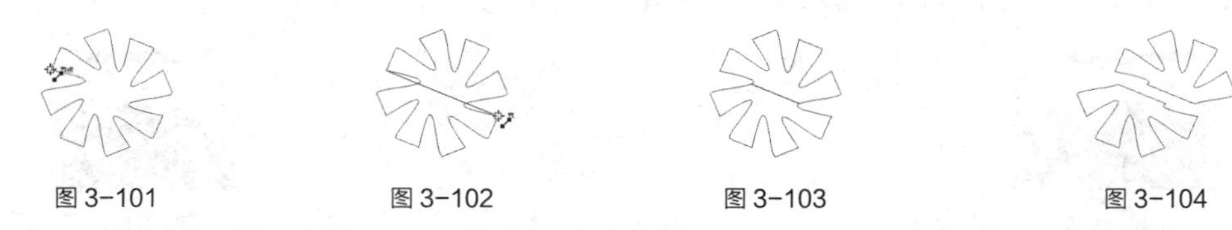

图 3-101　图 3-102　图 3-103　图 3-104

单击“剪切时自动闭合”按钮，在图形被裁切后，裁切的两部分将自动生成闭合的曲线图形，并保留其填充的属性；若不单击此按钮，在图形被裁切后，裁切的两部分将不会自动闭合，同时图形会失去填充属性。

提示

按住 Shift 键，使用“刻刀”工具将以贝塞尔曲线的方式裁切图形。已经经过渐变、群组及特殊效果处理的图形和位图都不能使用“刻刀”工具来裁切。

4. 擦除图形

使用“橡皮擦”工具可以擦除图形的部分或全部，并可以将擦除后图形的剩余部分自动闭合。“橡皮擦”工具只能对单一的图形对象进行擦除。

绘制一个图形，如图 3-105 所示。选择“橡皮擦”工具，鼠标指针变为擦除工具图标，单击并按住鼠标左键，拖曳鼠标指针可以擦除图形，如图 3-106 所示。擦除后的图形效果如图 3-107 所示。

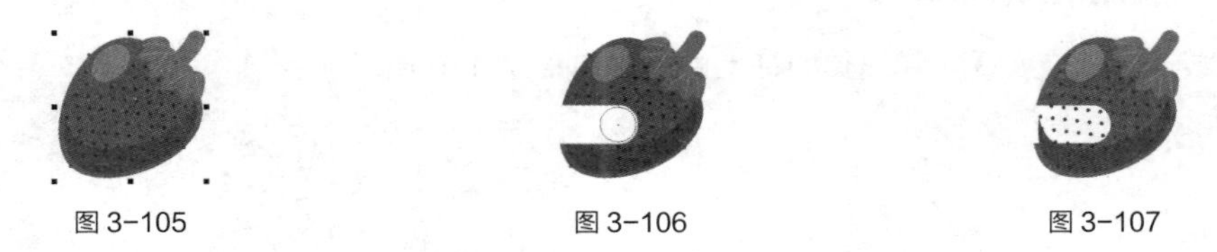

图 3-105　图 3-106　图 3-107

“橡皮擦”工具属性栏如图 3-108 所示。“橡皮擦厚度”选项 15.0 mm 可用于设置擦除的宽度；单击“减少节点”按钮，可以在擦除时自动平滑边缘；单击“橡皮擦形状”按钮/可以转换橡皮擦的形状为圆形笔尖和方形笔尖来擦除图形。

图 3-108

5. 修饰图形

“沾染”工具和“粗糙”工具可以修饰已绘制的矢量图形。

绘制一个图形，如图 3-109 所示。选择“沾染”工具，其属性栏如图 3-110 所示。在图上拖曳鼠标指针，制作出需要的沾染效果，如图 3-111 所示。

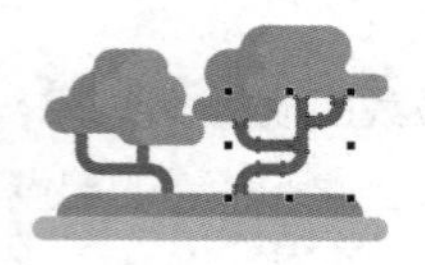

图 3-109

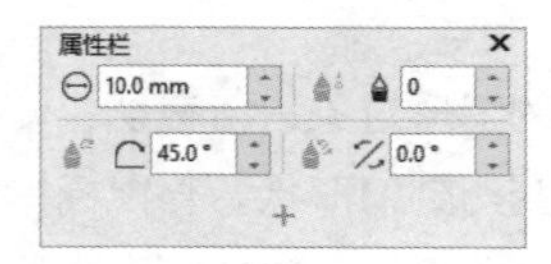

图 3-110

图 3-111

绘制一个图形，如图 3-112 所示。选择“粗糙”工具，其属性栏如图 3-113 所示。在图形边缘拖曳鼠标指针，制作出需要的粗糙效果，如图 3-114 所示。

图 3-112

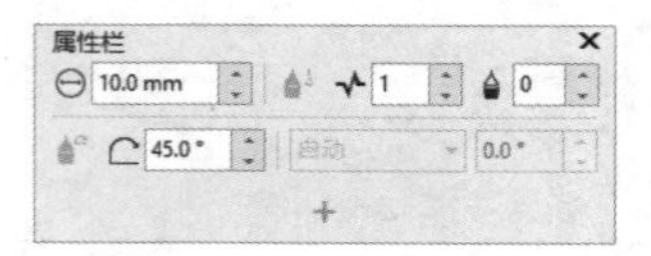

图 3-113

图 3-114

提示

“沾染”工具和“粗糙”工具可以应用的对象有：开放/闭合的路径，以及具有纯色和交互式渐变填充、交互式透明、交互式阴影效果的对象。它们不可以应用的对象有：具有交互式调和效果、立体化效果的对象和位图。

任务 3.3 编辑轮廓线

轮廓线是指一个图形对象的边缘或路径。在系统默认的状态下，CorelDRAW 2020 中绘制出的图形基本上已绘制出了细细的黑色轮廓线。通过调整轮廓线的宽度，可以绘制出不同宽度的轮廓线，如图 3-115 所示，还可以将轮廓线设置为无轮廓。

3.3.1 使用轮廓工具

单击“轮廓笔”工具，弹出其展开工具栏，如图 3-116 所示。

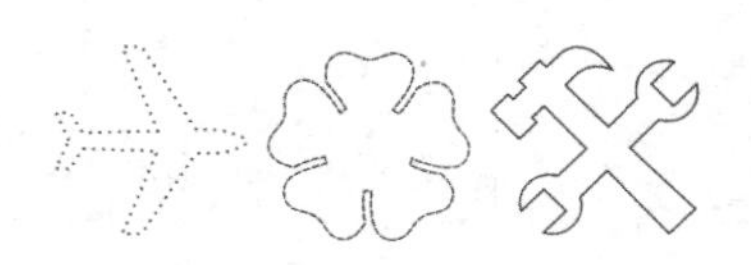

图 3-115

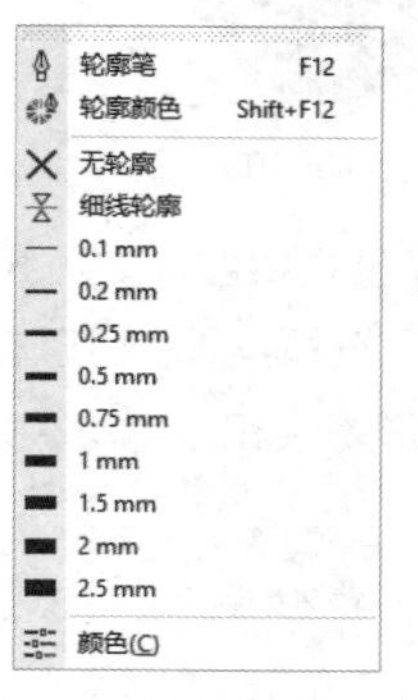

图 3-116

展开工具栏中的“轮廓笔”工具，可以编辑图形对象的轮廓线；“轮廓颜色”工具可以编辑图形对象的轮廓线颜色；11 个选项都是设置图形对象的轮廓线宽度的，分别是无轮廓、细线轮廓、0.1 mm、0.2 mm、0.25 mm、0.5 mm、0.75 mm、1 mm、1.5 mm、2 mm 和 2.5 mm；使用“颜色”工具可以弹出“Color”泊坞窗，对图形的轮廓线颜色进行编辑。

3.3.2 设置轮廓线的颜色

绘制一个图形对象，并使图形对象处于选取状态，单击“轮廓笔”工具，弹出“轮廓笔”对话框，如图 3–117 所示。

在“轮廓笔”对话框中，“颜色”选项可用于设置轮廓线的颜色，在 CorelDRAW 2020 的默认状态下，轮廓线被设置为黑色。在“颜色”选项右侧的按钮上单击鼠标左键，打开“颜色”下拉列表，如图 3–118 所示，在“颜色”下拉列表中可以调配自己需要的颜色。

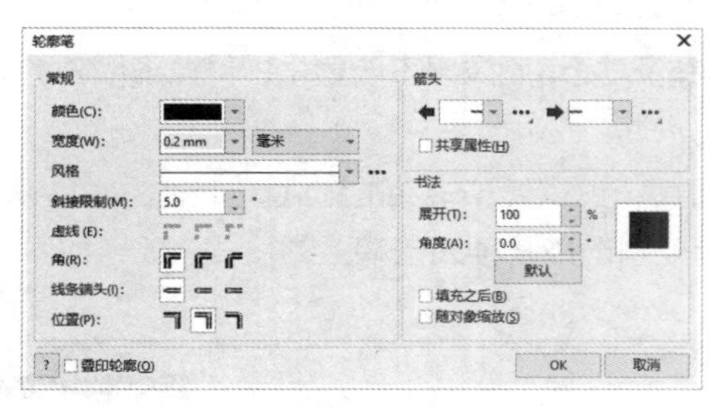

图 3–117

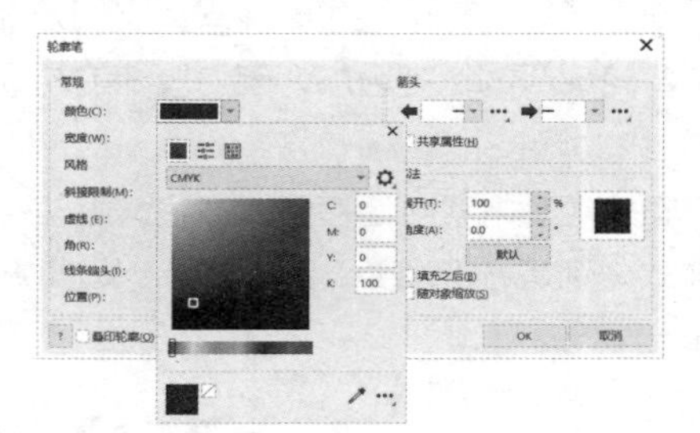

图 3–118

设置好需要的颜色后，单击“OK”按钮，可以改变轮廓线的颜色。

提示

图形对象在选取状态下，直接在调色板中需要的颜色上单击鼠标右键，就可以快速填充轮廓线颜色。

3.3.3 设置轮廓线的宽度及样式

在“轮廓笔”对话框中，“宽度”选项可用于设置轮廓线的宽度值和宽度的度量单位。在该选项右侧的第 1 个按钮上单击鼠标左键，弹出下拉列表，可以选择宽度值，如图 3–119 所示，也可以在数值框中直接输入宽度值。在该选项右侧的第 2 个按钮上单击鼠标左键，弹出下拉列表，可以选择宽度的度量单位，如图 3–120 所示。在“风格”选项右侧的按钮上单击鼠标左键，弹出下拉列表，可以选择轮廓线的样式，如图 3–121 所示。

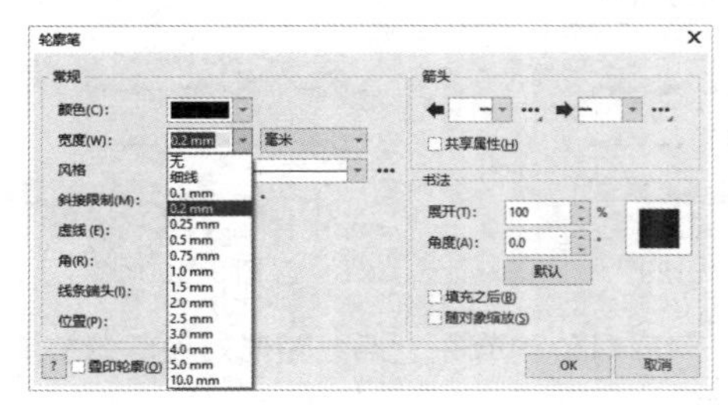

图 3–119

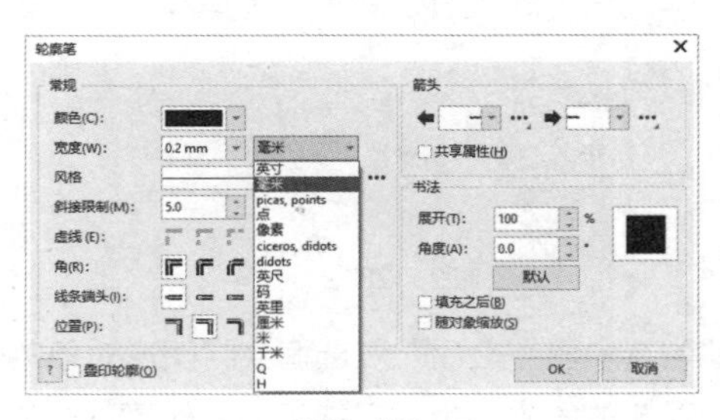

图 3–120

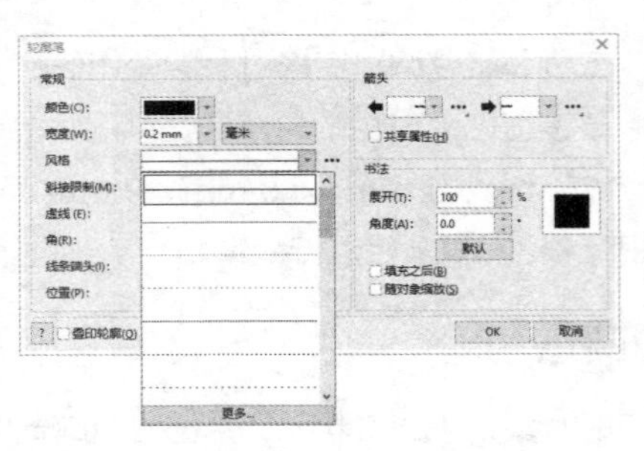

图 3-121

3.3.4 设置轮廓线角的样式及端头样式

在“轮廓笔”对话框中，“角”设置区可用于设置轮廓线角的样式，如图 3-122 所示。“角”设置区提供了 3 种轮廓线角的样式，它们分别是斜接角、圆角和斜切角。

将轮廓线的宽度增加，因为较细的轮廓线在设置轮廓线角后效果不明显。3 种轮廓线角的效果如图 3-123 所示。

在“轮廓笔”对话框中，“线条端头”设置区可用于设置线条端头的样式，如图 3-124 所示。3 种样式分别是方形端头、圆形端头、延伸方形端头。分别选择 3 种线条端头的样式，效果如图 3-125 所示。

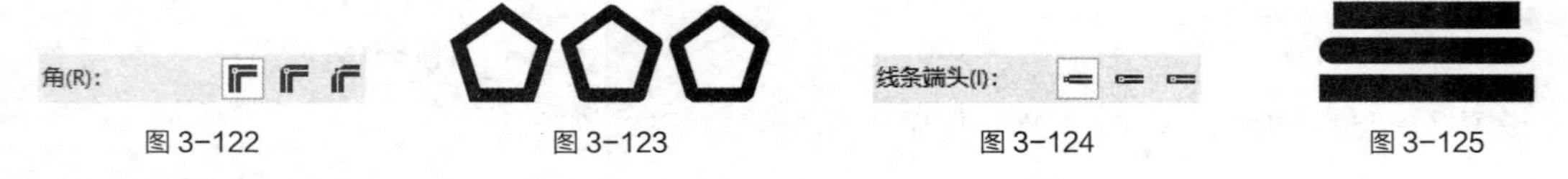

图 3-122　图 3-123　图 3-124　图 3-125

在“轮廓笔”对话框中，“位置”设置区可用于设置轮廓位置的样式，如图 3-126 所示。3 种样式分别是外部轮廓、居中的轮廓、内部轮廓。分别选择 3 种轮廓位置的样式，效果如图 3-127 所示。

图 3-126　图 3-127

在“轮廓笔”对话框中，“箭头”设置区可用于设置线条两端的箭头样式，如图 3-128 所示。“箭头”设置区中提供了两个样式框，左侧“起始箭头”样式框用来设置箭头样式，单击样式框上的按钮，弹出“箭头样式”列表，如图 3-129 所示。右侧“终止箭头”样式框用来设置箭尾样式，单击样式框上的按钮，弹出“箭尾样式”列表，如图 3-130 所示。

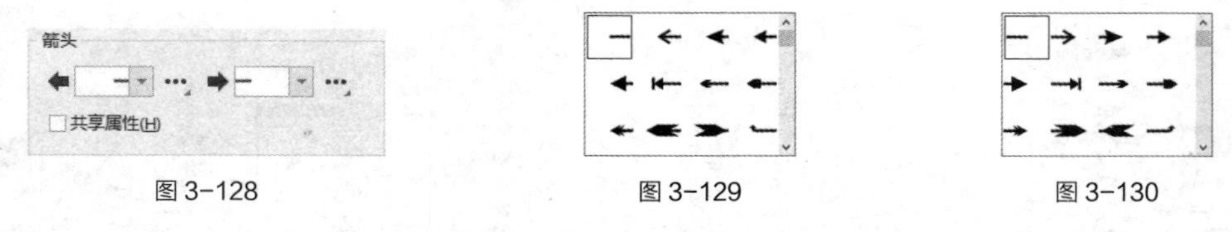

图 3-128　图 3-129　图 3-130

勾选“填充之后”复选框会将图形对象的轮廓置于图形对象的填充之后。图形对象的填充会遮挡图形对象的轮廓颜色，只能观察到轮廓的一段宽度的颜色。

勾选“随对象缩放”复选框后在缩放图形对象时，图形对象的轮廓线会根据图形对象的大小而改变，使图形对象的整体效果保持不变。如果不勾选此复选框，在缩放图形对象时，图形对象的轮廓线不会根据图形对象的大小而改变，轮廓线和填充不能保持原图形对象的效果，图形对象的整体效果就会被破坏。

任务实践　绘制送餐车图标

任务学习目标　学习使用图形绘制工具、“轮廓笔”工具、“编辑样式”按钮和“均匀填充”按钮绘制送餐车图标。

任务知识要点　使用图形绘制工具、“焊接”按钮、“形状”工具、“移除前面对象”按钮绘制车身和车轮；使用“手绘”工具、“编辑样式”按钮、“矩形”工具绘制车头和大灯。送餐车图标效果如图 3-131 所示。

效果所在位置　云盘\Ch03\效果\绘制送餐车图标.cdr。

图 3-131

（1）按 Ctrl+N 组合键，弹出“创建新文档”对话框，在其中设置文档的宽度为 1024 px，高度为 1024 px，方向为纵向，原色模式为 RGB，分辨率为 72 dpi，单击“OK”按钮，创建一个文档。

（2）选择“矩形”工具，在页面中分别绘制 2 个矩形，如图 3-132 所示。选择“选择”工具，用圈选的方法将所绘制的矩形同时选取，单击属性栏中的“焊接”按钮，合并图形，如图 3-133 所示。

（3）选择“形状”工具，选中并向左拖曳左下角的节点到适当的位置，效果如图 3-134 所示。选择“选择”工具，设置图形颜色的 RGB 值为 230、34、41，填充图形，效果如图 3-135 所示。

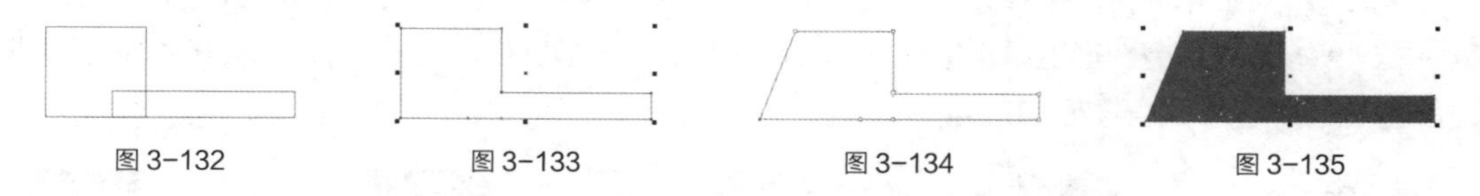

图 3-132　　图 3-133　　图 3-134　　图 3-135

（4）按 F12 键，弹出“轮廓笔”对话框，在“颜色”选项中设置轮廓线颜色为黑色，其他选项的设置如图 3-136 所示。单击“OK”按钮，效果如图 3-137 所示。

（5）选择“椭圆形”工具，按住 Ctrl 键的同时，在适当的位置绘制一个圆形，如图 3-138 所示。选择“属性滴管”工具，将鼠标指针放置在红色图形上，鼠标指针变为图标，如图 3-139 所示。在红色图形上单击鼠标左键吸取属性，鼠标指针变为图标，在需要的图形上单击鼠标左键，填充图形，效果如图 3-140 所示。

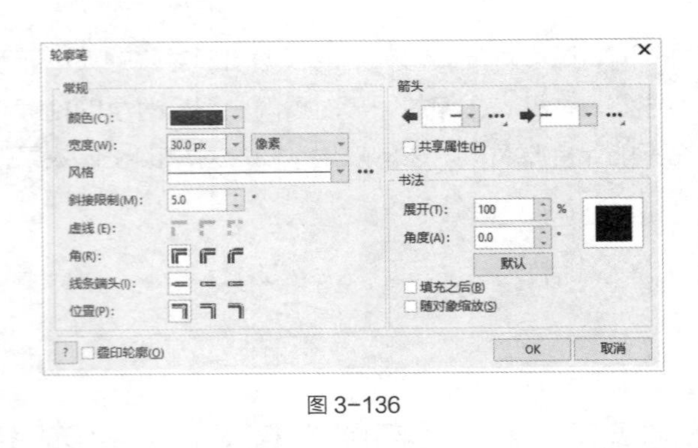

图 3-136

图 3-137

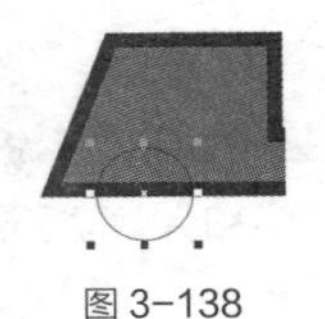

图 3-138

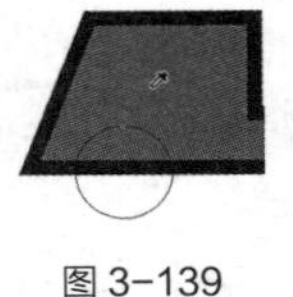

图 3-139

图 3-140

（6）选择“选择”工具，在“RGB 调色板”中的“70%黑”色块上单击鼠标左键，填充图形，效果如图 3-141 所示。按 Ctrl+PageDown 组合键，将图形向后移一层，效果如图 3-142 所示。

（7）按数字键盘上的+键，复制圆形。按住 Shift 键的同时，水平向右拖曳复制的圆形到适当的位置，效果如图 3-143 所示。

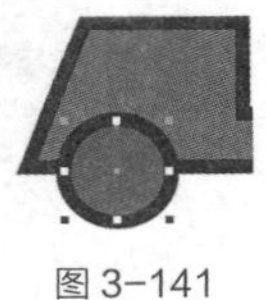

图 3-141

图 3-142

图 3-143

（8）分别选择“椭圆形”工具和“矩形”工具，在适当的位置分别绘制一个椭圆形和一个矩形，如图 3-144 所示。选择“选择”工具，按住 Shift 键的同时，单击矩形和椭圆形将其同时选取，如图 3-145 所示，单击属性栏中的“移除前面对象”按钮，将两个图形剪切为一个图形，效果如图 3-146 所示。（为了方便读者观看，这里以黄色显示。）

（9）选择“属性滴管”工具，将鼠标指针放置在下方红色图形上，鼠标指针变为图标，如图 3-147 所示。在红色图形上单击鼠标左键吸取属性，鼠标指针变为图标，在需要的图形上单击鼠标左键，填充图形，效果如图 3-148 所示。

图 3-144

图 3-145

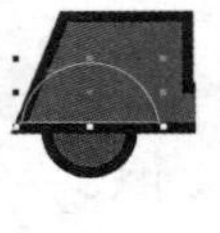

图 3-146

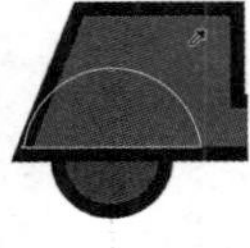

图 3-147

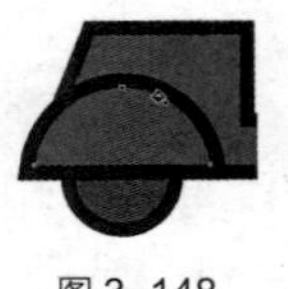

图 3-148

（10）选择“选择”工具，按 Alt+F9 组合键，弹出“变换”泊坞窗，其中各选项的设置如图 3-149 所示，再单击“应用”按钮，效果如图 3-150 所示。按住 Shift 键的同时，水平向右拖曳复制的图形到适当的位置，效果如图 3-151 所示。

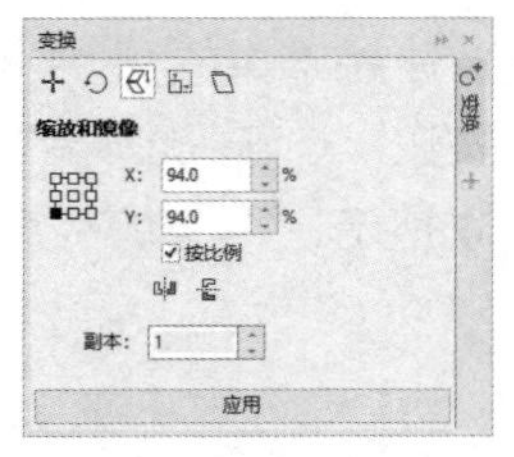

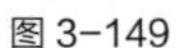

图 3-149

图 3-150

图 3-151

（11）选择“手绘”工具，按住 Ctrl 键的同时，在适当的位置绘制一条直线，并在属性栏中的“轮廓宽度”选项中设置数值为 30 px，按 Enter 键，效果如图 3-152 所示。

（12）选择“选择”工具，按数字键盘上的+键，复制直线。按住 Shift 键的同时，垂直向下拖曳复制的直线到适当的位置，效果如图 3-153 所示。不松开 Shift 键，向右拖曳直线末端中间的控制手柄到适当的位置，调整直线长度，效果如图 3-154 所示。

（13）选取需要的直线，如图 3-155 所示，按数字键盘上的+键，复制直线。向右拖曳复制的直线到适当的位置，效果如图 3-156 所示。

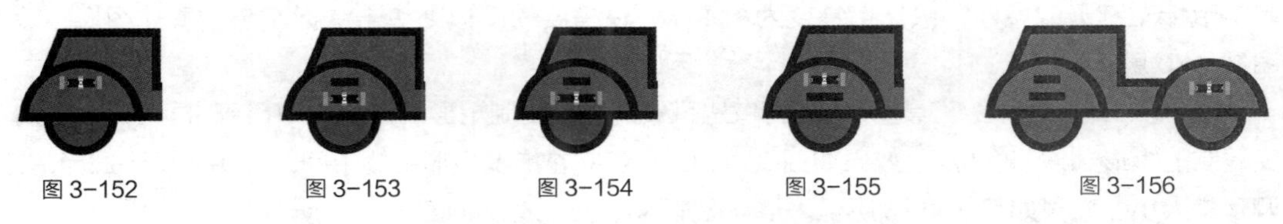

图 3-152　图 3-153　图 3-154　图 3-155　图 3-156

（14）选择“矩形”工具，在适当的位置绘制一个矩形，如图 3-157 所示。单击属性栏中的“转换为曲线”按钮，将图形转换为曲线，如图 3-158 所示。选择“形状”工具，选中并向左拖曳右上角的节点到适当的位置，效果如图 3-159 所示。

（15）选择“选择”工具，设置图形颜色的 RGB 值为 230、34、41，填充图形，并删除图形的轮廓线，效果如图 3-160 所示。按 Shift+PageDown 组合键，将图形移至图层后面，效果如图 3-161 所示。

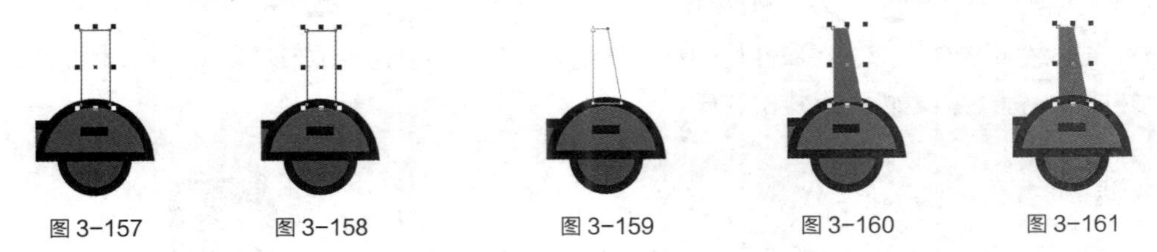

图 3-157　图 3-158　图 3-159　图 3-160　图 3-161

（16）选择“手绘”工具，在适当的位置绘制一条斜线，如图 3-162 所示。在属性栏中的“轮廓宽度”选项中设置数值为 30 px，按 Enter 键，效果如图 3-163 所示。使用“手绘”工具，按住 Ctrl 键的同时，在适当的位置再绘制一条竖线，如图 3-164 所示。

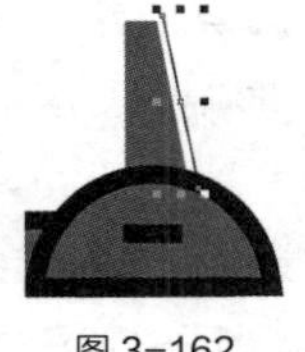

图 3-162

图 3-163

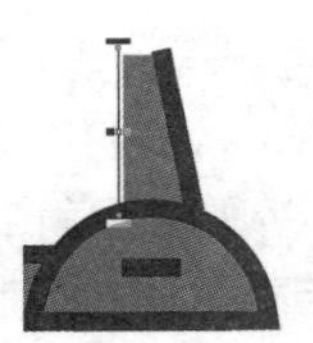

图 3-164

（17）按 F12 键，弹出“轮廓笔”对话框，在“风格”选项右侧单击“设置”按钮…，弹出“编辑线条样式”对话框，其中各选项的设置如图 3-165 所示。单击“添加”按钮，返回“轮廓笔”对话框，其他选项的设置如图 3-166 所示。单击“OK”按钮，效果如图 3-167 所示。

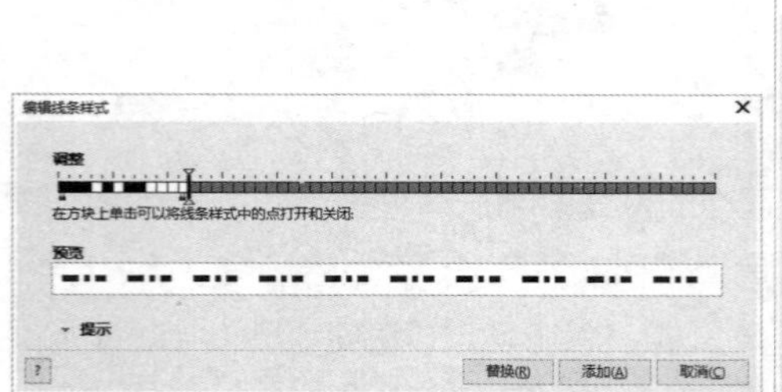

图 3-165

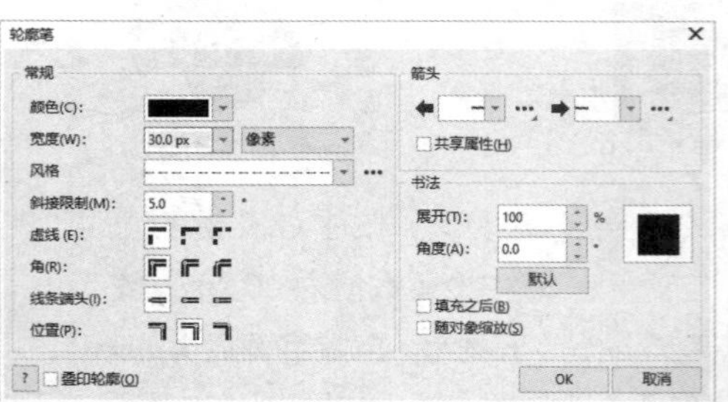

图 3-166

图 3-167

（18）选择“矩形”工具□，在适当的位置绘制一个矩形，如图 3-168 所示。选择“属性滴管”工具，将鼠标指针放置在下方红色图形上，鼠标指针变为图标，如图 3-169 所示。在红色图形上单击鼠标左键吸取属性，鼠标指针变为图标，在需要的图形上单击鼠标左键，填充图形，效果如图 3-170 所示。

（19）选择“选择”工具，按数字键盘上的+键，复制矩形。按住 Shift 键的同时，水平向右拖曳复制的矩形到适当的位置，效果如图 3-171 所示。向左拖曳矩形右侧中间的控制手柄到适当的位置，调整其大小，效果如图 3-172 所示。填充图形为白色，效果如图 3-173 所示。

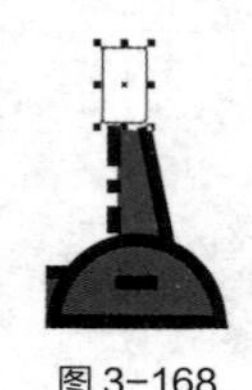

图 3-168

图 3-169

图 3-170

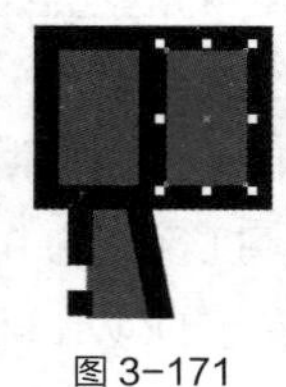

图 3-171

图 3-172

图 3-173

（20）选取左侧红色矩形，在属性栏中将“圆角半径”选项设为 50.0px 和 0.0px，如图 3-174 所示。按 Enter 键，效果如图 3-175 所示。

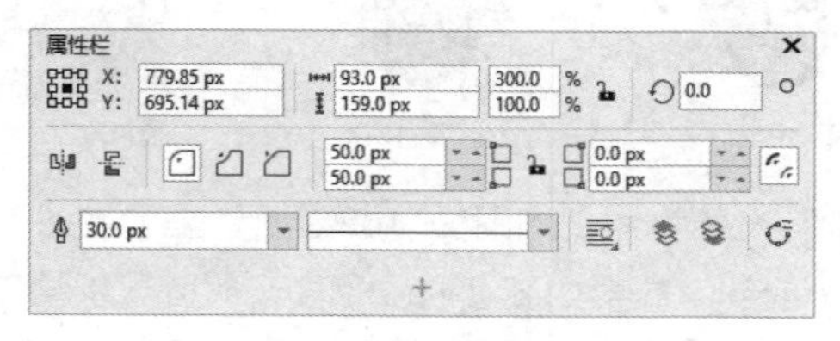

图 3-174

图 3-175

（21）选择“手绘”工具，按住 Ctrl 键的同时，在适当的位置绘制一条直线，如图 3-176 所示。按 F12 键，弹出“轮廓笔”对话框，在“线条端头”设置区中单击“圆形端头”按钮，其他选项的设置如图 3-177 所示。单击“OK”按钮，效果如图 3-178 所示。

（22）用相同的方法分别绘制坐垫和餐箱，效果如图 3-179 所示。送餐车图标绘制完成，效果如图 3-180 所示。图标应用在手机中时，会自动应用圆角遮罩图标，使图标呈现出圆角效果，如图 3-181 所示。

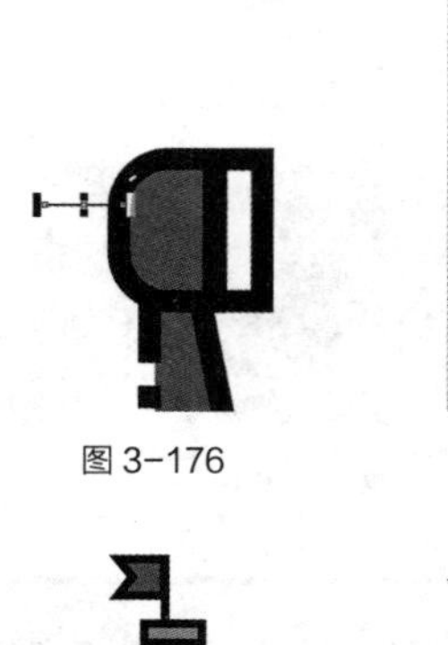

图 3-176

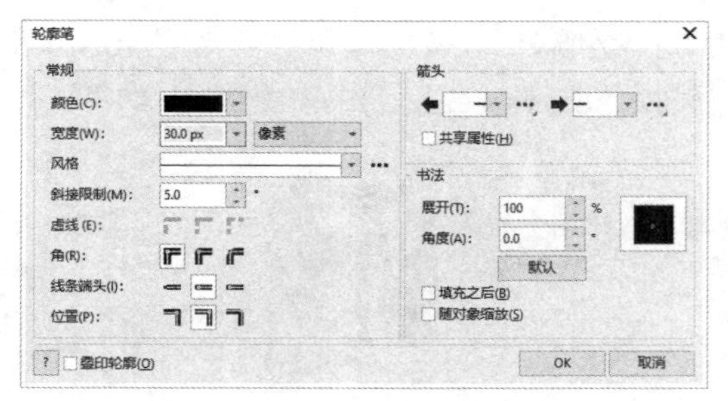

图 3-177

图 3-178

图 3-179

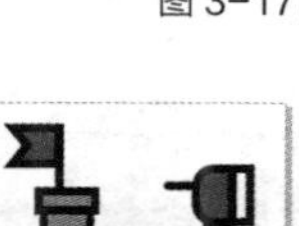

图 3-180

图 3-181

任务 3.4 均匀填充

在 CorelDRAW 2020 中，颜色的填充包括对图形对象的轮廓和内部的填充。图形对象的轮廓只能填充单色，而图形对象的内部可以进行单色、渐变、图案等多种方式的填充。通过对图形对象的轮廓和内部进行颜色填充，可以制作出绚丽的作品。

3.4.1 使用调色板填充

调色板是给图形对象填充颜色的最快途径之一。通过选取调色板中的颜色，可以把一种新颜色快速填充给图形对象。CorelDRAW 2020 中提供了多种调色板，选择“窗口 > 调色板”命令，将弹出可供选择的多种调色板。CorelDRAW 2020 在默认状态下使用的是 CMYK 调色板。

调色板一般在屏幕的右侧，选中屏幕右侧的条形调色板，如图 3-182 所示，用鼠标左键拖曳条形调色板到屏幕的中间，调色板变为图 3-183 所示界面。

使用“选择”工具选中要填充的图形对象，如图 3-184 所示。在调色板中选中的颜色上单击鼠标左键，如图 3-185 所示。图形对象的内部即被选中的颜色填充，如图 3-186 所示。单击调色板中的“无填充”按钮，可取消对图形对象内部的颜色填充。

图 3-182

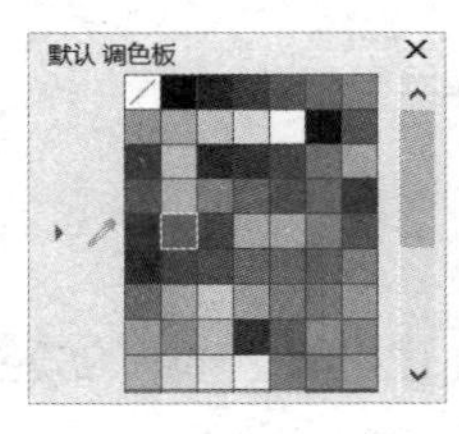

图 3-183

图 3-184

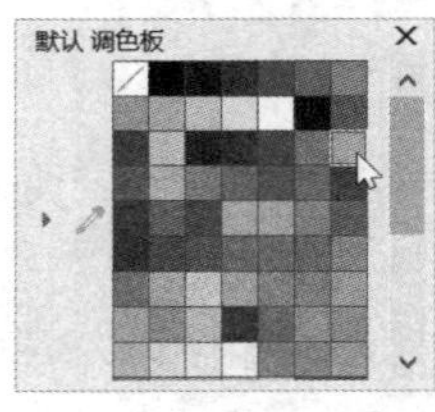

图 3-185

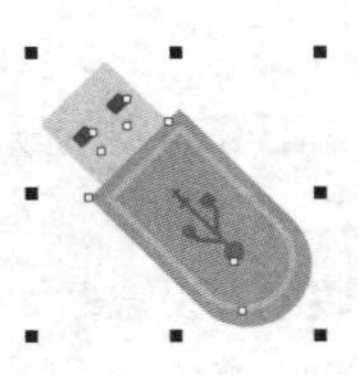

图 3-186

选取需要的图形，如图 3-187 所示。在调色板中选中的颜色上单击鼠标右键，如图 3-188 所示。图形对象的轮廓线即被选中的颜色填充，设置适当的轮廓宽度，如图 3-189 所示。

图 3-187

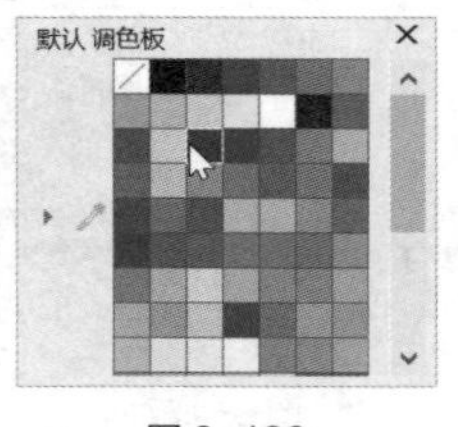

图 3-188

图 3-189

提示

选中调色板中的色块，按住鼠标左键不放拖曳色块到图形对象上，松开鼠标左键，也可填充对象。

3.4.2 使用“编辑填充”对话框填充

按 Shift+F11 组合键，弹出“编辑填充”对话框，可以在对话框中设置需要的颜色。对话框中的 2 种设置颜色的方式分别为颜色查看器和调色板。具体设置如下。

1. 颜色查看器

颜色查看器设置框如图 3-190 所示，在设置框中提供了完整的色谱。可以通过操作颜色关联控件来更改颜色，也可以通过在色彩模式的各参数值框中设置数值来设定需要的颜色。在设置框中还可以选择不同的色彩模式，设置框默认的色彩模型是 CMYK 模式，如图 3-191 所示。

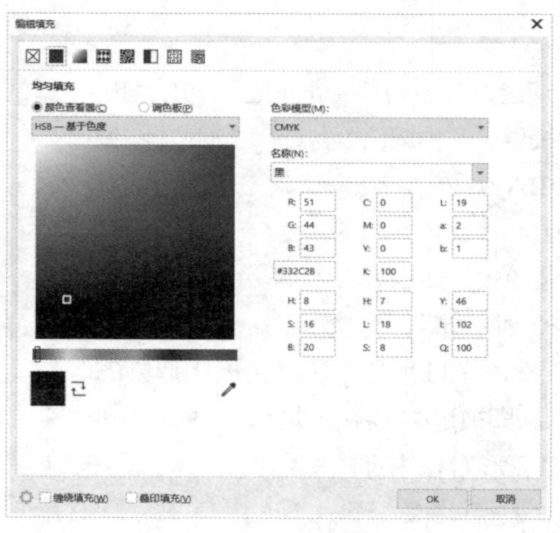

图 3-190

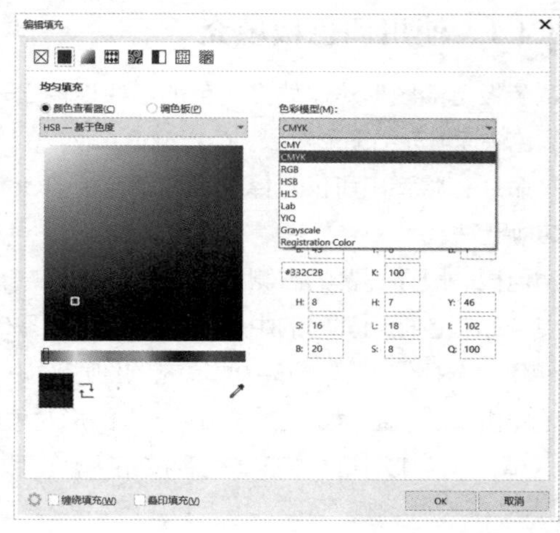

图 3-191

调配好需要的颜色后，单击“OK”按钮，可以将需要的颜色填充到图形对象中。

2. 调色板

调色板设置框如图 3-192 所示，调色板设置框通过 CorelDRAW 2020 中已有颜色库中的颜色来填充图形对象，在“调色板”选项的下拉列表中可以选择需要的颜色库，如图 3-193 所示。

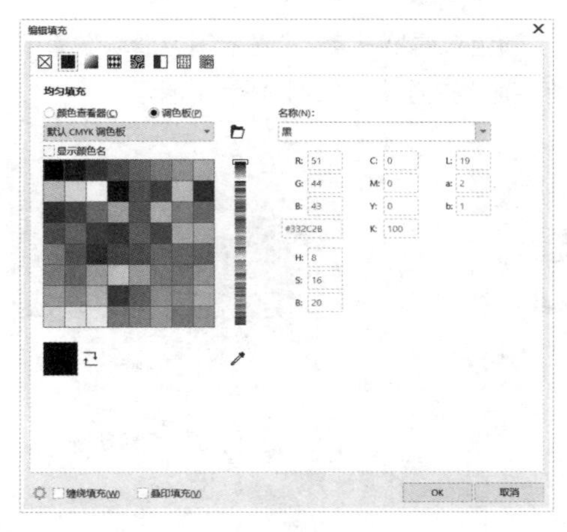

图 3-192

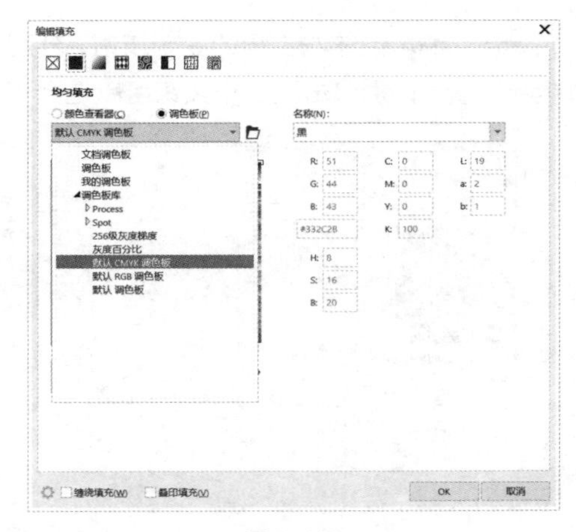

图 3-193

在调色板设置框中的颜色上单击鼠标左键就可以选中需要的颜色，勾选“显示颜色名”复选框，可以显示颜色库中的颜色名。调配好需要的颜色后，单击“OK”按钮，可以将需要的颜色填充到图形对象中。

3.4.3 使用“Color”泊坞窗填充

“Color”泊坞窗是为图形对象填充颜色的辅助工具，特别适合在实际工作中应用。

单击工具箱下方的“快速自定”按钮➕，可以添加“颜色”工具，随后选择“颜色”工具，弹出“Color”泊坞窗，如图 3-194 所示。绘制一把雨伞，如图 3-195 所示。在“Color”泊坞窗中调配颜色，如图 3-196 所示。

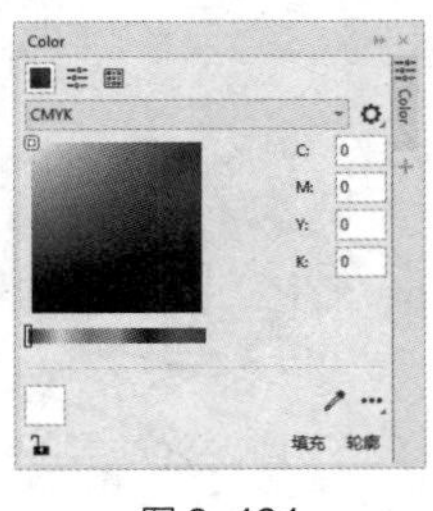

图 3-194

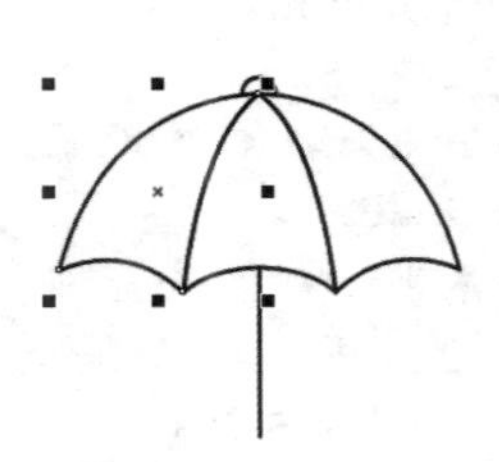

图 3-195

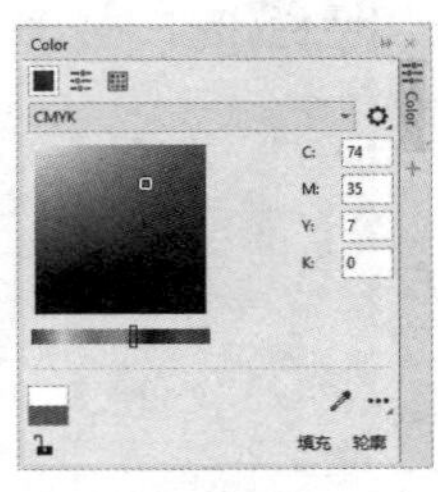

图 3-196

调配好颜色后，单击“填充”按钮，如图 3-197 所示，填充颜色到雨伞的内部，效果如图 3-198 所示。也可在调配好颜色后，单击“轮廓”按钮，如图 3-199 所示，填充颜色到雨伞的轮廓线，效果如图 3-200 所示。

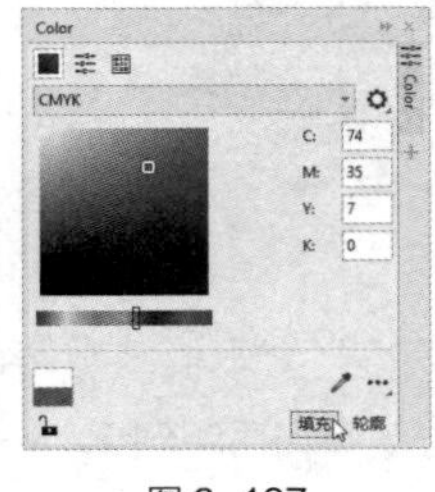

图 3-197

图 3-198

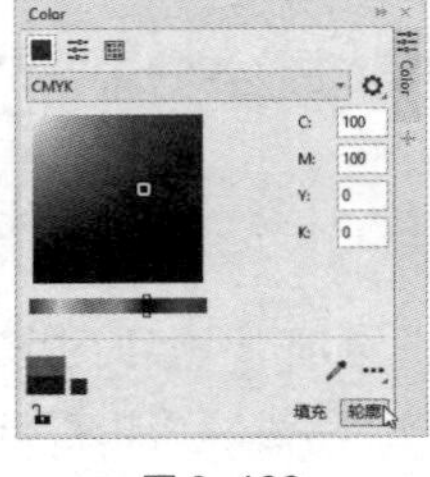

图 3-199

图 3-200

“Color”泊坞窗的左上角的 3 个按钮，分别是“显示颜色查看器”、“显示颜色滑块”和“显示调色板”。分别单击这 3 个按钮可以选择不同的调配颜色的方式，如图 3-201 所示。

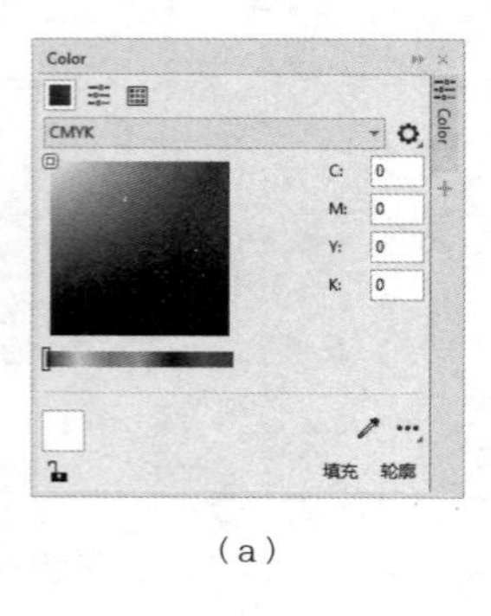

（a）

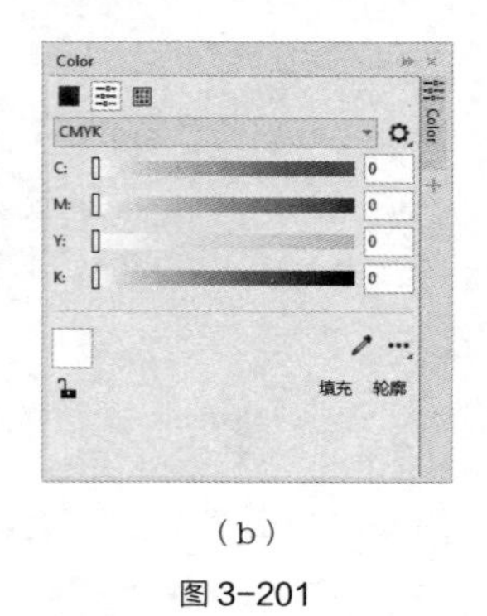

（b）

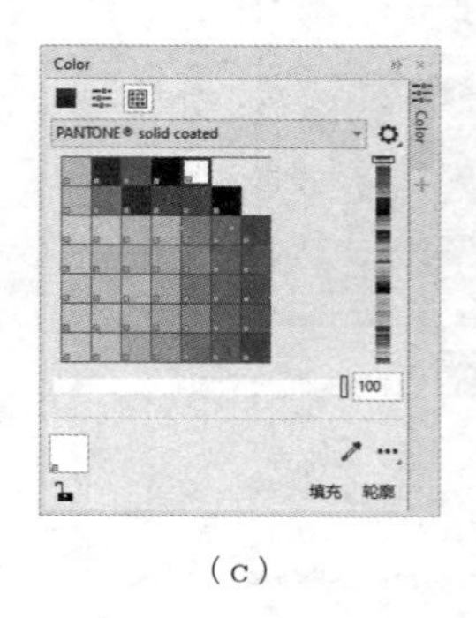

（c）

图 3-201

任务 3.5 渐变填充

渐变填充是一种非常实用的功能，在设计和制作中经常会用到。在 CorelDRAW 2020 中，渐变填充提供了线性、椭圆形、圆锥形和矩形 4 种渐变填充的形式，可以绘制出多种渐变颜色效果。下面将介绍使用渐变填充的方法和技巧。

3.5.1 使用属性栏填充

绘制一个图形，效果如图 3-202 所示。选择“交互式填充”工具，在属性栏中单击“渐变填充”按钮，属性栏如图 3-203 所示，线性渐变填充效果如图 3-204 所示。

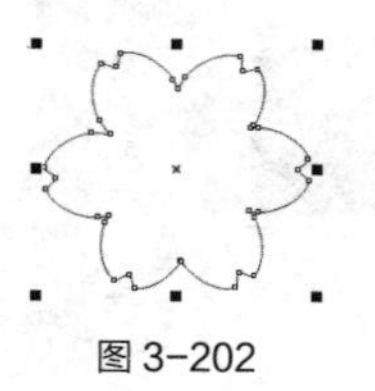

图 3-202

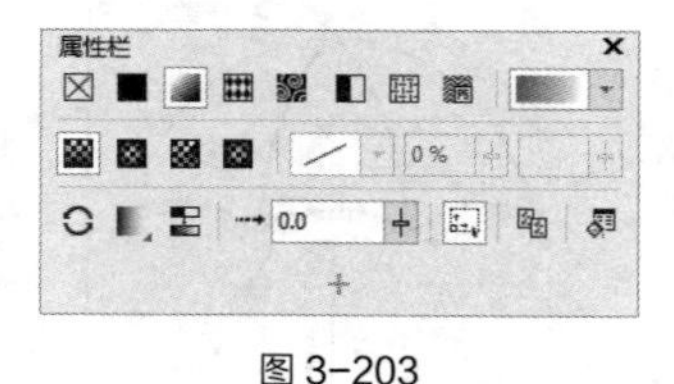

图 3-203

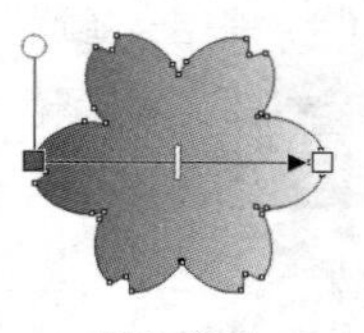

图 3-204

单击属性栏中的其他按钮，可以选择渐变填充的形式。椭圆形渐变填充、圆锥形渐变填充和矩形渐变填充的效果如图 3-205 所示。

单击“椭圆形渐变填充”按钮

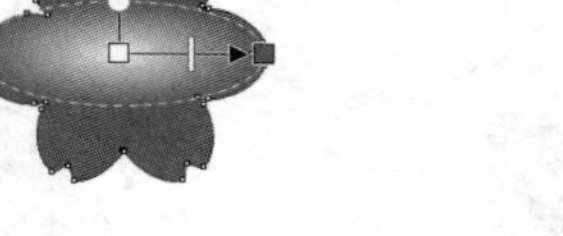

单击“圆锥形渐变填充”按钮

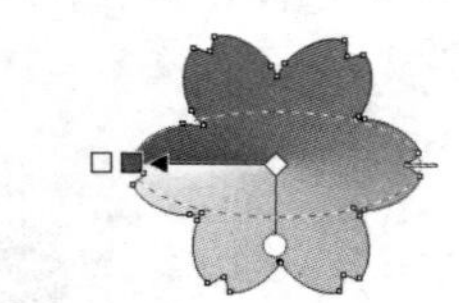

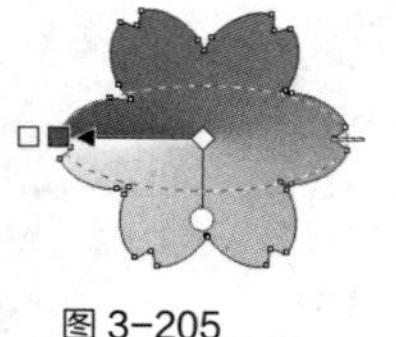

单击“矩形渐变填充”按钮

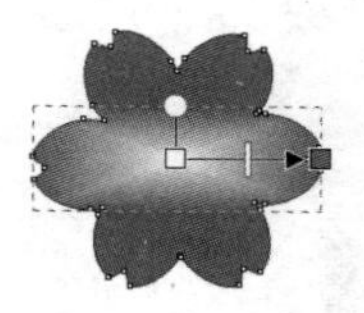

图 3-205

属性栏中的“节点颜色”选项用于指定选择渐变节点的颜色，“节点透明度”文本框用于设置指定选定渐变节点的透明度，“加速”选项用于设置渐变过程中从一个颜色到另外一个颜色的速度。

3.5.2　使用工具填充

绘制一个图形，如图 3-206 所示。选择“交互式填充”工具，在起点颜色的位置单击并按住鼠标左键拖曳鼠标指针到适当的位置，松开鼠标左键，图形被填充了预设的颜色，效果如图 3-207 所示。在拖曳的过程中可以控制渐变的角度、渐变的边缘宽度等渐变属性。

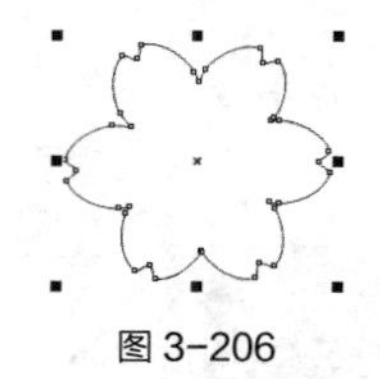
图 3-206

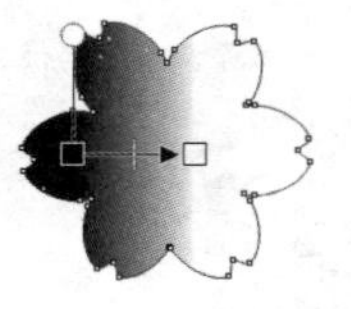
图 3-207

拖曳起点颜色和终点颜色，可以改变渐变的角度和边缘宽度。拖曳中间点，可以调整渐变颜色的分布。拖曳渐变虚线，可以控制颜色渐变与图形之间的相对位置。拖曳渐变上方的圆圈图标，可以调整渐变倾斜角度。

3.5.3　使用渐变填充

按 F11 键，弹出“编辑填充”对话框，在对话框中的“排列”设置区可选择渐变填充的 3 种类型：“默认”渐变填充、“重复和镜像”渐变填充和“重复”渐变填充。

1. 默认渐变填充

单击“默认”渐变填充按钮后的对话框如图 3-208 所示。

在“预览色带”的起点和终点颜色之间双击，将在“预览色带”上产生一个色标，也就是新增了一个渐变颜色标记，如图 3-209 所示。“位置”选项 24 % 中显示的百分数就是当前新增渐变颜色标记的位置。单击“颜色”选项右侧的按钮，在弹出的下拉列表中设置需要的渐变颜色，“预览色带”上新增渐变颜色标记上的颜色将改变为需要的新颜色。“颜色”选项中显示的颜色就是当前新增渐变颜色标记上的颜色。在对话框中设置好渐变颜色后，单击“OK”按钮，完成图形的渐变填充。

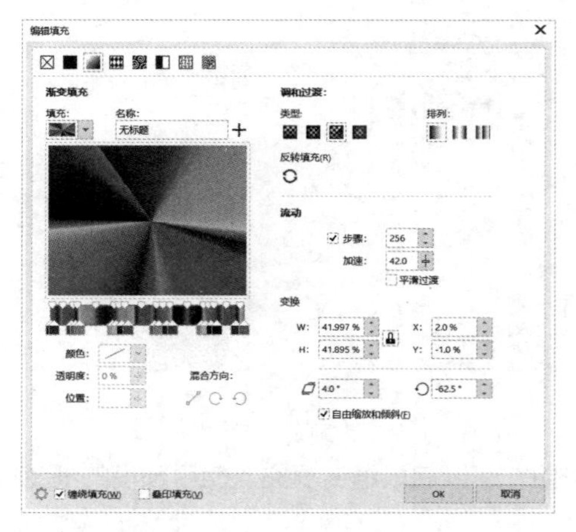

图 3-208

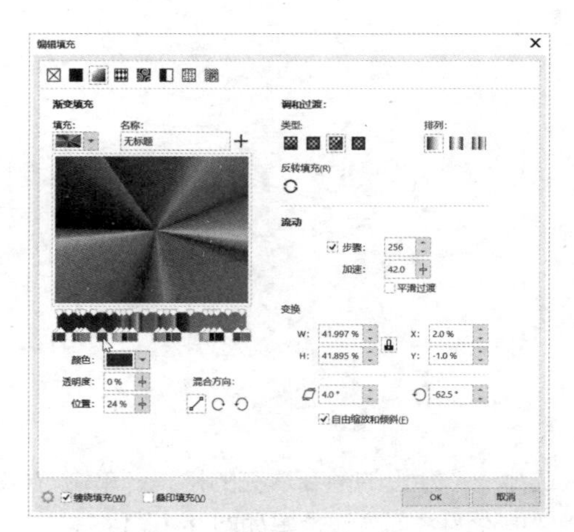

图 3-209

2. 重复和镜像渐变填充

单击“重复和镜像”按钮，如图 3-210 所示。再单击调色板中的颜色，可改变自定义渐变填充终点的颜色。

3. 重复渐变填充

单击“重复”按钮，如图 3-211 所示。在对话框中设置好渐变颜色后，单击“OK”按钮，完成图形的渐变填充。

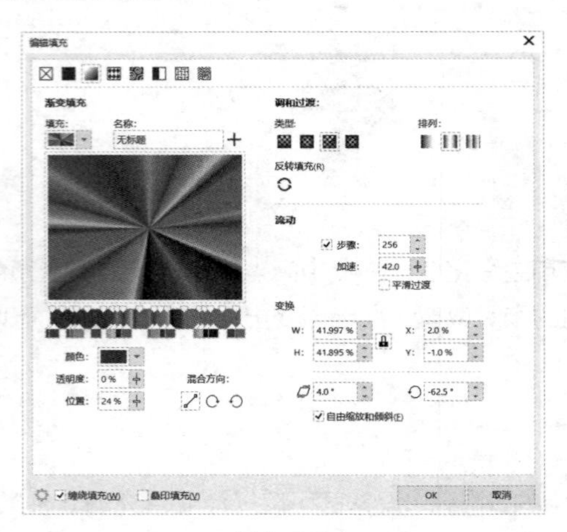

图 3-210

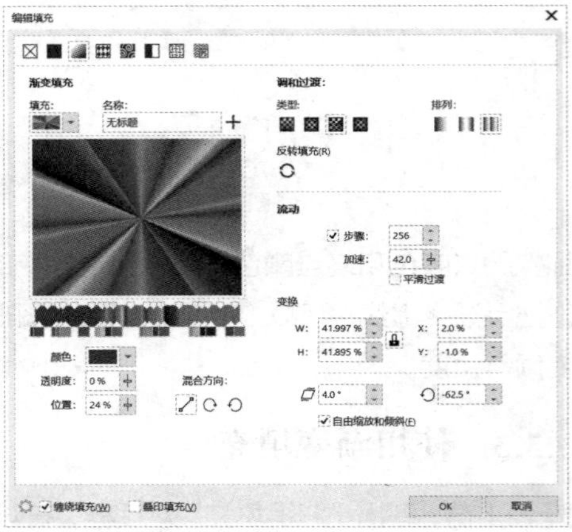

图 3-211

3.5.4 渐变填充的样式

绘制一个图形，效果如图 3-212 所示。在“编辑填充”对话框中单击“填充”选项右侧的按钮，在弹出的下拉列表中包含 CorelDRAW 2020 预设的一些渐变填充的样式，如图 3-213 所示。

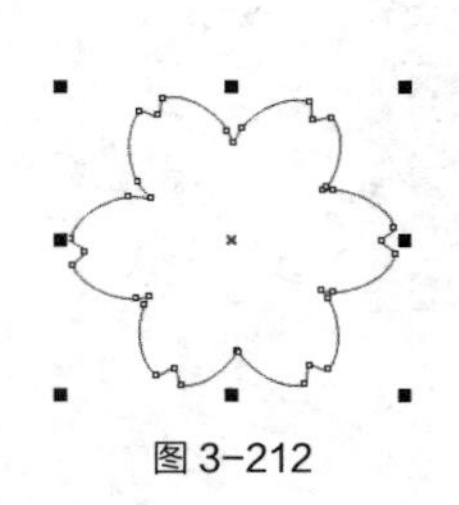

图 3-212

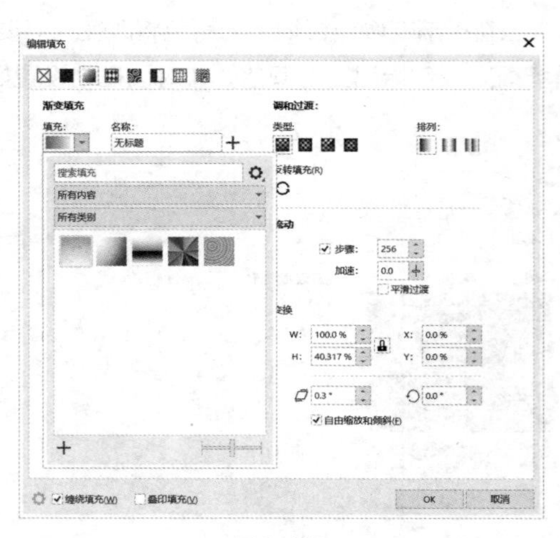

图 3-213

选择一个预设的渐变填充的样式，单击“OK”按钮，可以完成渐变填充。使用预设的渐变填充的样式填充的各种渐变效果如图 3-214 所示。

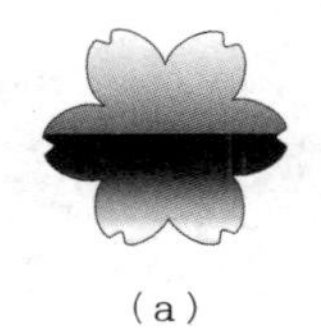
（a）

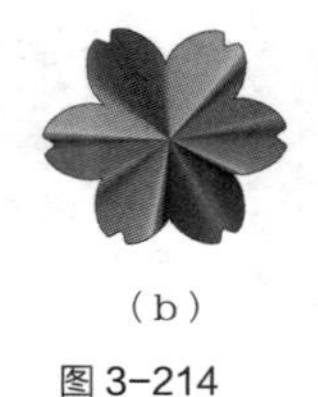
（b）

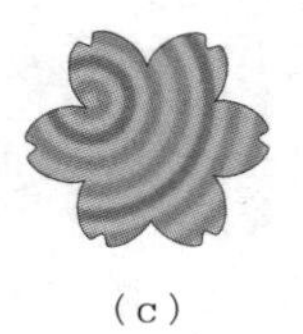
（c）

图 3-214

任务实践　绘制卡通小狐狸

任务学习目标　学习使用图形绘制工具、“渐变填充”按钮和“形状”泊坞窗绘制卡通小狐狸。

任务知识要点　使用“椭圆形”工具、“贝塞尔”工具、“焊接”按钮绘制头部和躯干；使用“椭圆形”工具、“矩形”工具、“星形”工具和“移除前面对象”按钮绘制眼、鼻、嘴及脸庞；使用“矩形”工具、“圆角半径”选项、“形状”泊坞窗和“渐变填充”按钮绘制尾巴。卡通小狐狸效果如图 3-215 所示。

效果所在位置　云盘\Ch03\效果\绘制卡通小狐狸.cdr。

图 3-215

微课

绘制卡通小狐狸

（1）按 Ctrl+N 组合键，新建一个 A4 页面。双击“矩形”工具，绘制一个与页面大小相等的矩形，如图 3-216 所示。设置图形颜色的 CMYK 值为 70、71、75、37，填充图形，并删除图形的轮廓线，效果如图 3-217 所示。

（2）选择“椭圆形”工具，在页面外绘制一个椭圆形，如图 3-218 所示。选择“贝塞尔”工具，在适当的位置绘制一个不规则图形，如图 3-219 所示。

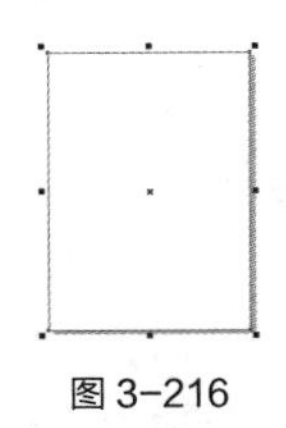
图 3-216

图 3-217

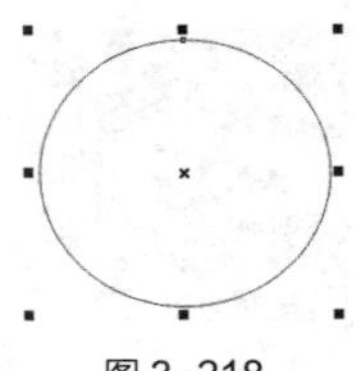
图 3-218

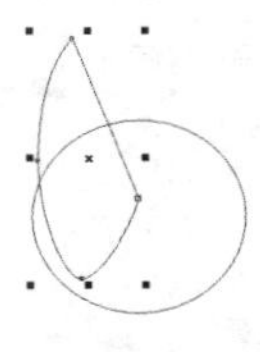
图 3-219

（3）选择“选择”工具，按数字键盘上的+键，复制图形。单击属性栏中的“水平镜像”按钮，水平翻转图形，如图 3-220 所示。按住 Shift 键的同时，水平向右拖曳翻转图形到适当的位置，效果如图 3-221 所示。

（4）选择“选择”工具，用圈选的方法将所绘制的图形同时选取，如图 3-222 所示。单击属性栏中的“焊接”按钮，合并图形，效果如图 3-223 所示。

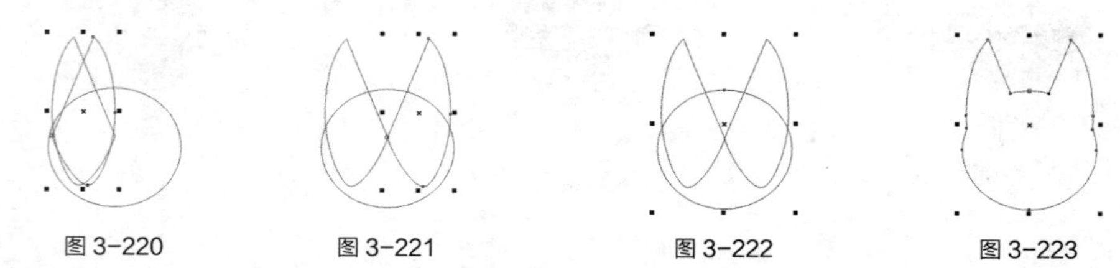

图 3-220　　图 3-221　　图 3-222　　图 3-223

（5）按 F11 键，弹出“编辑填充”对话框，单击“渐变填充”按钮，将“起点”选项颜色的 CMYK 值设为 0、61、99、0，“终点”选项颜色的 CMYK 值设为 13、69、100、0，其他选项的设置如图 3-224 所示。单击“OK”按钮，填充图形，并删除图形的轮廓线，效果如图 3-225 所示。

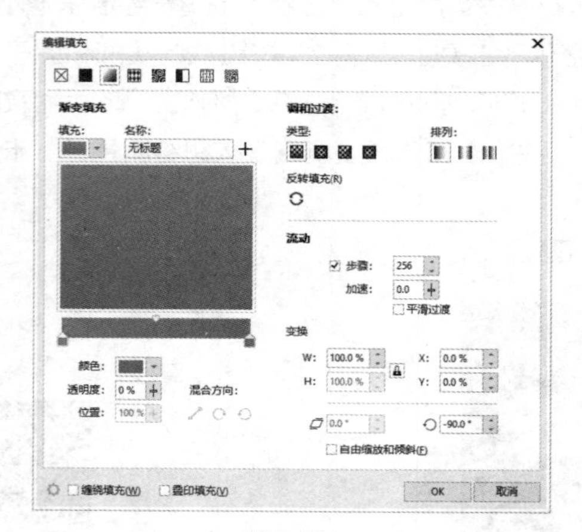

图 3-224

图 3-225

（6）选择“贝塞尔”工具，在适当的位置绘制一个不规则图形，如图 3-226 所示。按 F11 键，弹出“编辑填充”对话框，单击“渐变填充”按钮，将“起点”选项颜色的 CMYK 值设为 12、82、100、0，“终点”选项颜色的 CMYK 值设为 0、61、100、0，其他选项的设置如图 3-227 所示。单击“OK”按钮，填充图形，并删除图形的轮廓线，效果如图 3-228 所示。

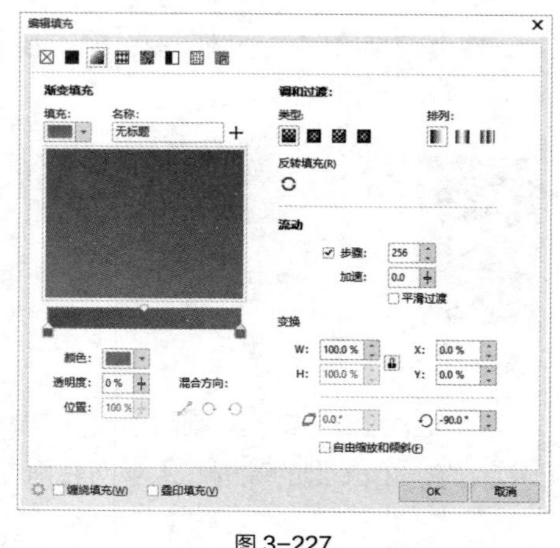

图 3-226　　图 3-227

图 3-228

（7）选择“选择”工具，按数字键盘上的+键，复制图形。单击属性栏中的“水平镜像”按钮，水平翻转图形，如图 3-229 所示。按住 Shift 键的同时，水平向右拖曳翻转图形到适当的位置，效果如图 3-230 所示。

（8）选择“椭圆形”工具，在适当的位置绘制一个椭圆形，如图 3-231 所示。按 F11 键，弹出“编辑填充”对话框，单击“渐变填充”按钮，将“起点”选项颜色的 CMYK 值设为 12、82、100、0，“终点”选项颜色的 CMYK 值设为 11、62、93、0，其他选项的设置如图 3-232 所示。单击“OK”按钮，填充图形，并删除图形的轮廓线，效果如图 3-233 所示。

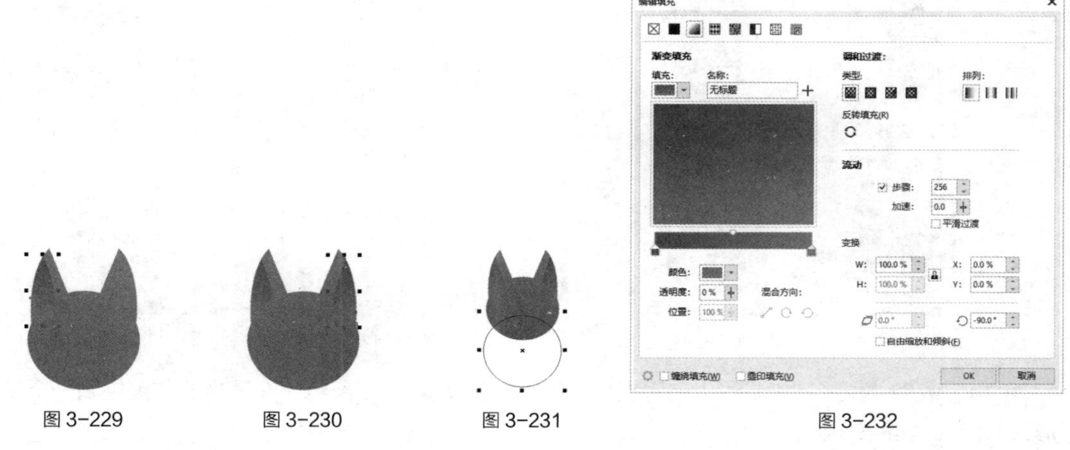

图 3-229　图 3-230　图 3-231　图 3-232

（9）选择“椭圆形”工具，在适当的位置绘制一个椭圆形，如图 3-234 所示。选择“矩形”工具，在适当的位置绘制一个矩形，如图 3-235 所示。

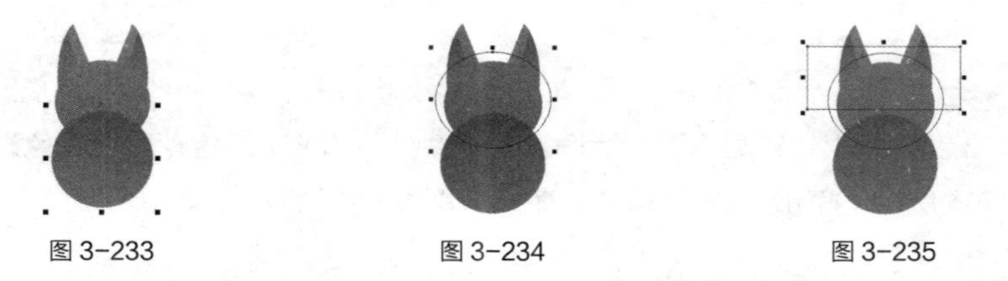

图 3-233　图 3-234　图 3-235

（10）选择“选择”工具，按住 Shift 键的同时，单击椭圆形将其同时选取，如图 3-236 所示。单击属性栏中的“移除前面对象”按钮，将两个图形剪切为一个图形，效果如图 3-237 所示。

（11）按 F11 键，弹出“编辑填充”对话框，单击“渐变填充”按钮，将“起点”选项颜色的 CMYK 值设为 0、0、0、20，“终点”选项颜色的 CMYK 值设为 0、0、0、0，其他选项的设置如图 3-238 所示。单击“OK”按钮，填充图形，并删除图形的轮廓线，效果如图 3-239 所示。

（12）选择“椭圆形”工具，按住 Ctrl 键的同时，在适当的位置绘制一个圆形，填充图形为黑色，并删除图形的轮廓线，效果如图 3-240 所示。按数字键盘上的+键，复制圆形。选择“选择”工具，按住 Shift 键的同时，水平向右拖曳复制的圆形到适当的位置，效果如图 3-241 所示。

（13）选择“星形”工具，在属性栏中的设置如图 3-242 所示，在适当的位置绘制一个三角形，如图 3-243 所示。

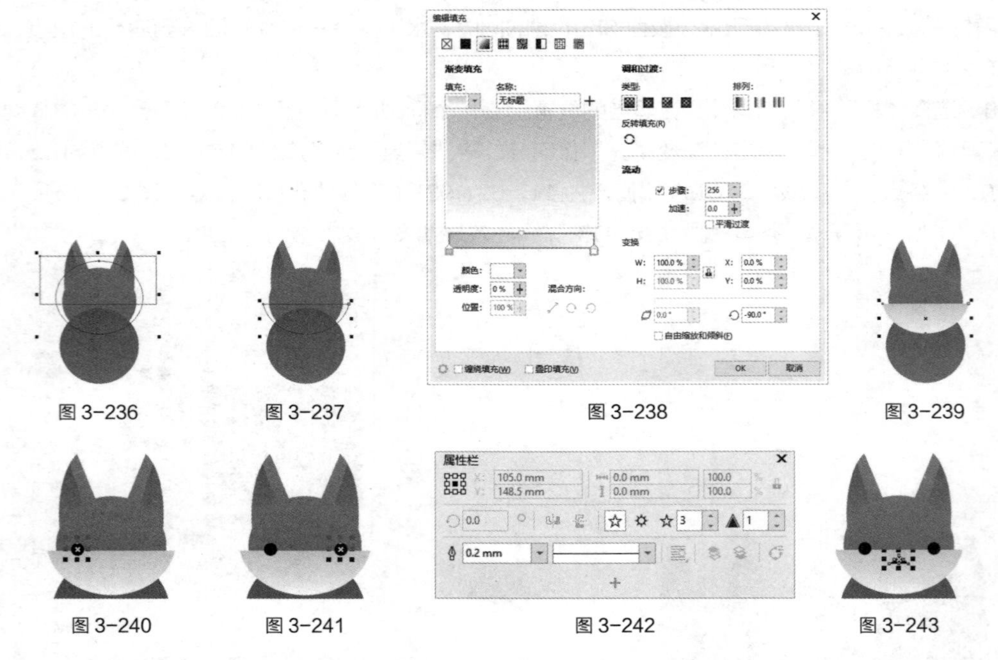

图 3-236　图 3-237　图 3-238　图 3-239

图 3-240　图 3-241　图 3-242　图 3-243

（14）选择“星形”工具☆，在属性栏中的设置如图 3-244 所示。在适当的位置绘制一个多角星形，如图 3-245 所示。

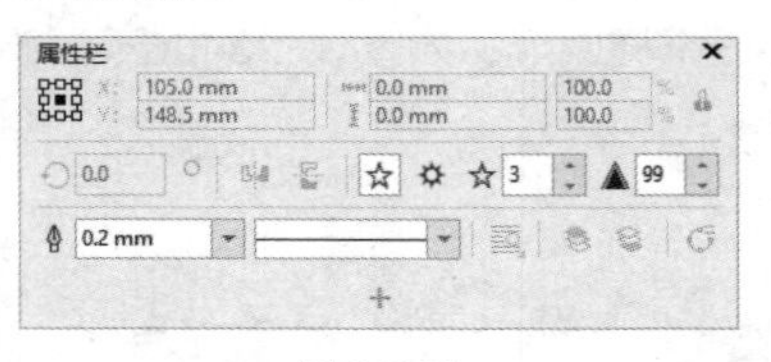

图 3-244

图 3-245

（15）按 F12 键，弹出“轮廓笔”对话框，在“颜色”选项中设置轮廓线颜色为黑色，其他选项的设置如图 3-246 所示。单击“OK”按钮，效果如图 3-247 所示。

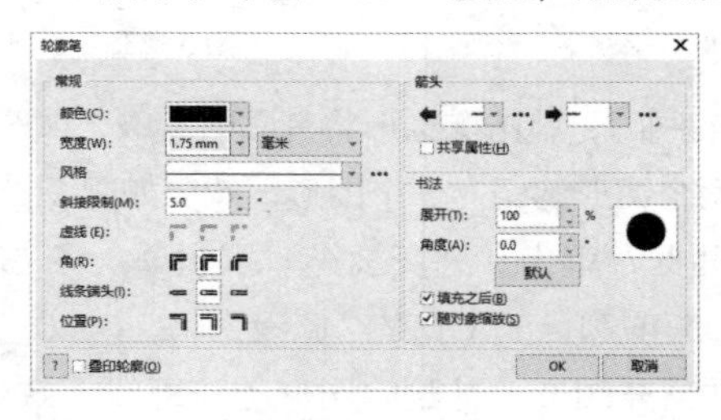

图 3-246

图 3-247

（16）选择“矩形”工具□，在适当的位置绘制一个矩形，如图 3-248 所示。在属性栏中将“圆角半径”选项设为 50.0mm 和 0.0mm，如图 3-249 所示。按 Enter 键，效果如图 3-250 所示。按 Ctrl+C 组合键，复制图形。（此图形作为备用。）

（17）单击属性栏中的“转换为曲线”按钮，将图形转换为曲线，如图 3-251 所示。选择“形状”工具，用圈选的方法选取右侧的节点，如图 3-252 所示。向左拖曳选中的节点到适当的位置，效果如图 3-253 所示。

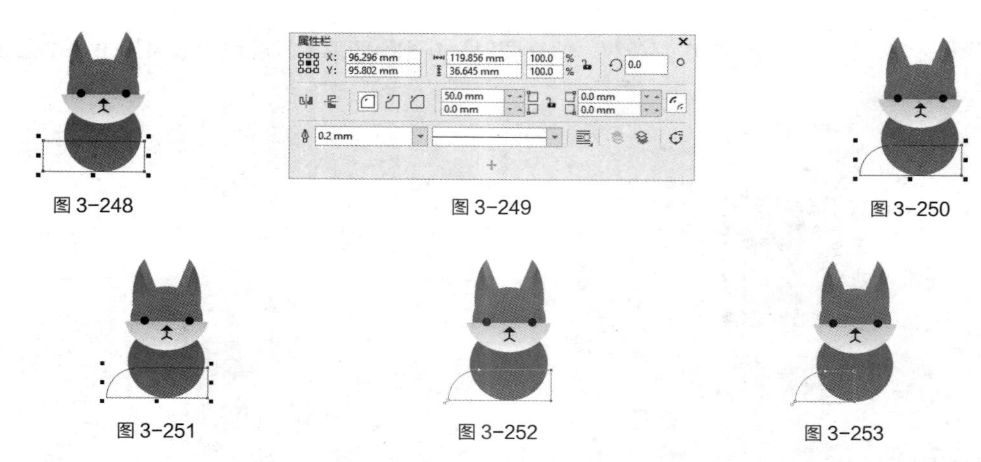

图 3-248　图 3-249　图 3-250

图 3-251　图 3-252　图 3-253

（18）按 F11 键，弹出“编辑填充”对话框，单击“渐变填充”按钮，将“起点”选项颜色的 CMYK 值设为 0、0、0、20，“终点”选项颜色的 CMYK 值设为 0、0、0、0，其他选项的设置如图 3-254 所示。单击“OK”按钮，填充图形，并删除图形的轮廓线，效果如图 3-255 所示。

（19）按 Ctrl+V 组合键，粘贴（备用）图形，如图 3-256 所示。选择“选择”工具，选取下方渐变椭圆形，按数字键盘上的+键，复制图形，如图 3-257 所示。

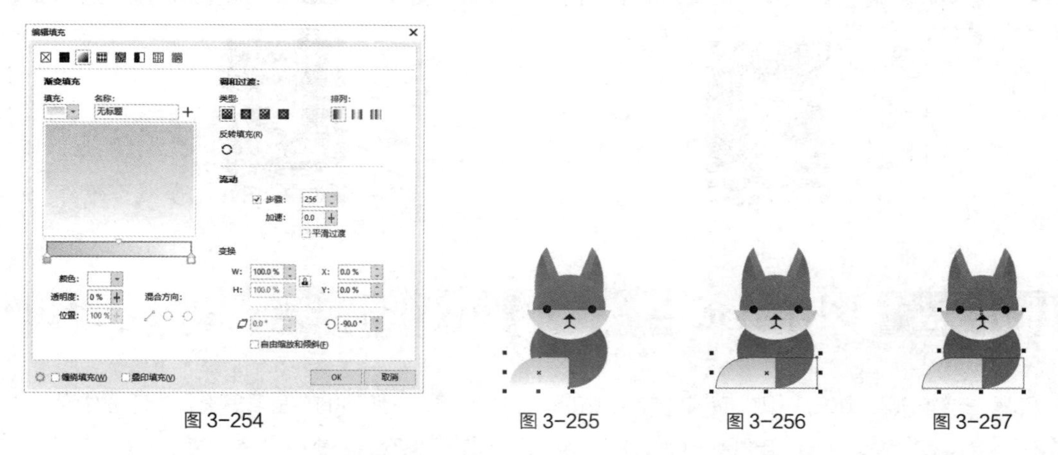

图 3-254　图 3-255　图 3-256　图 3-257

（20）选择“窗口 > 泊坞窗 > 形状”命令，在弹出的“形状”泊坞窗中选择“相交”选项，如图 3-258 所示。单击“相交对象”按钮，将鼠标指针放置到需要的图形上，如图 3-259 所示。再单击鼠标左键，效果如图 3-260 所示。

图 3-258　图 3-259　图 3-260

（21）按 F11 键，弹出“编辑填充”对话框，单击“渐变填充”按钮，将“起点”选项颜色的 CMYK 值设为 0、61、100、0，“终点”选项颜色的 CMYK 值设为 16、71、100、0，其他选项的设置如图 3-261 所示。单击“OK”按钮，填充图形，并删除图形的轮廓线，效果如图 3-262 所示。

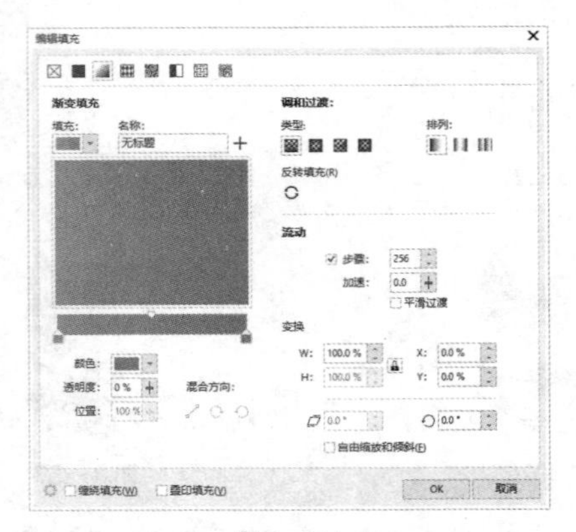

图 3-261

图 3-262

（22）选择“选择”工具，用圈选的方法将所绘制的图形全部选取。按 Ctrl+G 组合键，将其群组，拖曳群组图形到页面中适当的位置，效果如图 3-263 所示。

（23）选择“文本”工具，在适当的位置输入需要的文字。选择“选择”工具，在属性栏中选取适当的字体并设置文字大小，填充文字为白色，效果如图 3-264 所示。卡通小狐狸绘制完成。

图 3-263

图 3-264

任务 3.6 图样填充

向量图样填充是由矢量和线描式图像生成的。按 F11 键，在弹出的“编辑填充”对话框中单击“向量图样填充”按钮，如图 3-265 所示，即可设置向量图样填充。

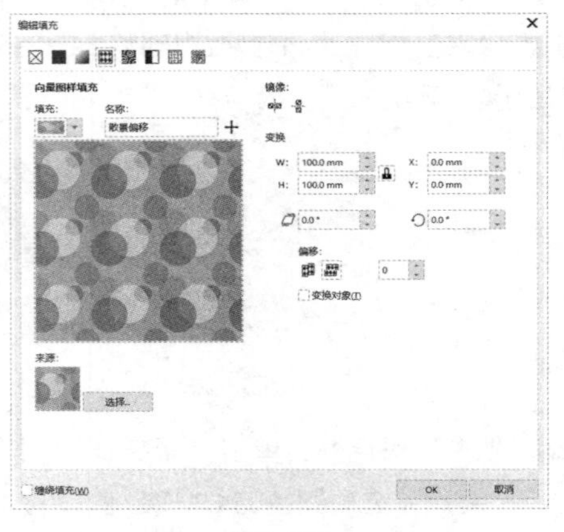

图 3-265

位图图样填充是使用位图图片来进行填充的。按 F11 键，在弹出的“编辑填充”对话框中单击“位图图样填充”按钮，如图 3-266 所示，即可设置位图图样填充。

双色图样填充是用两种颜色构成的图案来填充的，也就是通过设置前景色和背景色来填充。按 F11 键，在弹出的“编辑填充”对话框中单击“双色图样填充”按钮，如图 3-267 所示，即可设置双色图样填充。

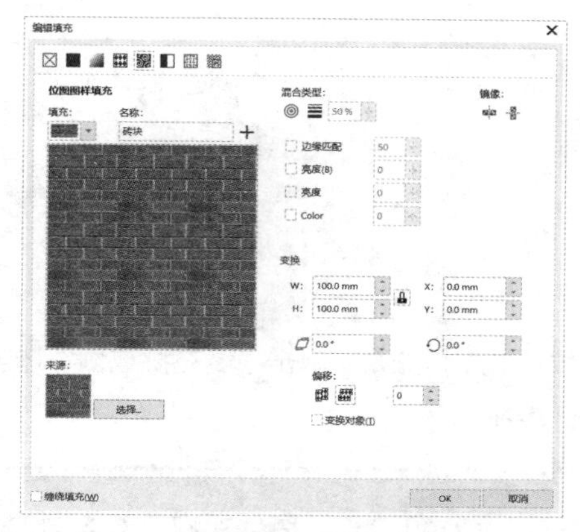

图 3-266

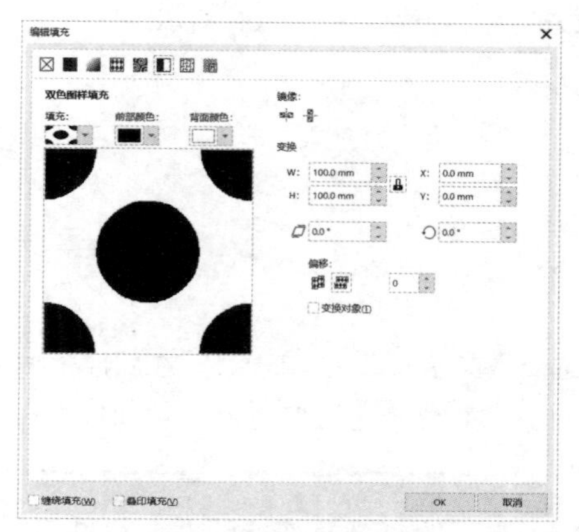

图 3-267

任务 3.7 其他填充

除均匀填充、渐变填充和图样填充外，常用的填充还包括底纹填充、网状填充等。这些填充可以使图形更加自然、多变。下面具体介绍这些填充的使用方法和技巧。

3.7.1 底纹填充

按 F11 键，弹出“编辑填充”对话框，单击“底纹填充”按钮，如图 3-268 所示。在对话框中，CorelDRAW 2020 的底纹库提供了多个样本组和几百种预设的底纹填充图案。

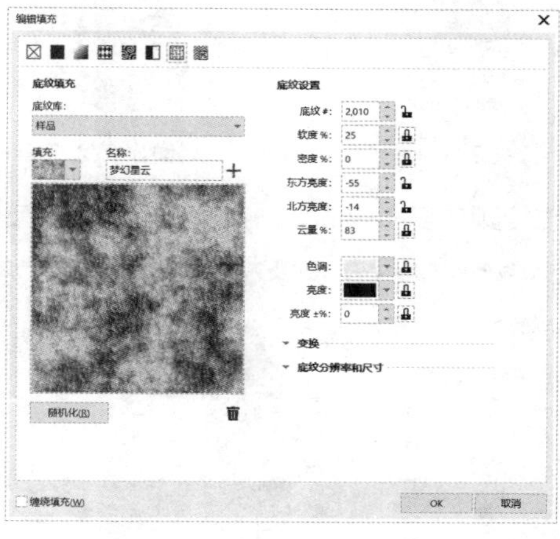

图 3-268

在对话框的“底纹库”选项的下拉列表中可以选择不同的样本组。CorelDRAW 2020 底纹库提供了 7 个样本组。选择样本组后，在“底纹库”选项下方的“填充”选项中显示出底纹的效果，单击“填充”选项右侧的按钮，在弹出的下拉列表中可以选择需要的底纹填充图案。

绘制一个图形，在“底纹库”中选择需要的样本后，单击“填充”选项右侧的按钮，在弹出的下拉列表中选择需要的底纹效果，单击“OK”按钮，可以将底纹填充到图形对象中。3 个填充不同底纹的图形效果如图 3-269 所示。

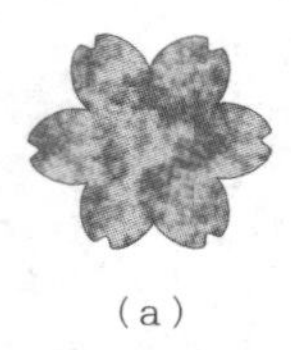
（a）

（b）

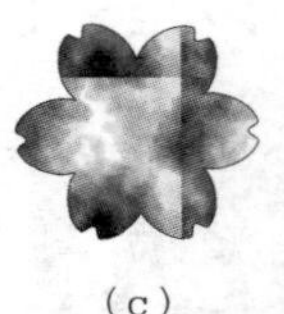
（c）

图 3-269

选择“交互式填充”工具，在属性栏中单击“底纹填充”按钮，单击“填充挑选器”选项右侧的按钮，在弹出的下拉列表中可以选择底纹填充的样式。

提示

底纹填充会增加文件的大小，并使操作的时间延长，因此用户在对大型的图形对象使用底纹填充时要慎重。

3.7.2 网状填充

打开一个要进行网状填充的图形，如图 3-270 所示。选择“交互式填充”工具的展开工具栏中的“网状填充”工具，在属性栏中将横竖网格的数值均设置为 3，按 Enter 键，图形的网状填充效果如图 3-271 所示。

单击选中网格中需要填充的节点，如图 3-272 所示。在调色板中需要的颜色上单击鼠标左键，可以为选中的节点填充颜色，效果如图 3-273 所示。

图 3-270

图 3-271

图 3-272

图 3-273

再依次选中需要的节点并进行颜色填充，如图 3-274 所示。选中节点后，拖曳节点的控制点可以扭曲颜色填充的方向，如图 3-275 所示。交互式网状填充效果如图 3-276 所示。

图 3-274

图 3-275

图 3-276

任务实践　绘制水果图标

任务学习目标　学习使用“双色图样填充”按钮和“网状填充”工具绘制水果图标。

任务知识要点　使用“矩形”工具和“双色图样填充”按钮绘制背景；使用“椭圆形”工具、“多边形”工具、“常见形状”工具、“水平镜像”按钮、“焊接”按钮绘制水果形状；使用“3 点椭圆形”工具、“网状填充”工具绘制高光。水果图标效果如图 3-277 所示。

效果所在位置　云盘\Ch03\效果\绘制水果图标.cdr。

图 3-277

（1）按 Ctrl+N 组合键，弹出“创建新文档”对话框，在其中设置文档的宽度为 1024 px，高度为 1024 px，方向为纵向，原色模式为 RGB，分辨率为 72 dpi，单击“OK”按钮，创建一个文档。

（2）双击“矩形”工具，绘制一个与页面大小相等的矩形，如图 3-278 所示。按 Shift+F11 组合键，弹出“编辑填充”对话框，单击“双色图样填充”按钮，切换到相应的选项卡中，单击“填充”选项右侧的按钮，在弹出的下拉列表中选择需要的图样效果，如图 3-279 所示。返回“编辑填充”对话框，其他选项的设置如图 3-280 所示。单击“OK”按钮，填充图形，并删除图形的轮廓线，效果如图 3-281 所示。

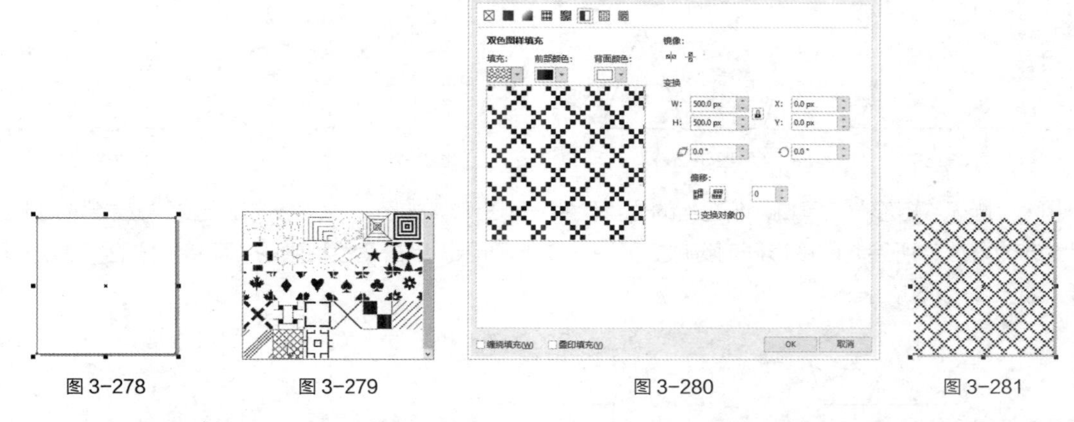

图 3-278　图 3-279　图 3-280　图 3-281

（3）选择“椭圆形”工具，按住 Ctrl 键的同时，在适当的位置绘制一个圆形，设置图形颜色的 RGB 值为 215、36、36，填充图形，并删除图形的轮廓线，效果如图 3-282 所示。

（4）按 F12 键，弹出“轮廓笔”对话框，在“颜色”选项中设置轮廓线颜色的 RGB 值为 115、37、51，其他选项的设置如图 3-283 所示。单击“OK”按钮，效果如图 3-284 所示。

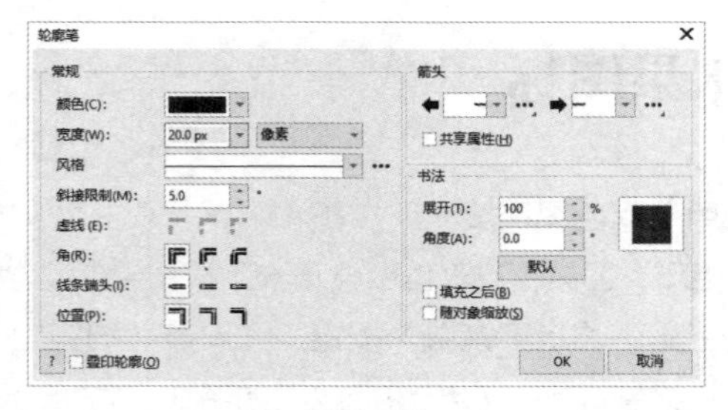

图 3-282 图 3-283 图 3-284

（5）选择“多边形”工具，在属性栏中的设置如图 3-285 所示。在页面外绘制一个三角形，效果如图 3-286 所示。

（6）选择“常见形状”工具，单击属性栏中的“常用形状”按钮，在弹出的下拉列表中选择需要的形状，如图 3-287 所示。在适当的位置拖曳鼠标指针绘制三角形，如图 3-288 所示。

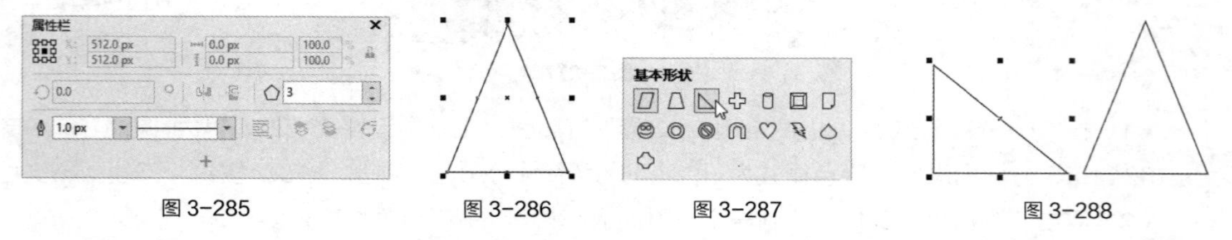

图 3-285 图 3-286 图 3-287 图 3-288

（7）单击属性栏中的“转换为曲线”按钮，将图形转换为曲线，如图 3-289 所示。选择“形状”工具，选中并向右拖曳左下角的节点到适当的位置，效果如图 3-290 所示。

（8）选择“选择”工具，按数字键盘上的+键，复制图形。按住 Shift 键的同时，水平向右拖曳复制的图形到适当的位置，效果如图 3-291 所示。单击属性栏中的“水平镜像”按钮，水平翻转图形，局部效果如图 3-292 所示。

图 3-289 图 3-290 图 3-291 图 3-292

（9）选择“矩形”工具，在适当的位置绘制一个矩形，如图 3-293 所示。选择“选择”工具，用圈选的方法将所绘制的图形同时选取，如图 3-294 所示。单击属性栏中的“焊接”按钮，合并图形，如图 3-295 所示。

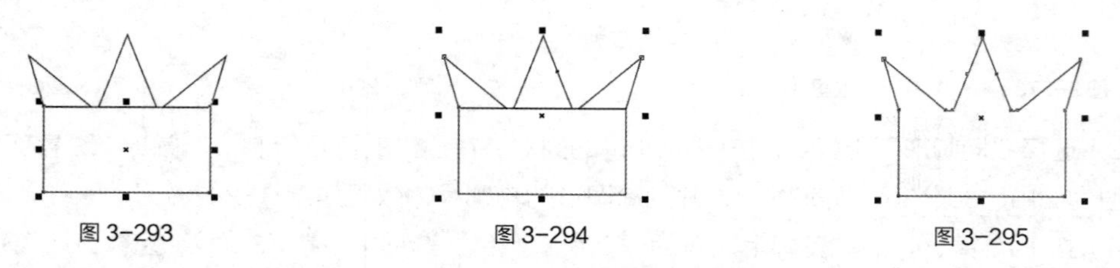

图 3-293 图 3-294 图 3-295

（10）选择“选择”工具，拖曳合并后的图形到页面中适当的位置，如图 3-296 所示。选择“属性滴管”工具，将鼠标指针放置在下方圆形上，鼠标指针变为图标，如图 3-297 所示。在圆形上单击鼠标左键吸取属性，鼠标指针变为图标，在需要的图形上单击鼠标左键，填充图形，效果如

图 3-298 所示。

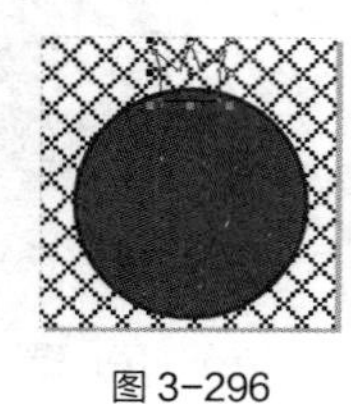
图 3-296

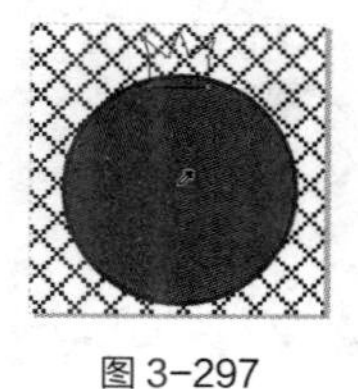
图 3-297

图 3-298

（11）按 F12 键，弹出“轮廓笔”对话框，在“角”设置区中单击“圆角”按钮，其他选项的设置如图 3-299 所示。单击“OK”按钮，效果如图 3-300 所示。按 Ctrl+PageDown 组合键，将图形向后移一层，效果如图 3-301 所示。

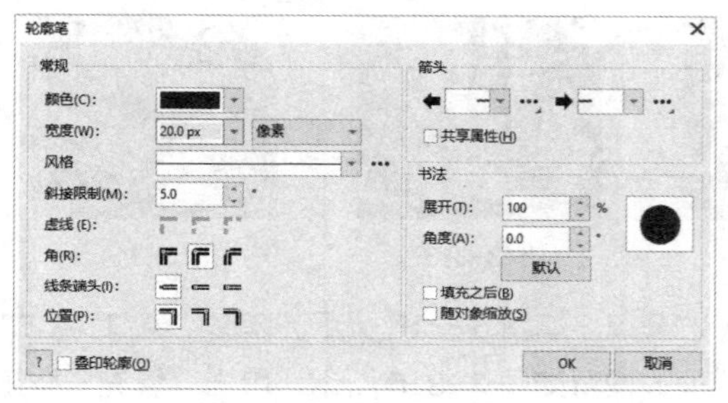

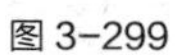
图 3-299

图 3-300

图 3-301

（12）选择“选择”工具，按住 Shift 键的同时，单击下方圆形将其同时选取，如图 3-302 所示，按数字键盘上的+键，复制图形。分别按→和↓键，微调复制的图形到适当的位置，如图 3-303 所示。

（13）保持图形选取状态。分别设置图形填充和轮廓线颜色的 RGB 值为 204、208、213，填充图形，效果如图 3-304 所示。按 Ctrl+PageDown 组合键，将选中图形向后移一层，效果如图 3-305 所示。

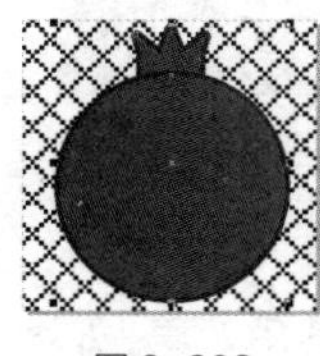
图 3-302

图 3-303

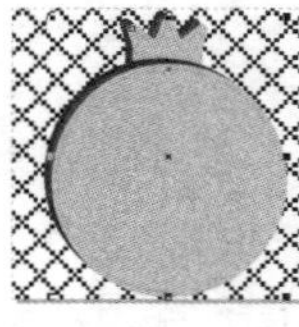
图 3-304

图 3-305

（14）选择“椭圆形”工具，按住 Ctrl 键的同时，在适当的位置绘制一个圆形，如图 3-306 所示。设置图形颜色的 RGB 值为 254、52、52，填充图形，并删除图形的轮廓线，效果如图 3-307 所示。用相同的方法分别绘制其他圆形，并填充相应的颜色，效果如图 3-308 所示。

（15）选择“3 点椭圆形”工具，在适当的位置拖曳鼠标指针绘制一个倾斜椭圆形，如图 3-309 所示。设置图形颜色的 RGB 值为 255、153、153，填充图形，并删除图形的轮廓线，效果如图 3-310 所示。

图 3-306　图 3-307　图 3-308　图 3-309　图 3-310

（16）选择“网状填充”工具，在属性栏中进行设置，如图 3-311 所示。按 Enter 键，在椭圆形中添加网格，效果如图 3-312 所示。

（17）使用“网状填充”工具，按住 Shift 键的同时，单击选中网格中添加的节点，如图 3-313 所示。在“RGB 调色板”中的“白”色块上单击鼠标左键，填充节点颜色，效果如图 3-314 所示。

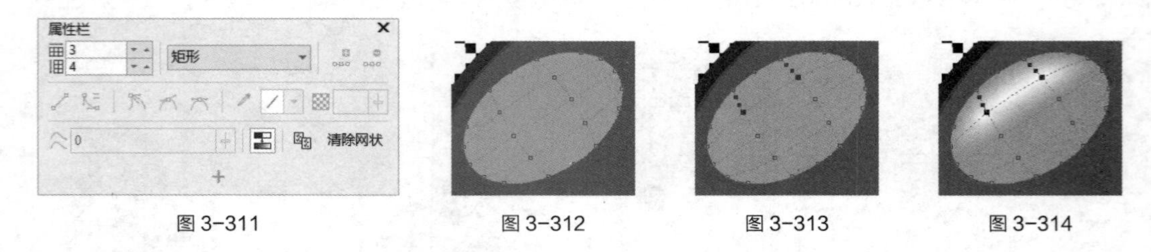

图 3-311　图 3-312　图 3-313　图 3-314

（18）按住 Shift 键的同时，单击选中网格中添加的节点，如图 3-315 所示。选择“窗口 > 泊坞窗 > 颜色”命令，弹出“Color”泊坞窗，其中各选项的设置如图 3-316 所示。单击“填充”按钮，效果如图 3-317 所示。

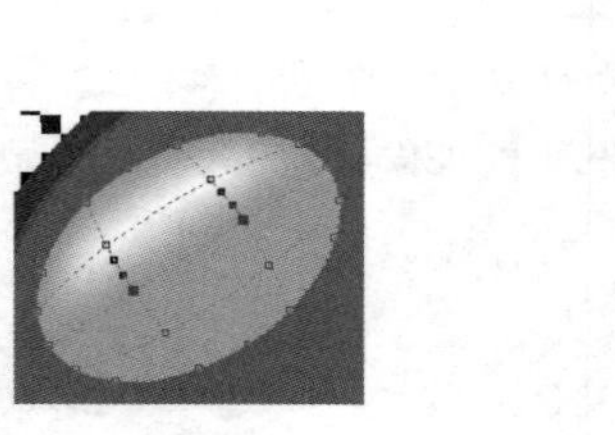

图 3-315

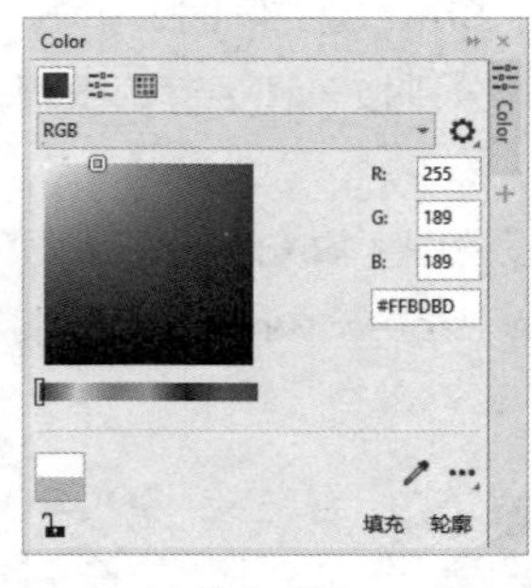

图 3-316

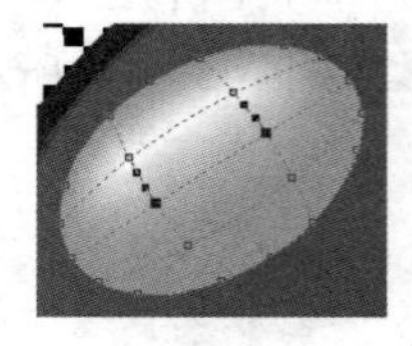

图 3-317

（19）用相同的方法再绘制一个网状球体，效果如图 3-318 所示。水果图标绘制完成，效果如图 3-319 所示。将图标应用在手机中，会自动应用圆角遮罩图标，使图标呈现出圆角效果，如图 3-320 所示。

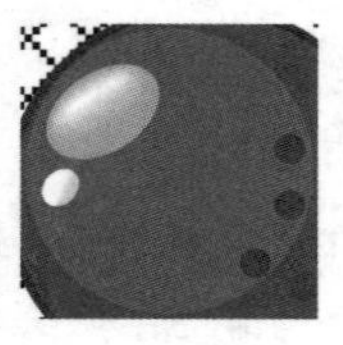

图 3-318

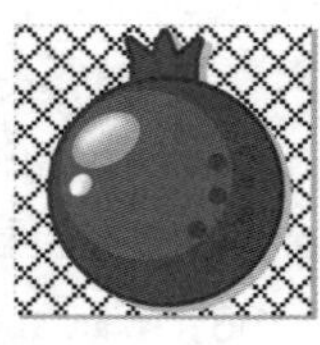

图 3-319

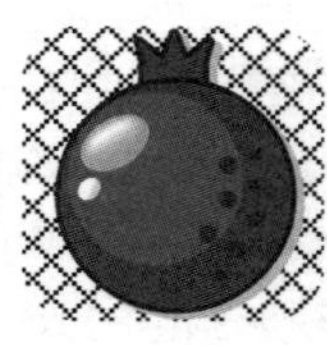

图 3-320

项目实践　绘制折纸标志

实践知识要点　使用“贝塞尔”工具、“椭圆形”工具和“渐变填充”按钮绘制折纸标志。折线标志效果如图 3-321 所示。

效果所在位置　云盘\Ch03\效果\绘制折纸标志.cdr。

图 3-321

课后习题　绘制饺子插画

习题知识要点　使用“矩形”工具和“双色图样填充”按钮绘制背景效果；使用“贝塞尔”工具、“3 点椭圆形”工具、“渐变填充”按钮绘制瓷碗；使用“导入”命令导入素材；使用“贝塞尔”工具、“矩形”工具绘制筷子。饺子插画效果如图 3-322 所示。

效果所在位置　云盘\Ch03\效果\绘制饺子插画.cdr。

图 3-322

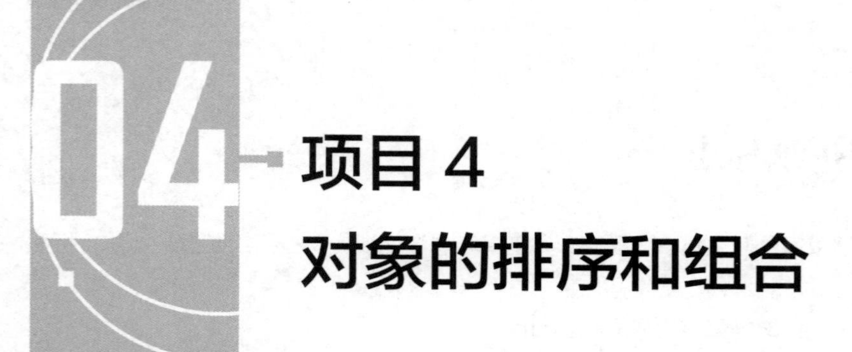

项目 4 对象的排序和组合

项目引入

排序和组合图形对象是设计工作中最基本的对象编辑操作方法之一。本项目主要讲解对象的排序方法和组合技巧。通过本项目的学习，读者可以掌握排列和组合对象的方法，提高效率，使整体设计元素的布局和组织更加合理。

项目目标

- ✔ 掌握对齐与分布对象的方法和技巧。
- ✔ 掌握对象排序的方法。
- ✔ 掌握组合和合并图形的技巧。

技能目标

- ✔ 掌握民间剪纸海报的制作方法。
- ✔ 掌握风筝插画的绘制方法。

素养目标

- ✔ 培养提高效率的工作习惯。
- ✔ 加深对中华优秀传统文化的热爱。

任务 4.1 对象的对齐与分布

CorelDRAW 2020 提供了对齐与分布功能来设置对象的对齐与分布方式。下面介绍对齐与分布功能的使用方法和技巧。

4.1.1 对象的对齐

选中多个要对齐的对象，选择“对象 > 对齐与分布 > 对齐与分布”命令，或按 Ctrl+Shift+A 组合键，或单击属性栏中的“对齐与分布”按钮，弹出“对齐与分布”泊坞窗，如图 4-1 所示。

在“对齐与分布”泊坞窗的“对齐”设置区中，有两组对齐方式，如“左对齐”按钮、“水平居中对齐”按钮、“右对齐”按钮或“顶端对齐”按钮、“垂直居中对齐”按钮、“底端对齐”按钮。两组对齐方式可以单独使用，也可以配合使用，如对齐右底端、左顶端等设置就需要两组对齐方式配合使用。

在“对齐”设置区中可以选择对齐基准，其中包括“选定对象”按钮、“页面边缘”按钮、“页面中心”按钮、“网格”按钮和“指定点”按钮。对齐基准按钮必须与对齐方式按钮同时使用，以指定对象的某个部分和相应的基准对齐。

选择“选择”工具，按住 Shift 键，单击要对齐的对象，将它们全选中，如图 4-2 所示。注意目标对象要最后选中，因为其他对象将以目标对象为基准对齐，本例中以右下角的相机图形为目标对象，所以最后选中它。

在“对齐与分布”泊坞窗中，单击“右对齐”按钮，如图 4-3 所示。对象以最后选中的相机图形的右边缘为基准进行对齐，效果如图 4-4 所示。

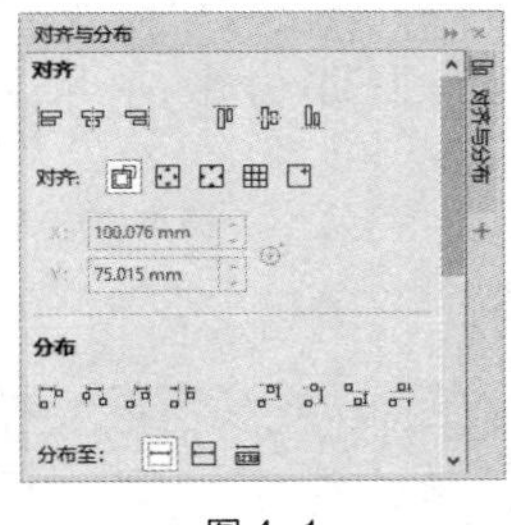

图 4-1

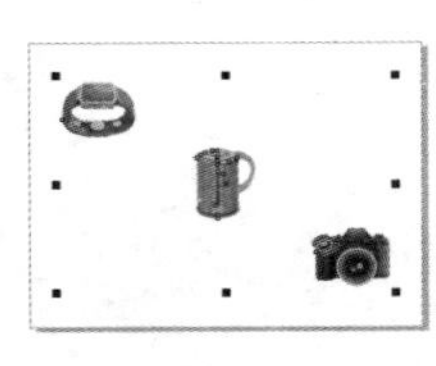
图 4-2

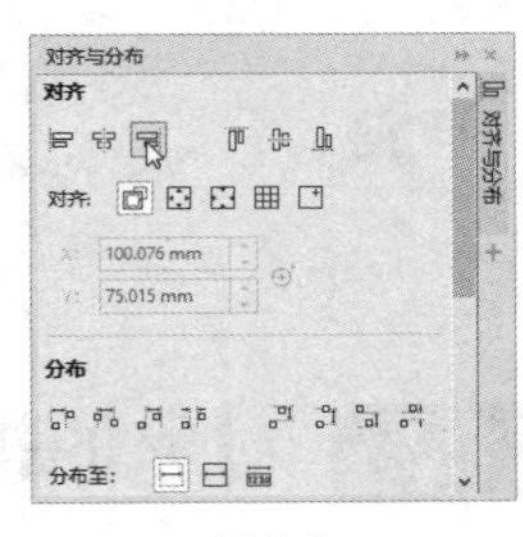

图 4-3

在“对齐与分布”泊坞窗中，单击“对齐”设置区中的“页面中心”按钮，再单击“垂直居中对齐”按钮，如图 4-5 所示。对象以页面中心为基准进行垂直居中对齐，效果如图 4-6 所示。

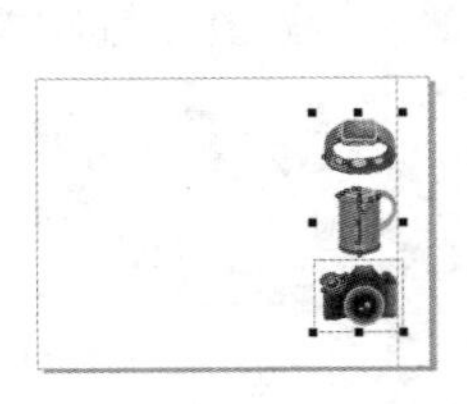
图 4-4

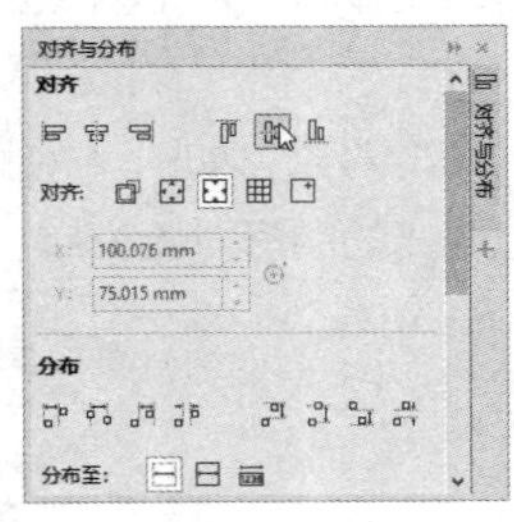

图 4-5

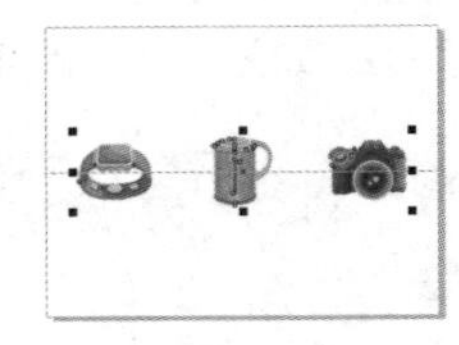
图 4-6

提示

在“对齐与分布”泊坞窗中，可以进行多种图形对齐方式的设置，读者只要多练习，就可以很快掌握。

4.1.2 对象的分布

使用“选择”工具选中要分布排列的对象，如图 4-7 所示。再选择“对象 > 对齐与分布 > 对齐与分布”命令，弹出“对齐与分布”泊坞窗，如图 4-8 所示，“分布”设置区中包括多个分布排列的按钮。

在“对齐与分布”泊坞窗的“分布”设置区中，有两组分布排列按钮，包括“左分散排列”按钮、“水平分散排列中心”按钮、“右分散排列”按钮、“水平分散排列间距”按钮或“顶端分散排列”按钮、“垂直分散排列中心”按钮、“底部分散排列”按钮、“垂直分散排列间距”按钮。通过这些按钮可以选择不同的基准点来分布对象。

在“分布至”设置区中可以选择对齐基准，包括“选定对象”按钮、“页面边缘”按钮和“对象间距”按钮。

在“对齐与分布”泊坞窗中，单击“垂直分散排列间距”按钮，如图 4-9 所示，3 个图形对象的分布效果如图 4-10 所示。

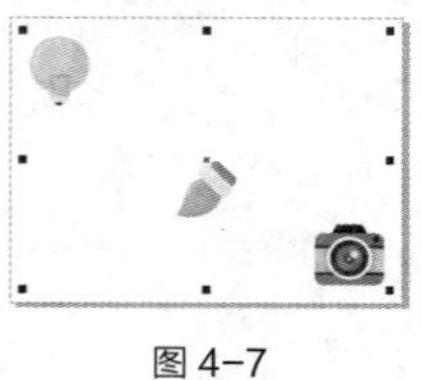
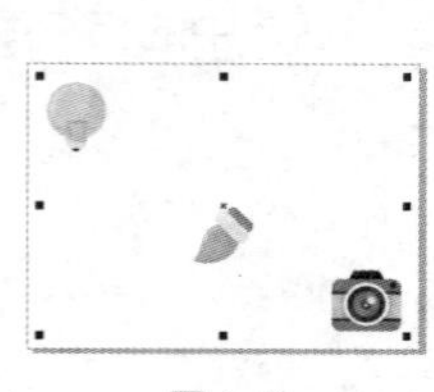
图 4-7

图 4-8

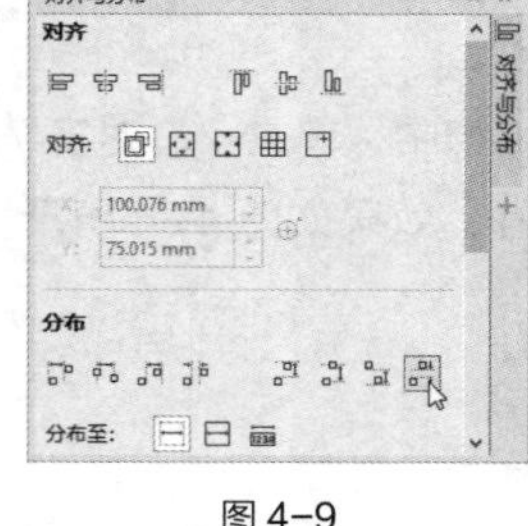

图 4-9

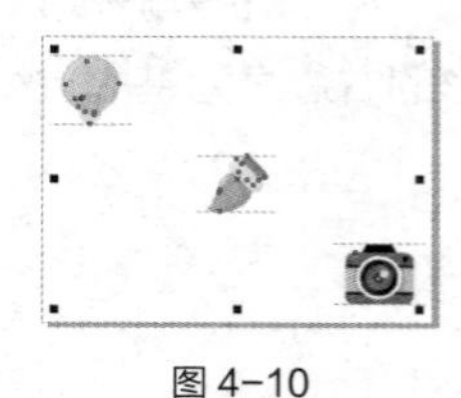
图 4-10

任务 4.2 对象的排序

在 CorelDRAW 2020 中，绘制的图形对象都存在着重叠的关系，如果在绘图页面中的同一位置先后绘制两个不同背景的图形对象，后绘制的图形对象将位于先绘制的图形对象的前面。

使用 CorelDRAW 2020 的排序功能可以安排多个图形对象的前后顺序，也可以使用图层来管理图形对象。

使用“选择”工具选择要进行排序的图形对象，如图 4-11 所示。选择“对象 > 顺序”子菜单下的各个命令，如图 4-12 所示，可将已选择的图形对象排序。

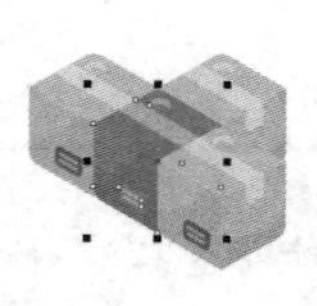
图 4-11

图 4-12

选择“到图层前面”命令，可以将选定的图形从当前层移动到绘图页面中其他图形对象的最前面，效果如图 4-13 所示。按 Shift+PageUp 组合键，也可以完成这个操作。

选择“到图层后面”命令，可以将选定的图形从当前层移动到绘图页面中其他图形对象的最后面，如图 4-14 所示。按 Shift+PageDown 组合键，也可以完成这个操作。

选择“向前一层”命令，可以将选定的图形从当前层向前移动一个图层，如图 4-15 所示。按

Ctrl+PageUp 组合键，也可以完成这个操作。

选择“向后一层”命令，可以将选定的图形从当前层向后移动一个图层，如图 4-16 所示。按 Ctrl+PageDown 组合键，也可以完成这个操作。

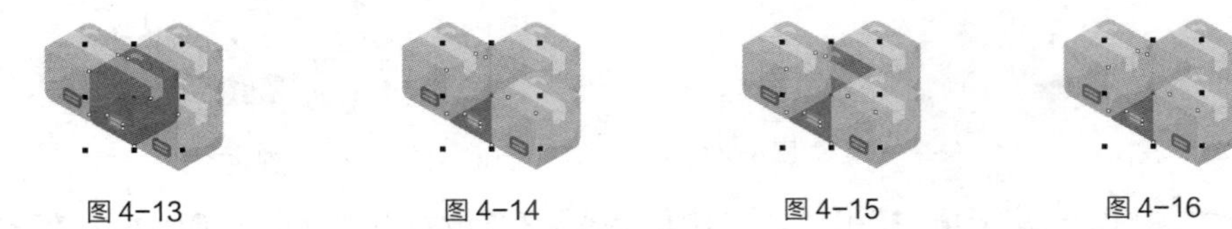

图 4-13　　图 4-14　　图 4-15　　图 4-16

选择“置于此对象前”命令，可以将选择的图形放置到指定图形对象的前面。选择“置于此对象前”命令后，鼠标指针变为黑色箭头，使用黑色箭头单击指定图形对象，如图 4-17 所示。图形被放置到指定图形对象的前面，效果如图 4-18 所示。

选择“置于此对象后”命令，可以将选择的图形放置到指定图形对象的后面。选择“置于此对象后”命令后，鼠标指针变为黑色箭头，使用黑色箭头单击指定的图形对象，如图 4-19 所示。图形被放置到指定的图形对象的后面，效果如图 4-20 所示。

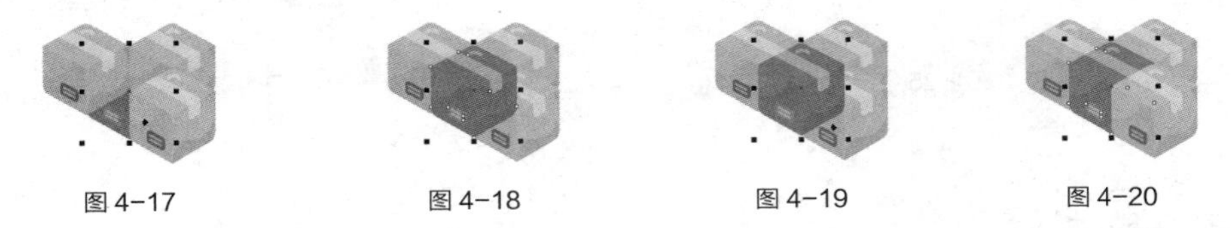

图 4-17　　图 4-18　　图 4-19　　图 4-20

任务实践　制作民间剪纸海报

任务学习目标　学习使用“矩形”工具、“对齐与分布”泊坞窗制作民间剪纸海报。

任务知识要点　使用“矩形”工具、“扇形角”按钮、“变换”泊坞窗、“旋转角度”数值框绘制装饰图形；使用“导入”按钮导入素材图片；使用“对齐与分布”泊坞窗对齐所选对象；使用“文本”工具添加并编辑文字。民间剪纸海报效果如图 4-21 所示。

效果所在位置　云盘\Ch04\效果\制作民间剪纸海报.cdr。

图 4-21

微课

制作民间剪纸海报

（1）按 Ctrl+N 组合键，弹出“创建新文档”对话框，在其中设置文档的宽度为 500 mm，高度为 700 mm，方向为竖向，原色模式为 CMYK，分辨率为 300 dpi，单击“OK”按钮，创建一个文档。

（2）双击“矩形”工具□，绘制一个与页面大小相等的矩形，如图 4-22 所示。设置图形颜色的

CMYK 值为 0、7、6、0，填充图形，并删除图形的轮廓线，效果如图 4-23 所示。使用“矩形”工具，在适当的位置再绘制一个矩形，如图 4-24 所示。

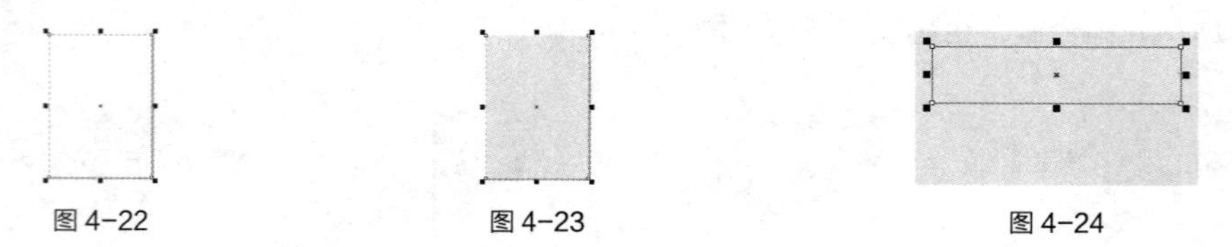

图 4-22　　图 4-23　　图 4-24

（3）在属性栏中单击“扇形角”按钮，将“圆角半径”选项设为 16.0 mm 和 0.0 mm，如图 4-25 所示。按 Enter 键，效果如图 4-26 所示。按 F12 键，弹出“轮廓笔”对话框，在“颜色”选项中设置轮廓线颜色的 CMYK 值为 38、98、100、4，其他选项的设置如图 4-27 所示。单击“OK”按钮，效果如图 4-28 所示。

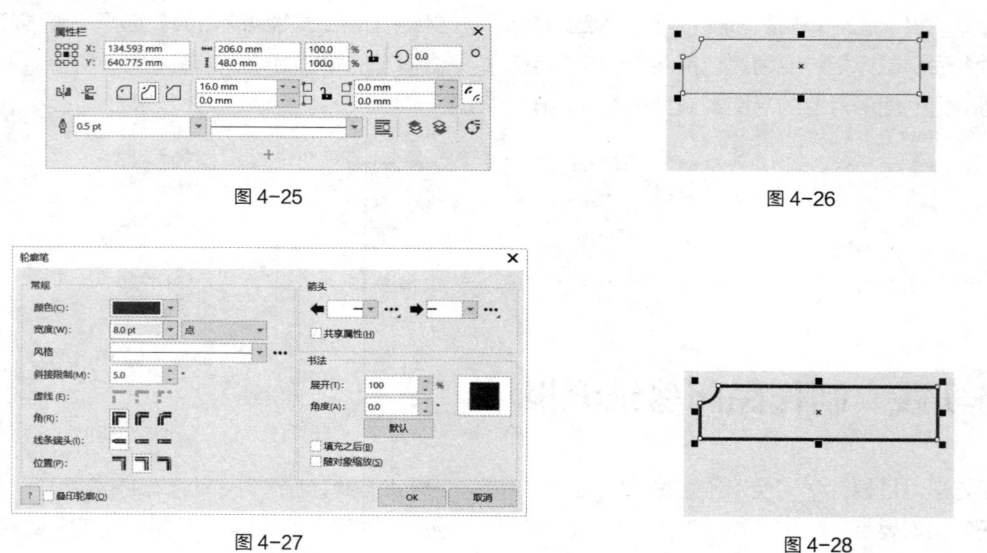

图 4-25　　图 4-26

图 4-27　　图 4-28

（4）用相同的方法绘制右侧矩形，并设置扇形角，效果如图 4-29 所示。选择“选择”工具，按住 Shift 键的同时，单击左侧扇形角矩形将其同时选取，如图 4-30 所示。选择“窗口 > 泊坞窗 > 对齐与分布”命令，弹出“对齐与分布”泊坞窗，单击“顶端对齐”按钮，如图 4-31 所示，图形顶端对齐效果如图 4-32 所示。

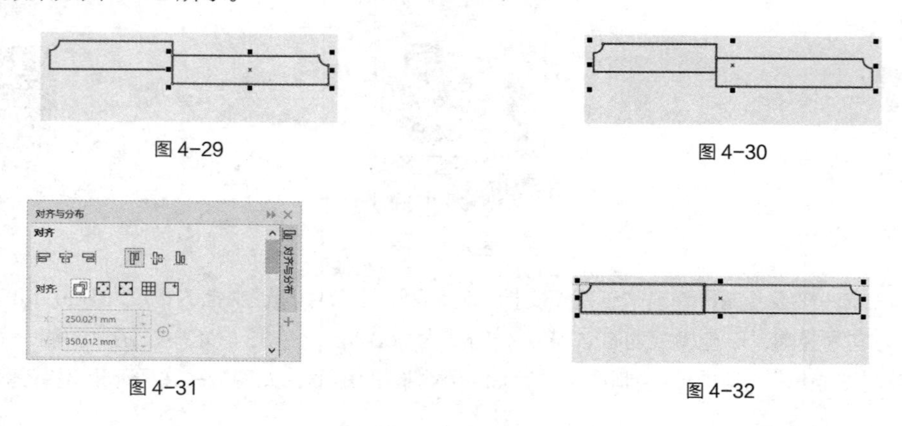

图 4-29　　图 4-30

图 4-31　　图 4-32

（5）选择“矩形”工具，在适当的位置绘制一个矩形，如图 4–33 所示。按 F12 键，弹出“轮廓笔”对话框，在“颜色”选项中设置轮廓线颜色的 CMYK 值为 38、98、100、4，其他选项的设置如图 4–34 所示。单击“OK”按钮，效果如图 4–35 所示。

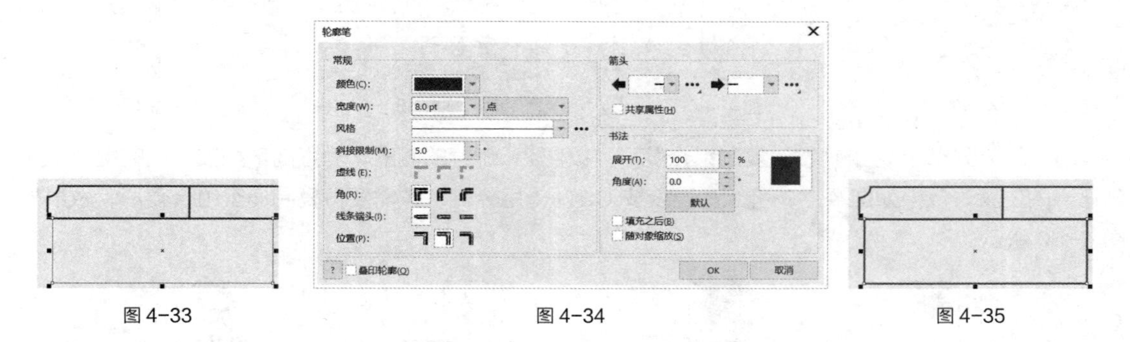

图 4–33　　图 4–34　　图 4–35

（6）选择“选择”工具，用圈选的方法将所绘制的图形同时选取，如图 4–36 所示。在“对齐与分布”泊坞窗中，单击“左对齐”按钮，如图 4–37 所示，图形左对齐效果如图 4–38 所示。用相同的方法分别绘制其他矩形，并进行设置和对齐，效果如图 4–39 所示。

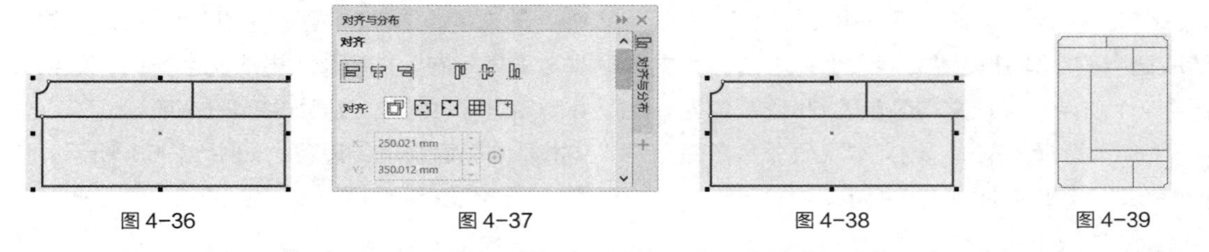

图 4–36　　图 4–37　　图 4–38　　图 4–39

（7）选择“矩形”工具，在适当的位置绘制一个矩形，如图 4–40 所示。按 F12 键，弹出“轮廓笔”对话框，在“颜色”选项中设置轮廓线颜色的 CMYK 值为 0、7、6、0，其他选项的设置如图 4–41 所示。单击“OK”按钮。设置图形颜色的 CMYK 值为 38、98、100、4，填充图形，效果如图 4–42 所示。

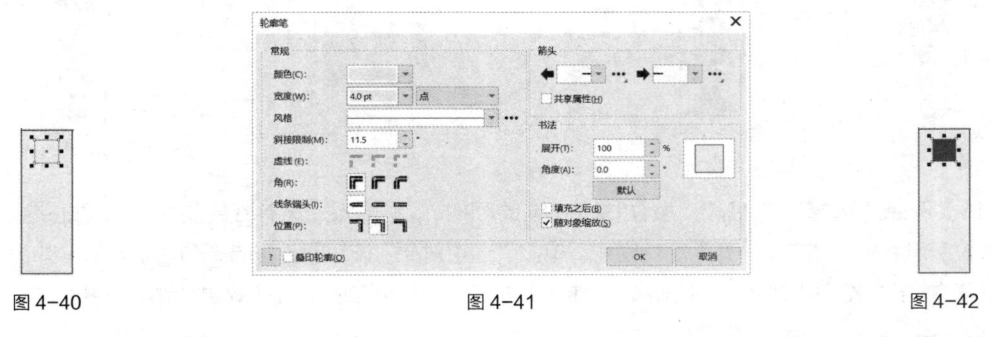

图 4–40　　图 4–41　　图 4–42

（8）选择“窗口 > 泊坞窗 > 变换”命令，弹出“变换”泊坞窗，单击“大小”按钮，选项的设置如图 4–43 所示，单击“应用”按钮，效果如图 4–44 所示。在属性栏中单击“扇形角”按钮，将“圆角半径”选项均设为 6.0 mm，如图 4–45 所示。按 Enter 键，效果如图 4–46 所示。

（9）选择“选择”工具，用圈选的方法将所绘制的图形同时选取，按 Ctrl+G 组合键，将其组合，如图 4–47 所示。在属性栏中的“旋转角度”选项中设置数值为 45。按 Enter 键，效果如图 4–48 所示。

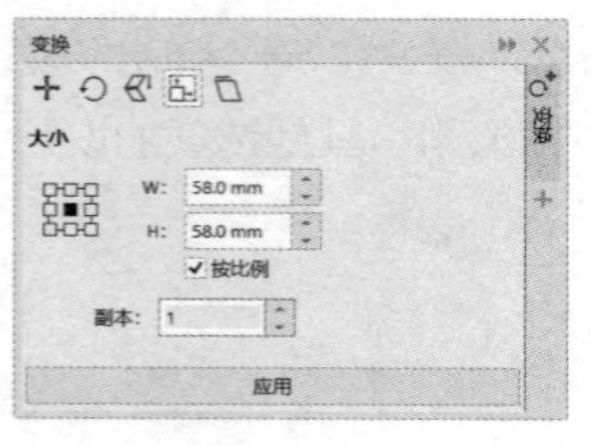

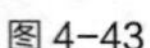
图 4-43

图 4-44

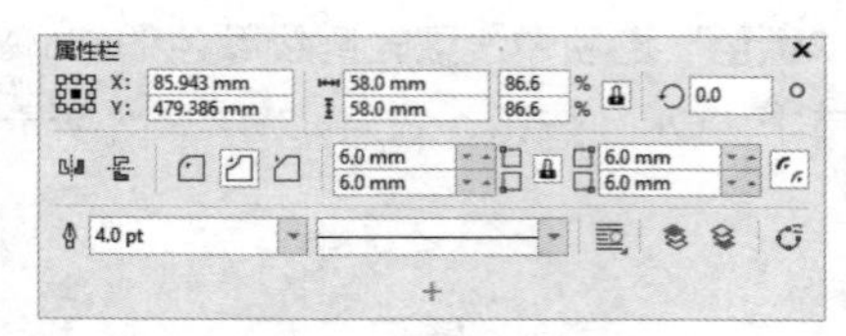

图 4-45

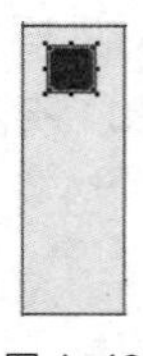
图 4-46

（10）按数字键盘上的+键，复制组合菱形。按住 Shift 键的同时，垂直向下拖曳复制的组合菱形到适当的位置，效果如图 4-49 所示。连续按 Ctrl+D 组合键，按需要再复制多个组合菱形，效果如图 4-50 所示。

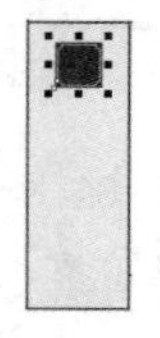
图 4-47

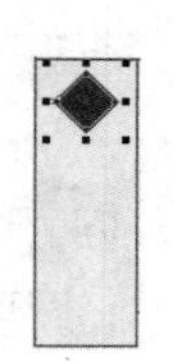
图 4-48

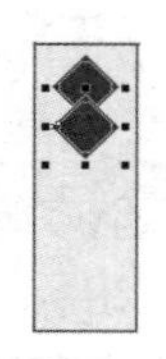
图 4-49

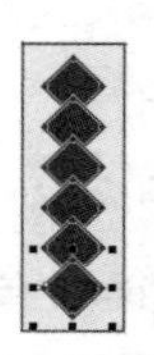
图 4-50

（11）选择“文本”工具字，在适当的位置输入需要的文字。选择“选择”工具，在属性栏中选取适当的字体并设置文字大小，单击“将文本更改为垂直方向”按钮，更改文字方向，效果如图 4-51 所示。设置文字颜色的 CMYK 值为 0、7、6、0，填充文字，效果如图 4-52 所示。

（12）选择“文本 > 文本”命令，在弹出的“文本”泊坞窗中进行设置，如图 4-53 所示。按 Enter 键，效果如图 4-54 所示。

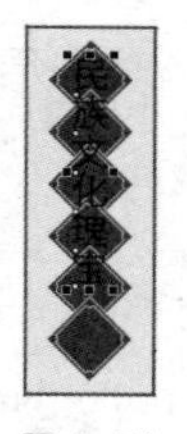
图 4-51

图 4-52

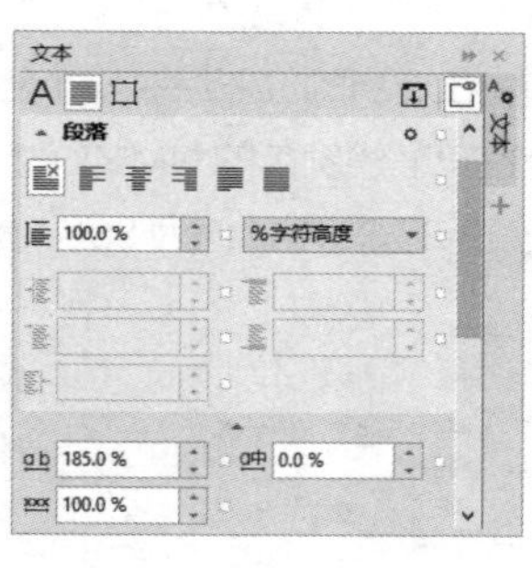

图 4-53

图 4-54

（13）选择“选择”工具，按住 Shift 键的同时，单击最后一个组合菱形将其同时选取，如图 4-55 所示。在“对齐与分布”泊坞窗中，单击“选定对象”按钮，与选择的对象对齐，如图 4-56 所示。再单击“水平居中对齐”按钮，如图 4-57 所示，文字居中对齐效果如图 4-58 所示。

图 4-55

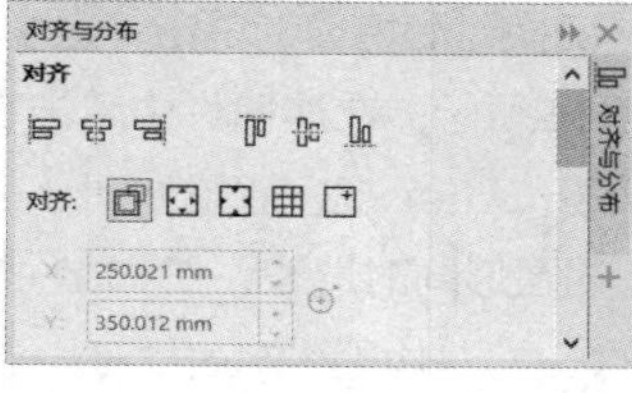

图 4-56

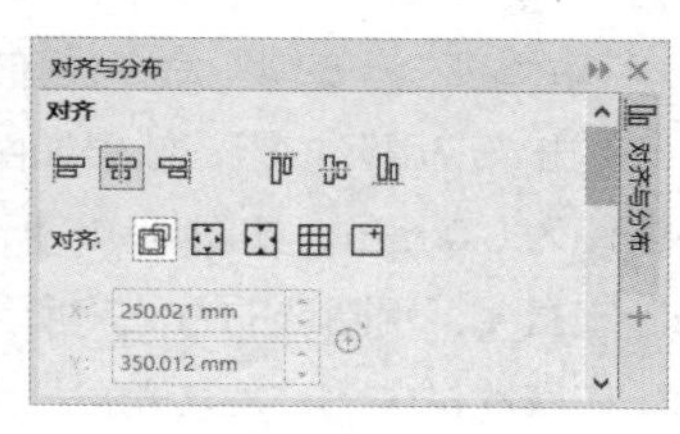

图 4-57

图 4-58

（14）选择“文本”工具，在适当的位置输入需要的文字。选择“选择”工具，在属性栏中选取适当的字体并设置文字大小，单击“将文本更改为水平方向”按钮，更改文字方向，效果如图 4-59 所示。设置文字颜色的 CMYK 值为 34、99、100、1，填充文字，效果如图 4-60 所示。选择“形状”工具，向右拖曳文字下方的图标，调整文字的间距，效果如图 4-61 所示。

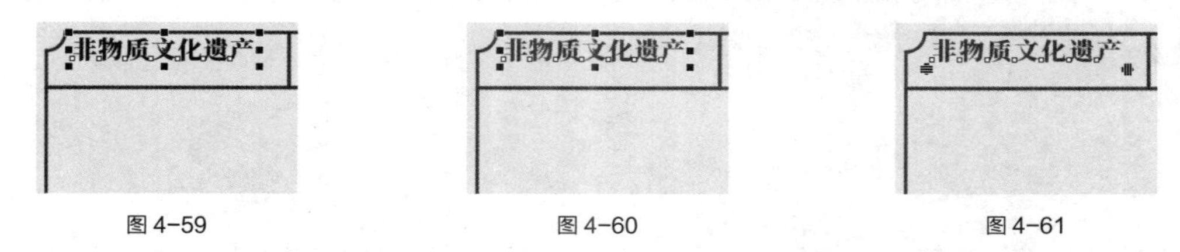

图 4-59　　图 4-60　　图 4-61

（15）选择“选择”工具，按住 Shift 键的同时，单击下方红色图形将其同时选取，如图 4-62 所示。在“对齐与分布”泊坞窗中，单击“水平居中对齐”按钮，如图 4-63 所示。再单击“垂直居中对齐”按钮，如图 4-64 所示，文字居中对齐效果如图 4-65 所示。

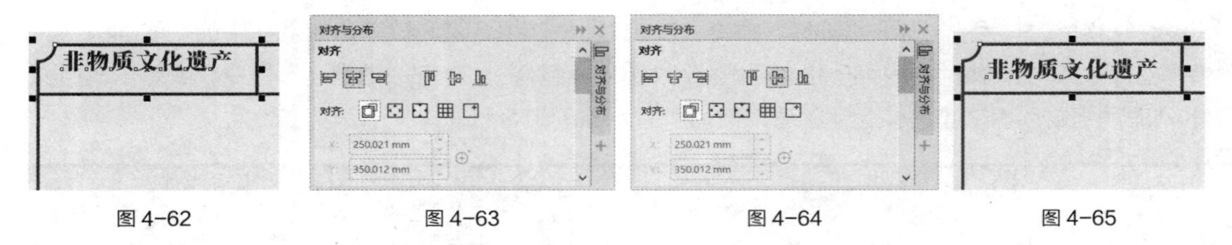

图 4-62　　图 4-63　　图 4-64　　图 4-65

（16）用相同的方法输入其他文字，并进行对齐，效果如图 4-66 所示。按 Ctrl+I 组合键，弹出“导入”对话框，选择云盘中的“Ch04\素材\制作民间剪纸海报\01”文件，单击“导入”按钮，在页面中单击导入图形。选择“选择”工具，拖曳图形到适当的位置，效果如图 4-67 所示。民间剪纸海报制作完成，效果如图 4-68 所示。

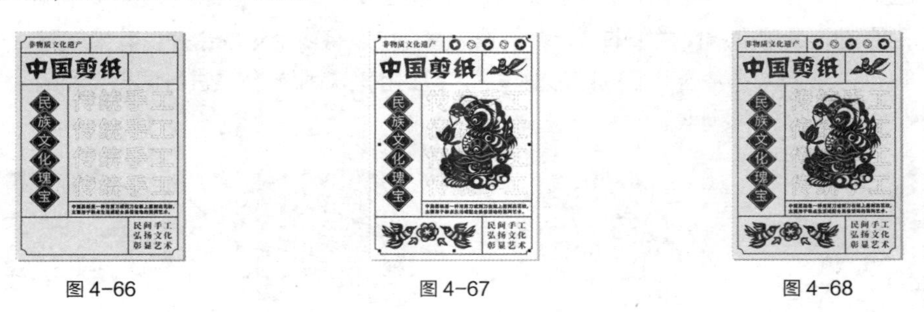

图 4-66　　图 4-67　　图 4-68

任务 4.3 组合和合并

CorelDRAW 2020 提供了组合和合并功能。组合可以将多个不同的图形对象群组在一起，方便整体操作；合并可以将多个图形对象结合在一起，创建出一个新的对象。下面介绍组合和合并的方法和技巧。

4.3.1 对象的组合

绘制多个图形对象，使用“选择”工具选中要进行组合的图形对象，如图 4–69 所示。选择“对象 > 组合 > 组合”命令，或按 Ctrl+G 组合键，或单击属性栏中的“组合对象”按钮，都可以将多个图形对象进行组合，效果如图 4–70 所示。按住 Ctrl 键，选择“选择”工具，单击需要选取的子对象，松开 Ctrl 键，子对象被选取，效果如图 4–71 所示。

图 4–69　　图 4–70　　图 4–71

组合后的图形对象变成一个整体，移动一个对象，其他对象将会随着被移动，填充一个对象，其他对象也将随着被填充。

选择“对象 > 组合 > 取消群组”命令，或按 Ctrl+U 组合键，或单击属性栏中的“取消组合对象”按钮，可以取消对象的组合状态。选择“对象 > 组合 > 全部取消组合”命令，或单击属性栏中的“取消组合所有对象”按钮，可以取消所有对象的组合状态。

提示

在组合中，子对象可以是单个的对象，也可以是多个对象组成的群组，称为群组的嵌套。使用群组的嵌套可以管理多个对象之间的关系。

4.3.2 对象的合并

使用“选择”工具选中要进行合并的对象，如图 4–72 所示。选择“对象 > 合并”命令，或按 Ctrl+L 组合键，或单击属性栏中的“合并”按钮，可以将多个对象合并，效果如图 4–73 所示。

使用“形状”工具选中合并后的图形对象，可以对图形对象的节点进行调整，如图 4–74 所示，改变图形对象的形状，效果如图 4–75 所示。

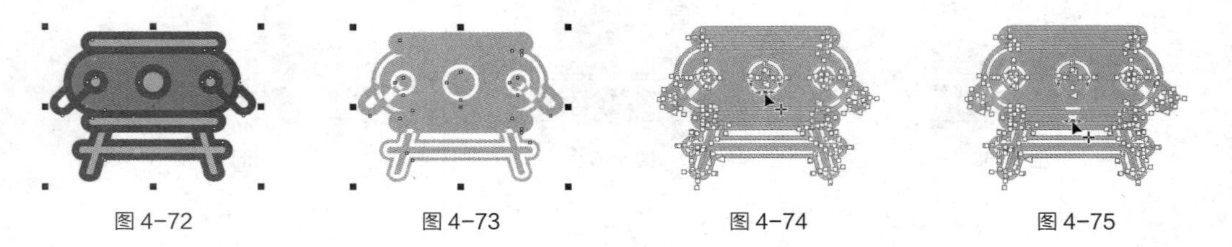

图 4–72　　图 4–73　　图 4–74　　图 4–75

选择“对象 > 拆分曲线”命令，或按 Ctrl+K 组合键，可以取消图形对象的合并状态，原来合并的图形对象将变为多个单独的图形对象。

提示

如果对象合并前有颜色填充，那么合并后的对象将显示最后选取对象的颜色。如果使用圈选的方法选取对象，那么合并后的对象将显示圈选框最下方对象的颜色。

任务实践　绘制风筝插画

任务学习目标　学习使用路径绘图工具、“组合”命令绘制风筝插画。

任务知识要点　使用“多边形”工具、“旋转角度”数值框、“椭圆形”工具、“贝塞尔”工具、“变换”泊坞窗、“形状”工具、“尖突节点”按钮、“焊接”按钮和“组合”命令绘制背景和风筝轮廓。风筝插画效果如图 4-76 所示。

效果所在位置　云盘\Ch04\效果\绘制风筝插画.cdr。

图 4-76

（1）按 Ctrl+N 组合键，弹出“创建新文档”对话框，在其中设置文档的宽度为 200 mm，高度为 200 mm，方向为横向，原色模式为 CMYK，分辨率为 300 dpi，单击“OK”按钮，创建一个文档。

（2）双击“矩形”工具，绘制一个与页面大小相等的矩形，如图 4-77 所示。在“CMYK 调色板”中的“朦胧绿”色块上单击鼠标左键，填充图形，并删除图形的轮廓线，效果如图 4-78 所示。

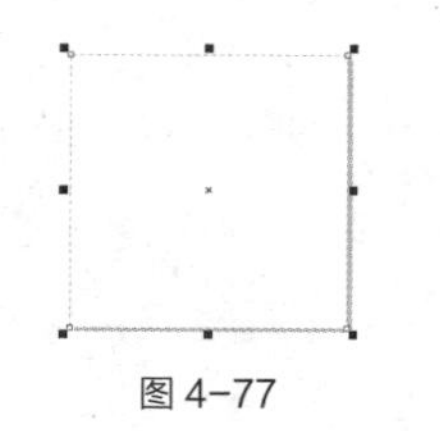

图 4-77

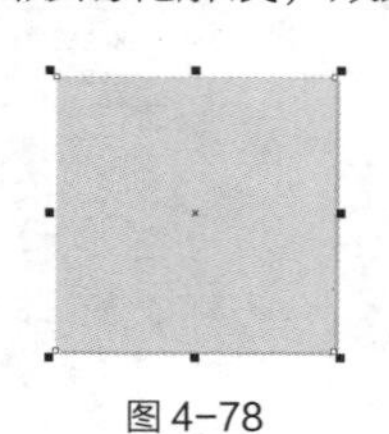

图 4-78

（3）选择“多边形”工具，在属性栏中的设置如图 4-79 所示。按住 Ctrl 键的同时，在适当的位置绘制一个多边形，效果如图 4-80 所示。设置图形颜色的 CMYK 值为 0、40、60、0，填充图形，效果如图 4-81 所示。

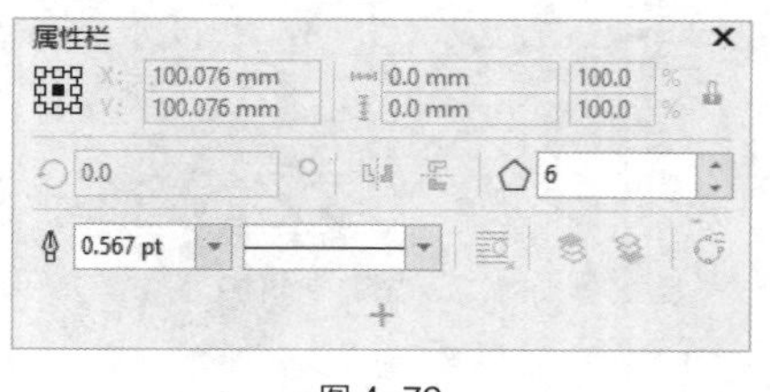

图 4-79

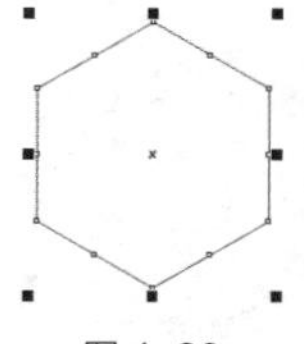

图 4-80

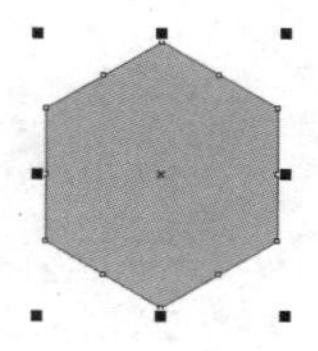

图 4-81

（4）按数字键盘上的+键，复制多边形。在属性栏中的“旋转角度”选项 0.0 中设置数值为 90.0，如图 4-82 所示。按 Enter 键，效果如图 4-83 所示。按 Ctrl+PageDown 组合键，将图形向后移一层，效果如图 4-84 所示。

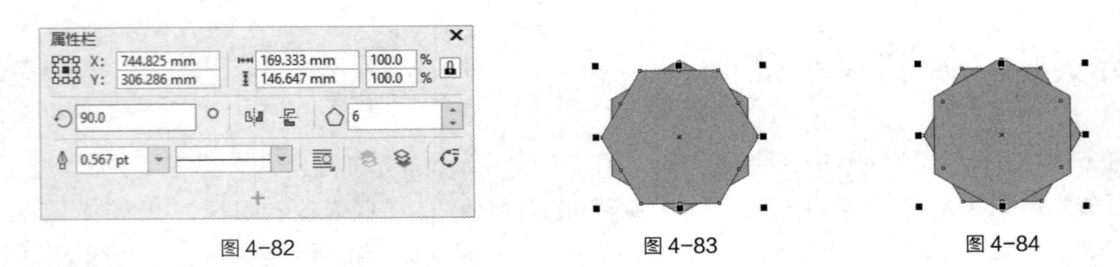

图 4-82　　图 4-83　　图 4-84

（5）选择“椭圆形”工具，按住 Ctrl 键的同时，在适当的位置绘制一个圆形，设置图形颜色的 CMYK 值为 0、40、60、0，填充图形，效果如图 4-85 所示。选择“选择”工具，按数字键盘上的+键，复制圆形，按住 Shift 键的同时，垂直向下拖曳复制的圆形到适当的位置，效果如图 4-86 所示。

图 4-85　　图 4-86

（6）用圈选的方法将所绘制的圆形同时选取，如图 4-87 所示。按数字键盘上的+键，复制圆形。在属性栏中的“旋转角度”数值框中设置数值为 90.0，如图 4-88 所示。按 Enter 键，效果如图 4-89 所示。

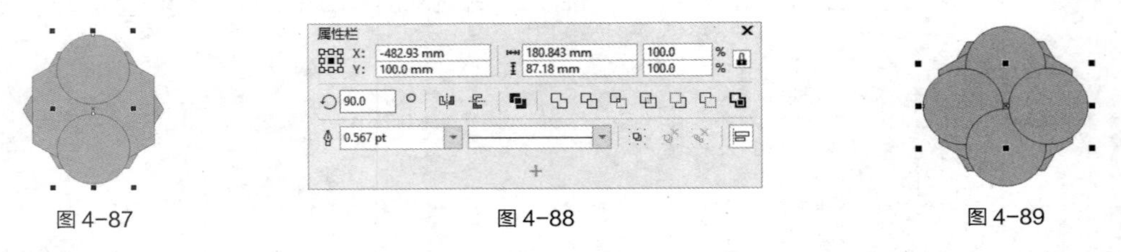

图 4-87　　图 4-88　　图 4-89

（7）使用“选择”工具，按住 Shift 键同时，单击原图形将其同时选取，如图 4-90 所示。选择“窗口 > 泊坞窗 > 变换”命令，弹出“变换”泊坞窗，单击“大小”按钮，其中各选项的设置如图 4-91 所示。单击“应用”按钮，效果如图 4-92 所示。

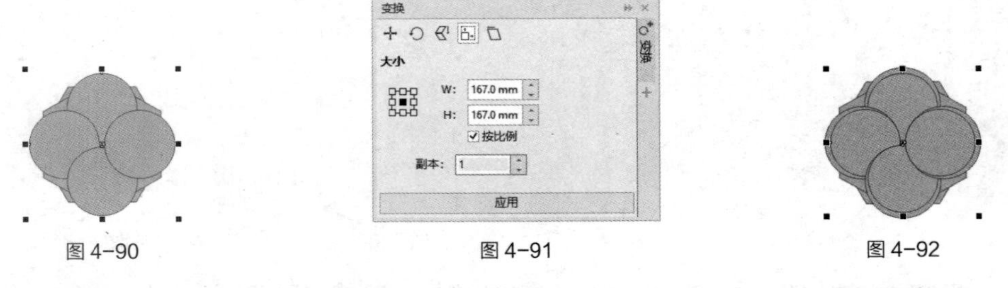

图 4-90　　图 4-91　　图 4-92

（8）选取上方需要的圆形，如图 4-93 所示。单击属性栏中的“转换为曲线”按钮，将图形转换为曲线，如图 4-94 所示。

（9）选择“形状”工具，在适当的位置分别双击鼠标添加节点，效果如图 4-95 所示。选中并拖曳中间的节点到适当的位置，如图 4-96 所示。单击属性栏中的“尖突节点”按钮，分别拖曳节点的控制手柄到适当的位置，调整其弧度，效果如图 4-97 所示。

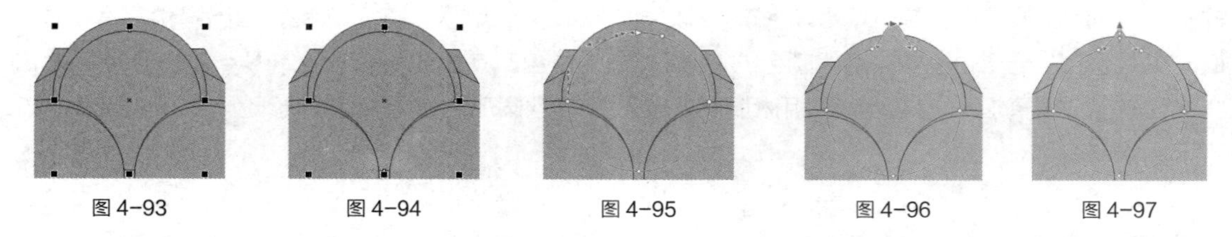

图 4-93　图 4-94　图 4-95　图 4-96　图 4-97

（10）用相同的方法分别调整其他圆形的节点，效果如图 4-98 所示。选择“选择”工具，按住 Shift 键同时，依次单击调整节点后的图形将其同时选取，如图 4-99 所示。在属性栏中的“旋转角度”数值框中设置数值为 45。按 Enter 键，效果如图 4-100 所示。

（11）用圈选的方法将所绘制的图形同时选取，如图 4-101 所示。单击属性栏中的“焊接”按钮，合并图形，如图 4-102 所示。

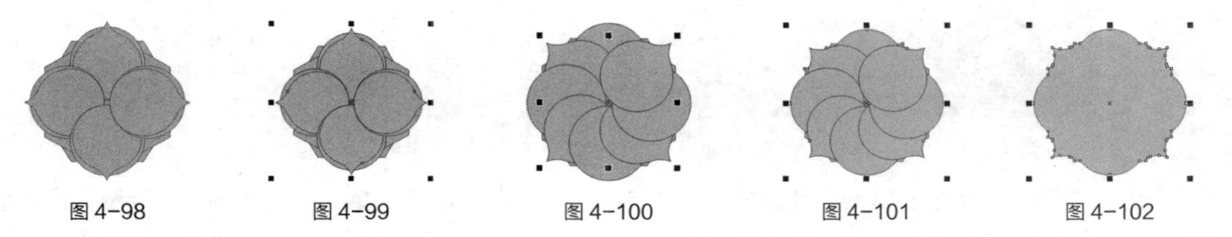

图 4-98　图 4-99　图 4-100　图 4-101　图 4-102

（12）拖曳合并图形到页面中适当的位置，按 F12 键，弹出“轮廓笔”对话框，在“颜色”选项中设置轮廓线颜色为白色，其他选项的设置如图 4-103 所示。单击“OK”按钮，效果如图 4-104 所示。

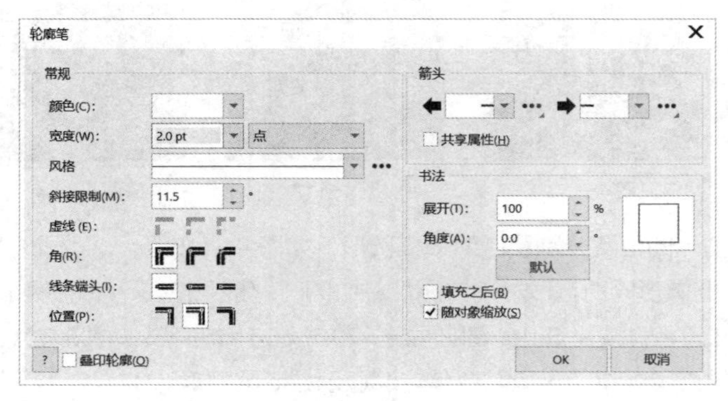

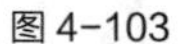

图 4-103

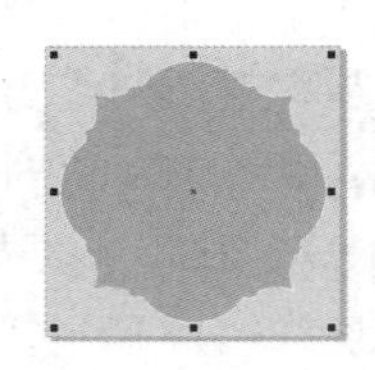

图 4-104

（13）选择“贝塞尔”工具，在适当的位置绘制一个不规则图形，如图 4-105 所示。设置图形颜色的 CMYK 值为 11、13、11、0，填充图形，并删除图形的轮廓线，效果如图 4-106 所示。用相同的方法绘制其他不规则图形，并填充相应的颜色，效果如图 4-107 所示。

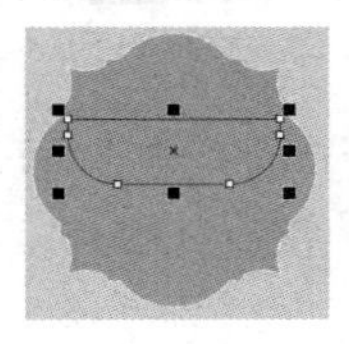

图 4-105

图 4-106

图 4-107

（14）选择“椭圆形”工具◯，按住 Ctrl 键的同时，在适当的位置绘制一个圆形，设置图形颜色的 CMYK 值为 9、75、67、0，填充图形，效果如图 4-108 所示。按 F12 键，弹出“轮廓笔”对话框，在“颜色”选项中设置轮廓线颜色的 CMYK 值为黑色，其他选项的设置如图 4-109 所示。单击“OK”按钮，效果如图 4-110 所示。用相同的方法绘制其他圆形，并填充相应的颜色，效果如图 4-111 所示。

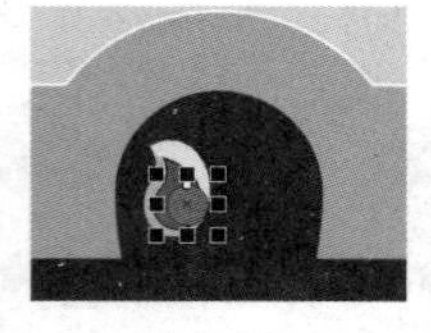

图 4-108

图 4-109

（15）选择“选择”工具，用圈选的方法将所绘制的图形同时选取，按 Ctrl+G 组合键，将其组合，如图 4-112 所示。按数字键盘上的+键，复制图形。单击属性栏中的“水平镜像”按钮，水平翻转图形，效果如图 4-113 所示。按住 Shift 键的同时，水平向右拖曳复制的组合图形到适当的位置，效果如图 4-114 所示。

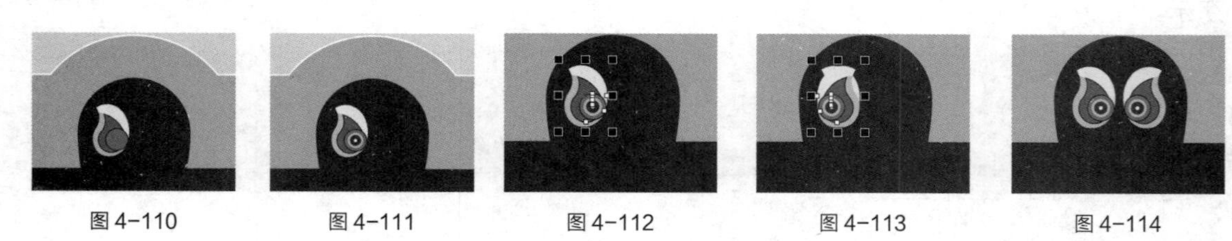

图 4-110　图 4-111　图 4-112　图 4-113　图 4-114

（16）选择“椭圆形”工具◯，在适当的位置分别绘制两个椭圆形，如图 4-115 所示。选择“选择”工具，用圈选的方法将所绘制的椭圆形同时选取，单击属性栏中的“焊接”按钮，将两个椭圆形合并为一个图形，效果如图 4-116 所示。按住 Shift 键的同时，单击下方黑色不规则图形将其同时选取，如图 4-117 所示。（为了方便读者观看，这里以白色轮廓显示绘制的图形。）

图 4-115

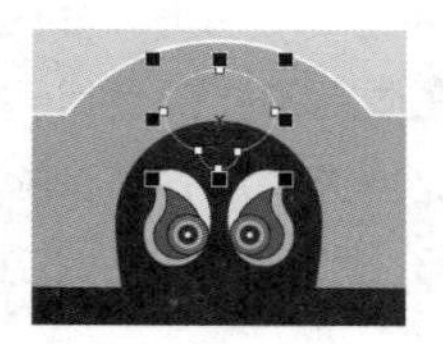

图 4-116

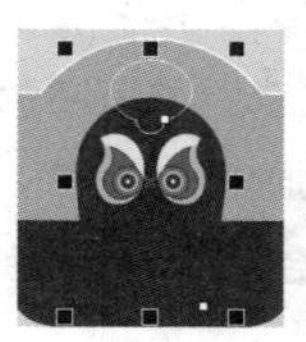

图 4-117

（17）选择“窗口 > 泊坞窗 > 形状”命令，弹出“形状”泊坞窗，在下拉菜单中选择“相交”选项，其他设置如图 4-118 所示。单击“相交对象”按钮，鼠标指针变为时，如图 4-119 所示，在图形上单击鼠标左键，效果如图 4-120 所示。

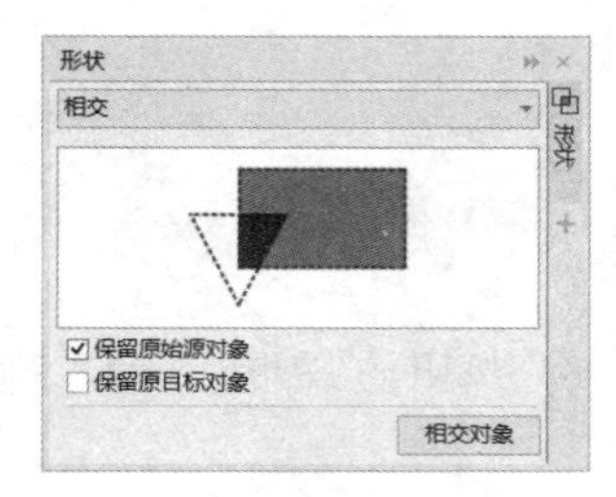

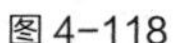

图 4-118

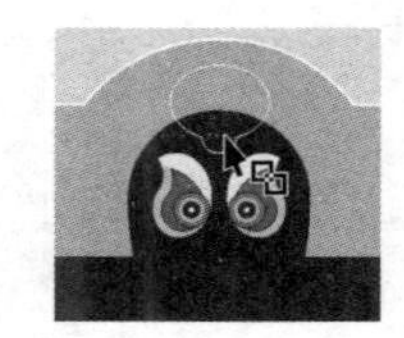

图 4-119

图 4-120

（18）保持图形选取状态。设置相交图形颜色的 CMYK 值为 80、10、45、0，填充图形，并删除图形的轮廓线，效果如图 4-121 所示。用相同的方法绘制其他图形，并填充相应的颜色，效果如图 4-122 所示。

（19）按 Ctrl+I 组合键，弹出“导入”对话框，选择云盘中的“Ch04\素材\绘制风筝插画\01”文件，单击“导入”按钮，在页面中单击导入图形，拖曳图形到适当的位置，效果如图 4-123 所示。风筝插画绘制完成。

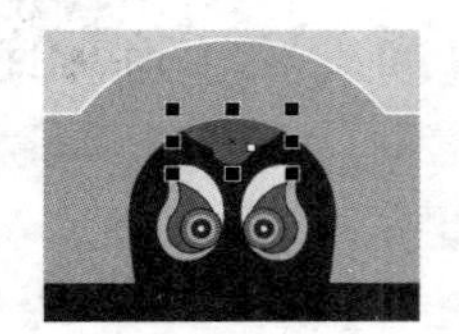

图 4-121

图 4-122

图 4-123

项目实践　制作中秋节海报

实践知识要点　使用“导入”命令导入素材图片；使用“对齐与分布”命令对齐对象；使用“文本”工具、“形状”工具添加并编辑主题文字。中秋节海报效果如图 4-124 所示。

效果所在位置　云盘\Ch04\效果\制作中秋节海报.cdr。

图 4-124

课后习题　绘制舞狮贴纸

习题知识要点　使用“椭圆形”工具、“贝塞尔”工具、“水平镜像”按钮、“星形”工具、“组合”命令绘制舞狮五官。舞狮贴纸效果如图 4-125 所示。

效果所在位置　云盘\Ch04\效果\绘制舞狮贴纸.cdr。

图 4-125

项目 5 文本的编辑

项目引入

文本是设计的重要组成部分，是最基本的设计元素之一。本项目主要讲解文本的基本操作方法和技巧、文本效果的制作方法、插入字形、将文本转换为曲线等内容。通过本项目的学习，读者可以制作多种文本效果，准确传达要表述的信息，丰富视觉效果，提高阅读吸引力。

项目目标

- 掌握文本的基本操作方法和技巧。
- 掌握文本效果的制作方法和技巧。
- 掌握插入字形的方法。
- 掌握将文本转换为曲线的方法。

技能目标

- 掌握女装 App 引导页的制作方法。
- 掌握美食杂志内页的制作方法。
- 掌握女装 Banner 广告的制作方法。

素养目标

- 加强文字基本功。
- 培养良好的内容组织与排版能力。

任务 5.1 文本的基本操作

在 CorelDRAW 2020 中，文本是具有特殊属性的图形对象。下面介绍在 CorelDRAW 2020 中处理文本的一些基本操作。

5.1.1 创建文本

CorelDRAW 2020 中的文本具有两种类型，分别是美术字文本和段落文本。它们在使用方法、应用编辑格式、应用特殊效果等方面有很大的区别。

1. 输入美术字文本

选择“文本”工具字，在绘图页面中单击鼠标左键，出现“I”形插入文本光标，这时属性栏显示为“文本”属性栏，在其中选择字体，并设置字号和字符属性，如图 5-1 所示。设置好后，直接输入美术字文本，效果如图 5-2 所示。

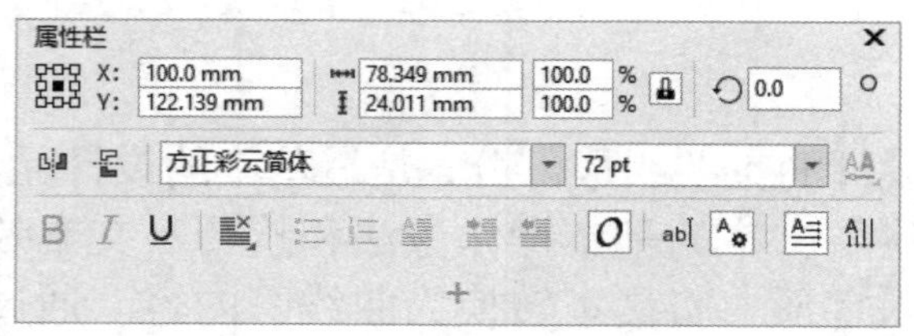

图 5-1

图 5-2

2. 输入段落文本

选择“文本”工具字，在绘图页面中按住鼠标左键不放，沿对角线拖曳鼠标，出现一个矩形的文本框，松开鼠标左键，文本框如图 5-3 所示。在“文本”属性栏中选择字体，并设置字号和字符属性，如图 5-4 所示。设置好后，直接在文本框中输入段落文本，效果如图 5-5 所示。

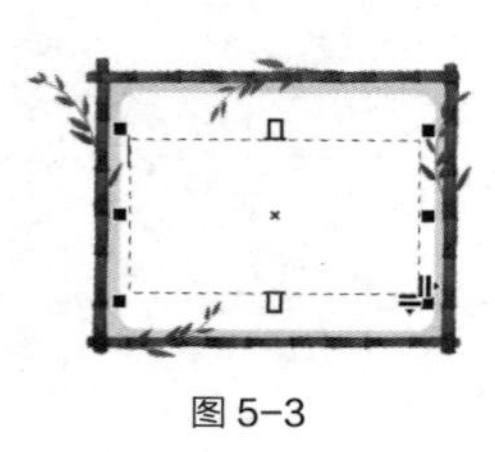

图 5-3

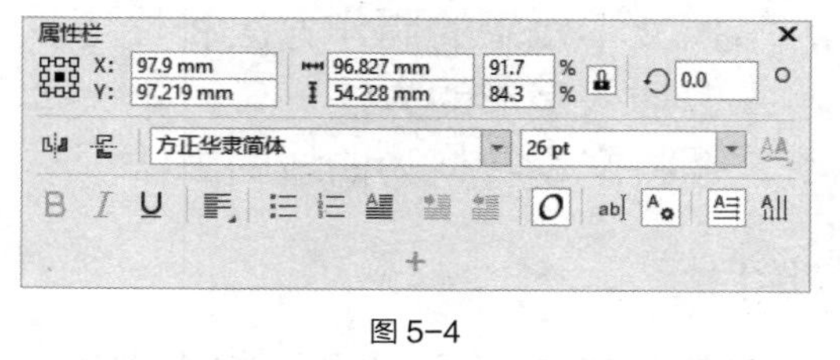

图 5-4

图 5-5

提示

利用“剪切”“复制”“粘贴”等命令，可以将其他文本处理软件中的文本（如 Office 软件中的文本）复制到 CorelDRAW 2020 的文本框中。

3. 转换文本类型

选择“选择”工具，选中美术字文本，如图 5-6 所示。选择“文本 > 转换为段落文本”命令，或按 Ctrl+F8 组合键，可以将其转换为段落文本，如图 5-7 所示。再次按 Ctrl+F8 组合键，可以将其转换回美术字文本。

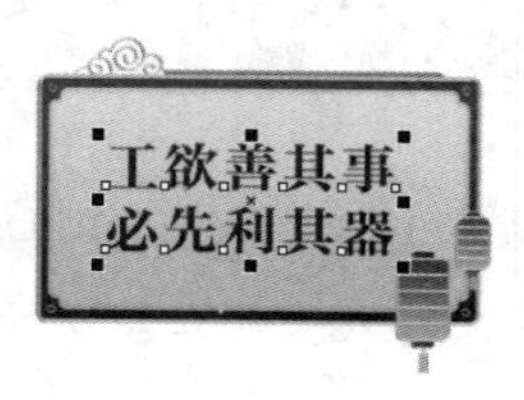

图 5-6

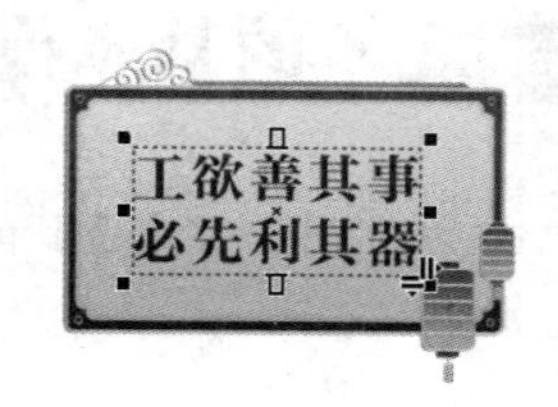

图 5-7

当美术字文本转换为段落文本后，它就不是图形对象，也就不能进行特殊效果的操作。当段落文本转换为美术字文本后，它会失去段落文本的格式。

5.1.2 改变文本的属性

1. 在属性栏中改变文本的属性

选择“文本”工具，属性栏如图 5–8 所示。其中部分选项、按钮的含义如下。

字体列表：单击Arial选项右侧的按钮，可以选取需要的字体样式。

字体大小：单击12 pt选项右侧的按钮，可以选取需要的字号。

B I U：设定字体为粗体、斜体或为文本添加下画线。

“文本对齐”按钮：在其下拉列表中选择文本的对齐方式。

“文本”按钮：打开“文本”泊坞窗。

“编辑文本”按钮：打开“编辑文本”对话框，可以编辑文本的各种属性。

“将文本更改为水平方向”按钮、“将文本更改为垂直方向”按钮：设置文本的排列方式为水平或垂直。

2. 在“文本”泊坞窗中改变文本的属性

单击属性栏中的“文本”按钮，或选择“窗口 > 泊坞窗 > 文本”命令，或按 Ctrl+T 组合键，弹出“文本”泊坞窗，如图 5–9 所示，在“文本”泊坞窗中可以设置文字的字体及大小等属性。

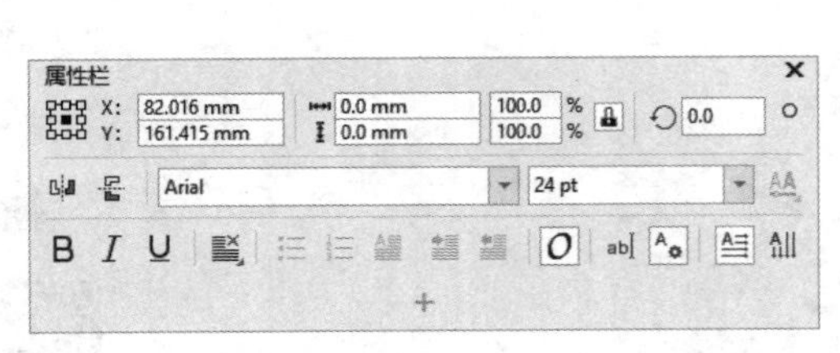

图 5–8

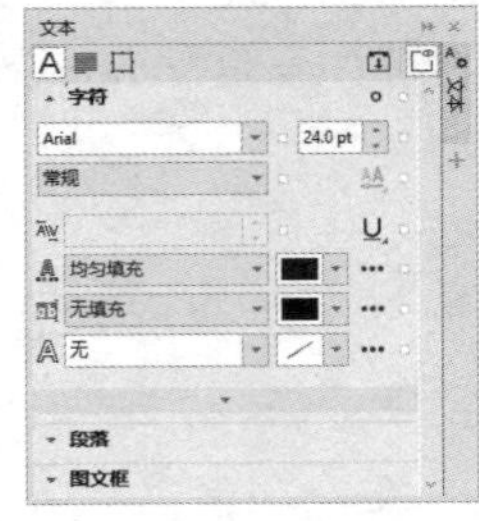

图 5–9

5.1.3 设置间距

输入美术字文本或段落文本，效果如图 5–10 所示。使用“形状”工具选中文本，文本的节点将处于编辑状态，如图 5–11 所示。用鼠标拖曳图标，可以调整文本中字符的间距；拖曳图标，可以调整文本中行的间距，如图 5–12 所示。使用键盘上的方向键，可以对文本进行微调。

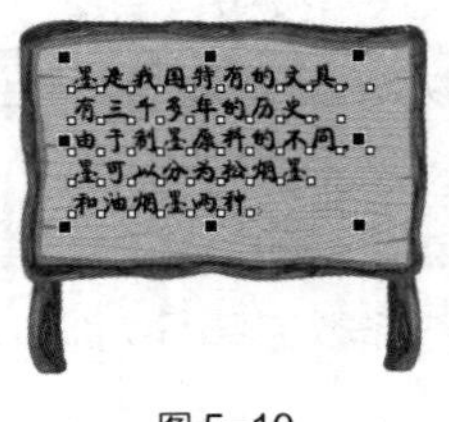

图 5–10

图 5–11

图 5–12

按住 Shift 键，将段落中第二行文字左下角的节点全部选中，如图 5-13 所示。将鼠标指针放在黑色的节点上并拖曳鼠标指针，如图 5-14 所示。可以将第二行文字移动到需要的位置，效果如图 5-15 所示。使用相同的方法可以对单个字进行移动调整。

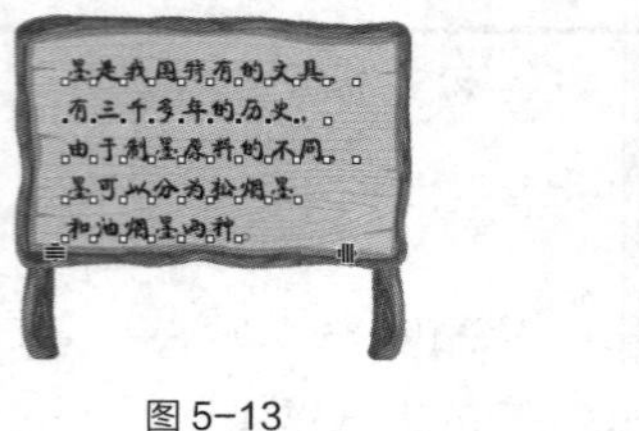
图 5-13

图 5-14

图 5-15

提示　单击“文本”属性栏中的“文本”按钮，弹出“文本”泊坞窗，在“段落”设置区中，“字符间距”选项可用于设置字符的间距，“行间距”选项可用于设置行的间距。

任务实践　制作女装 App 引导页

任务学习目标　学习使用“文本”工具、“文本”泊坞窗制作女装 App 引导页。

任务知识要点　使用“矩形”工具和“置于图文框内部”命令制作底图；使用“文本”工具、“文本”泊坞窗添加文字信息。女装 App 引导页效果如图 5-16 所示。

效果所在位置　云盘\Ch05\效果\制作女装 App 引导页.cdr。

图 5-16

（1）按 Ctrl+N 组合键，弹出“创建新文档”对话框，在其中设置文档的宽度为 750 px，高度为 1334 px，方向为纵向，原色模式为 RGB，分辨率为 72 dpi，单击“OK”按钮，创建一个文档。

（2）选择“矩形”工具，在页面中绘制一个矩形，如图 5-17 所示，设置图形颜色的 RGB 值为 255、204、204，填充图形，并删除图形的轮廓线，效果如图 5-18 所示。

（3）按 Ctrl+I 组合键，弹出“导入”对话框，选择云盘中的“Ch05\素材\制作女装 App 引导页\01”文件，单击“导入”按钮，在页面中单击导入图片。选择“选择”工具，拖曳人物图片到适当的位置，效果如图 5-19 所示。

（4）选择“矩形”工具，在适当的位置绘制一个矩形，设置轮廓线为白色，并在属性栏中的“轮廓宽度”选项中设置数值为 8px。按 Enter 键，效果如图 5-20 所示。

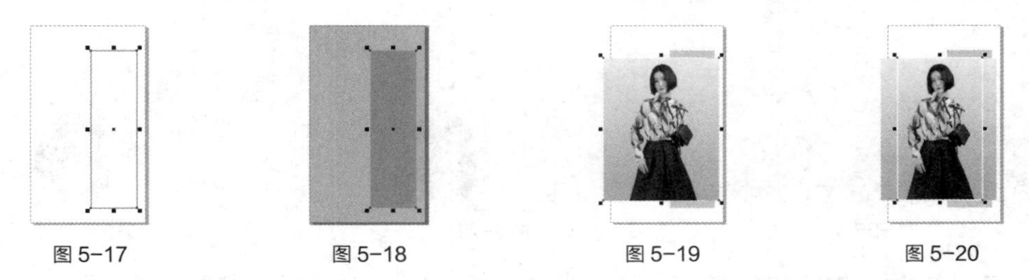

图 5-17　　图 5-18　　图 5-19　　图 5-20

（5）选择“选择”工具，选取下方人物图片，选择“对象 > PowerClip > 置于图文框内部”命令，鼠标指针变为黑色箭头形状，在矩形上单击鼠标左键，如图 5-21 所示。将图片置入矩形中，效果如图 5-22 所示。

（6）选择“文本”工具，在页面中分别输入需要的文字。选择“选择”工具，在属性栏中分别选取适当的字体并设置文字大小。单击“将文本更改为垂直方向”按钮，更改文字方向，效果如图 5-23 所示。

图 5-21　　图 5-22　　图 5-23

（7）选择“文本”工具，在适当的位置输入需要的文字。选择“选择”工具，在属性栏中选取适当的字体并设置文字大小。单击“将文本更改为水平方向”按钮，更改文字方向，效果如图 5-24 所示。设置文字颜色的 RGB 值为 255、204、204，填充文字，效果如图 5-25 所示。

图 5-24　　图 5-25

（8）按 Ctrl+T 组合键，弹出“文本”泊坞窗，单击“段落”按钮，切换到相应的选项卡中进行设置，如图 5-26 所示。按 Enter 键，效果如图 5-27 所示。在属性栏中的“旋转角度”选项中设置数值为 36。按 Enter 键，效果如图 5-28 所示。

（9）选择“文本”工具，在适当的位置拖曳出一个文本框，如图 5-29 所示。在文本框中输入需要的文字，选择“选择”工具，在属性栏中选取适当的字体并设置文字大小，效果如图 5-30 所示。

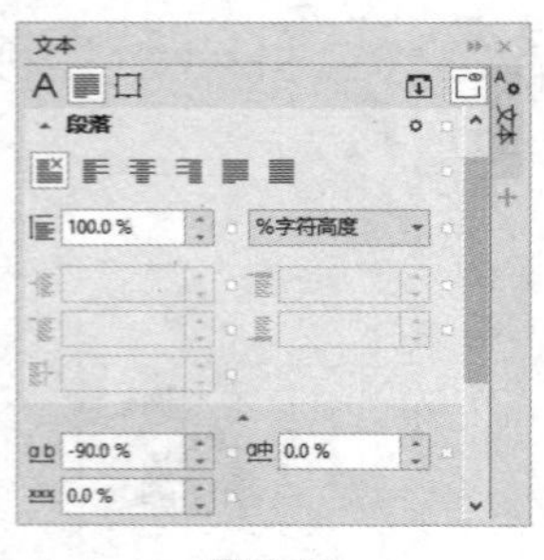
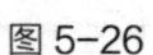
图 5-26

图 5-27

图 5-28

（10）在“文本”泊坞窗中，单击“右对齐”按钮，其他选项的设置如图 5-31 所示。按 Enter 键，效果如图 5-32 所示。女装 App 引导页制作完成，效果如图 5-33 所示。

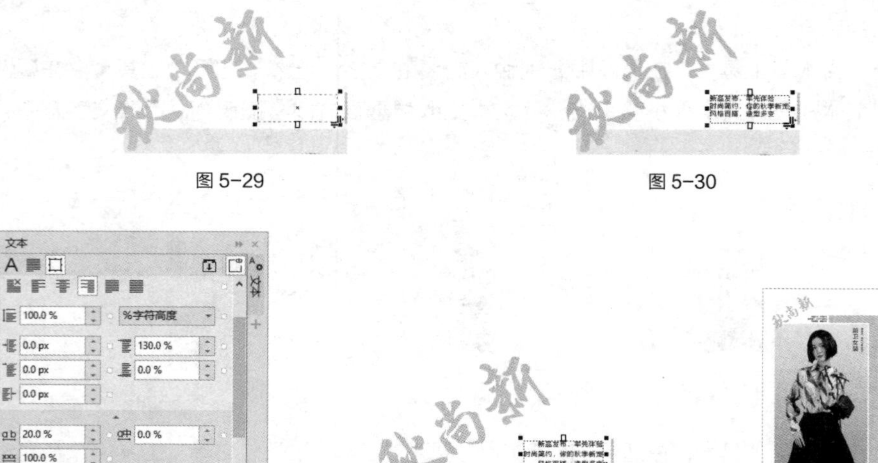

图 5-29

图 5-30

图 5-31

图 5-32

图 5-33

任务 5.2 文本效果

在 CorelDRAW 2020 中，可以根据设计和制作任务的需要，制作多种文本效果。下面介绍文本效果的制作方法。

5.2.1 设置首字下沉和项目符号

1. 设置首字下沉

在绘图页面中打开一个段落文本，效果如图 5-34 所示。选择“文本 > 首字下沉”命令，出现“首字下沉”对话框，勾选“使用首字下沉”复选框，如图 5-35 所示。

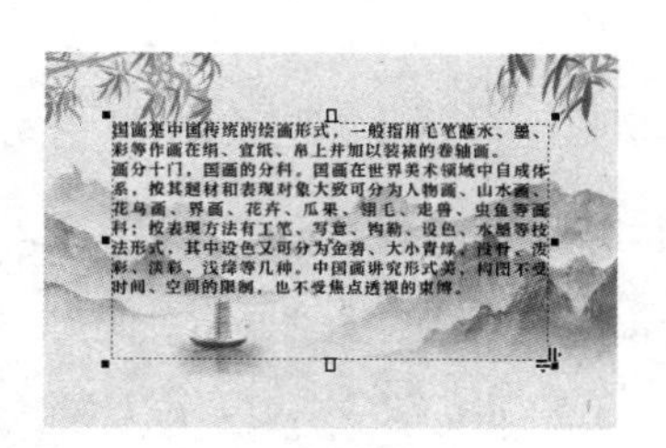

图 5-34

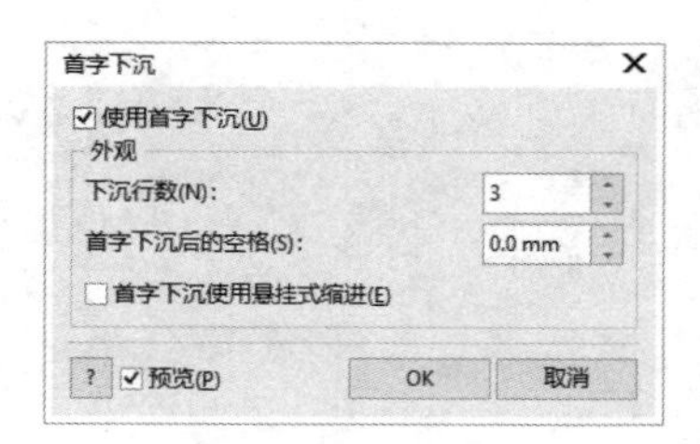

图 5-35

单击“OK”按钮，各段落首字下沉效果如图 5-36 所示。勾选“首字下沉使用悬挂式缩进”复选框，单击“OK”按钮，使用悬挂式缩进的首字下沉效果如图 5-37 所示。

图 5-36

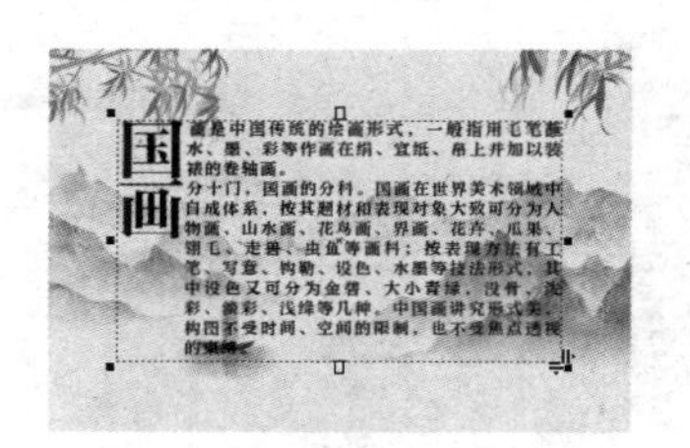

图 5-37

2. 设置项目符号

在绘图页面中打开一个段落文本，效果如图 5-38 所示。选择“文本 > 项目符号和编号”命令，弹出“项目符号和编号”对话框，勾选“列表”复选框，选择“项目符号”单选项，对话框如图 5-39 所示。

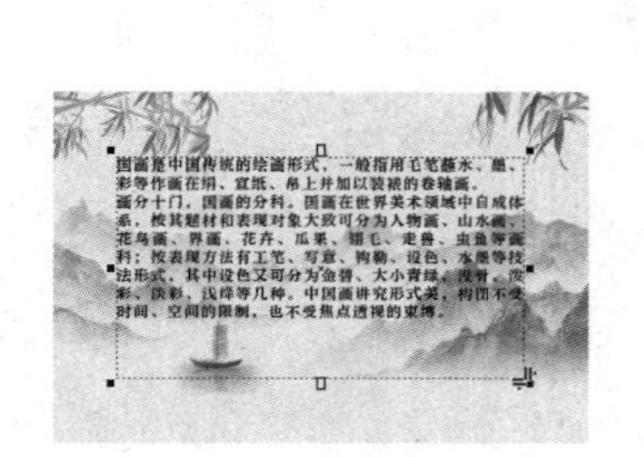

图 5-38

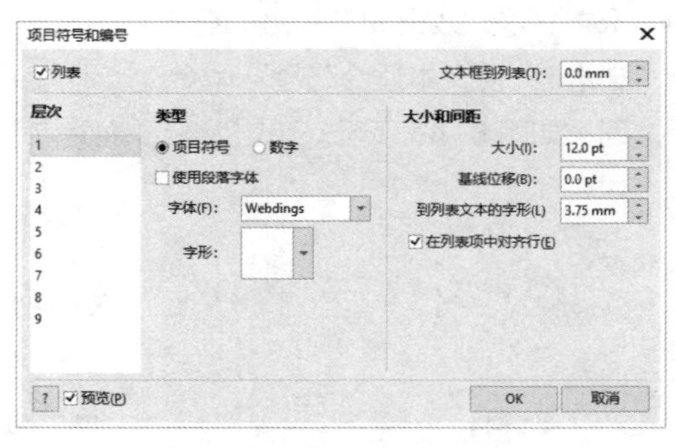

图 5-39

在对话框的“类型”设置区的“字体”选项中可以设置字体的类型，在“字形”选项中可以选择项目符号样式。在“大小和间距”设置区的“大小”选项中可以设置项目符号的大小，在“基线位移”选项中可以选择基线的距离，在“到列表文本的字形”选项中可以设置项目符号与文本之间的间距。在“文本框到列表”选项中可以设置文本框与项目符号之间的间距。

设置需要的选项，如图 5-40 所示。单击“OK”按钮，段落文本中添加了新的项目符号，效果如图 5-41 所示。

在段落文本中需要另起一段的位置插入光标，如图 5-42 所示。按 Enter 键，项目符号会自动添加在新段落的前面，效果如图 5-43 所示。

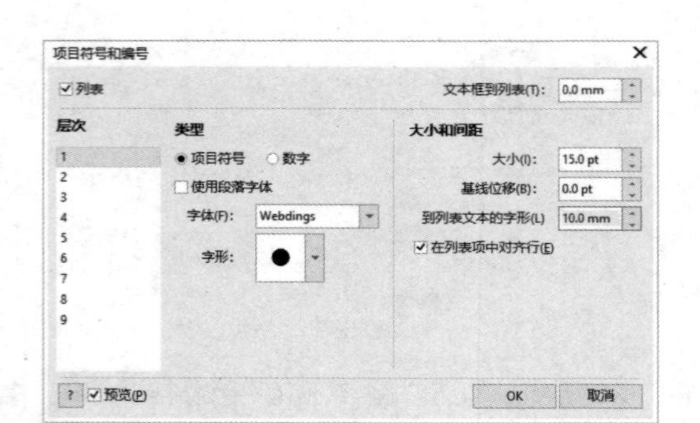

图 5-40

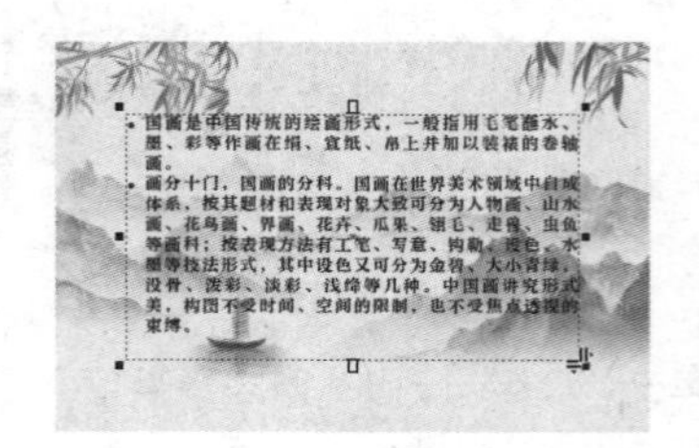

图 5-41

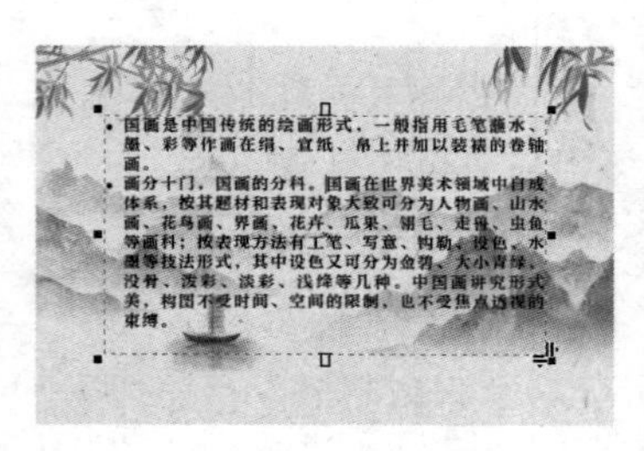

图 5-42

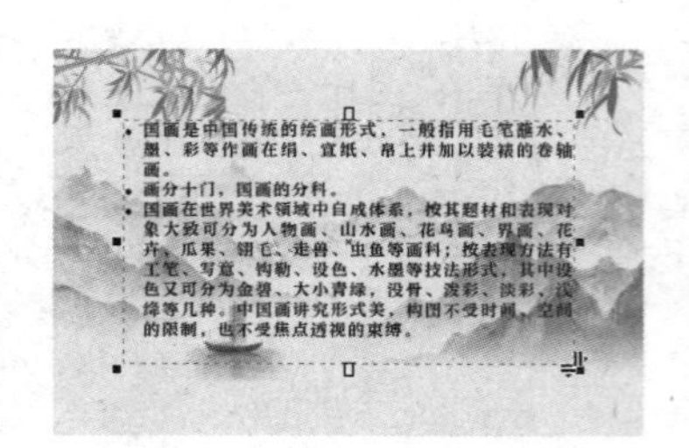

图 5-43

5.2.2　文本绕路径排列

选择“文本”工具，在绘图页面中输入美术字文本，使用“椭圆形”工具绘制一个椭圆形路径，选中美术字文本，效果如图 5-44 所示。

选择“文本 > 使文本适合路径”命令，出现箭头图标，将该图标放在椭圆形路径上，文本自动绕路径排列，如图 5-45 所示。单击鼠标左键确定，效果如图 5-46 所示。

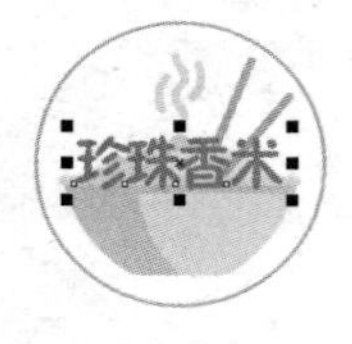

图 5-44

图 5-45

图 5-46

选中绕路径排列的文本，如图 5-47 所示，属性栏状态显示如图 5-48 所示。

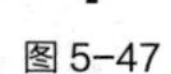

图 5-47

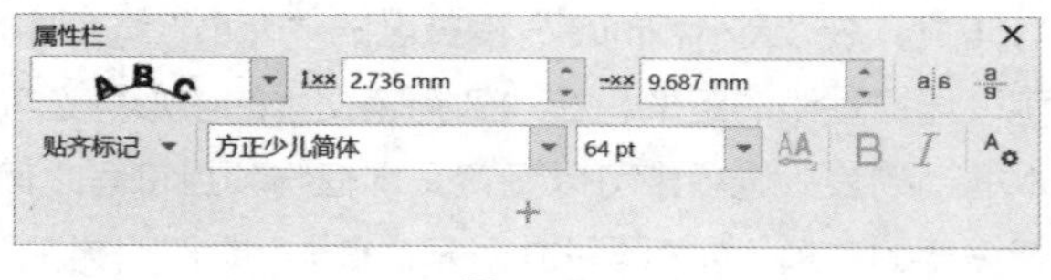

图 5-48

在属性栏中可以设置“文字方向”“与路径的距离”“偏移”，通过这些设置可以产生多种文本绕路径排列的效果，如图 5-49 所示。

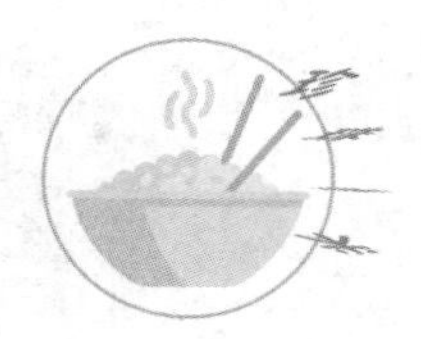

图 5-49

5.2.3 对齐文本

选择“文本”工具，在绘图页面中输入段落文本，单击“文本”属性栏中的“文本对齐”按钮，弹出其下拉列表，共有 6 种对齐方式，如图 5-50 所示。

选择“文本 > 文本”命令，弹出“文本”泊坞窗，单击“段落”按钮，切换到“段落”选项卡。单击右上方的图标，在弹出下拉列表中选择“调整”选项，弹出“间距设置”对话框，在对话框中可以选择文本的对齐方式，如图 5-51 所示。

图 5-50

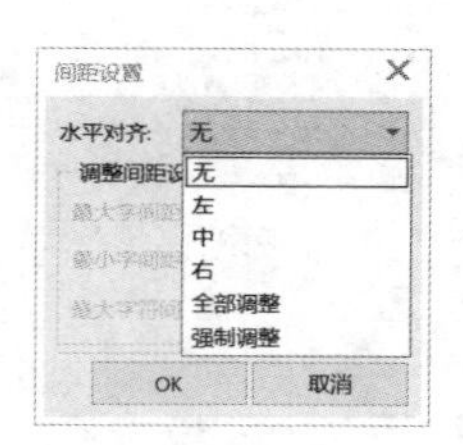

图 5-51

“无”选项：CorelDRAW 2020 默认的对齐方式。选择它将不对文本产生影响，文本可以自由地变换，但单纯的无对齐方式文本的边界会参差不齐。

“左”选项：选择左对齐后，段落文本会以文本框的左边界对齐。

“中”选项：选择居中对齐后，段落文本的每一行都会在文本框中居中对齐。

“右”选项：选择右对齐后，段落文本会以文本框的右边界对齐。

“全部调整”选项：选择全部对齐后，段落文本的每一行都会同时对齐文本框的左右边界。

“强制调整”选项：选择强制全部对齐后，可以对段落文本的所有格式进行调整。

选中进行过移动调整的文本，如图 5-52 所示，选择“文本 > 对齐至基线”命令，可以将文本重新对齐，效果如图 5-53 所示。

砚台是书写、绘画时用的工具。
可以用于研墨，
盛放磨好的墨汁，掭笔等。
明、清两代砚台的种类繁多。
出现了被人们称为“四大名砚”的端砚、
歙砚、洮砚和澄泥砚。

图 5-52

砚台是书写、绘画时用的工具。
可以用于研墨，
盛放磨好的墨汁，掭笔等。
明、清两代砚台的种类繁多。
出现了被人们称为“四大名砚”的端砚、
歙砚、洮砚和澄泥砚。

图 5-53

5.2.4 内置文本

选择“文本”工具，在绘图页面中输入美术字文本，使用“贝塞尔”工具绘制一个图形，选中美术字文本，效果如图 5-54 所示。

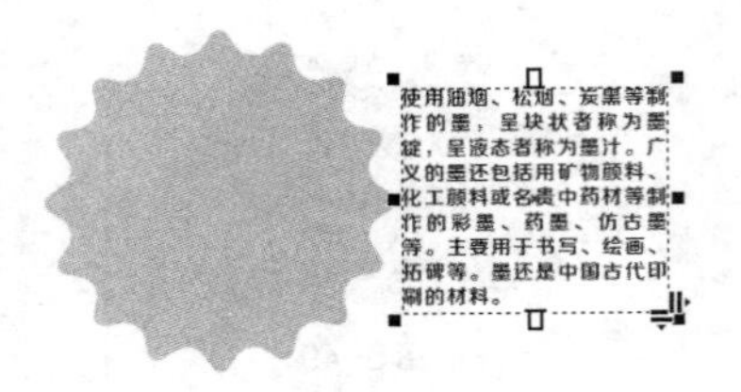

图 5-54

用鼠标右键拖曳文本到图形内，当鼠标指针变为十字形的圆环⊕时，松开鼠标右键，弹出快捷菜单，选择“内置文本”命令，如图 5-55 所示，文本被置入图形内，美术字文本自动转换为段落文本，效果如图 5-56 所示。选择“文本 > 段落文本框 > 使文本适合框架”命令，文本和图形对象基本适配，效果如图 5-57 所示。

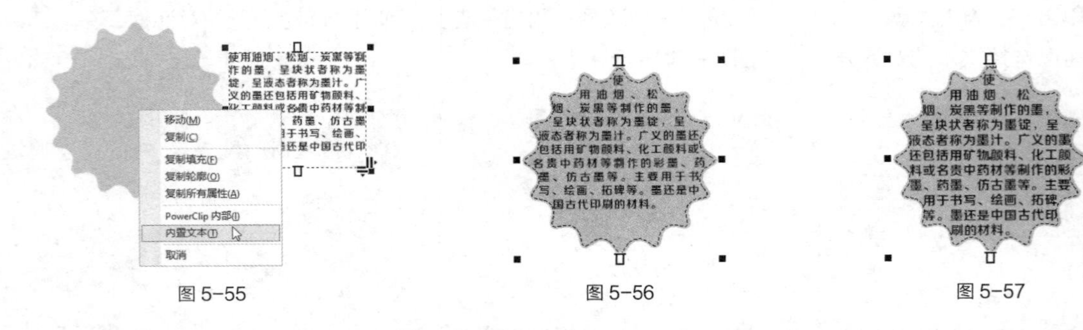

图 5-55　　图 5-56　　图 5-57

提示

选择“对象 > 拆分路径内的段落文本”命令，可以将路径内的文本与路径分离。

5.2.5　段落文字的连接

在文本框中经常出现文本被遮住而不能完全显示的问题，如图 5-58 所示。可以通过调整文本框的大小来使文本完全显示，也可以通过多个文本框的连接来使文本完全显示。

选择“文本”工具字，单击文本框下部的▼图标，鼠标指针变为形状，在页面中按住鼠标左键不放，沿对角线拖曳鼠标指针，绘制一个新的文本框，如图 5-59 所示。松开鼠标左键，在新绘制的文本框中显示出被遮住的文字，效果如图 5-60 所示。拖曳文本框到适当的位置，如图 5-61 所示。

图 5-58

图 5-59

图 5-60

图 5-61

5.2.6 段落分栏

选择一个段落文本，如图 5-62 所示。选择“文本 > 栏”命令，弹出“栏设置”对话框，将“栏数”选项设置为“2”，第一个栏的“栏间宽度”选项设置为“8.0 mm”，如图 5-63 所示。设置完成后，单击“OK”按钮，段落文本被分为两栏，效果如图 5-64 所示。

图 5-62

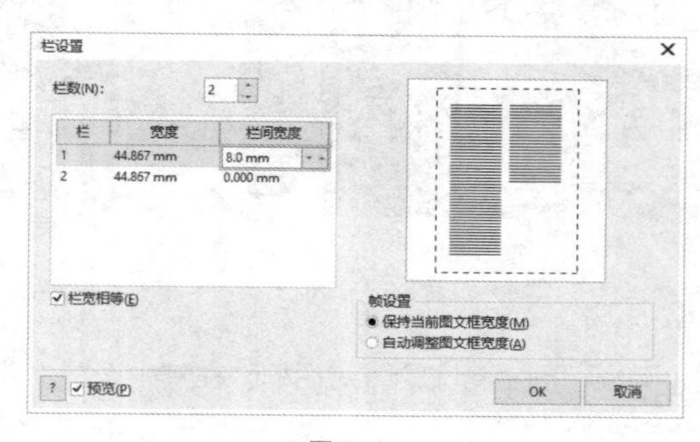

图 5-63

图 5-64

5.2.7 文本绕图

CorelDRAW 2020 提供了多种文本绕图的形式，应用好文本绕图可以使设计和制作的杂志或报刊更加生动、美观。

选中需要文本绕图的位图，如图 5-65 所示。在属性栏中单击“文本换行”按钮，在弹出的下拉菜单中选择需要的文本绕图方式，如图 5-66 所示，文本绕图效果如图 5-67 所示。在“文本换行偏移”数值框中可以设置偏移距离。

图 5-65

换行样式
无
轮廓图
文本从左向右排列
文本从右向左排列
跨式文本
正方形
文本从左向右排列
文本从右向左排列
跨式文本
上/下
文本换行偏移: 2.0 mm

图 5-66

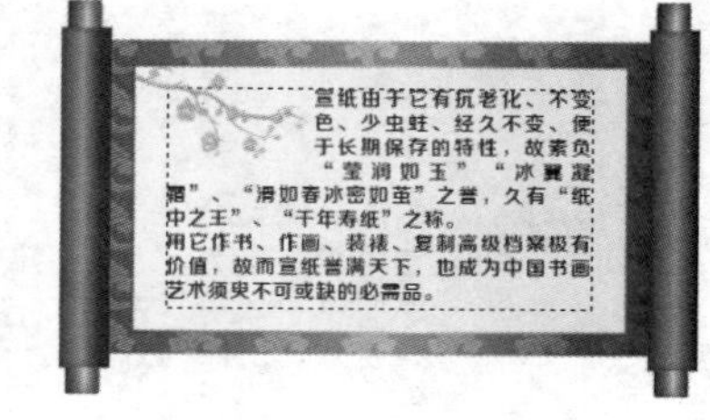

图 5-67

任务实践　制作美食杂志内页

任务学习目标　学习使用“文本”工具、“栏”命令和“文本”泊坞窗制作美食杂志内页。

任务知识要点　使用“椭圆形”工具制作图片 PowerClip 效果；使用“栏”命令制作文字分栏效果；使用“文本”工具、“文本”泊坞窗添加内页文字；使用“矩形”工具、“圆角半径”选项和“文本”工具制作火锅分类模块。美食杂志内页效果如图 5-68 所示。

效果所在位置　云盘\Ch05\效果\制作美食杂志内页.cdr。

图 5-68

1. 制作美食杂志内页 1

（1）按 Ctrl+N 组合键，弹出“创建新文档”对话框，在其中设置文档的宽度为 420 mm，高度为 285 mm，方向为横向，原色模式为 CMYK，分辨率为 300 dpi，单击“OK”按钮，创建一个文档。

（2）选择“布局 > 页面大小”命令，弹出“选项”对话框，选择“页面尺寸”选项，在“出血”数值框中设置数值为 3.0，勾选“显示出血区域”复选框，如图 5-69 所示。单击“OK”按钮，页面效果如图 5-70 所示。

图 5-69

图 5-70

（3）选择“查看 > 标尺”命令，在视图中显示标尺。选择“选择”工具，在左侧标尺中拖曳出一条垂直辅助线，在属性栏的“对象位置”选项中将“X”坐标设为 210 mm，按 Enter 键，如图 5-71 所示。

（4）选择“椭圆形”工具，在适当的位置绘制一个椭圆形，设置图形颜色的 CMYK 值为 0、75、75、0，填充图形，并删除图形的轮廓线，效果如图 5-72 所示。

（5）用相同的方法分别绘制两个椭圆形，并填充相应的颜色，效果如图 5-73 所示。按 Ctrl+I 组合键，弹出“导入”对话框，选择云盘中的“Ch05\素材\制作美食杂志内页\01”文件，单击“导入”按钮，在页面中单击导入图片。选择“选择”工具，拖曳图片到适当的位置，并调整其大小，效果如图 5-74 所示。

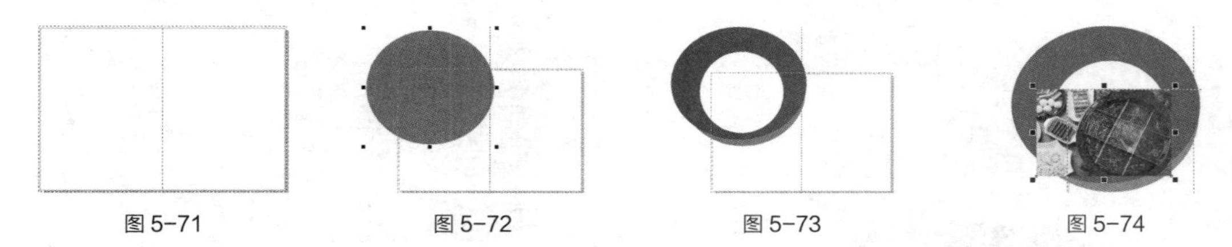

图 5-71　　图 5-72　　图 5-73　　图 5-74

（6）选择“对象 > PowerClip > 置于图文框内部”命令，鼠标指针变为黑色箭头形状，如图 5-75 所示。在白色圆形上单击鼠标左键，将图片置入白色圆形中，效果如图 5-76 所示。

（7）选择“矩形”工具，在适当的位置绘制一个矩形，如图 5-77 所示。选择“选择”工具，按住 Shift 键的同时，将下方椭圆形和图片同时选取，按 Ctrl+G 组合键，将其群组，如图 5-78 所示。

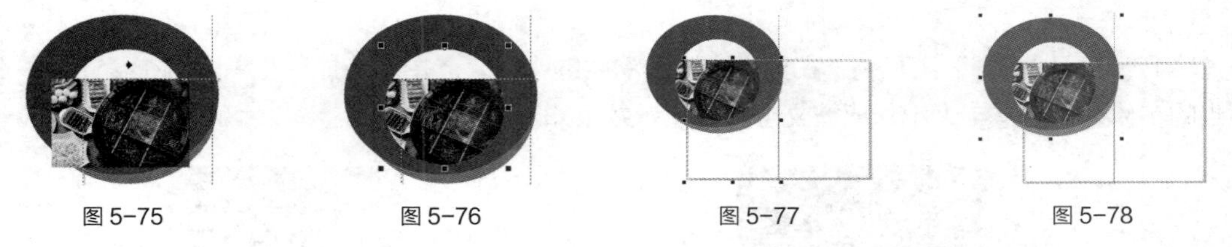

图 5-75　　图 5-76　　图 5-77　　图 5-78

（8）选择“对象 > PowerClip > 置于图文框内部”命令，鼠标指针变为黑色箭头形状，如图 5-79 所示。在矩形上单击鼠标左键，将图片置入矩形中，并删除矩形的轮廓线，效果如图 5-80 所示。

图 5-79　　图 5-80

（9）用相同的方法分别导入其他图片并制作图 5-81 所示的效果。按 Ctrl+I 组合键，弹出“导入”对话框，选择云盘中的“Ch05\素材\制作美食杂志内页\05”文件，单击“导入”按钮，在页面中单击导入标志图形。选择“选择”工具，拖曳标志图形到适当的位置，效果如图 5-82 所示。

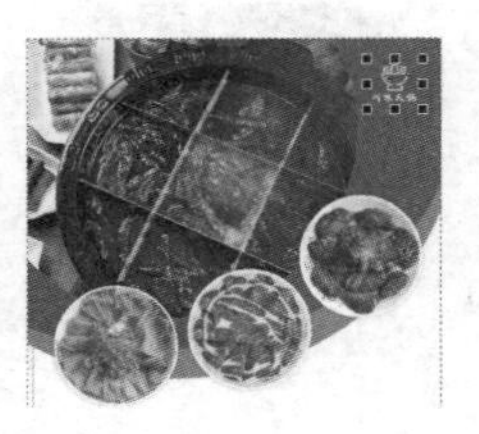

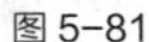

图 5-81　　图 5-82

（10）选择“矩形”工具□，在适当的位置绘制一个矩形，如图 5-83 所示。按 F11 键，弹出“编辑填充”对话框，单击“渐变填充”按钮◪，将“起点”选项颜色的 CMYK 值设为 18、96、100、0，“终点”选项颜色的 CMYK 值设为 0、75、75、0，其他选项的设置如图 5-84 所示。单击“OK”按钮，填充图形，并删除图形的轮廓线，效果如图 5-85 所示。

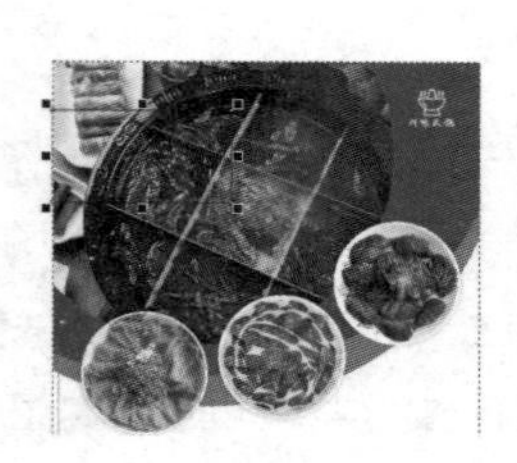

图 5-83

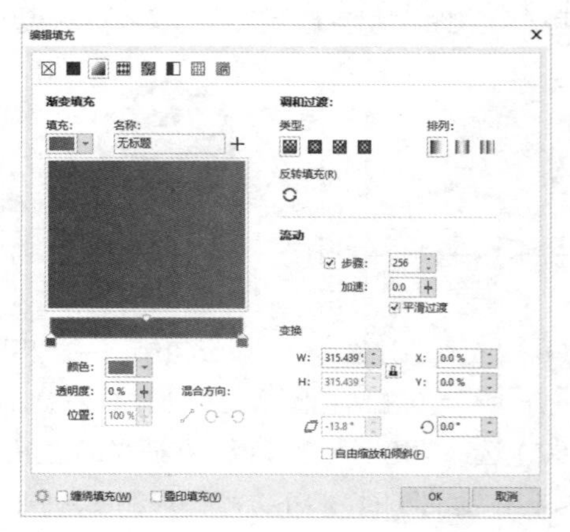

图 5-84

（11）选择“文本”工具字，在页面中输入需要的文字。选择“选择”工具↖，在属性栏中选取适当的字体并设置文字大小，填充文字为白色，效果如图 5-86 所示。

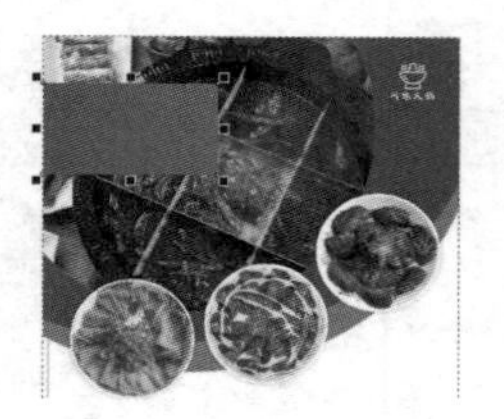

图 5-85

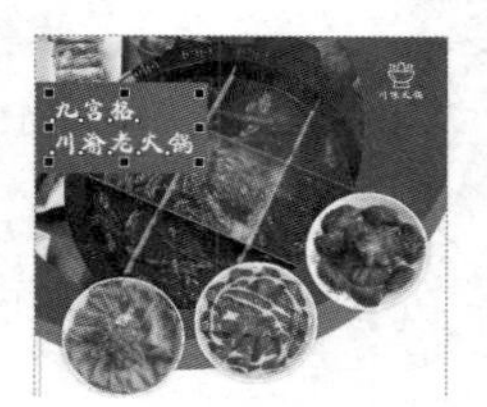

图 5-86

（12）选择“文本”工具字，在适当的位置输入需要的文字，选择“选择”工具↖，在属性栏中选取适当的字体并设置文字大小。设置文字颜色的 CMYK 值为 18、96、100、0，填充文字，效果如图 5-87 所示。

（13）按 Ctrl+I 组合键，弹出“导入”对话框，选择云盘中的“Ch05\素材\制作美食杂志内页\06”文件，单击“导入”按钮，在页面中单击导入图片。选择“选择”工具↖，拖曳图片到适当的位置，并调整其大小，效果如图 5-88 所示。在属性栏中的“旋转角度”选项 0.0 °中设置数值为 45。按 Enter 键，效果如图 5-89 所示。

图 5-87

图 5-88

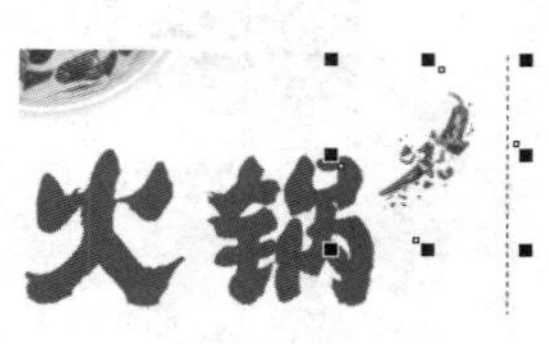

图 5-89

（14）选择“文本”工具字，在适当的位置拖曳出一个文本框，如图 5–90 所示。在文本框中输入需要的文字，选择“选择”工具，在属性栏中选取适当的字体并设置文字大小。设置文字颜色的 CMYK 值为 18、96、100、0，填充文字，效果如图 5–91 所示。

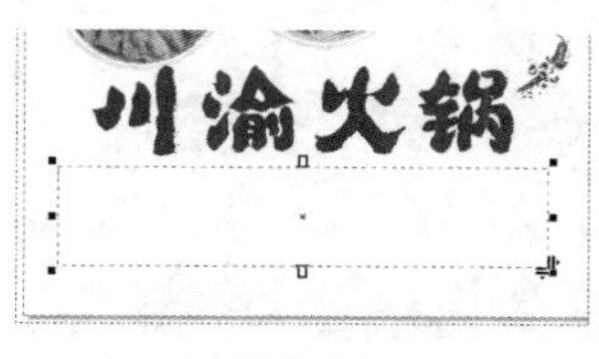

图 5–90

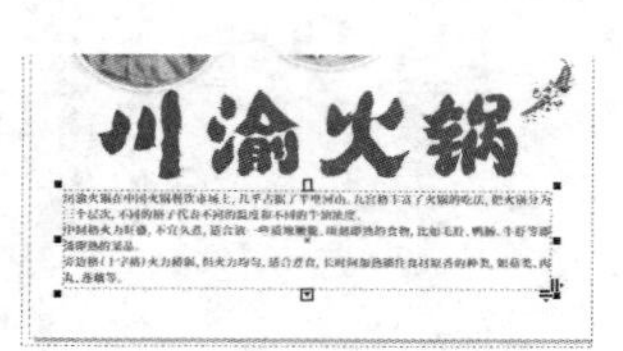

图 5–91

（15）按 Ctrl+T 组合键，弹出“文本”泊坞窗，单击“两端对齐”按钮，其他选项的设置如图 5–92 所示。按 Enter 键，效果如图 5–93 所示。

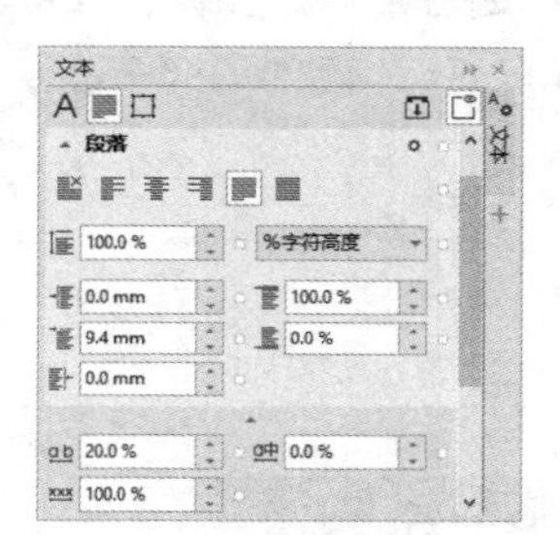

图 5–92

图 5–93

（16）选择“文本 > 栏”命令，弹出“栏设置”对话框，各选项的设置如图 5–94 所示。单击“OK”按钮，效果如图 5–95 所示。

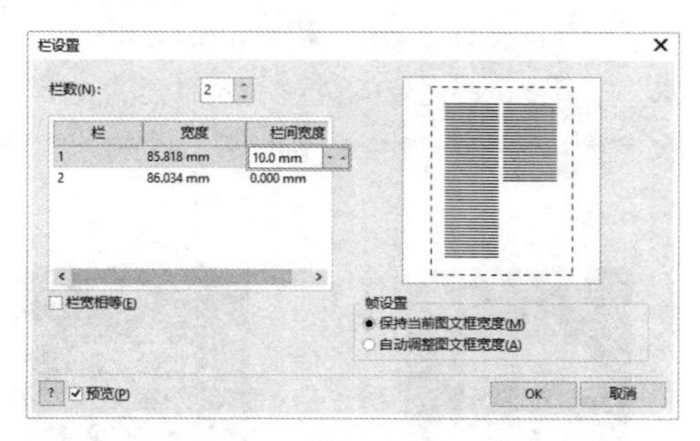

图 5–94

图 5–95

（17）选择“矩形”工具，在页面下方适当的位置绘制一个矩形，设置图形颜色的 CMYK 值为 1、82、87、0，填充图形，并删除图形的轮廓线，效果如图 5–96 所示。

（18）选择“文本”工具字，在适当的位置输入需要的文字。选择“选择”工具，在属性栏中选取适当的字体并设置文字大小，填充文字为白色，效果如图 5–97 所示。

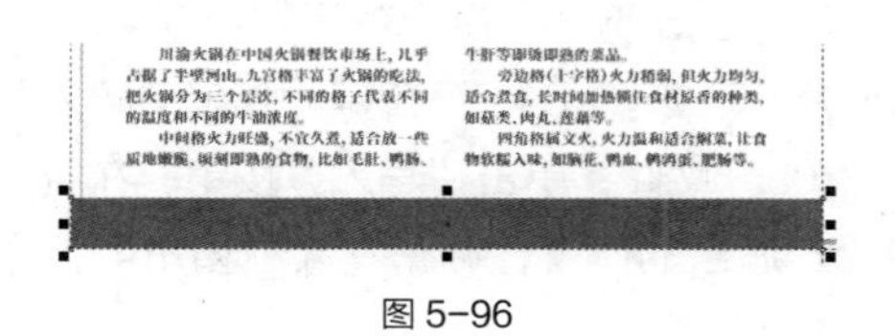
图 5–96

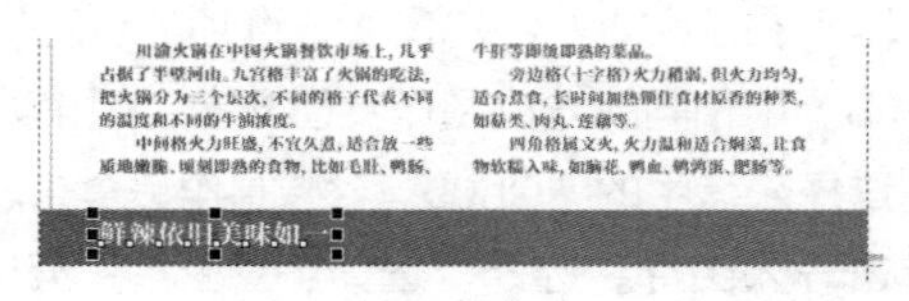

图 5–97

（19）在“文本”泊坞窗中，选项的设置如图 5-98 所示。按 Enter 键，效果如图 5-99 所示。

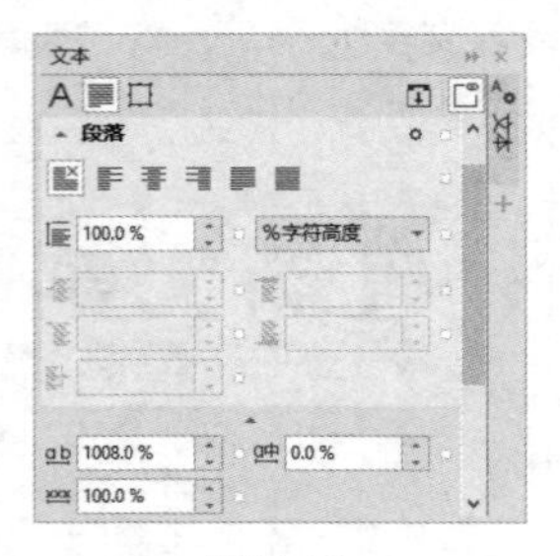

图 5-98

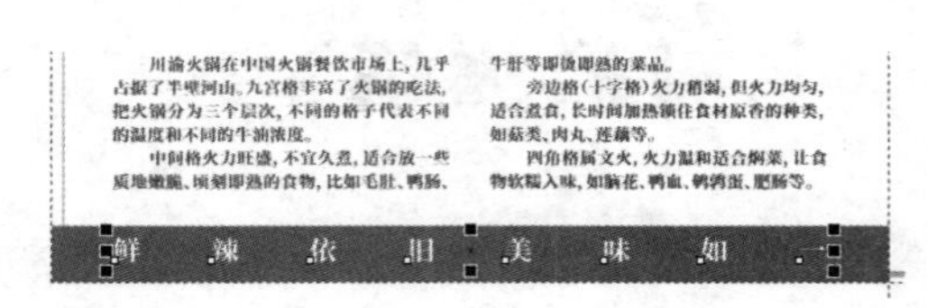

图 5-99

2. 制作美食杂志内页 2

（1）选择“矩形”工具，在适当的位置绘制一个矩形，设置图形颜色的 CMYK 值为 18、96、100、0，填充图形，并删除图形的轮廓线，效果如图 5-100 所示。再绘制一个矩形，填充图形为白色，并删除图形的轮廓线，效果如图 5-101 所示。

图 5-100

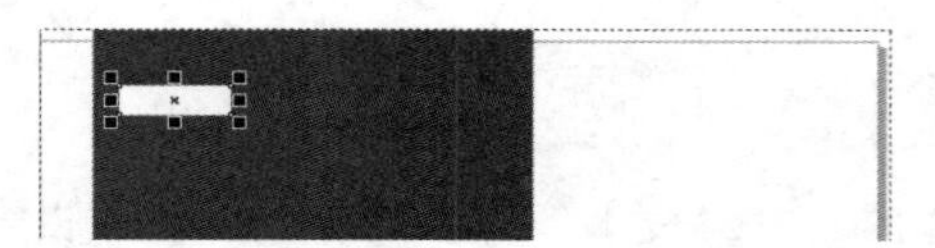

图 5-101

（2）保持图形选取状态。在属性栏中将“圆角半径”选项设为 4.0 mm 和 0 mm，如图 5-102 所示。按 Enter 键，效果如图 5-103 所示。选择“文本”工具，在适当的位置输入需要的文字。选择“选择”工具，在属性栏中选取适当的字体并设置文字大小。在“CMYK 调色板”中的“红”色块上单击鼠标左键，填充文字，效果如图 5-104 所示。

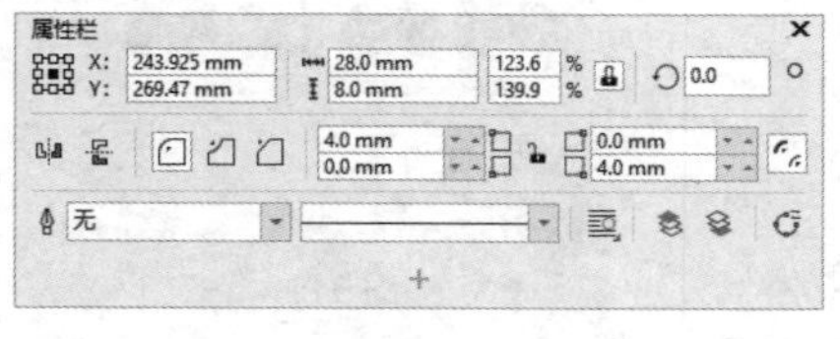

图 5-102

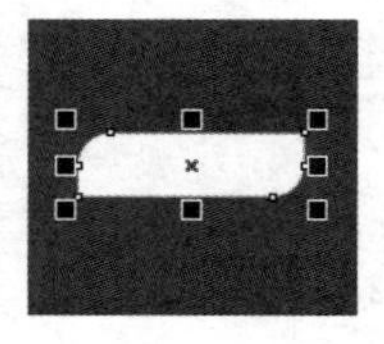

图 5-103

图 5-104

（3）选择“文本”工具，在适当的位置拖曳出一个文本框，如图 5-105 所示。在文本框中输入需要的文字，选择“选择”工具，在属性栏中选取适当的字体并设置文字大小，填充文字为白色，效果如图 5-106 所示。

（4）在“文本”泊坞窗中，选项的设置如图 5-107 所示。按 Enter 键，效果如图 5-108 所示。

（5）用相同的方法制作其他文字，效果如图 5-109 所示。按 Ctrl+I 组合键，弹出“导入”对话框，选择云盘中的“Ch05\素材\制作美食杂志内页\06～08”文件，单击“导入”按钮，在页面中分别单击导入图片。选择“选择”工具，分别拖曳图片到适当的位置，调整其大小和角度，效果如图 5-110 所示。

图 5-105

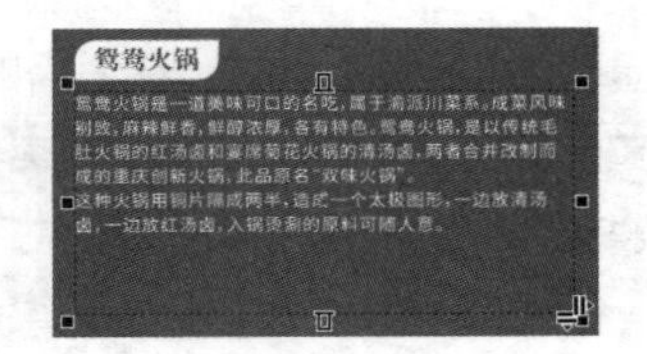

图 5-106

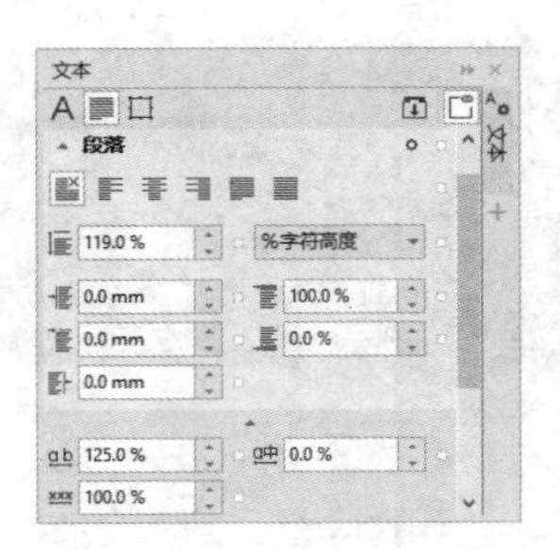

图 5-107

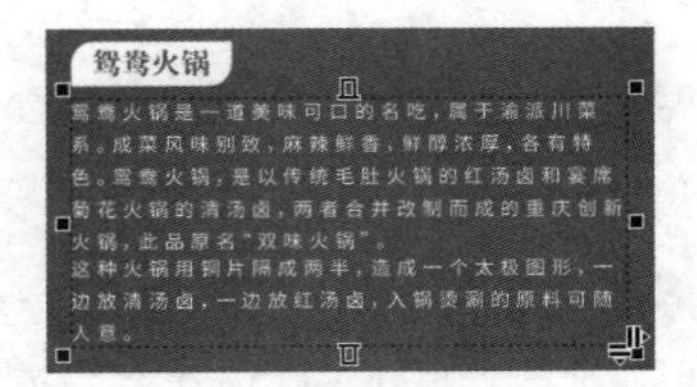

图 5-108

图 5-109

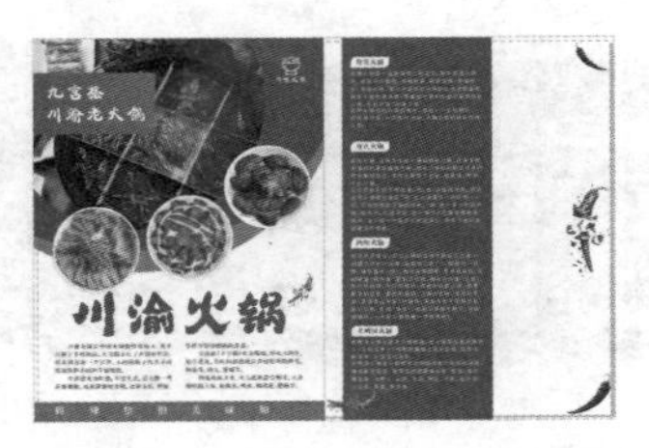

图 5-110

（6）选择“椭圆形”工具，按住 Ctrl 键的同时，在适当的位置绘制一个圆形，如图 5-111 所示。按 F12 键，弹出“轮廓笔”对话框，在“颜色”选项中设置轮廓线颜色的 CMYK 值为 18、96、100、0，其他选项的设置如图 5-112 所示。单击“OK”按钮，效果如图 5-113 所示。

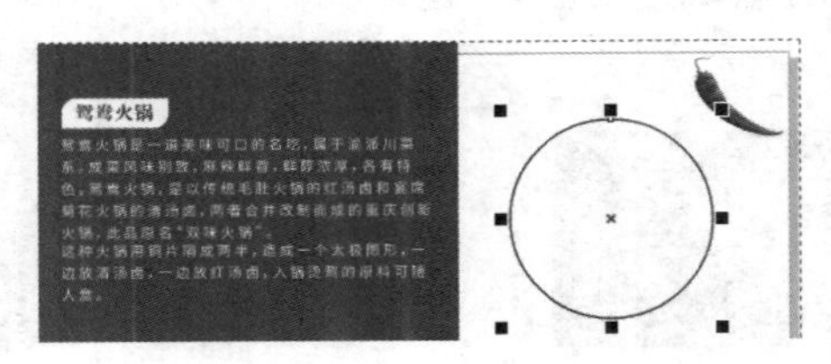

图 5-111

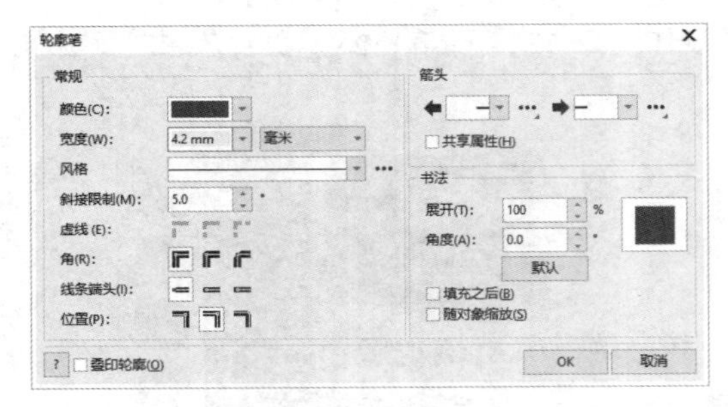

图 5-112

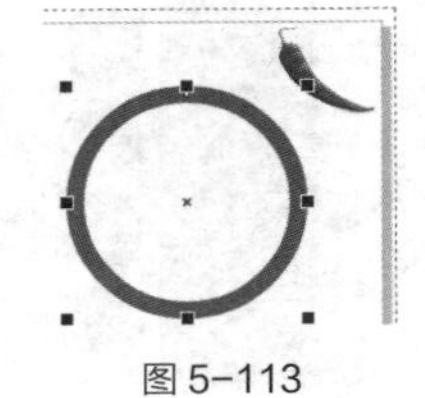

图 5-113

（7）选择“矩形”工具□，在适当的位置绘制一个矩形，设置图形颜色的 CMYK 值为 18、96、100、0，填充图形，并删除图形的轮廓线，效果如图 5-114 所示。

（8）按 Ctrl+I 组合键，弹出“导入”对话框，选择云盘中的“Ch05\素材\制作美食杂志内页\09”文件，单击“导入”按钮，在页面中单击导入图片。选择“选择”工具，拖曳图片到适当的位置，并调整其大小，效果如图 5-115 所示。

图 5-114

图 5-115

（9）连续按 Ctrl+PageDown 组合键，将图片向后移至适当的位置，效果如图 5-116 所示。按住 Shift 键的同时，单击上方红色矩形将其同时选取，如图 5-117 所示。

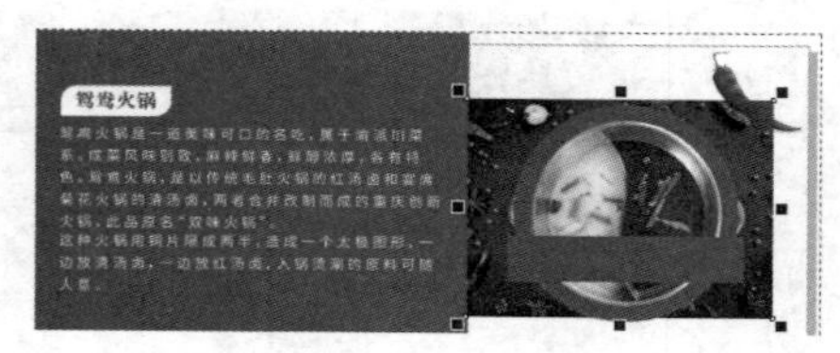

图 5-116

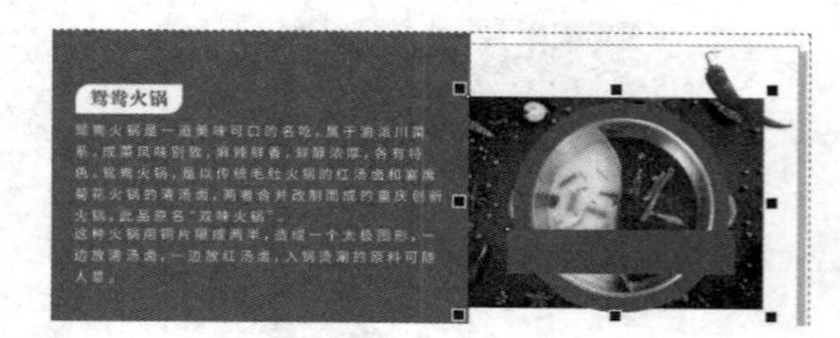

图 5-117

（10）选择“对象 > PowerClip > 置于图文框内部”命令，鼠标指针变为黑色箭头形状，如图 5-118 所示。在红色圆环上单击鼠标左键，将图片置入红色圆环中，效果如图 5-119 所示。

（11）选择“文本”工具字，在适当的位置输入需要的文字。选择“选择”工具，在属性栏中选取适当的字体并设置文字大小，填充文字为白色，效果如图 5-120 所示。

图 5-118

图 5-119

图 5-120

（12）用相同的方法分别导入其他图片并制作图 5-121 所示的效果。美食杂志内页制作完成，效果如图 5-122 所示。

图 5-121

图 5-122

任务 5.3 插入字形

选择“文本”工具字，在文本中需要的位置单击鼠标左键插入光标，如图 5-123 所示。选择“文本 > 字形”命令，或按 Ctrl+F11 组合键，弹出“字形”泊坞窗，在需要的字形上双击鼠标左键，或选中字形后单击“复制”按钮，如图 5-124 所示，然后在页面中粘贴即可，字形插入文本中的效果如图 5-125 所示。

图 5-123

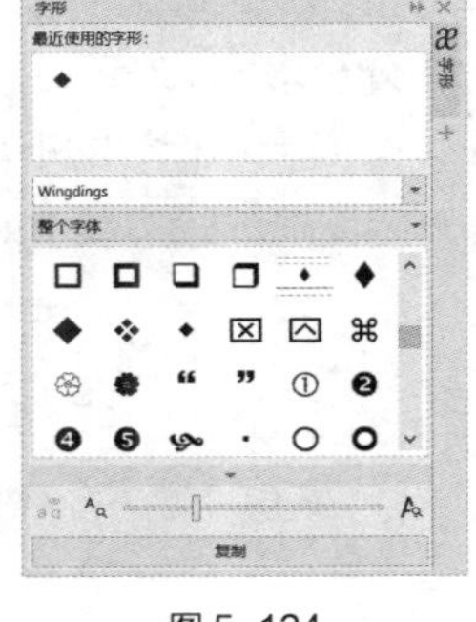

图 5-124

图 5-125

任务 5.4 将文本转换为曲线

使用 CorelDRAW 2022 编辑好美术字文本后，通常需要把文本转换为曲线。转换后既可以对美术字文本任意变形，又可以使转换后的文本对象不会丢失其文本格式。具体操作步骤如下。

选择“选择”工具选中文本，如图 5-126 所示。选择“对象 > 转换为曲线”命令，或按 Ctrl+Q 组合键，将文本转换为曲线，如图 5-127 所示。可使用“形状”工具，对转换为曲线的文本进行编辑，并修改文本的形状。

图 5-126

图 5-127

任务实践　制作女装 Banner 广告

任务学习目标　学习使用“文本”工具、“形状”工具制作女装 Banner 广告。

任务知识要点　使用“文本”工具、“文本”泊坞窗添加标题文字；使用“形状”工具、“多边形”工具编辑标题文字。女装 Banner 广告效果如图 5-128 所示。

效果所在位置 云盘\Ch05\效果\制作女装 Banner 广告.cdr。

图 5-128

（1）按 Ctrl+N 组合键，弹出“创建新文档”对话框，在其中设置文档的宽度为 750 px，高度为 360 px，方向为横向，原色模式为 RGB，分辨率为 72 dpi，单击“OK”按钮，创建一个文档。

（2）双击“矩形”工具▢，绘制一个与页面大小相等的矩形，如图 5-129 所示。设置图形颜色的 RGB 值为 255、132、0，填充图形，并删除图形的轮廓线，效果如图 5-130 所示。

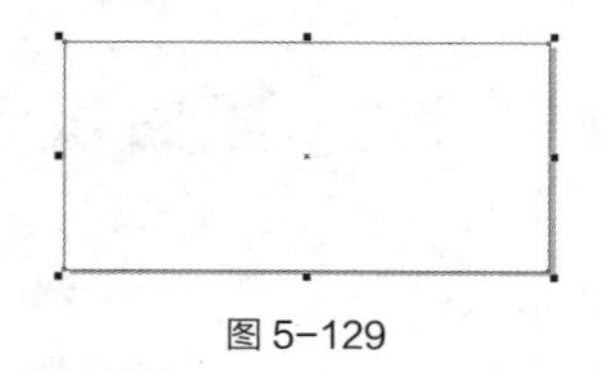

图 5-129

图 5-130

（3）使用“矩形”工具▢，在适当的位置绘制一个矩形，并在属性栏中的“轮廓宽度”选项 1.0 px 中设置数值为 2px。按 Enter 键，如图 5-131 所示，在“RGB 调色板”中的“黄”色块上单击鼠标左键，填充图形，效果如图 5-132 所示。

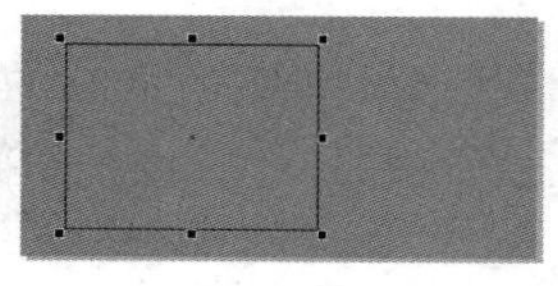

图 5-131

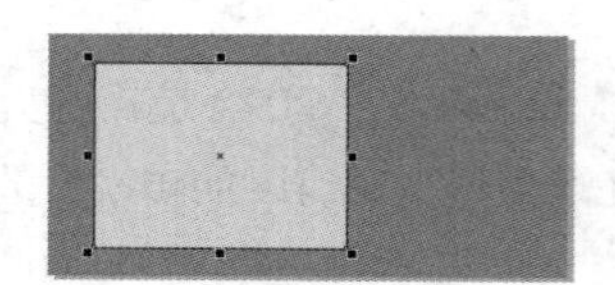

图 5-132

（4）按数字键盘上的+键，复制矩形。向右上角微调复制的矩形到适当的位置，效果如图 5-133 所示。用相同的方法再绘制一个矩形，并填充相应的颜色，效果如图 5-134 所示。

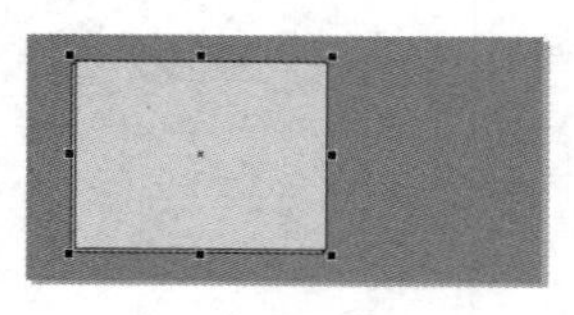

图 5-133

图 5-134

（5）按 Ctrl+I 组合键，弹出“导入”对话框，选择云盘中的“Ch05\素材\制作女装 Banner 广告\01、02”文件，单击“导入”按钮，在页面中分别单击导入图片。选择“选择”工具，分别拖曳图片到适当的位置，并调整其大小，效果如图 5-135 所示。

（6）选择“文本”工具字，在页面中输入需要的文字。选择“选择”工具，在属性栏中选取适当的字体并设置文字大小，填充文字为白色，效果如图 5-136 所示。

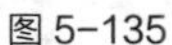

图 5-135

图 5-136

（7）选择“文本 > 文本”命令，在弹出的“文本”泊坞窗中进行设置，如图 5-137 所示。按 Enter 键，效果如图 5-138 所示。

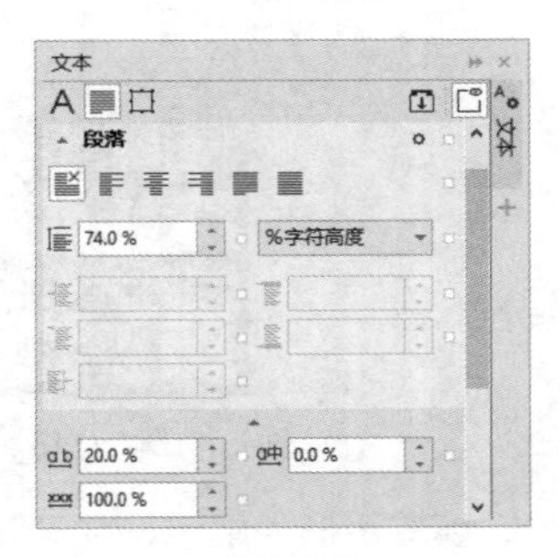

图 5-137

图 5-138

（8）按 Ctrl+Q 组合键，将文本转换为曲线，如图 5-139 所示。选择“形状”工具，按住 Shift 键的同时，用圈选的方法将需要的节点同时选取，效果如图 5-140 所示。按 Delete 键，删除选中的节点，如图 5-141 所示。

图 5-139

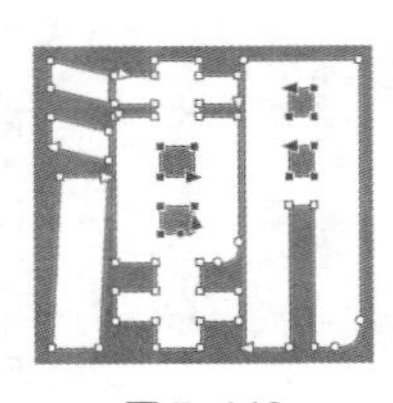

图 5-140

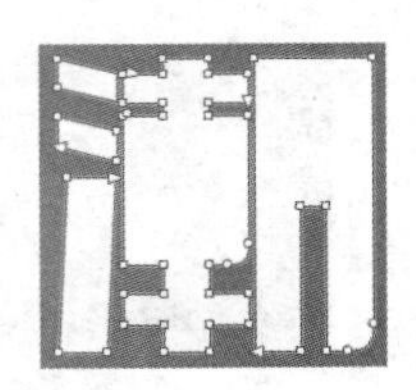

图 5-141

（9）选择“多边形”工具，在属性栏中的设置如图 5-142 所示，在适当的位置绘制一个三角形，如图 5-143 所示。

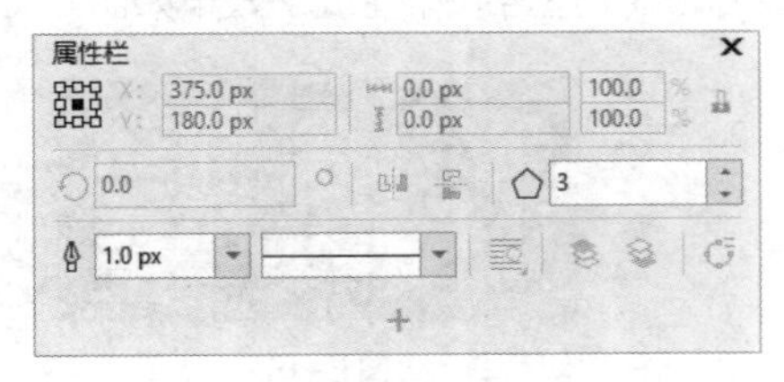

图 5-142

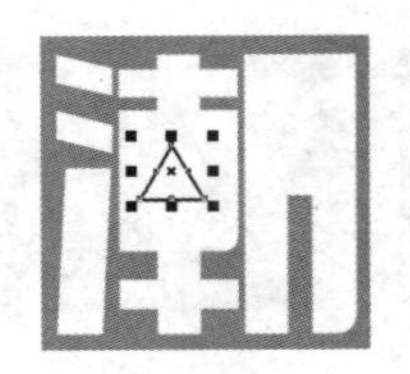

图 5-143

（10）保持图形选取状态。设置图形颜色的 RGB 值为 255、132、0，填充图形，并删除图形的轮廓线，效果如图 5-144 所示。在属性栏中的“旋转角度”选项中设置数值为 90。按 Enter 键，效果如图 5-145 所示。

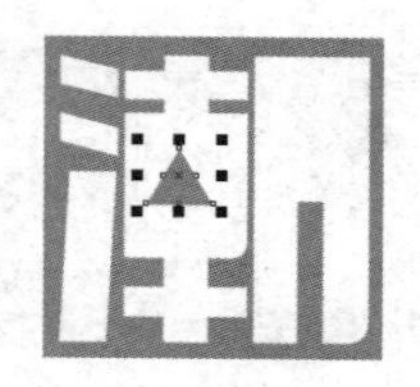

图 5-144

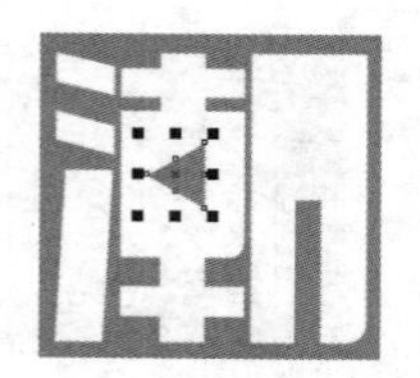

图 5-145

（11）选择“形状”工具，选取文字“流”，编辑状态如图 5-146 所示，在不需要的节点上双击鼠标左键，删除节点，效果如图 5-147 所示。用相同的方法分别调整其他文字的节点和控制线，效果如图 5-148 所示。

图 5-146

图 5-147

图 5-148

（12）选择“矩形”工具，在适当的位置绘制一个矩形，填充图形为黑色，并删除图形的轮廓线，效果如图 5-149 所示。

（13）选择“文本”工具，在适当的位置输入需要的文字。选择“选择”工具，在属性栏中选取适当的字体并设置文字大小。在“RGB 调色板”中的“黄”色块上单击鼠标左键，填充文字，效果如图 5-150 所示。

图 5-149

图 5-150

（14）按 Ctrl+I 组合键，弹出“导入”对话框，选择云盘中的“Ch05\素材\制作女装 Banner 广告\03”文件，单击“导入”按钮，在页面中单击导入图形和文字。选择“选择”工具，拖曳图形和文字到适当的位置，效果如图 5-151 所示。女装 Banner 广告制作完成，效果如图 5-152 所示。

图 5-151

图 5-152

项目实践　制作咖啡招贴

实践知识要点　使用“导入”命令和“PowerClip”命令制作背景效果；使用“矩形”工具和“复制”命令绘制装饰图形；使用“文本”工具和“文本”泊坞窗添加宣传文字。咖啡招贴效果如图 5-153 所示。

效果所在位置　云盘\Ch05\效果\制作咖啡招贴.cdr。

图 5-153

课后习题　制作台历

习题知识要点　使用“矩形”工具和“复制”命令制作挂环；使用“文本”工具制作台历日期。台历效果如图 5-154 所示。

效果所在位置　云盘\Ch05\效果\制作台历.cdr。

图 5-154

项目 6 位图的编辑

项目引入

位图是设计的重要组成元素。本项目主要讲解位图的转换方法和位图特效滤镜的使用技巧。通过本项目的学习，读者可以掌握位图的编辑方法，使作品更加丰富和完善。

项目目标

- 掌握转换为位图的方法和技巧。
- 运用特效滤镜编辑和处理位图。

技能目标

- 掌握课程公众号封面首图的制作方法。

素养目标

- 培养不畏困难的学习精神。
- 培养精益求精的工作作风。

任务 6.1 转换为位图

CorelDRAW 2020 提供了将矢量图形转换为位图的功能。下面介绍具体的操作方法。

打开一个矢量图形并保持其选取状态，选择“位图 > 转换为位图”命令，弹出“转换为位图”对话框，如图 6-1 所示。

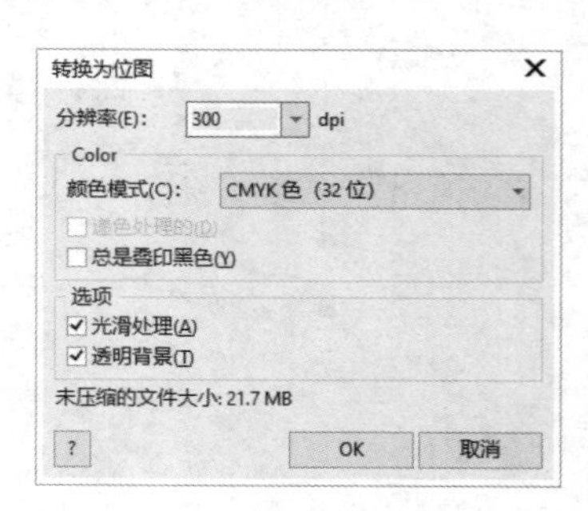

图 6-1

“分辨率”选项：在弹出的下拉列表中选择要转换为位图的分辨率。

“颜色模式”选项：在弹出的下拉列表中选择要转换的色彩模式。

“光滑处理”复选框：用于在转换成位图后消除位图的锯齿。

“透明背景”复选框：用于在转换成位图后保留原对象的通透性。

任务 6.2 位图的特效滤镜

CorelDRAW 2020 提供了多种特效滤镜，可以对位图进行各种效果的处理。灵活使用位图的特效滤镜，可以为设计的作品增色不少。下面介绍位图的特效滤镜的使用方法。

6.2.1 三维效果

选取导入的位图，选择“效果 > 三维效果”子菜单下的命令，如图 6-2 所示。CorelDRAW 2020 提供了 6 种不同的三维效果，下面介绍 4 种常用的三维效果。

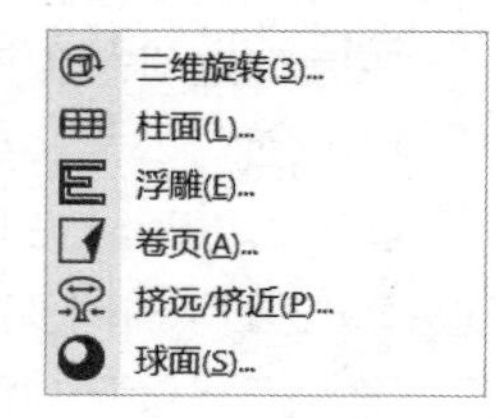

图 6-2

1. 三维旋转

选择“效果> 三维效果 > 三维旋转”命令，弹出“三维旋转”对话框，单击对话框中的按钮，显示对照预览窗口，如图 6-3 所示。上方窗口显示的是位图原始效果，下方窗口显示的是完成各项设置后的位图效果。对话框中各选项的含义如下。

：用鼠标拖曳该选项，可以设定位图的旋转角度。

“垂直”选项：用于设置绕垂直轴旋转的角度。

“水平”选项：用于设置绕水平轴旋转的角度。

“最适合”复选框：经过三维旋转后的位图尺寸将接近原来的位图尺寸。

“预览”复选框：预览设置后的三维旋转效果。

重置：对所有选项重新设置。

2. 柱面

选择“效果 > 三维效果 > 柱面”命令，弹出“Cylinder”对话框，如图 6-4 所示。单击对话框中的按钮，显示对照预览窗口。对话框中各选项的含义如下。

“柱面模式”选项组：用于选择“水平”或“垂直的”模式。

“百分比”选项：用于设置“水平”或“垂直的”模式的百分比。

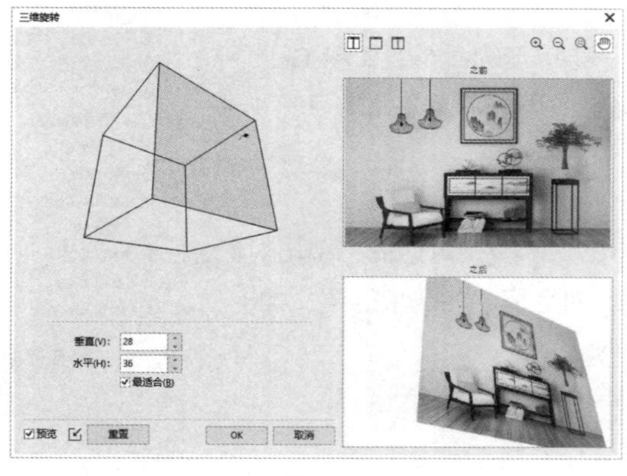

图 6-3

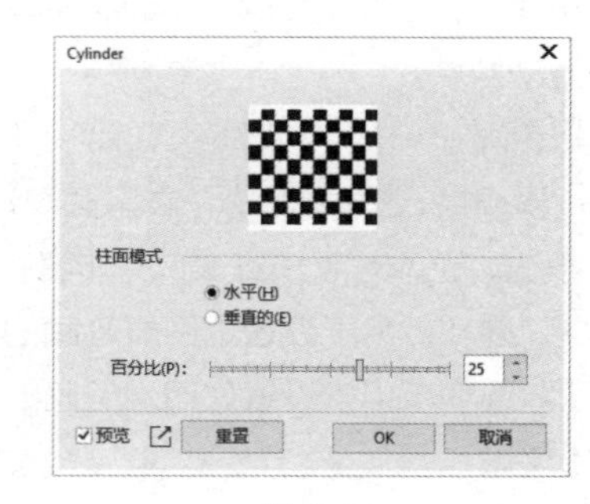

图 6-4

3. 卷页

选择“效果 > 三维效果 > 卷页”命令，弹出“卷页”对话框，如图 6-5 所示。单击对话框中的按钮，显示对照预览窗口。对话框中各选项的含义如下。

：4 个卷页类型按钮，用于设置位图卷起页角的位置。

“方向”选项组：选择“垂直的”或“水平”单选项，可以设置卷页效果的卷起边缘。

“纸”选项组：“不透明”和“透明的”两个单选项可以设置卷页部分是否透明。

“卷曲度”选项：用于设置卷页的颜色。

“背景颜色”选项：用于设置卷页后面的背景颜色。

“宽度”选项：用于设置卷页的宽度。

“高度”选项：用于设置卷页的高度。

4. 球面

选择“效果 > 三维效果 > 球面”命令，弹出“球面”对话框，如图 6-6 所示。单击对话框中的按钮，显示对照预览窗口。对话框中各选项的含义如下。

“优化”选项组：用于选择“速度”或“质量”单选项。

“百分比”选项：用于控制位图球面化的程度。

：用于在对照预览窗口中设定变形的中心点。

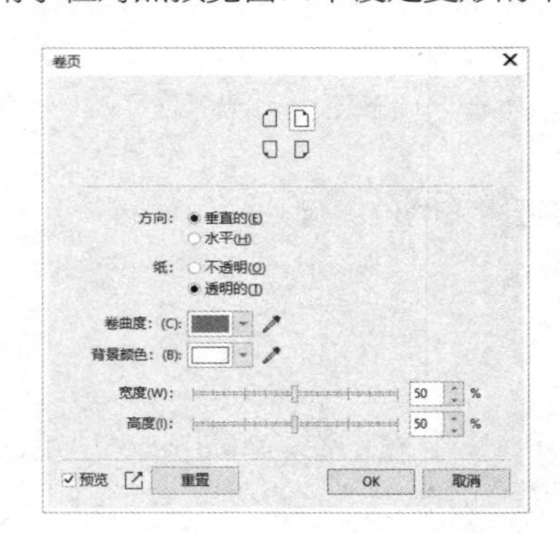

图 6-5

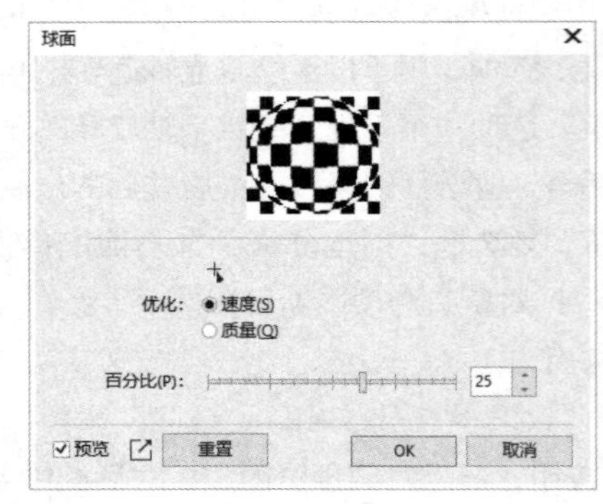

图 6-6

6.2.2 艺术笔触

选取导入的位图，选择“效果 > 艺术笔触”子菜单下的命令，如图 6-7 所示，CorelDRAW 2020 提供了 14 种不同的艺术笔触效果。下面介绍常用的 4 种艺术笔触。

图 6-7

1. 炭笔画

选择“效果> 艺术笔触 > 炭笔画”命令，弹出“木炭”对话框，单击对话框中的按钮，显示对照预览窗口，如图 6-8 所示。对话框中各选项的含义如下。

“大小”选项：用于设置位图炭笔画的像素大小。

“边缘”选项：用于设置位图炭笔画的黑白度。

2. 印象派

选择“效果 > 艺术笔触 > 印象派”命令，弹出“印象派”对话框，如图 6-9 所示。单击对话框中的按钮，显示对照预览窗口。对话框中各选项的含义如下。

“样式”选项组：可选择“笔触”或“色块”单选项，不同的样式会产生不同的印象派位图效果。

“笔触”选项：用于设置印象派效果笔触大小及强度。

“着色”选项：用于调整印象派效果的颜色轻重程度，数值越大，颜色越重。

“亮度”选项：用于对印象派效果的亮度进行调节。

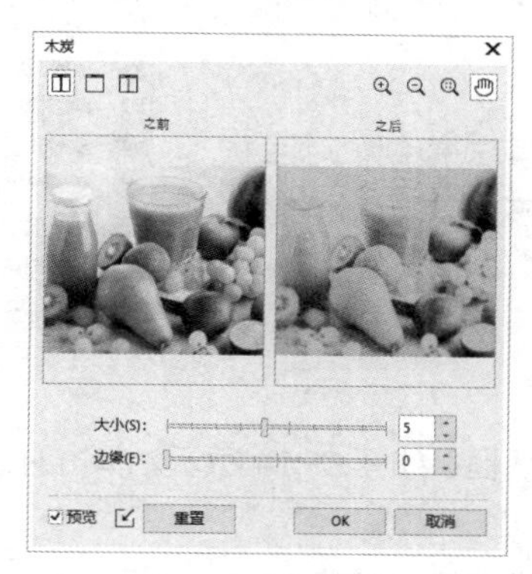

图 6-8

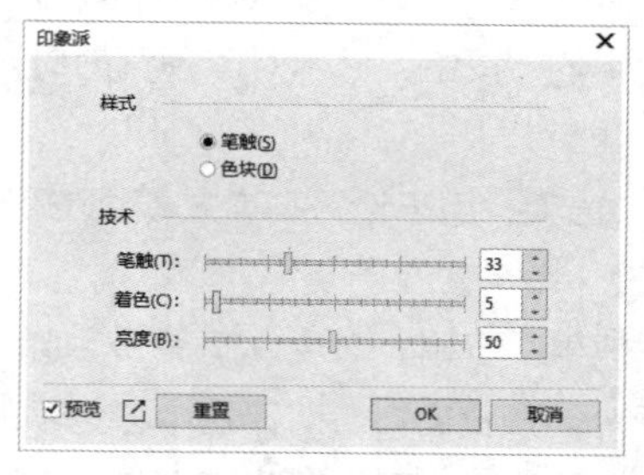

图 6-9

3. 调色刀

选择“效果 > 艺术笔触 > 调色刀”命令，弹出“调色刀”对话框，如图 6-10 所示。单击对话框中的按钮，显示对照预览窗口。对话框中各选项的含义如下。

“刀片尺寸”选项：用于设置笔触的锋利程度，数值越小，笔触越锋利，位图的刻画效果越明显。

“柔软边缘”选项：用于设置笔触的坚硬程度，数值越大，位图的刻画效果越平滑。

“角度”选项：用于设置笔触的角度。

4. 素描

选择“效果 > 艺术笔触 > 素描”命令，弹出“素描”对话框，如图 6-11 所示。单击对话框中的按钮，显示对照预览窗口。对话框中各选项的含义如下。

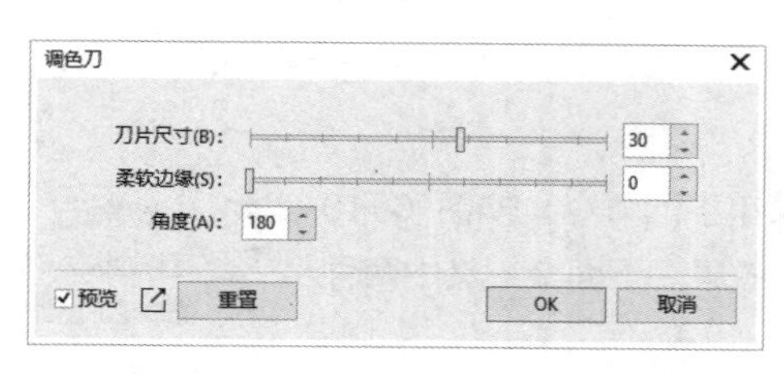

图 6-10

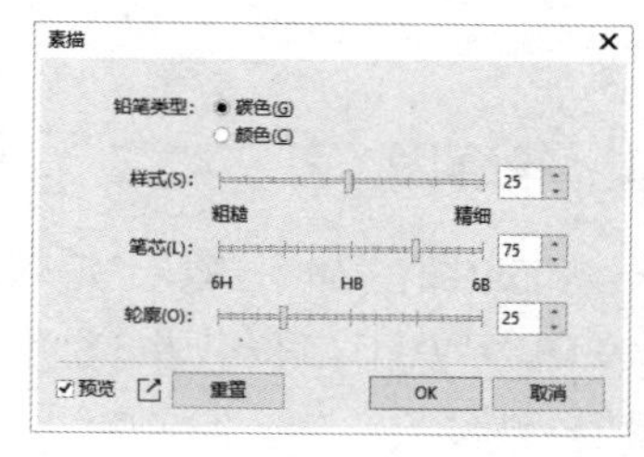

图 6-11

“铅笔类型”选项组：可选择“碳色”或“颜色”类型，可以产生黑白或彩色的位图素描效果。

“样式”选项：用于设置从粗糙到精细的画面效果，数值越大，画面越精细。

“笔芯”选项：用于设置笔芯颜色深浅的变化，数值越大，笔芯越软，笔芯颜色越浅。

“轮廓”选项：用于设置轮廓的清晰程度，数值越大，轮廓越清晰。

6.2.3 模糊

选取导入的位图，选择“效果 > 模糊”子菜单下的命令，如图 6-12 所示，CorelDRAW 2020 提供了 11 种不同的模糊效果。下面介绍其中两种常用的模糊效果。

定向平滑(D)...
羽化(F)...
高斯式模糊(G)...
锯齿状模糊(J)...
低通滤波器(L)...
动态模糊(M)...
放射式模糊(R)...
智能模糊(A)...
平滑(S)...
柔和(F)...
缩放(Z)...

图 6-12

1. 高斯式模糊

选择“效果 > 模糊 > 高斯式模糊”命令，弹出“高斯式模糊”对话框，单击对话框中的按钮，显示对照预览窗口，如图 6-13 所示。对话框中选项的含义如下。

“半径”选项：用于设置高斯式模糊的程度。

2. 缩放

选择“效果 > 模糊 > 缩放”命令，弹出“缩放”对话框，如图 6-14 所示。单击对话框中的按钮，显示对照预览窗口。对话框中各选项的含义如下。

：在左侧的原始图像预览框中单击鼠标左键，可以确定移动模糊的中心位置。

“数量”选项：用于设定图像的模糊程度。

图 6-13

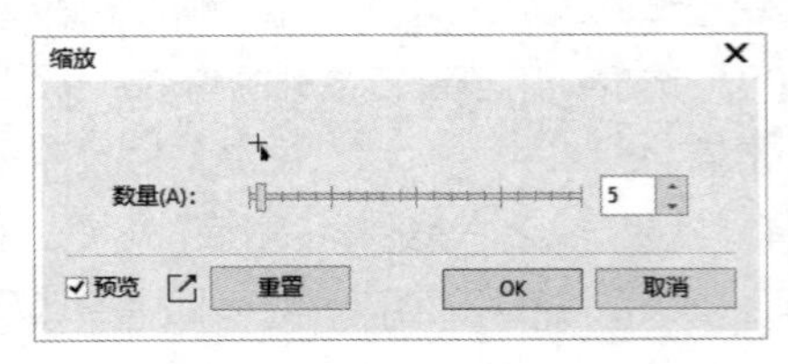

图 6-14

6.2.4 轮廓图

选取导入的位图，选择“效果 > 轮廓图”子菜单下的命令，如图 6-15 所示，CorelDRAW 2020 提供了 3 种不同的轮廓图效果。下面介绍其中两种常用的轮廓图效果。

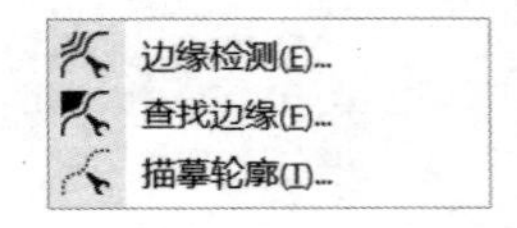

图 6-15

1. 边缘检测

选择“效果 > 轮廓图 > 边缘检测”命令，弹出“边缘检测”对话框，单击对话框中的按钮，显示对照预览窗口，如图 6-16 所示。对话框中各选项的含义如下。

“背景颜色”选项组：用于设定图像的背景颜色为白色、黑色或其他颜色。

：用于在位图中吸取背景色。

“灵敏度”选项：用于设定探测边缘的灵敏度。

2. 查找边缘

选择“效果 > 轮廓图 > 查找边缘”命令，弹出“查找边缘”对话框，如图 6-17 所示。单击对话框中的☑按钮，显示对照预览窗口。对话框中各选项的含义如下。

“边缘类型”选项组：有“软”和“纯色”两种类型，选择不同的类型，会得到不同的效果。

“层次”选项：用于设定效果的纯度。

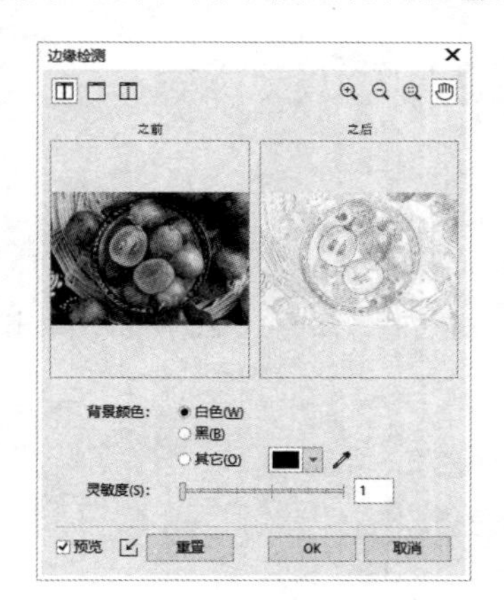

图 6-16

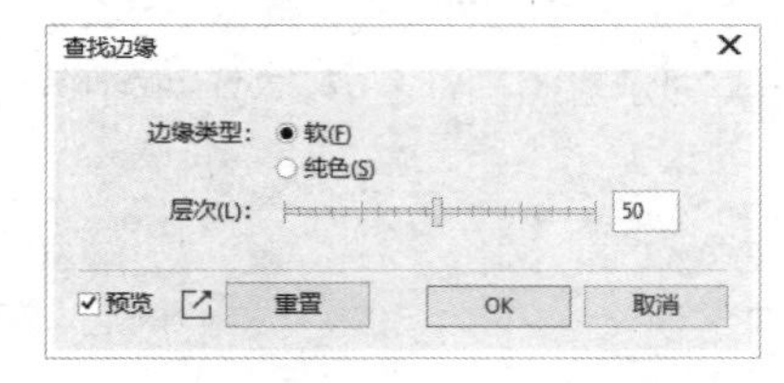

图 6-17

6.2.5　创造性

选取导入的位图，选择“效果 > 创造性”子菜单下的命令，如图 6-18 所示，CorelDRAW 2020 提供了 11 种不同的创造性效果。下面介绍 4 种常用的创造性效果。

1. 框架

选择“效果 > 创造性 > 框架”命令，弹出“图文框”对话框，单击“修改”选项卡，单击对话框中的☑按钮，显示对照预览窗口，如图 6-19 所示。对话框中选项卡及各选项的含义如下。

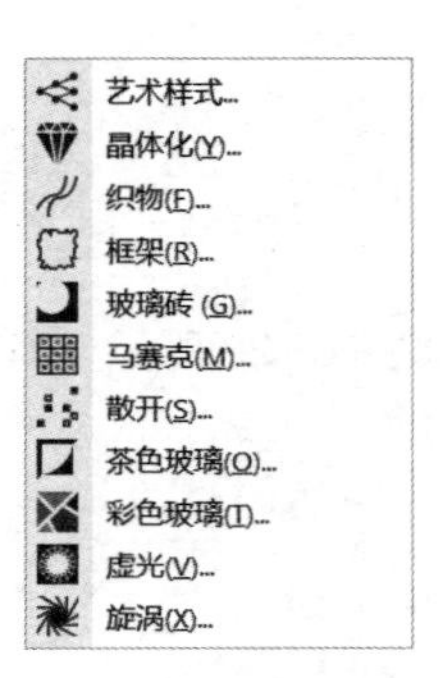

图 6-18

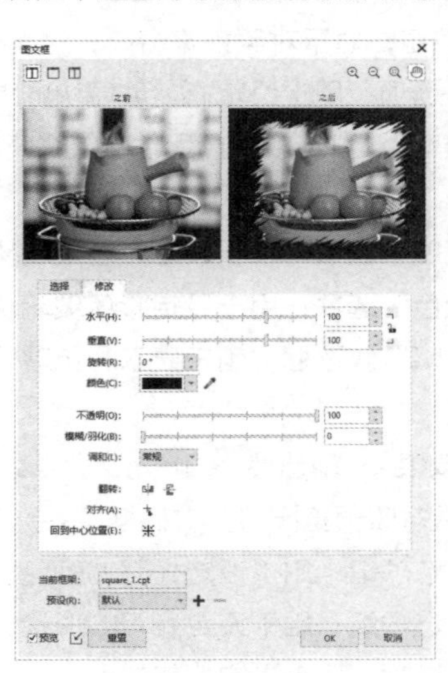

图 6-19

“选择”选项卡：用于选择框架，或为选取的列表添加新框架。

“修改”选项卡：用于对框架进行修改，此选项卡中各选项的含义如下。

“水平”“垂直”选项：用于设定框架的大小比例。

“旋转”选项：用于设定框架的旋转角度。

“颜色”“不透明”选项：分别用于设定框架的颜色和不透明度。

“模糊/羽化”选项：用于设定框架边缘的模糊及羽化程度。

“调和”选项：用于选择框架与图像之间的混合方式。

“翻转”选项组：用于将框架垂直或水平翻转。

“对齐”选项：用于在图像窗口中设定框架效果的中心点。

“回到中心位置”选项：用于在图像窗口中重新设定中心点。

2. 马赛克

选择“效果 > 创造性 > 马赛克”命令，弹出“马赛克”对话框，如图 6-20 所示，单击对话框中的按钮，显示对照预览窗口。对话框中各选项的含义如下。

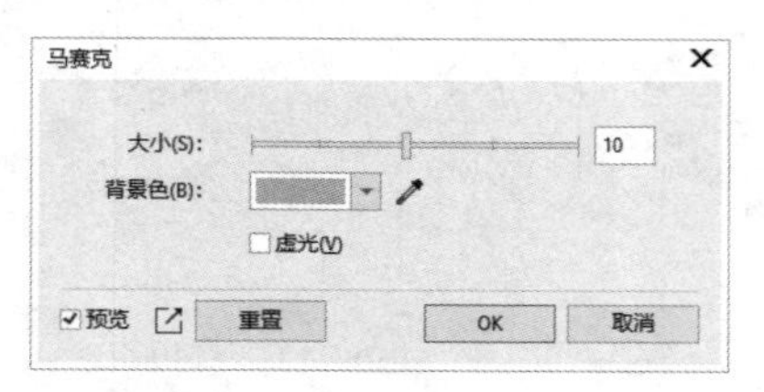

图 6-20

“大小”选项：用于设置马赛克显示的大小。

“背景色”选项：用于设置马赛克的背景颜色。

“虚光”复选框：用于为马赛克图像添加模糊的羽化框架。

3. 彩色玻璃

选择“效果 > 创造性 > 彩色玻璃”命令，弹出“彩色玻璃”对话框，如图 6-21 所示。单击对话框中的按钮，显示对照预览窗口。对话框中各选项的含义如下。

“大小”选项：用于设定彩色玻璃块的大小。

“光源强度”选项：用于设定彩色玻璃块的光源强度。强度越小，显示越暗；强度越大，显示越亮。

“焊接宽度”选项：用于设定彩色玻璃块焊接处的宽度。

“焊接颜色”选项：用于设定彩色玻璃块焊接处的颜色。

“三维照明”复选框：用于显示彩色玻璃块的三维照明效果。

4. 虚光

选择“效果 > 创造性 > 虚光”命令，弹出“虚光”对话框，如图 6-22 所示。单击对话框中的按钮，显示对照预览窗口。对话框中各选项的含义如下。

“颜色”选项组：用于设定光照的颜色。

“形状”选项组：用于设定光照的形状。

“偏移”选项：用于设定框架的大小。

“褪色”选项：用于设定图像与虚光框架的混合程度。

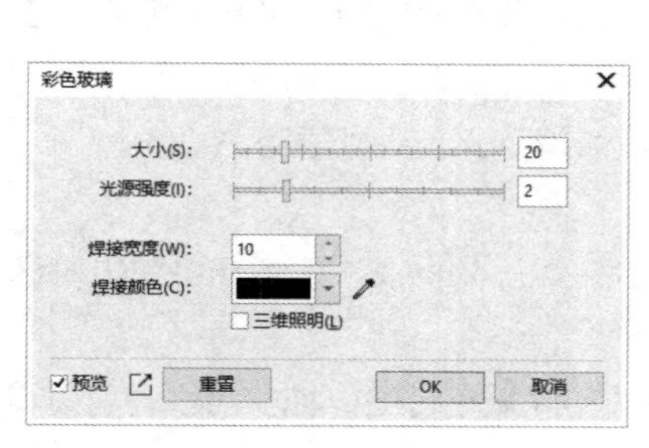

图 6-21

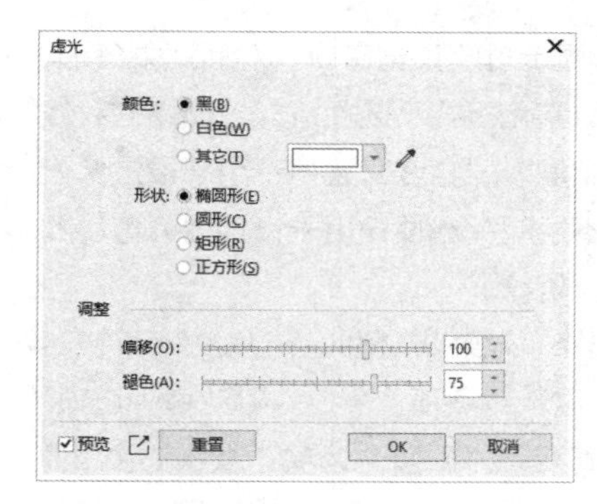

图 6-22

6.2.6 扭曲

选取导入的位图，选择“效果 > 扭曲”子菜单下的命令，如图 6-23 所示，CorelDRAW 2020 提供了 11 种不同的扭曲效果。下面介绍 4 种常用的扭曲效果。

图 6-23

1. 块状

选择“效果 > 扭曲 > 块状”命令，弹出“块状”对话框，单击对话框中的按钮，显示对照预览窗口，如图 6-24 所示。对话框中各选项的含义如下。

“块宽度”“块高度”选项：用于设定块状图像的尺寸大小。

“最大偏移量”选项：用于设定块状图像的打散程度。

“未定义区域”选项：在其下拉列表中可以设定背景部分的颜色。

2. 置换

选择“效果 > 扭曲 > 置换”命令，弹出“置换”对话框，如图 6-25 所示。单击对话框中的按钮，显示对照预览窗口。对话框中各选项的含义如下。

“缩放模式”选项组：用于选择“平铺”或“伸展适合”两种模式。

：用于选择置换的图形。

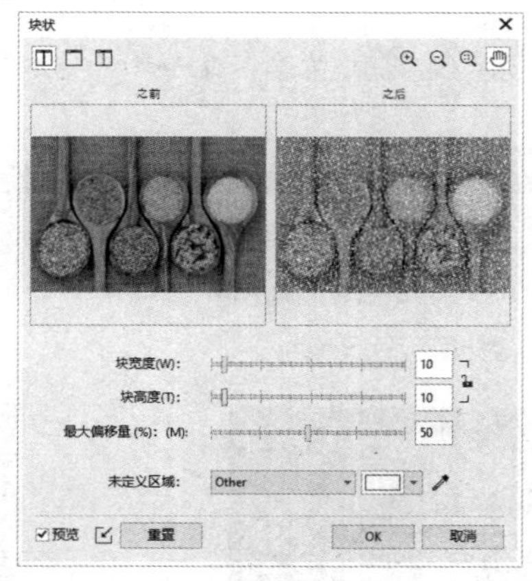

图 6-24

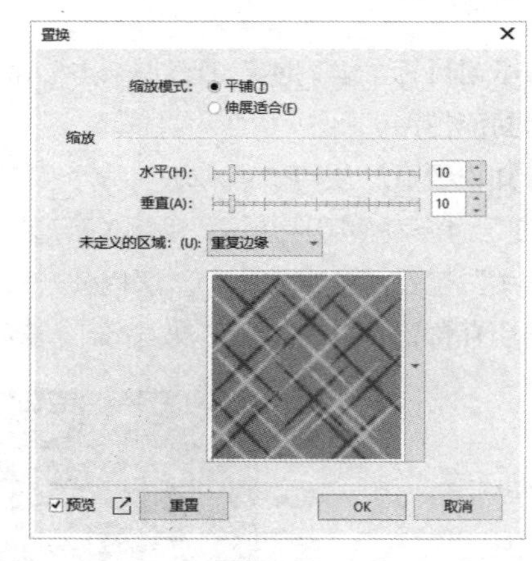

图 6-25

3. 像素

选择“效果> 扭曲 > 像素”命令，弹出“像素化”对话框，如图 6-26 所示。单击对话框中的按钮，显示对照预览窗口。对话框中各选项的含义如下。

“像素化模式”选项组：当选择“射线”模式时，可以在预览窗口中设定像素化的中心点。

“宽度”“高度”选项：用于设定像素色块的大小。

“不透明”选项：用于设定像素色块的不透明度，数值越小，色块越透明。

4. 龟纹

选择“效果 > 扭曲 > 龟纹”命令，弹出“龟纹”对话框，如图 6-27 所示。单击对话框中的[图标]按钮，显示对照预览窗口。对话框中选项的含义如下。

“周期”“振幅”选项：默认的波纹是与图像的顶端和底端平行的。拖曳滑块，可以设定波纹的周期和振幅，在其上方可以看到波纹的形状。

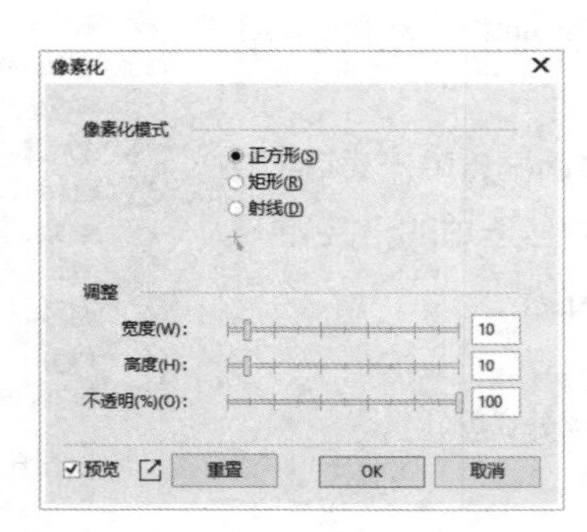

图 6-26

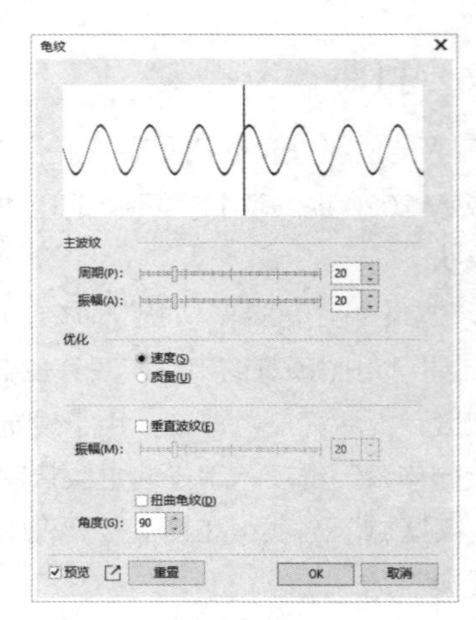

图 6-27

任务实践　制作课程公众号封面首图

任务学习目标　学习使用“添加杂点”命令、“亮度/对比度/强度”命令和“文本”工具制作课程公众号封面首图。

任务知识要点　使用“点彩派”命令和“添加杂点”命令添加和编辑背景图片；使用“亮度/对比度/强度”命令调整图片色调；使用“矩形”工具和“置于图文框内部”命令制作 PowerClip 效果；使用“文本”工具添加宣传文字。课程公众号封面首图效果如图 6-28 所示。

效果所在位置　云盘\Ch06\效果\制作课程公众号封面首图.cdr。

图 6-28

（1）按 Ctrl+N 组合键，弹出“创建新文档”对话框，在其中设置文档的宽度为 900 px，高度为 383 px，方向为横向，原色模式为 RGB，分辨率为 72 dpi，单击“OK”按钮，创建一个文档。

（2）按 Ctrl+I 组合键，弹出“导入”对话框，选择云盘中的“Ch06\素材\制作课程公众号封面首图\01”文件，单击“导入”按钮，在页面中单击导入图片。选择“选择”工具，拖曳图片到适当的位置，效果如图 6-29 所示。

（3）选择“效果 > 艺术笔触 > 点彩派”命令，在弹出的对话框中进行设置，如图 6-30 所示。单击“OK”按钮，效果如图 6-31 所示。

图 6-29

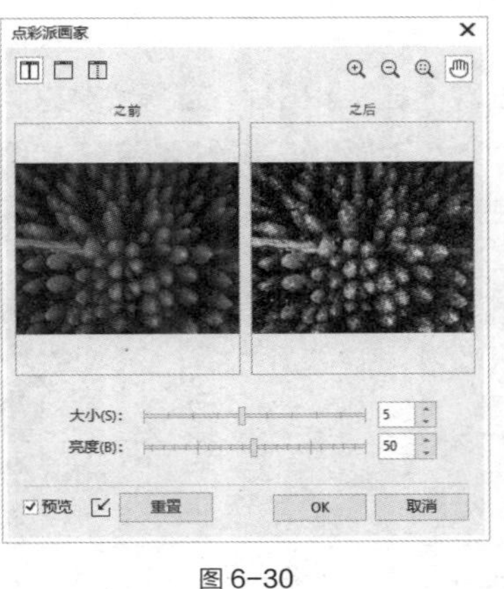

图 6-30

图 6-31

（4）选择“效果 > 杂点 > 添加杂点”命令，在弹出的对话框中进行设置，如图 6-32 所示。单击“OK”按钮，效果如图 6-33 所示。

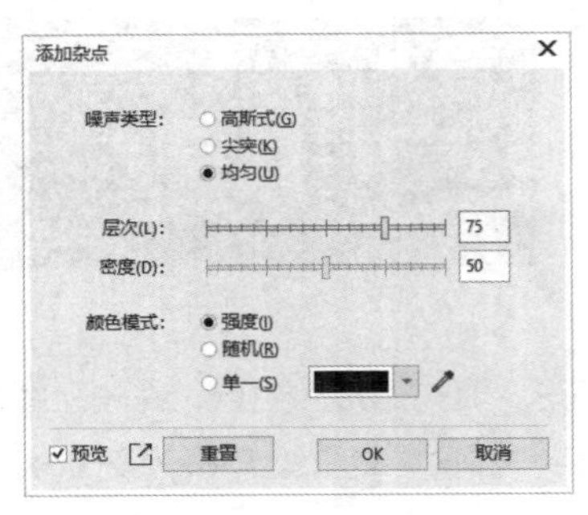

图 6-32

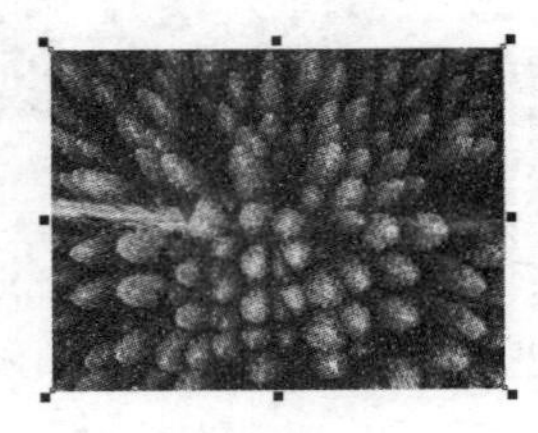

图 6-33

（5）选择“效果 > 调整 > 亮度/对比度/强度”命令，在弹出的对话框中进行设置，如图 6-34 所示。单击“OK”按钮，效果如图 6-35 所示。

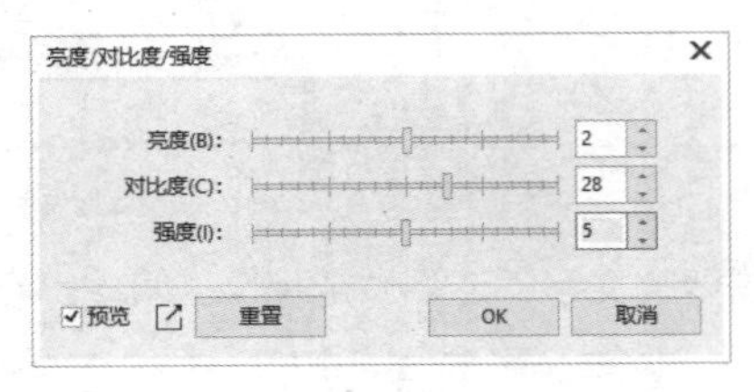

图 6-34

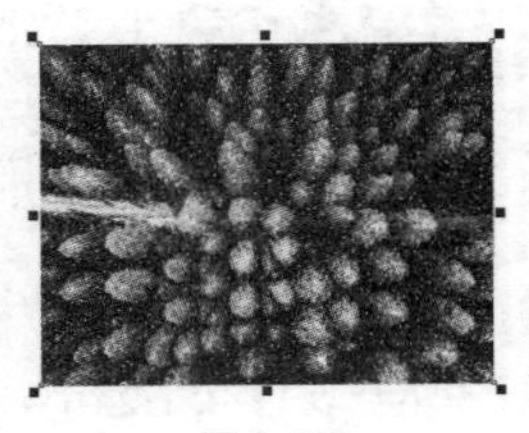

图 6-35

（6）双击“矩形”工具，绘制一个与页面长度相等的矩形，如图 6–36 所示。按 Shift+PageUp 组合键，将矩形移至图层前面，效果如图 6–37 所示。（为了方便读者观看，这里以白色显示矩形。）

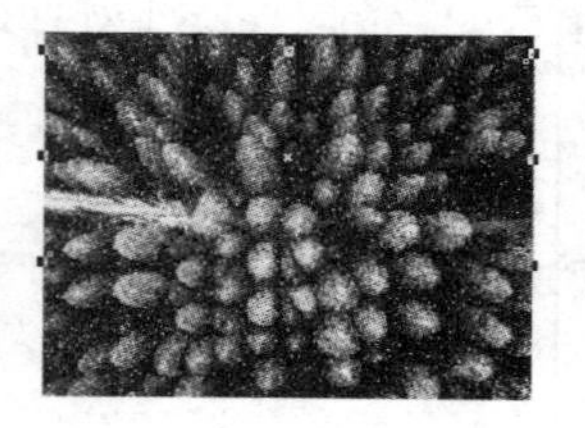

图 6–36

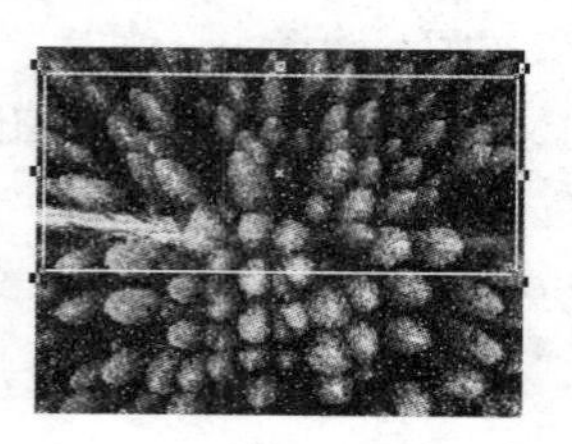

图 6–37

（7）选择“选择”工具，选取下方风景图片，选择“对象 > PowerClip > 置于图文框内部”命令，鼠标指针变为黑色箭头形状，在矩形上单击鼠标左键，如图 6–38 所示。将风景图片置入到矩形中，并删除图形的轮廓线，效果如图 6–39 所示。

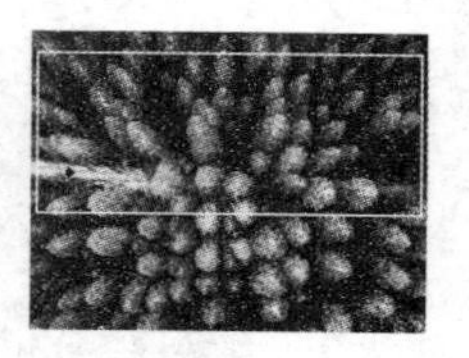

图 6–38

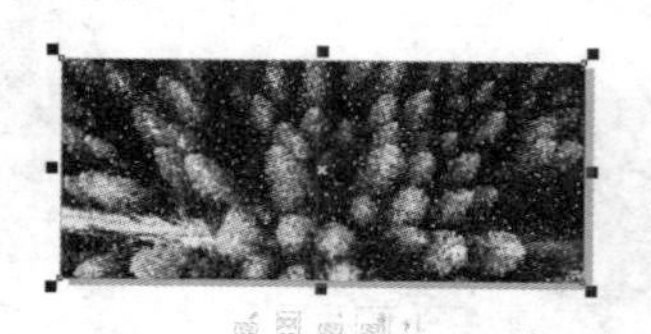

图 6–39

（8）选择“文本”工具，在页面中分别输入需要的文字，选择“选择”工具，在属性栏中分别选取适当的字体并设置文字大小，填充文字为白色，效果如图 6–40 所示。选择“文本”工具，选取英文“PS”，在属性栏中选取适当的字体，效果如图 6–41 所示。

图 6–40

图 6–41

（9）选择“矩形”工具，在适当的位置绘制一个矩形，填充图形为白色，并删除图形的轮廓线，如图 6–42 所示。在属性栏中单击“倒棱角”按钮，将“圆角半径”选项设为 20 px 和 0 px，如图 6–43 所示。按 Enter 键，效果如图 6–44 所示。

图 6–42

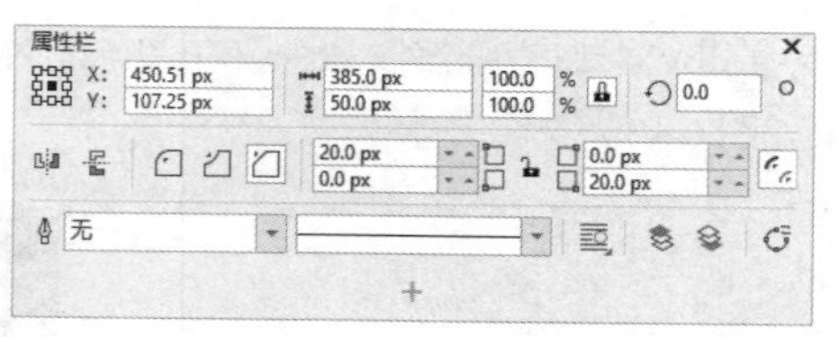

图 6–43

图 6–44

（10）选择“文本”工具，在适当的位置输入需要的文字，选择“选择”工具，在属性栏中选取适当的字体并设置文字大小，效果如图 6–45 所示。设置文字颜色的 RGB 值为 0、51、51，填充文字，效果如图 6–46 所示。

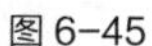
图 6-45

图 6-46

（11）选择“文本 > 文本”命令，在弹出的“文本”泊坞窗中进行设置，如图 6-47 所示。按 Enter 键，效果如图 6-48 所示。课程公众号封面首图制作完成，效果如图 6-49 所示。

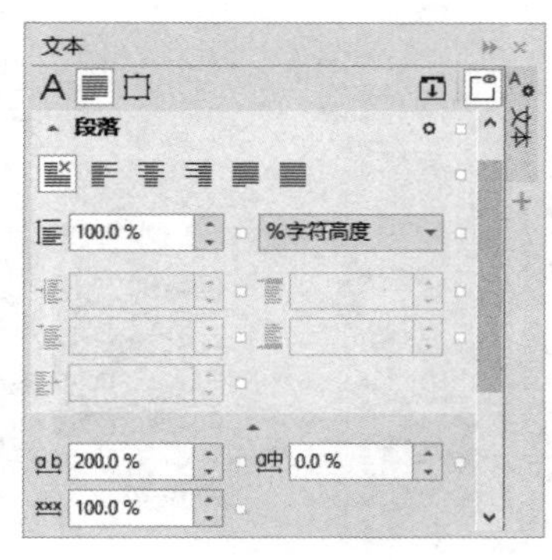

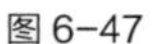
图 6-47

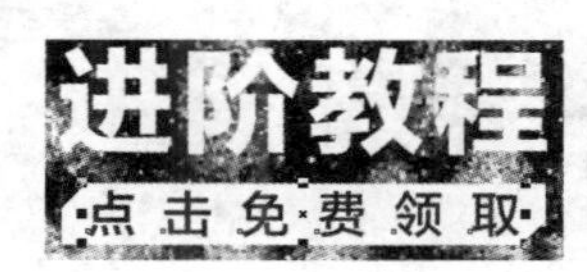

图 6-48

图 6-49

项目实践　制作美食宣传海报

实践知识要点　使用“导入”命令添加素材图片；使用“矩形”工具、“添加杂点”命令、“转换为曲线”按钮、“形状”工具制作底图；使用“透明度”工具为图片添加半透明效果；使用“文本”工具、“文本”泊坞窗添加宣传性文字。美食宣传海报效果如图 6-50 所示。

效果所在位置　云盘\Ch06\效果\制作美食宣传海报.cdr。

图 6-50

课后习题　制作家具广告

习题知识要点　使用“导入”命令添加素材图片；使用“矩形”工具、“转换为曲线”按钮、“形状”工具、“透明度”工具制作斜角矩形；使用“多边形”工具、“置于图文框内部”命令制作 PowerClip 效果。家具广告效果如图 6-51 所示。

效果所在位置　云盘\Ch06\效果\制作家具广告.cdr。

图 6-51

项目 7 应用特殊效果

项目引入

CorelDRAW 2020 提供了强大的图形特殊效果编辑功能，本项目主要讲解多种图形特殊效果的编辑方法和制作技巧。通过本项目的学习，读者可以充分利用图形的特殊效果，使作品更加新颖、独特，使设计主题更加鲜明。

项目目标

- 掌握制作 PowerClip 效果的方法。
- 掌握特殊效果的制作方法。
- 掌握透视效果的应用。
- 掌握透镜效果的应用。

技能目标

- 掌握霜降节气海报的制作方法。
- 掌握阅读平台推广海报的制作方法。
- 掌握冰糖葫芦宣传单的制作方法。

素养目标

- 加深对中华优秀传统文化的热爱。
- 培养勇于实践的学习精神。

任务 7.1 PowerClip 效果

在 CorelDRAW 2020 中，使用 PowerClip 效果，可以将一个对象内置于另外一个容器对象中。内置的对象可以是任意的，但容器对象必须是创建的封闭路径。下面具体讲解内置图形的方法。

打开一张图片，再绘制一个图形作为容器对象，使用“选择”工具选中要用来内置的图片，如图 7-1 所示。选择“对象 > PowerClip > 置于图文框内部”命令，鼠标指针变为黑色箭头形状，将箭头放在容器对象内，如图 7-2 所示。单击鼠标左键，完成图框的精确剪裁，效果如图 7-3 所示。内置位图的中心和容器对象的中心是重合的。

图 7-1

图 7-2

图 7-3

选择“对象 > PowerClip > 提取内容”命令，可以将容器对象内的内置位图提取出来。

选择“对象 > PowerClip > 编辑 PowerClip”命令，可以修改内置位图。

选择“对象 > PowerClip > 完成编辑 PowerClip”命令，完成内置位图的重新选择。

选择“对象 > PowerClip > 复制 PowerClip 自”命令，鼠标指针变为黑色箭头形状，将箭头放在用图框精确剪裁的对象上并单击，可复制内置对象。

任务实践　制作霜降节气海报

任务学习目标　学习使用“置于图文框内部”命令和“文本”工具制作霜降节气海报。

任务知识要点　使用“椭圆形”工具、“高斯式模糊”命令、“置于图文框内部”命令制作 PowerClip 效果；使用“文本”工具、“文本”泊坞窗添加标题文字。霜降节气海报效果如图 7-4 所示。

效果所在位置　云盘\Ch07\效果\制作霜降节气海报.cdr。

图 7-4

（1）按 Ctrl+O 组合键，弹出“打开绘图”对话框，选择云盘中的“Ch07\素材\制作霜降节气海报\01”文件，单击“打开”按钮，打开文件，效果如图 7-5 所示。

（2）选择“椭圆形”工具，按住 Ctrl 键的同时，在适当的位置绘制一个圆形，填充图形为白色，并删除图形的轮廓线，效果如图 7-6 所示。按 Ctrl+C 组合键，复制图形。（此图形作为备用。）

（3）选择“效果 > 模糊 > 高斯式模糊”命令，在弹出的对话框中进行设置，如图 7-7 所示。单击“OK”按钮，效果如图 7-8 所示。

图 7-5

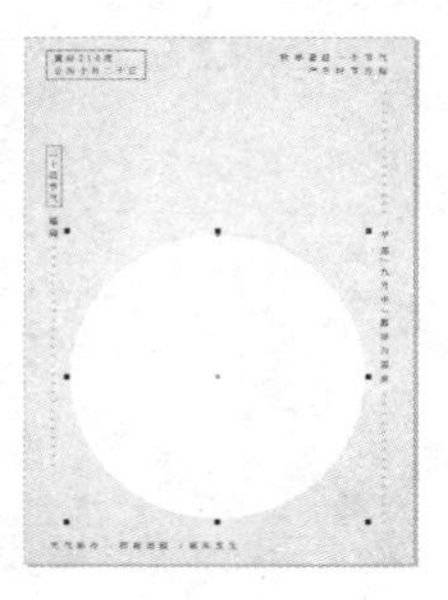

图 7-6

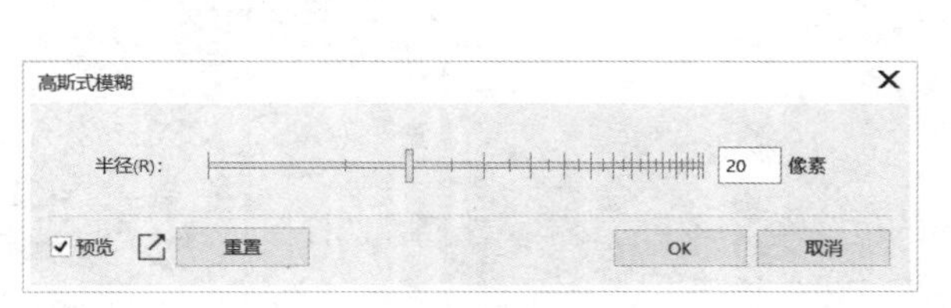

图 7-7

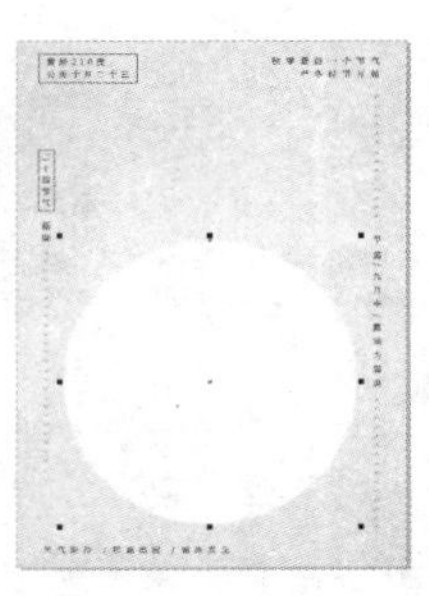

图 7-8

（4）按 Ctrl+V 组合键，粘贴（备用）图形，在“CMYK 调色板”中的“黑”色块上单击鼠标右键，填充图形轮廓线，效果如图 7-9 所示。

（5）按 Ctrl+I 组合键，弹出“导入”对话框，选择云盘中的“Ch07\素材\制作霜降节气海报\02”文件，单击“导入”按钮，在页面中单击导入图片。选择“选择”工具，拖曳图片到适当的位置并调整其大小，效果如图 7-10 所示。按 Ctrl+PageDown 组合键，将图片向后移一层，效果如图 7-11 所示。

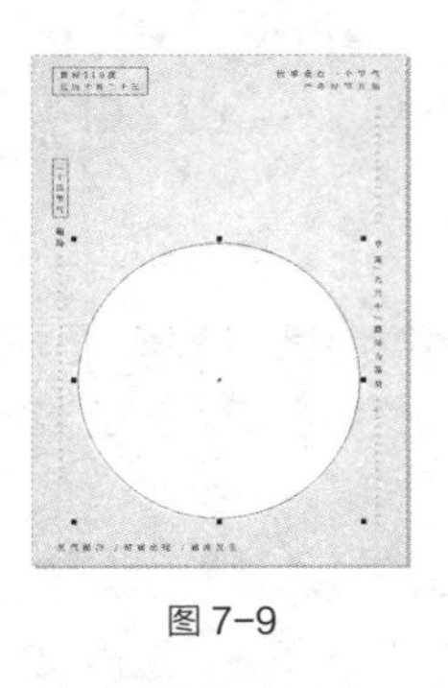

图 7-9

图 7-10

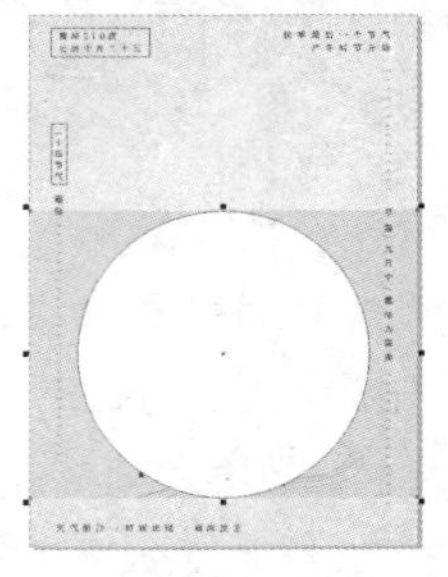

图 7-11

（6）选择“对象 > PowerClip > 置于图文框内部”命令，鼠标指针变为黑色箭头形状，在圆形上单击鼠标左键，如图 7-12 所示。将图片置入圆形中，效果如图 7-13 所示。

（7）按 Ctrl+I 组合键，弹出“导入”对话框，选择云盘中的“Ch07\素材\制作霜降节气海报\03、04”文件，单击“导入”按钮，在页面中分别单击导入图片。选择“选择”工具，分别拖曳图片到适当的位置并调整其大小，效果如图 7-14 所示。选取下方图片，如图 7-15 所示。

（8）选择“对象 > PowerClip > 置于图文框内部”命令，鼠标指针变为黑色箭头形状，在文字“霜降”上单击鼠标左键，如图 7-16 所示。将图片置入文字中，效果如图 7-17 所示。

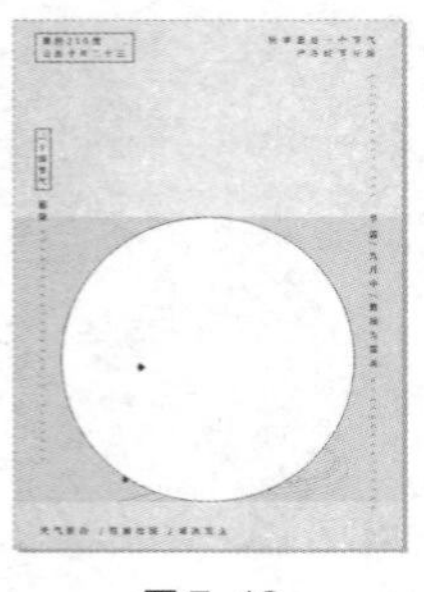
图 7–12

图 7–13

图 7–14

图 7–15

图 7–16

图 7–17

（9）选择“文本”工具，在适当的位置输入需要的文字。选择“选择”工具，在属性栏中选取适当的字体并设置文字大小，效果如图 7–18 所示。

（10）选择“文本 > 文本”命令，在弹出的“文本”泊坞窗中进行设置，如图 7–19 所示。按 Enter 键，效果如图 7–20 所示。

图 7–18

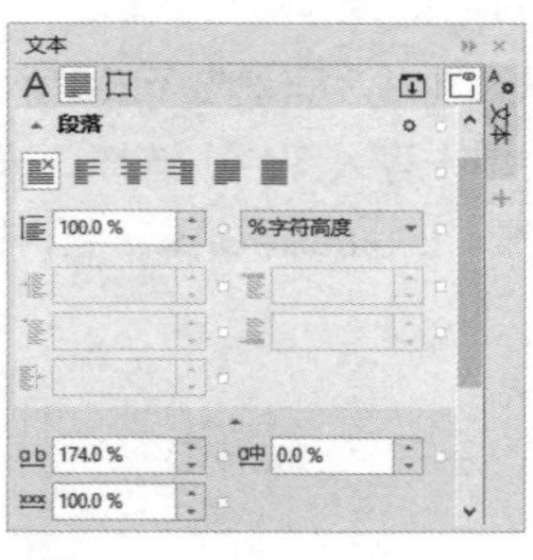

图 7–19

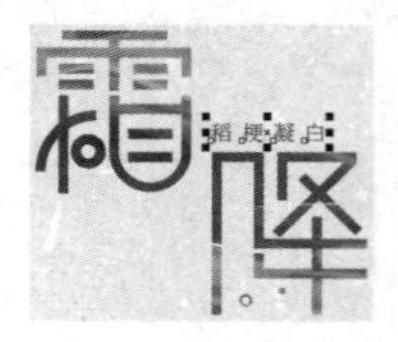
图 7–20

（11）按 Ctrl+I 组合键，弹出“导入”对话框，选择云盘中的“Ch07\素材\制作霜降节气海报\05”文件，单击“导入”按钮，在页面中单击导入图片。选择“选择”工具，拖曳图片到适当的位置并调整其大小，效果如图 7–21 所示。

（12）选择“文本”工具，在适当的位置分别输入需要的文字。选择“选择”工具，在属性栏中分别选取适当的字体并设置文字大小，单击“将文本更改为垂直方向”按钮，更改文字方向，效果如图 7–22 所示。选取左侧文字“霜降”，填充文字为白色，效果如图 7–23 所示。

图 7–21

图 7–22

图 7–23

（13）选取右侧需要的文字，在“文本”泊坞窗中，选项的设置如图 7-24 所示。按 Enter 键，效果如图 7-25 所示。霜降节气海报制作完成，效果如图 7-26 所示。

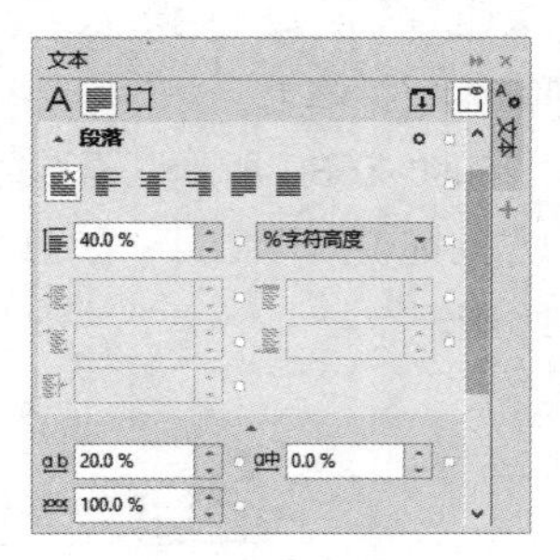

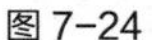
图 7-24

图 7-25

图 7-26

任务 7.2 特殊效果

在 CorelDRAW 2020 中应用特殊效果工具可以制作出丰富的图形特效。下面具体介绍 8 种常用的特殊效果工具。

7.2.1 透明效果

使用“透明度”工具可以制作出如均匀、渐变、图案和底纹等许多漂亮的透明效果。

打开一个图形，使用“选择”工具，选取要添加透明效果的装饰包图形，如图 7-27 所示。再选择“透明度”工具，在属性栏中可以选择一种透明类型，这里单击“均匀透明度”按钮，选项的设置如图 7-28 所示，图形的透明效果如图 7-29 所示。

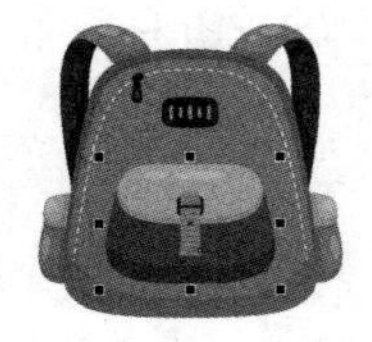
图 7-27

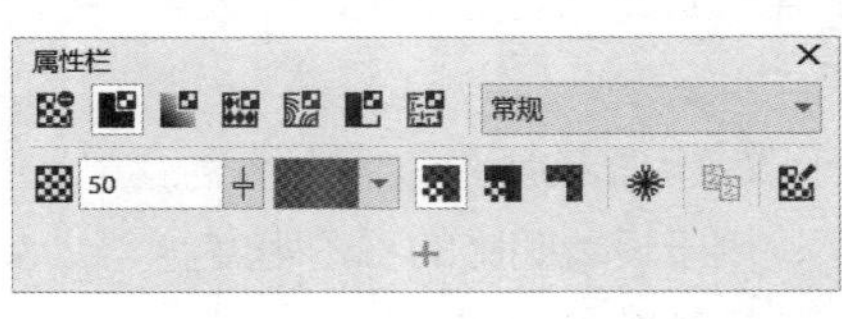

图 7-28

图 7-29

“透明度”工具属性栏中各选项的含义如下。

“无透明度”按钮：用于清除对象中的透明效果。

“透明类型”按钮、“透明样式”选项常规：用于选择透明类型和透明样式。

“透明度”选项 50：拖曳滑块或直接输入数值，可以改变对象的透明度。

“透明度目标”选项：用于设置应用透明度到“填充”“轮廓”或“全部”效果。

“冻结透明度”按钮：用于冻结当前视图的透明度。

“复制透明度”按钮：用于复制对象的透明效果。

“编辑透明度”按钮：用于打开“渐变透明度”对话框，可以对渐变透明度进行具体的设置。

7.2.2 阴影效果

阴影效果是一种经常使用的特殊效果，使用“阴影”工具可以快速给图形制作阴影效果，还可以设置阴影的透明度、角度、位置、颜色和羽化程度。下面介绍如何制作阴影效果。

打开一个图形，使用“选择”工具选取要制作阴影效果的图形，如图 7-30 所示。再选择“阴影”工具，将鼠标指针放在图形上，按住鼠标左键并向阴影投射的方向拖曳鼠标指针，如图 7-31 所示。将鼠标指针拖曳到需要的位置后松开鼠标，阴影效果如图 7-32 所示。

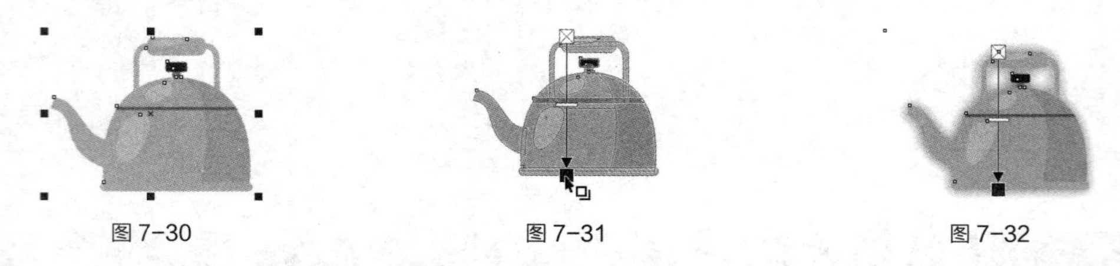

图 7-30　　图 7-31　　图 7-32

拖曳阴影控制线上的图标，可以调节阴影的透光度。拖曳时越靠近图标，透光度越低，阴影越淡，效果如图 7-33 所示。拖曳时越靠近■图标，透光度越高，阴影越浓，效果如图 7-34 所示。

图 7-33　　图 7-34

“阴影”工具属性栏如图 7-35 所示。其中各选项的含义如下。

“预设列表”选项：用于选择需要的预设阴影效果。单击该选项右侧的按钮+或−，可以添加或删除预设框中的阴影效果。

“阴影颜色”选项：用于改变阴影的颜色。

“阴影不透明度”选项：用于设置阴影的不透明度。

“阴影羽化”选项：用于设置阴影的羽化程度。

“羽化方向”按钮：用于设置阴影的羽化方向。单击此按钮可弹出“羽化方向”设置区，如图 7-36 所示。

“羽化边缘”按钮：用于设置阴影的羽化边缘模式。单击此按钮可弹出“羽化边缘”设置区，如图 7-37 所示。

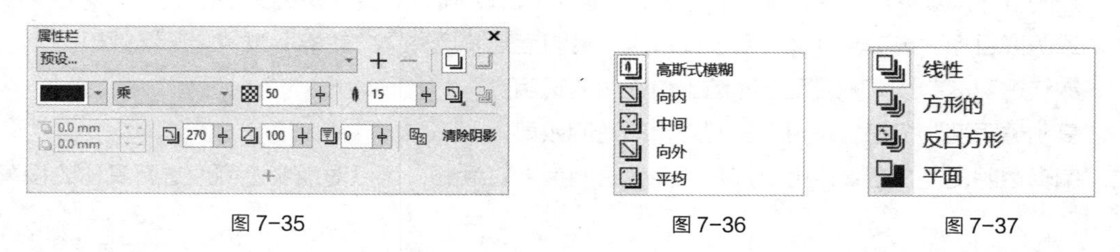

图 7-35　　图 7-36　　图 7-37

“阴影偏移”选项、“阴影角度”选项：分别用于设置阴影的偏移位置和角度。

"阴影延展"选项、"阴影淡出"选项：分别用于调整阴影的长度和边缘的淡化程度。

7.2.3 轮廓效果

轮廓效果是由图形中向内或者向外放射的层次效果，它由多个同心线圈组成。下面介绍如何制作轮廓效果。

绘制一个图形，如图 7-38 所示。选择"轮廓图"工具，在图形轮廓上方的节点上单击并按住鼠标左键，然后向内拖曳鼠标指针至需要的位置，松开鼠标左键，效果如图 7-39 所示。

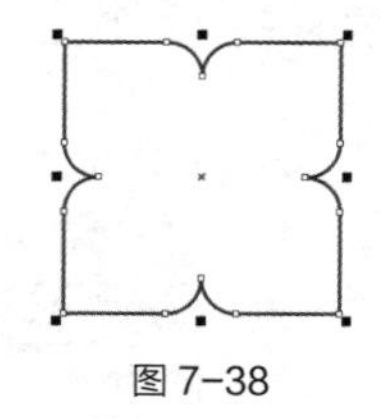

图 7-38

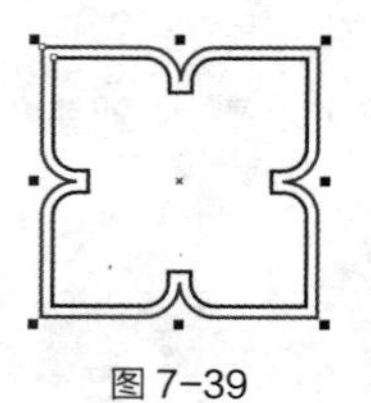

图 7-39

"轮廓图"工具属性栏如图 7-40 所示。其中各选项的含义如下。

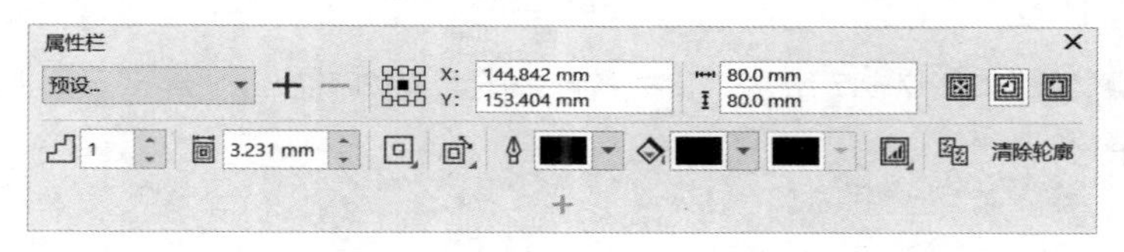

图 7-40

"预设列表"选项：用于选择系统预设的样式。

"内部轮廓"按钮、"外部轮廓"按钮：用于使对象产生向内和向外的轮廓图，效果如图 7-41 所示。

"到中心"按钮：根据设置的偏移值一直向内创建轮廓图，效果如图 7-41 所示。

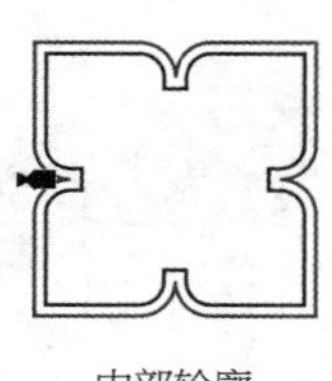

内部轮廓

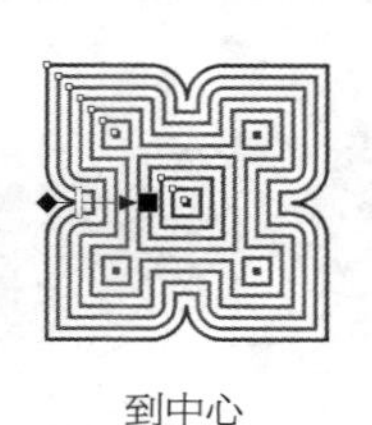

到中心

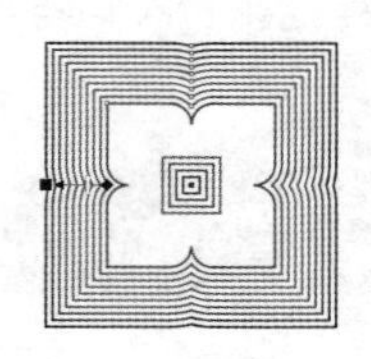

外部轮廓

图 7-41

"轮廓图步长"选项和"轮廓图偏移"选项：用于设置轮廓图的步数和偏移值，如图 7-42 和图 7-43 所示。

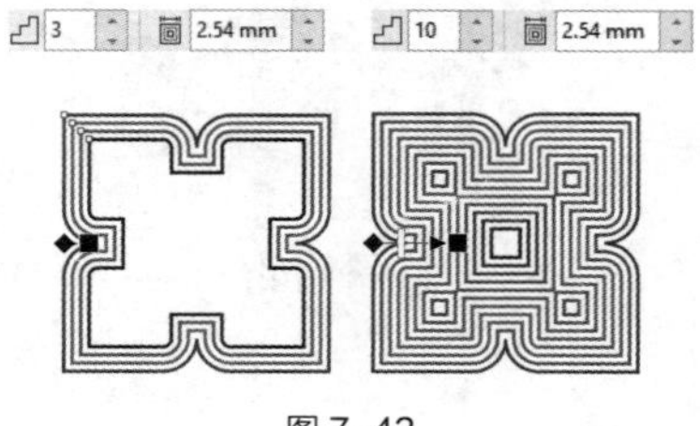

图 7-42

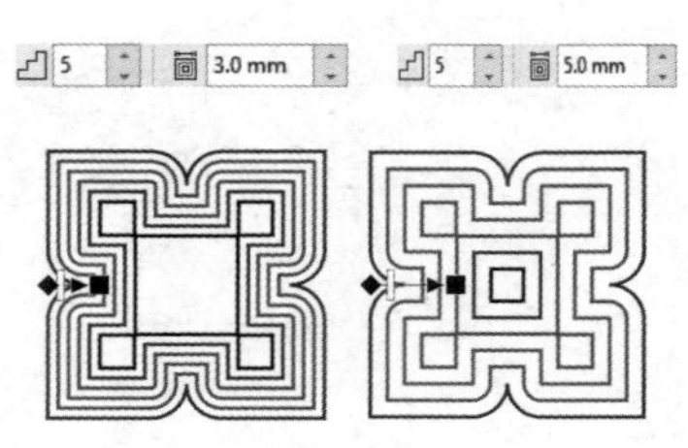

图 7-43

“轮廓色”选项：用于设置最内一圈轮廓线的颜色。

“填充色”选项：用于设置轮廓图的颜色。

7.2.4 调和效果

“调和”工具是 CorelDRAW 2020 中应用最广泛的工具之一。该工具制作出的调和效果可以在绘图对象间产生形状、颜色的平滑变化。下面具体讲解调和效果的制作方法。

打开两个要制作调和效果的图形，如图 7-44 所示。选择“调和”工具，将鼠标指针放在左侧的图形上，鼠标指针变为，按住鼠标左键并拖曳鼠标指针到右侧的图形上，如图 7-45 所示。松开鼠标，两个图形的调和效果如图 7-46 所示。

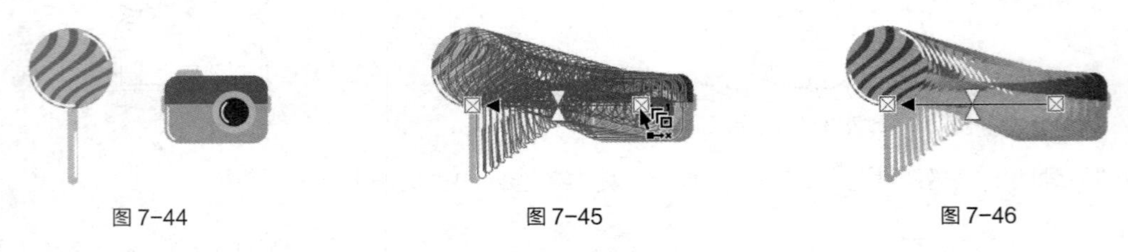

图 7-44　　图 7-45　　图 7-46

“调和”工具属性栏如图 7-47 所示。其中各选项的含义如下。

图 7-47

“调和步长”选项：用于设置调和的步数，效果如图 7-48 所示。

“调和方向”选项：用于设置调和的旋转角度，效果如图 7-49 所示。

“环绕调和”按钮：调和的图形除了进行自身旋转，同时将以起点图形和终点图形的中间位置为旋转中心进行旋转分布，如图 7-50 所示。

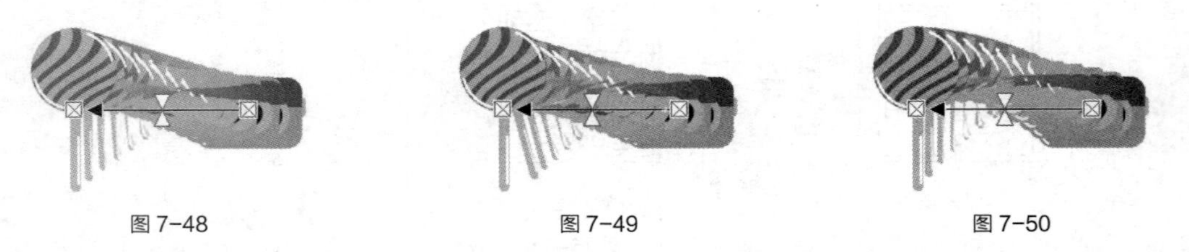

图 7-48　　图 7-49　　图 7-50

“直接调和”按钮、“顺时针调和”按钮、“逆时针调和”按钮：用于设置调和对象之间颜色过渡的方向，效果如图 7-51 所示。

顺时针调和　　逆时针调和

图 7-51

“对象和颜色加速”按钮：用于调整对象和颜色的加速属性。单击此按钮，弹出图 7-52 所示的对话框，拖曳滑块到需要的位置，对象加速调和效果如图 7-53 所示，颜色加速调和效果如图 7-54 所示。

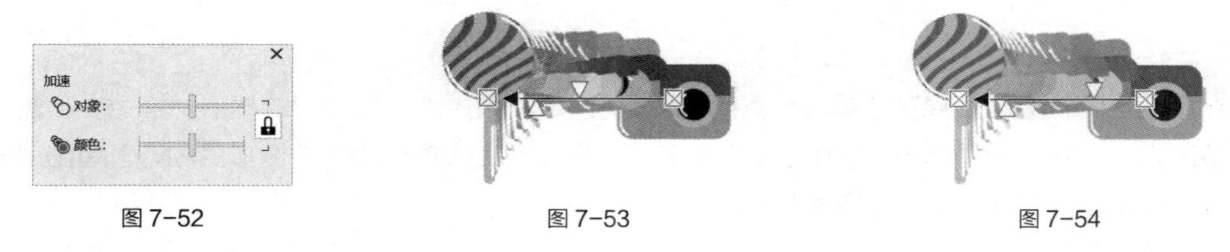

图 7-52　　图 7-53　　图 7-54

“调整加速大小”按钮：用于控制调和的加速属性。

“起始和结束属性”按钮：用于显示或重新设定调和的起始及终止对象。

“路径属性”按钮：使调和对象沿绘制好的路径分布。单击此按钮弹出图 7-55 所示的菜单，选择“新建路径”选项，鼠标指针变为，在新绘制的路径上单击，如图 7-56 所示。沿路径进行调和的效果如图 7-57 所示。

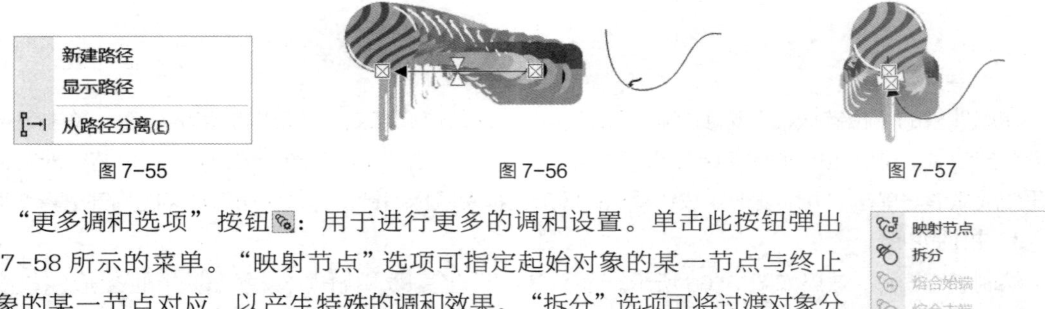

图 7-55　　图 7-56　　图 7-57

“更多调和选项”按钮：用于进行更多的调和设置。单击此按钮弹出图 7-58 所示的菜单。“映射节点”选项可指定起始对象的某一节点与终止对象的某一节点对应，以产生特殊的调和效果。“拆分”选项可将过渡对象分割成独立的对象，并可与其他对象进行再次调和。“沿全路径调和”选项可以使调和对象自动充满整个路径。“旋转全部对象”选项可以使调和对象的方向与路径一致。

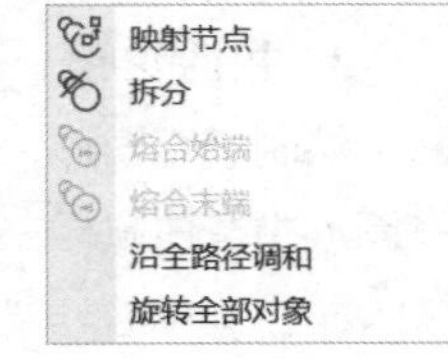

图 7-58

7.2.5　变形效果

使用“变形”工具可以使图形的变形操作更加方便。变形后不仅可以产生不规则的图形外观，而且变形后的图形更具弹性、更加奇特。

选择“变形”工具，弹出图 7-59 所示的属性栏，在属性栏中提供了 3 种变形方式的对应按钮：“推拉变形”按钮、“拉链变形”按钮和“扭曲变形”按钮。

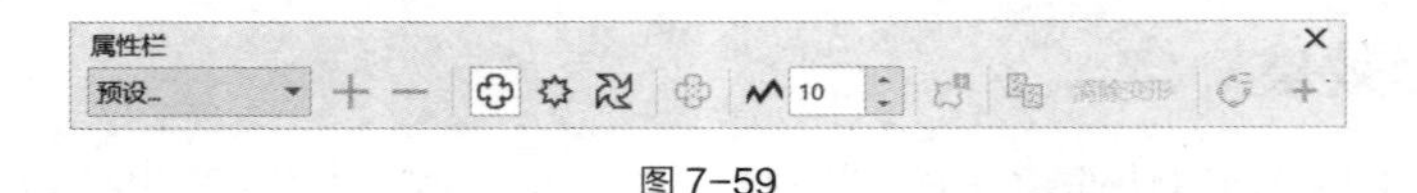

图 7-59

1. 推拉变形

绘制一个图形，如图 7-60 所示。单击属性栏中的“推拉变形”按钮，在图形上按住鼠标左键并向左拖曳鼠标指针，如图 7-61 所示。推拉变形的效果如图 7-62 所示。

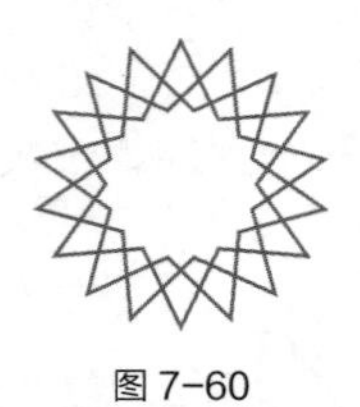
图 7-60

图 7-61

图 7-62

在属性栏的“推拉振幅”选项 10 中，可以输入数值来控制推拉变形的幅度。推拉变形的幅度设置范围为-200 ~ 200。单击“居中变形”按钮，可以将变形的中心移至图形的中心。单击“转换为曲线”按钮，可以将图形转换为曲线。

2. 拉链变形

绘制一个图形，如图 7-63 所示。单击属性栏中的“拉链变形”按钮，在图形上按住鼠标左键并向左下方拖曳鼠标指针，如图 7-64 所示。拉链变形的效果如图 7-65 所示。

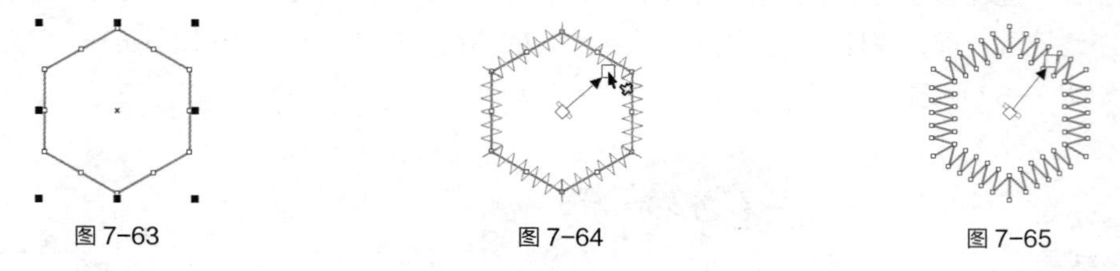
图 7-63　图 7-64　图 7-65

在属性栏的“拉链振幅”选项 59 中，可以输入数值调整变化图形时锯齿的深度。单击“随机变形”按钮，可以随机地调整变化图形时锯齿的深度。单击“平滑变形”按钮，可以将图形锯齿的尖角变成弧形。单击“局限变形”按钮，在图形中拖曳鼠标指针，可以将图形锯齿的局部进行变形。

3. 扭曲变形

绘制一个图形，效果如图 7-66 所示。选择“变形”工具，单击属性栏中的“扭曲变形”按钮，在图形中按住鼠标左键并转动鼠标指针，如图 7-67 所示，变形的效果如图 7-68 所示。

图 7-66　图 7-67　图 7-68

单击属性栏中的“添加新的变形”按钮，可以继续在图形中按住鼠标左键并转动鼠标指针，制作新的变形效果。单击“顺时针旋转”按钮和“逆时针旋转”按钮，可以设置旋转的方向。在“完全旋转”选项 1 中可以设置完全旋转的圈数，在“附加度数”选项 180 中可以设置旋转的角度。

7.2.6　封套效果

使用“封套”工具可以快速建立对象的封套效果，使文本、图形和位图都可以产生丰富的变形效果。

打开一个要制作封套效果的图形，如图 7-69 所示。选择“封套”工具，单击图形，图形外围显示封套的控制线和控制点，如图 7-70 所示。按住鼠标左键并拖曳需要的控制点到适当的位置后松开鼠标左键，可以改变图形的外形，如图 7-71 所示。选择“选择”工具并按 Esc 键，取消选取，图形的封套效果如图 7-72 所示。

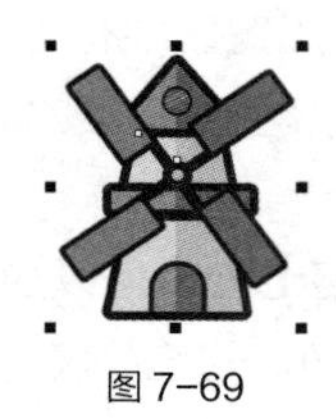
图 7-69

图 7-70

图 7-71

图 7-72

在属性栏的“预设列表”选项中可以选择需要的预设封套效果。“直线模式”按钮、“单弧模式”按钮、“双弧模式”按钮和“非强制模式”按钮为 4 种不同的封套编辑模式对应按钮。“映射模式”选项包含 4 种映射模式，分别是“水平”模式、“原始”模式、“自由变形”模式和“垂直”模式。使用不同的映射模式可以使封套中的对象符合不同封套的形状，制作出所需要的变形效果。

7.2.7 立体效果

立体效果是利用三维空间的立体旋转和光源照射的功能来完成的。CorelDRAW 2020 中的“立体化”工具可以制作和编辑图形的立体效果。

绘制一个需要制作立体效果的图形，如图 7-73 所示。选择“立体化”工具，在图形上按住鼠标左键并向图形右下方拖曳鼠标指针，如图 7-74 所示。达到需要的立体效果后，松开鼠标左键，图形的立体效果如图 7-75 所示。

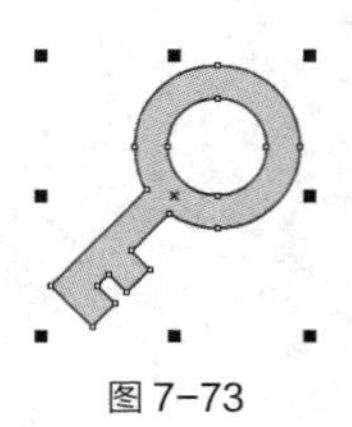
图 7-73

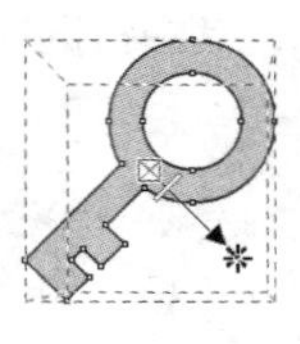
图 7-74

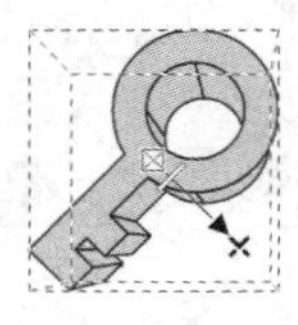
图 7-75

“立体化”工具属性栏如图 7-76 所示，其中各选项的含义如下。

图 7-76

“立体化类型”选项：单击选项右侧的按钮三角形弹出下拉列表，分别选择下拉列表中的不同选项，可以出现不同的立体效果。

“深度”选项：用于设置图形立体效果的深度。

“灭点属性”选项：用于设置灭点的属性。

“页面或对象灭点”按钮：用于将灭点锁定到页面上，在移动图形时灭点不能移动，且立体化图形的形状会改变。

“立体化旋转”按钮：单击此按钮，弹出三维旋转设置区，鼠标指针放在三维旋转设置区内会变为手形，拖曳鼠标指针可以在三维旋转设置区中旋转图形，页面中的立体化图形会进行相应的旋转。单击按钮，设置区中出现“旋转值”数值框，可以精确地设置立体化图形的旋转数值。单击按钮，恢复到设置区的默认设置。

“立体化颜色”按钮：单击此按钮，弹出立体化图形的颜色设置区。在颜色设置区中有 3 种颜色设置模式的对应按钮，分别是“使用对象填充”按钮、“使用纯色”按钮和“使用递减的颜色”按钮。

“立体化倾斜”按钮：单击此按钮，弹出斜角设置区，勾选“使用斜角”复选框，可以通过拖曳下拉列表中图例的节点来添加斜角效果，也可以在数值框中输入数值来设定斜角。勾选“仅显示斜角”复选框，将只显示立体化图形的斜角修饰边。

“立体化照明”按钮：单击此按钮，弹出灯光设置区，在设置区中可以为立体化图形添加光源。

7.2.8 块阴影效果

使用“块阴影”工具可以将矢量阴影应用于对象和文本。和“阴影”工具制作出的阴影不同，块阴影由简单的线条构成，是屏幕输出和标牌制作的理想之选。下面介绍如何制作块阴影效果。

打开一个图形，使用“选择”工具选中要添加块阴影效果的文本，如图 7-77 所示。选择“块阴影”工具，将鼠标指针放在文本上，按住鼠标左键并向阴影投射的方向拖曳鼠标指针，如图 7-78 所示。当块阴影达到所需大小后松开鼠标左键，块阴影效果如图 7-79 所示。

图 7-77　　图 7-78　　图 7-79

“块阴影”工具属性栏如图 7-80 所示，其中各选项的含义如下。

图 7-80

“深度”选项：用于调整块阴影的纵深度。

“定向”选项：用于设置块阴影的角度。

“块阴影颜色”选项：用于改变块阴影颜色。

“叠印块阴影”按钮：用于设置块阴影在底层对象之上输出。

“简化”按钮：用于修剪对象和块阴影之间的重叠区域。

“移除孔洞”按钮：用于将块阴影设为不带孔的实线曲线对象。

“从对象轮廓生成”按钮：创建块阴影时，包含对象轮廓。

“展开块阴影”选项：用于增加块阴影尺寸大小。

任务实践　制作阅读平台推广海报

任务学习目标　学习使用“立体化”工具、“阴影”工具、“调和”工具制作阅读平台推广海报。

任务知识要点　使用“文本”工具、“文本”泊坞窗添加标题文字；使用“立体化”工具为标题文字添加立体效果；使用“矩形”工具、“圆角半径”选项、“调和”工具制作调和效果；使用“阴影”工具为文字添加阴影效果。阅读平台推广海报效果如图 7-81 所示。

效果所在位置 云盘\Ch07\效果\制作阅读平台推广海报.cdr。

图 7-81

（1）按 Ctrl+N 组合键，弹出“创建新文档”对话框，在其中设置文档的宽度为 1242 px，高度为 2208 px，方向为纵向，原色模式为 RGB，分辨率为 72 dpi，单击“OK”按钮，创建一个文档。

（2）双击“矩形”工具□，绘制一个与页面大小相等的矩形，如图 7-82 所示。设置图形颜色的 RGB 值为 5、138、74，填充图形，并删除图形的轮廓线，效果如图 7-83 所示。

（3）按数字键盘上的+键，复制矩形。选择“选择”工具▶，向右拖曳矩形左侧中间的控制手柄到适当的位置，调整其大小，如图 7-84 所示。设置图形颜色的 RGB 值为 250、178、173，填充图形，效果如图 7-85 所示。

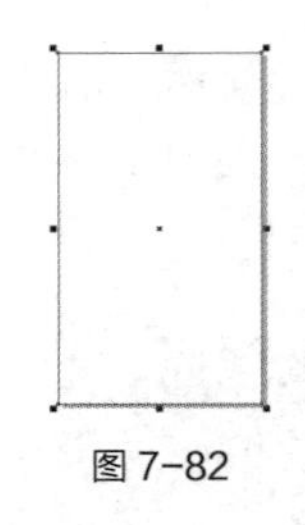

图 7-82

图 7-83

图 7-84

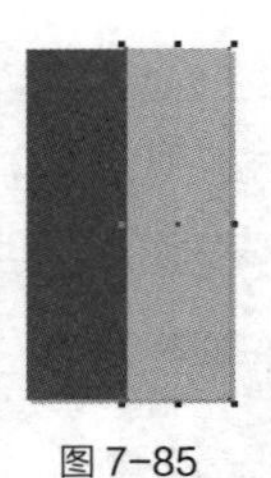

图 7-85

（4）选择“文本”工具字，在页面中输入需要的文字。选择“选择”工具▶，在属性栏中选取适当的字体并设置文字大小，填充文字为白色，效果如图 7-86 所示。

（5）选择“文本 > 文本”命令，在弹出的“文本”泊坞窗中进行设置，如图 7-87 所示。按 Enter 键，效果如图 7-88 所示。

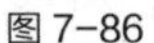

图 7-86

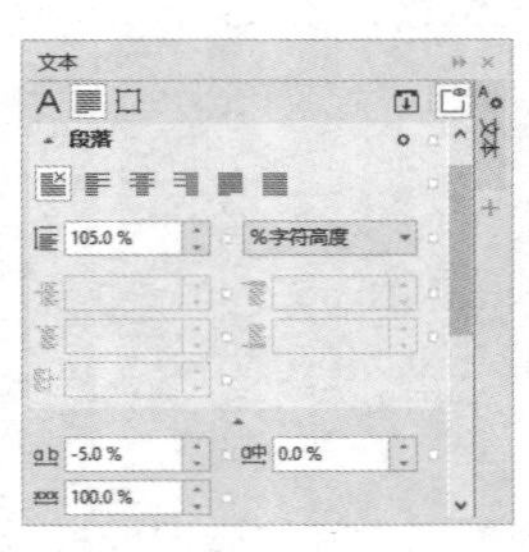

图 7-87

图 7-88

（6）按 F12 键，弹出“轮廓笔”对话框，在“颜色”选项中设置轮廓线颜色的 RGB 值为 102、102、102，其他选项的设置如图 7-89 所示。单击“OK”按钮，效果如图 7-90 所示。

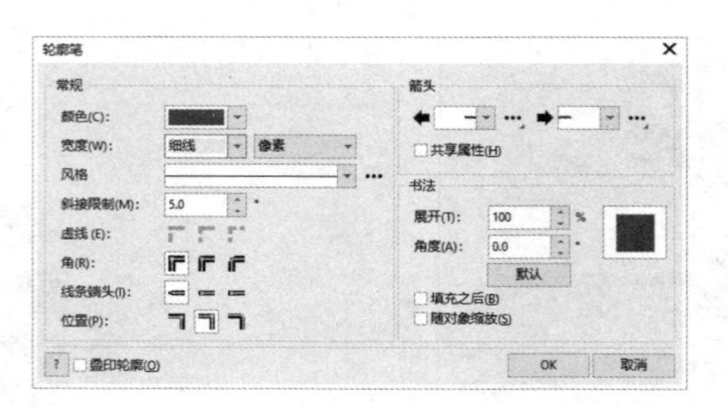

图 7-89

图 7-90

（7）选择“立体化”工具，由文字中心向右侧拖曳鼠标指针。在属性栏中单击“立体化颜色”按钮，在弹出的下拉列表中单击“使用纯色”按钮，设置立体化颜色的 RGB 值为 255、219、211，其他选项的设置如图 7-91 所示。按 Enter 键，效果如图 7-92 所示。

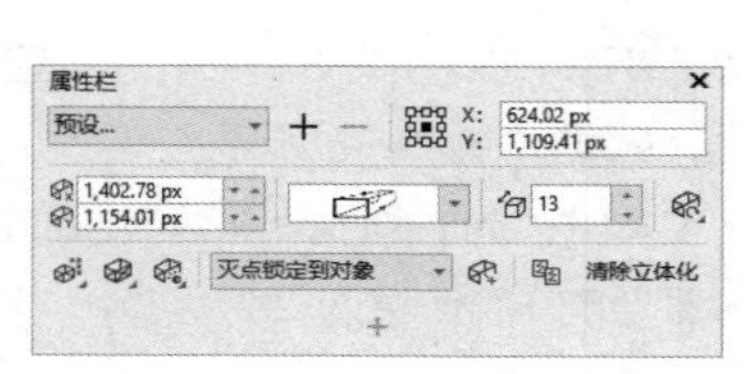

图 7-91

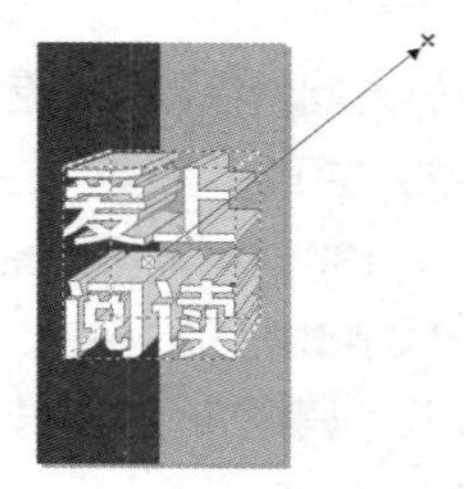

图 7-92

（8）选择“矩形”工具，在适当的位置绘制一个矩形，如图 7-93 所示。在属性栏中单击“倒棱角”按钮，将“圆角半径”选项设为 0 px 和 100 px，其他选项的设置如图 7-94 所示。按 Enter 键，效果如图 7-95 所示。

图 7-93

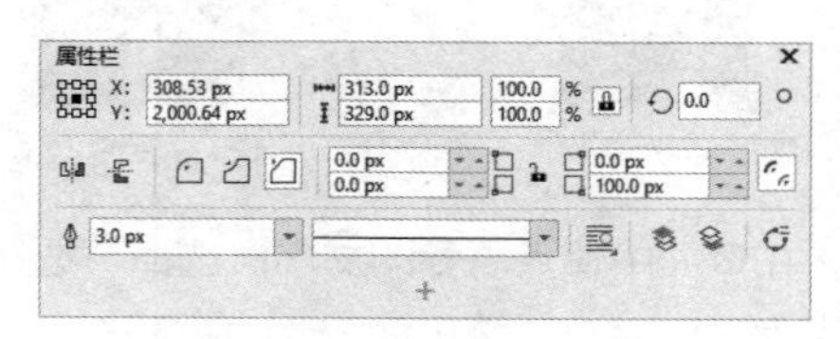

图 7-94

图 7-95

（9）填充图形为白色，效果如图 7-96 所示。按数字键盘上的+键，复制矩形。选择“选择”工具，向右下方拖曳复制的矩形到适当的位置，效果如图 7-97 所示。

图 7-96

图 7-97

（10）选择“调和”工具，在两个矩形之间拖曳鼠标指针添加调和效果，在属性栏中的设置如

图 7-98 所示。按 Enter 键，效果如图 7-99 所示。

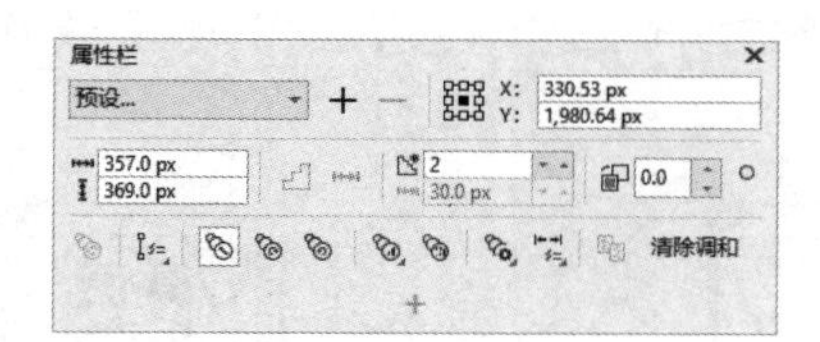

图 7-98

图 7-99

（11）选择“矩形”工具□，在适当的位置绘制一个矩形，如图 7-100 所示。在属性栏中单击“倒棱角”按钮□，将“圆角半径”选项设为 0 px 和 100 px，其他选项的设置如图 7-101 所示。按 Enter 键，如图 7-102 所示。

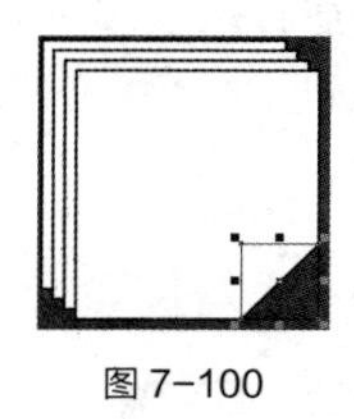

图 7-100

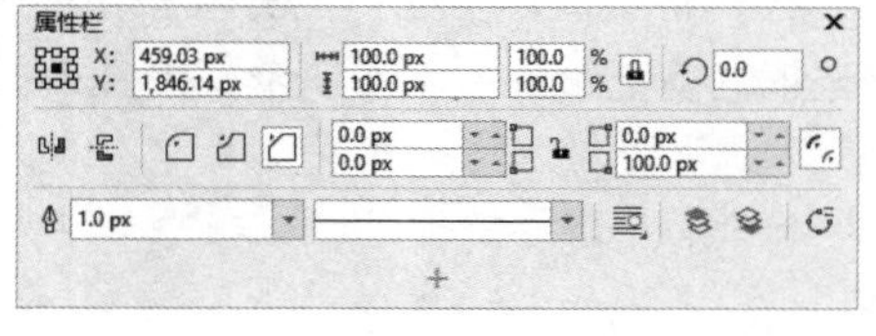

图 7-101

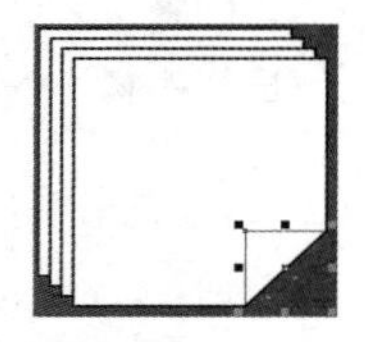

图 7-102

（12）保持图形选取状态。设置图形颜色的 RGB 值为 250、178、173，填充图形，效果如图 7-103 所示。选择“手绘”工具，在适当的位置绘制一条斜线，效果如图 7-104 所示。

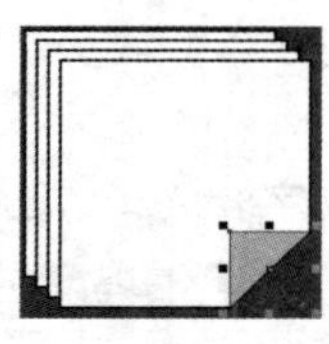

图 7-103

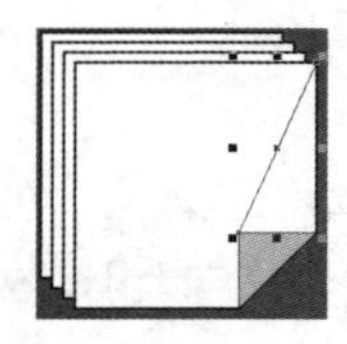

图 7-104

（13）按 F12 键，弹出“轮廓笔”对话框，在“颜色”选项中设置轮廓线颜色为黑色，其他选项的设置如图 7-105 所示。单击“OK”按钮，效果如图 7-106 所示。

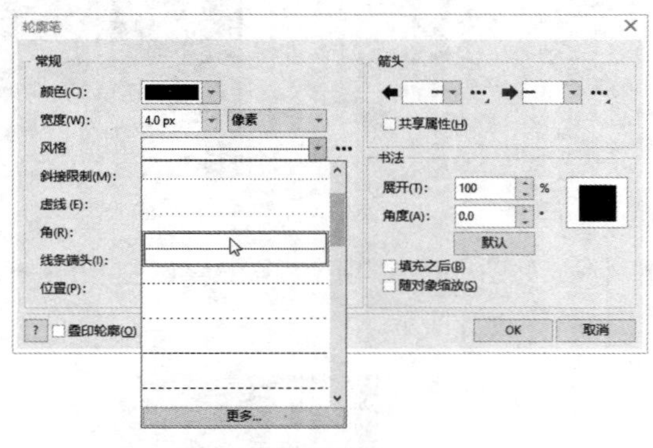

图 7-105

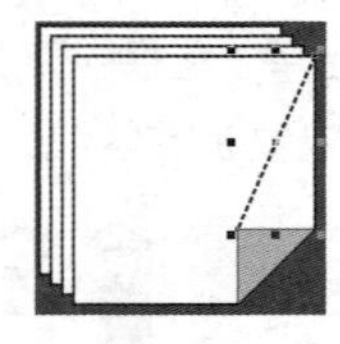

图 7-106

（14）选择“选择”工具，按数字键盘上的+键，复制斜线。按住 Shift 键的同时，水平向左拖曳复制的斜线到适当的位置，效果如图 7-107 所示。向内拖曳左下角的控制手柄到适当的位置，调整斜线长度，效果如图 7-108 所示。

（15）选择“文本”工具字，在适当的位置输入需要的文字。选择“选择”工具，在属性栏中选取适当的字体并设置文字大小，单击“将文本更改为垂直方向”按钮，更改文字方向，效果如图 7–109 所示。

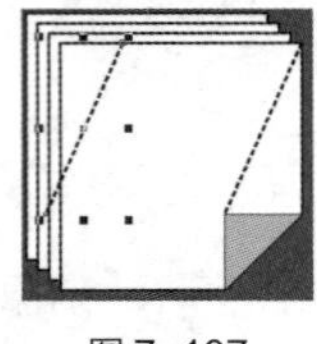

图 7–107

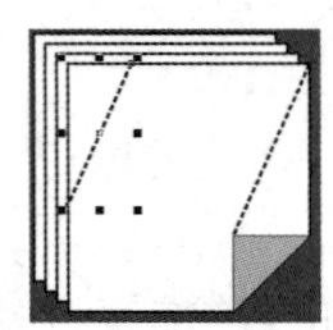

图 7–108

图 7–109

（16）选择“文本”工具字，在适当的位置输入需要的文字。选择“选择”工具，在属性栏中选取适当的字体并设置文字大小，单击“将文本更改为水平方向”按钮，更改文字方向，效果如图 7–110 所示。在“文本”泊坞窗中，选项的设置如图 7–111 所示。按 Enter 键，效果如图 7–112 所示。

图 7–110

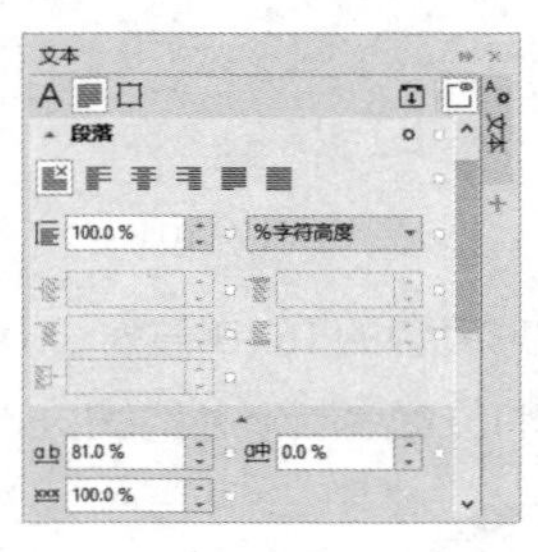

图 7–111

图 7–112

（17）选择“文本”工具字，在适当的位置输入需要的文字。选择“选择”工具，在属性栏中选取适当的字体并设置文字大小，效果如图 7–113 所示。在“文本”泊坞窗中，选项的设置如图 7–114 所示。按 Enter 键，效果如图 7–115 所示。

图 7–113

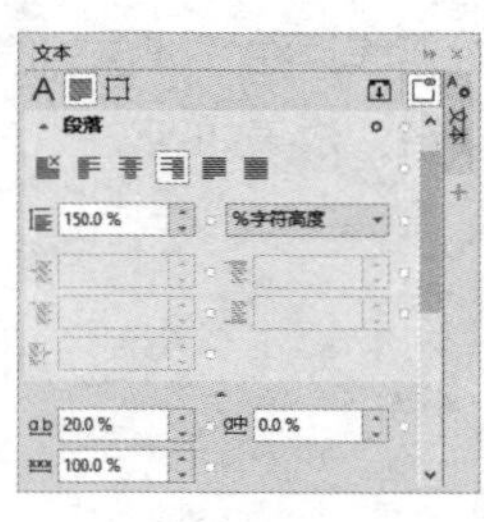

图 7–114

图 7–115

（18）选择“选择”工具，选取需要的斜线，如图 7–116 所示，按数字键盘上的+键，复制斜线。向右拖曳复制的斜线到适当的位置，效果如图 7–117 所示。

图 7–116

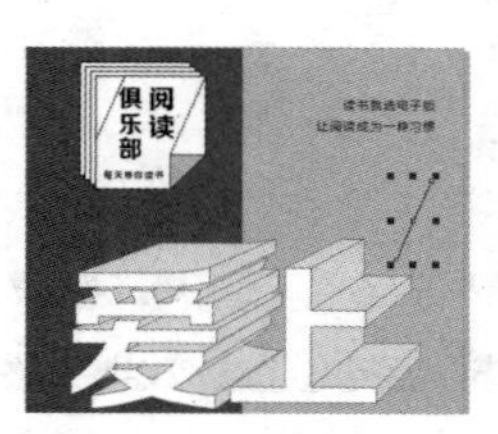

图 7–117

（19）按 Ctrl+I 组合键，弹出“导入”对话框，选择云盘中的“Ch07\素材\制作阅读平台推广海报\01”文件，单击“导入”按钮，在页面中单击导入图片。选择“选择”工具，拖曳图片到适当的位置，效果如图 7-118 所示。

（20）选择“矩形”工具，在适当的位置绘制一个矩形，在“RGB 调色板”中的“10%黑”色块上单击鼠标左键，填充图形，并删除图形的轮廓线，效果如图 7-119 所示。再绘制一个矩形，填充图形为白色，并删除图形的轮廓线，效果如图 7-120 所示。

图 7-118

图 7-119

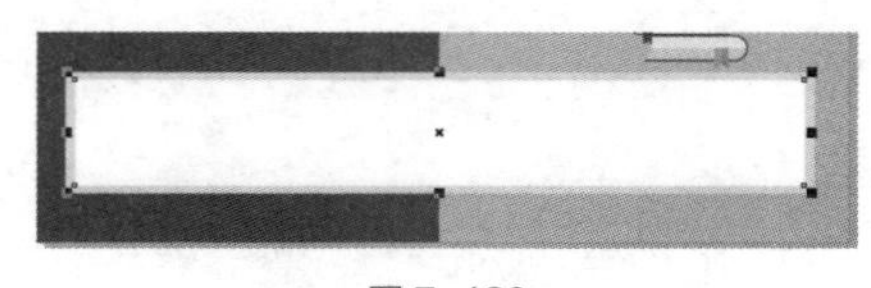

图 7-120

（21）选择“阴影”工具，在白色矩形中从上向下拖曳鼠标指针，为矩形添加阴影效果，在属性栏中的设置如图 7-121 所示。按 Enter 键，效果如图 7-122 所示。

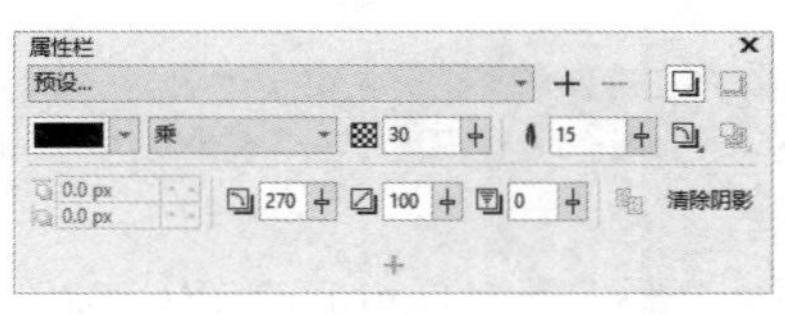

图 7-121

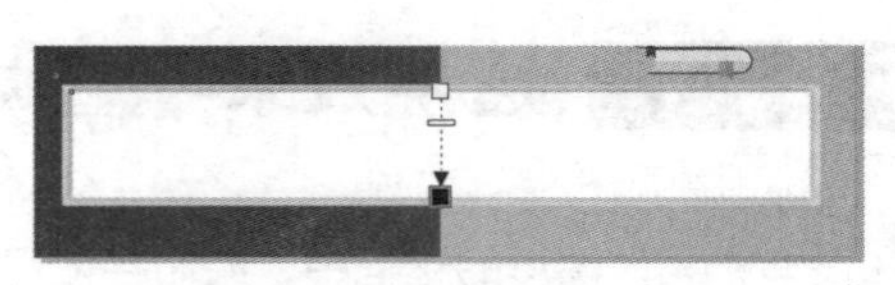

图 7-122

（22）选择“矩形”工具，在适当的位置绘制一个矩形，如图 7-123 所示。选择“文本”工具，在适当的位置分别输入需要的文字。选择“选择”工具，在属性栏中分别选取适当的字体并设置文字大小，效果如图 7-124 所示。

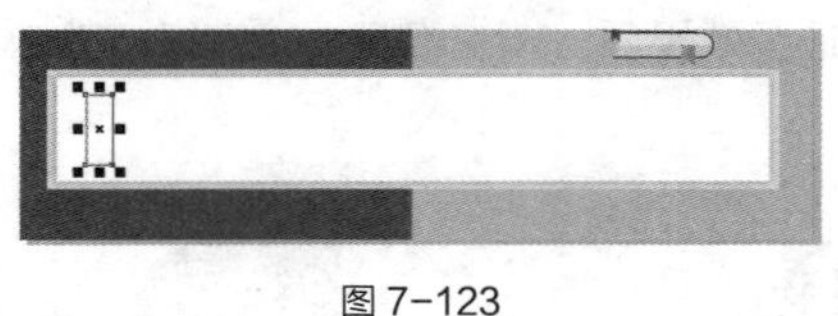

图 7-123

图 7-124

（23）选择“手绘”工具，按住 Ctrl 键的同时，在适当的位置绘制一条直线，如图 7-125 所示。按 F12 键，弹出“轮廓笔”对话框，在“颜色”选项中设置轮廓线颜色为黑色，其他选项的设置如图 7-126 所示。单击“OK”按钮，如图 7-127 所示。阅读平台推广海报制作完成，效果如图 7-128 所示。

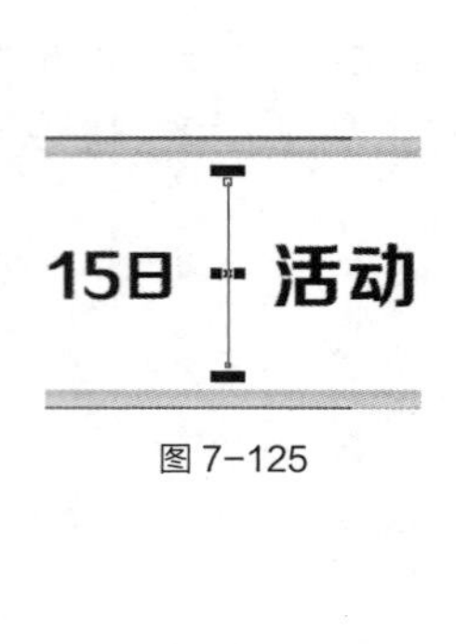

图 7-125

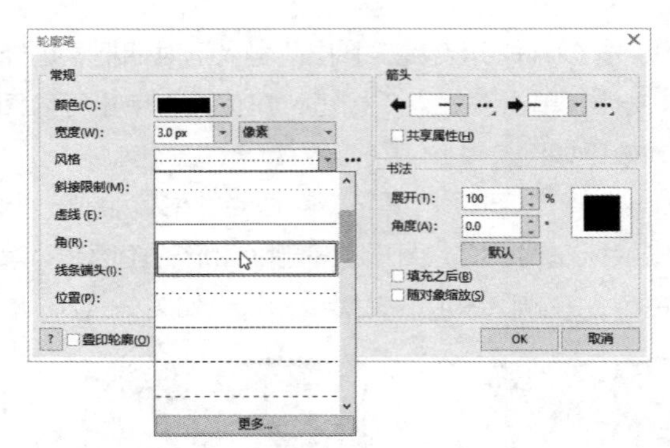

图 7-126

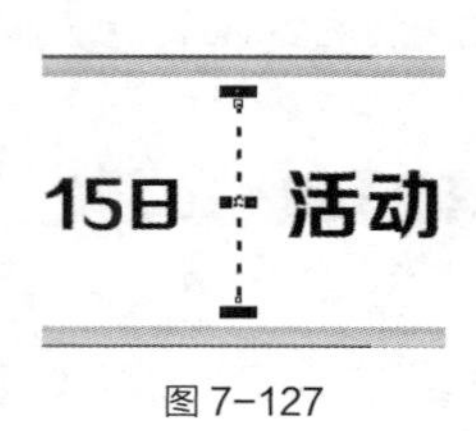

图 7-127

图 7-128

任务 7.3 透视效果

在设计和制作图形的过程中，经常会使用透视效果。下面介绍如何在 CorelDRAW 2020 中制作透视效果。

打开要制作透视效果的图形，使用“选择”工具将图形选中，效果如图 7-129 所示。选择“对象 > 添加透视”命令，在图形的周围出现控制线和控制点，如图 7-130 所示。用鼠标指针拖曳控制点，制作需要的透视效果，在拖曳控制点时出现了透视点✕，如图 7-131 所示。用鼠标指针可以拖曳透视点✕，同时可以改变透视效果，如图 7-132 所示。制作好透视效果后，按空格键，确定完成的效果。

图 7-129

图 7-130

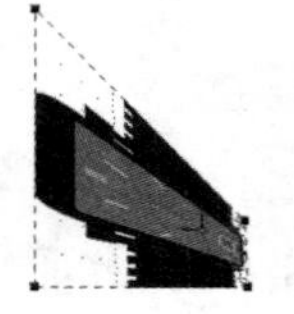

图 7-131

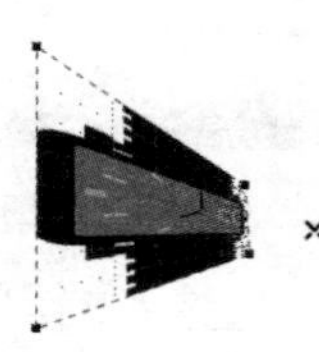

图 7-132

要修改已经制作好的透视效果，需双击图形，再对已有的透视效果进行调整即可。选择“对象 > 清除透视点”命令，可以清除透视效果。

任务 7.4 透镜效果

在 CorelDRAW 2020 中，使用透镜可以制作出多种特殊效果。下面介绍使用透镜的方法和效果。

打开一个图形，使用“选择”工具选取图形，如图 7–133 所示。选择“效果 > 透镜”命令，或按 Alt+F3 组合键，在弹出的“透镜”泊坞窗中进行设置，如图 7–134 所示，透镜效果如图 7–135 所示。

图 7–133

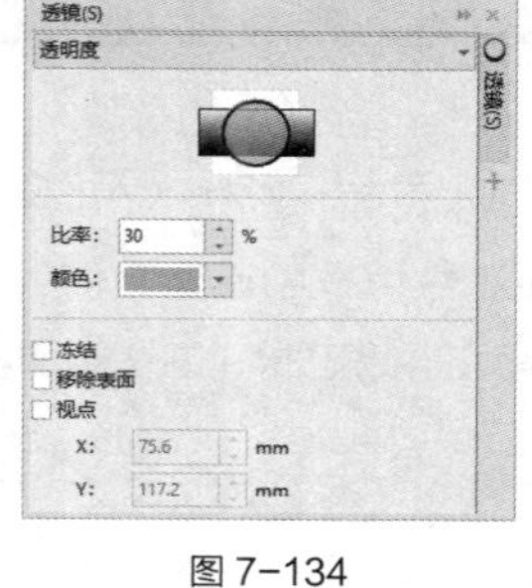

图 7–134

图 7–135

在“透镜”泊坞窗中有“冻结”“移除表面”“视点”3 个复选框，勾选它们可以设置透镜效果的公共参数。

“冻结”复选框：可以将透镜下面的图形产生的透镜效果添加成透镜的一部分。产生的透镜效果不会因为透镜或图形的移动而改变。

“移除表面”复选框：透镜将只作用于下面的图形，没有图形的页面区域将保持通透性。

“视点”复选框：可以在不移动透镜的情况下，只弹出透镜下面对象的一部分。勾选“视点”复选框后，“视点”复选框下方的 X、Y 数值被激活，在其后的文本框中分别设置数值可以移动视点。

“透镜类型”选项：单击该选项弹出“透镜类型”下拉列表，如图 7–136 所示。在“透镜类型”下拉列表中的透镜上单击鼠标左键，可以选择需要的透镜。选择不同的透镜，再进行参数的设定，可以制作出不同的透镜效果。

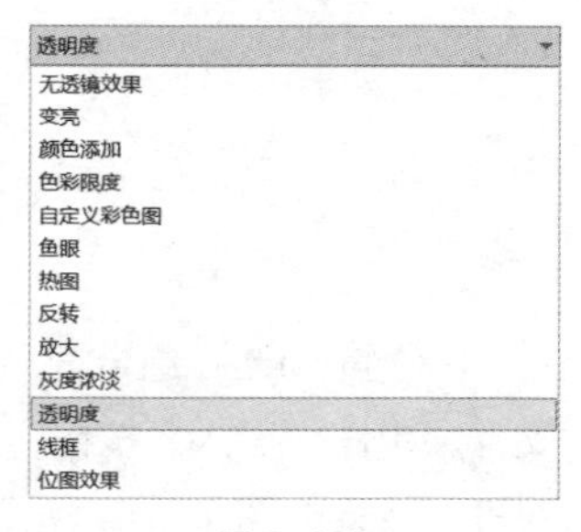

图 7–136

任务实践 制作冰糖葫芦宣传单

任务学习目标 学习使用“添加透视”命令、“置于图文框内部”命令制作冰糖葫芦宣传单。

任务知识要点 使用“矩形”工具、“添加透视”命令制作矩形透视变形；使用“轮廓笔”对话框、“旋转角度”数值框绘制并旋转网格；使用“置于图文框内部”命令制作 PowerClip 效果；使用“阴影”工具为图片添加阴影效果。冰糖葫芦宣传单效果如图 7–137 所示。

效果所在位置 云盘\Ch07\效果\制作冰糖葫芦宣传单.cdr。

图 7-137

（1）按 Ctrl+N 组合键，新建一个 A4 页面。选择“布局 > 页面大小”命令，弹出“选项”对话框，选择“页面尺寸”选项，在“出血”数值框中设置数值为 3.0，勾选“显示出血区域”复选框，如图 7-138 所示。单击“OK”按钮，页面效果如图 7-139 所示。

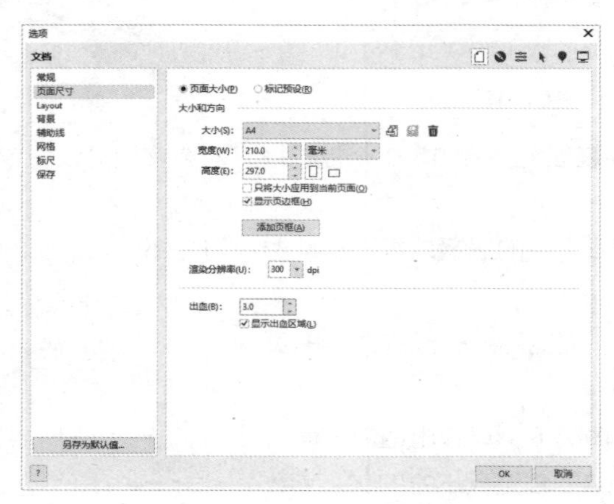

图 7-138

图 7-139

（2）按 Ctrl+I 组合键，弹出“导入”对话框，选择云盘中的“Ch07\素材\制作冰糖葫芦宣传单\01”文件，单击“导入”按钮，在页面中单击导入图片，如图 7-140 所示。按 P 键使图片在页面中居中对齐，效果如图 7-141 所示。选择“对象 > 锁定 > 锁定”命令，锁定所选图片。

（3）选择“矩形”工具□，在适当的位置绘制一个矩形，填充图形为白色，并删除图形的轮廓线，效果如图 7-142 所示。选择“对象 > 添加透视”命令，在矩形的周围出现控制线和控制点，如图 7-143 所示，向上拖曳矩形右下角的控制点到适当位置，透视效果如图 7-144 所示。

图 7-140

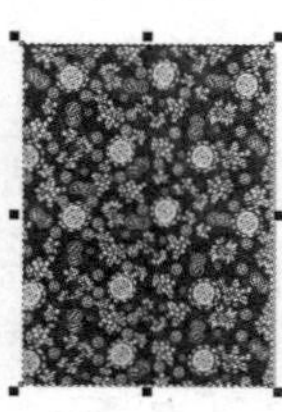

图 7-141

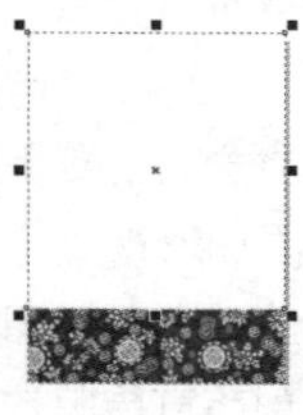

图 7-142

图 7-143

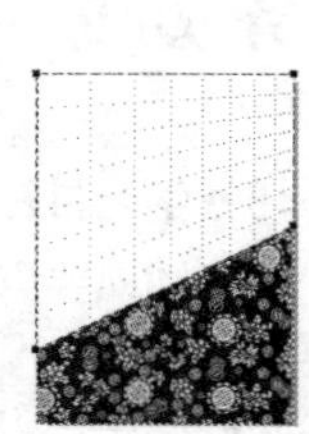

图 7-144

（4）选择“图纸”工具▦，在属性栏中的设置如图 7–145 所示。按住 Ctrl 键的同时，在适当的位置绘制网格，效果如图 7–146 所示。

图 7–145　　图 7–146

（5）按 F12 键，弹出“轮廓笔”对话框，在“颜色”选项中设置轮廓线颜色的 CMYK 值为 12、13、20、0，其他选项的设置如图 7–147 所示。单击“OK”按钮，效果如图 7–148 所示。

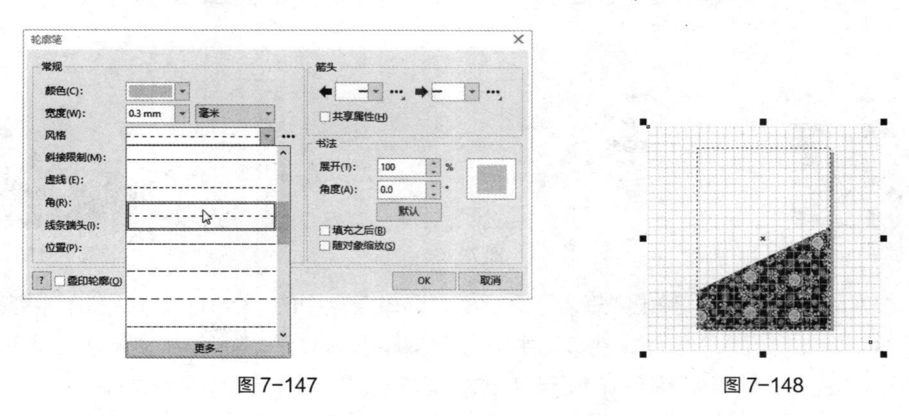

图 7–147　　图 7–148

（6）选择“选择”工具▶，在属性栏中的“旋转角度”数值框 0.0 °中设置数值为 45。按 Enter 键，效果如图 7–149 所示。按 Ctrl+PageDown 组合键，将网格向后移一层，效果如图 7–150 所示。

图 7–149　　图 7–150

（7）选择“对象 ＞PowerClip＞ 置于图文框内部”命令，鼠标指针变为黑色箭头形状，在白色图形上单击鼠标左键，如图 7–151 所示。将图片置入白色图形中，效果如图 7–152 所示。

（8）按 Ctrl+I 组合键，弹出“导入”对话框，选择云盘中的“Ch07\素材\制作冰糖葫芦宣传单\02、03”文件，单击“导入”按钮，在页面中分别单击导入图片。选择“选择”工具▶，分别拖曳图片到适当的位置并调整其大小，效果如图 7–153 所示。

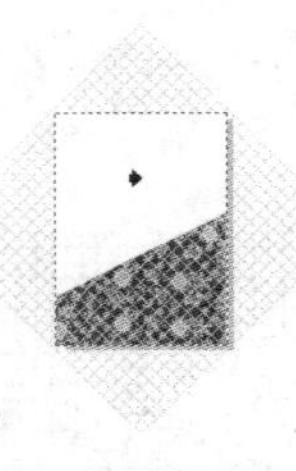
图 7-151

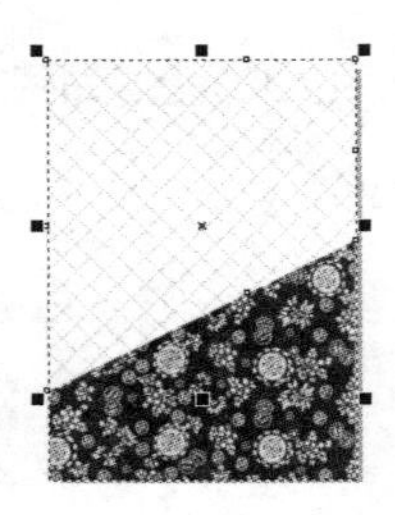
图 7-152

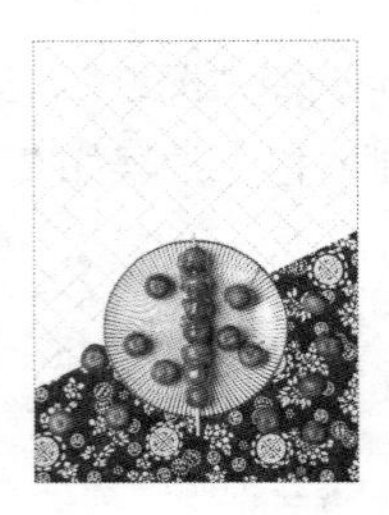
图 7-153

（9）用圈选的方法将导入的图片同时选取，按 Ctrl+G 组合键，将其组合，如图 7-154 所示。选择“阴影”工具，在图片中从上向下拖曳鼠标指针，为图片添加阴影效果，在属性栏中设置“阴影颜色”的 CMYK 值为 100、98、62、44，其他选项的设置如图 7-155 所示。按 Enter 键，效果如图 7-156 所示。

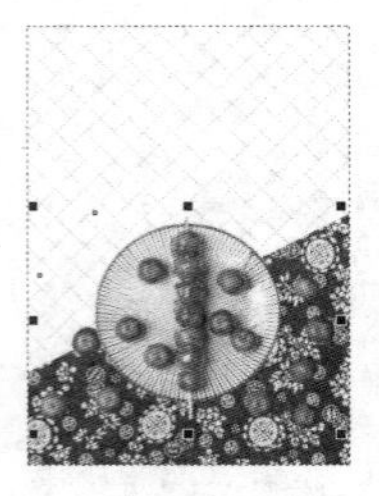
图 7-154

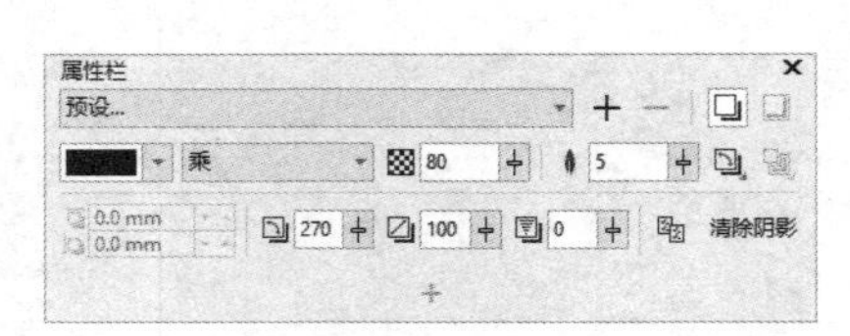

图 7-155

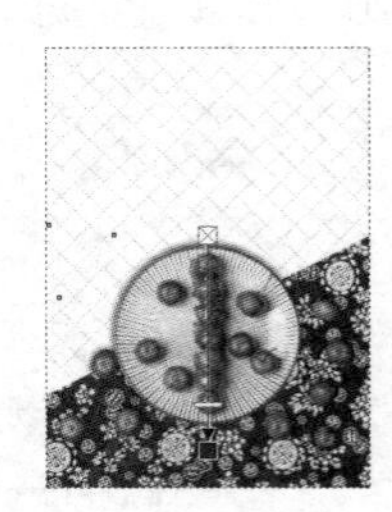
图 7-156

（10）按 Ctrl+I 组合键，弹出“导入”对话框，选择云盘中的“Ch07\素材\制作冰糖葫芦宣传单\04”文件，单击“导入”按钮，在页面中单击导入图片。选择“选择”工具，拖曳图片到适当的位置并调整其大小，效果如图 7-157 所示。冰糖葫芦宣传单制作完成，效果如图 7-158 所示。

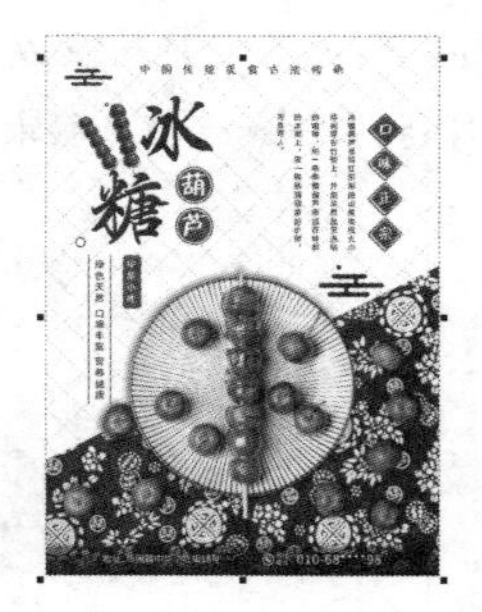
图 7-157

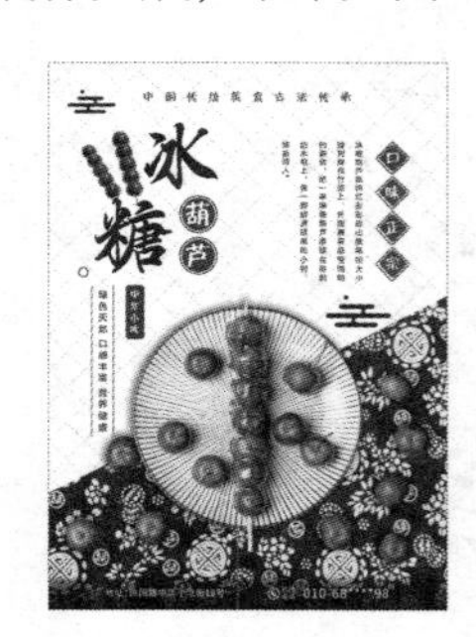
图 7-158

项目实践 制作护肤品广告

实践知识要点 使用“导入”命令、“置于图文框内部”命令制作 PowerClip 效果；使用“色度/饱和度/亮度”命令、“亮度/对比度/强度”命令调整图片色调；使用“文本”工具、“文本”泊坞窗、“字形”命令添加宣传语；使用“矩形”工具、“圆角半径”选项、“渐变填充”按钮绘制装饰图形。护肤品广告效果如图 7-159 所示。

效果所在位置 云盘\Ch07\效果\制作护肤品广告.cdr。

图 7–159

课后习题 绘制日历小图标

习题知识要点 使用“矩形”工具、“椭圆形”工具、“圆角半径”选项、“透明度”工具、“调和”工具绘制日历小图标。日历小图标效果如图 7–160 所示。

效果所在位置 云盘\Ch07\效果\绘制日历小图标.cdr。

图 7–160

下篇

案例实训篇

项目 8 插画设计

项目引入

在信息化时代，插画设计作为传达视觉信息的重要手段之一，已经广泛应用于现代艺术设计领域。通过本项目的学习，读者可以掌握多种插画的绘制方法和制作技巧。

项目目标

- 了解插画的概念。
- 掌握插画的应用领域和分类。

技能目标

- 掌握家电 App 引导页插画的绘制方法。
- 掌握旅游插画的绘制方法。

素养目标

- 培养商业设计思维。
- 培养对插画的鉴赏能力。

相关知识 插画概述

1. 插画的概念

插画就是用来解释说明一段文字的图画。广告、杂志、说明书、海报、图书、包装等平面作品中，凡是用于“解释说明”的图画都可以称为插画。

插画以宣传主题内容的意义为目的，通过将主题内容进行视觉化的图画效果表现，营造出主题突出、明确，感染力、生动性强的艺术视觉效果，如图 8-1 所示。

2. 插画的应用领域

插画被广泛应用于现代艺术设计的多个领域，包括互联网、媒体、出版、文化艺术、广告展览、公共事业、影视游戏等，如图 8-2 所示。

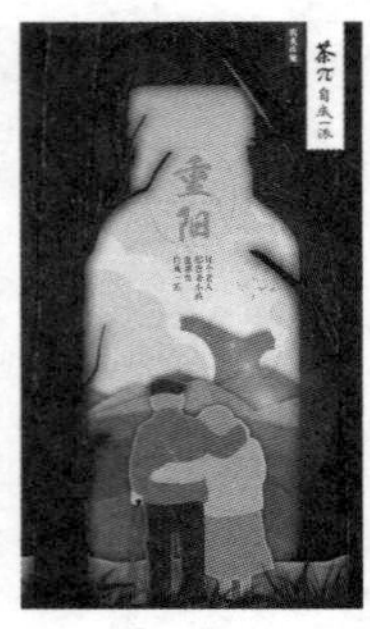

图 8-1

图 8-2

3. 插画的分类

插画的种类繁多，可以分为出版物插图、商业宣传插画、卡通吉祥物插图、影视与游戏美术设计插画、艺术创作类插画，如图 8-3 所示。

图 8-3

任务 8.1 绘制家电 App 引导页插画

8.1.1 任务分析

本任务是为 Shine 家电 App 绘制引导页插画，用于产品的宣传和推广，在插画绘制上要通过简洁的绘画语言突出宣传的主题，并体现出平台的特点。

在设计、绘制过程中，通过淡黄色的背景突出前方的宣传主体，展现出电器美观、新潮的特点。设计要求内容丰富；画面色彩要充满时尚性和现代感，辨识度强，能引导人们的视线；风格具有特色，版式布局合理、有序。

本任务将使用“矩形”工具、“圆角半径”选项、“椭圆形”工具、“PowerClip”命令、“形状”工具和填充工具绘制洗衣机机身；使用“矩形”工具、“椭圆形”工具、“弧”按钮和“2 点线”工具绘制洗衣机按钮和滚筒；使用“透明度”工具为滚筒添加透明效果。

8.1.2 任务效果

本任务效果如图 8-4 所示。

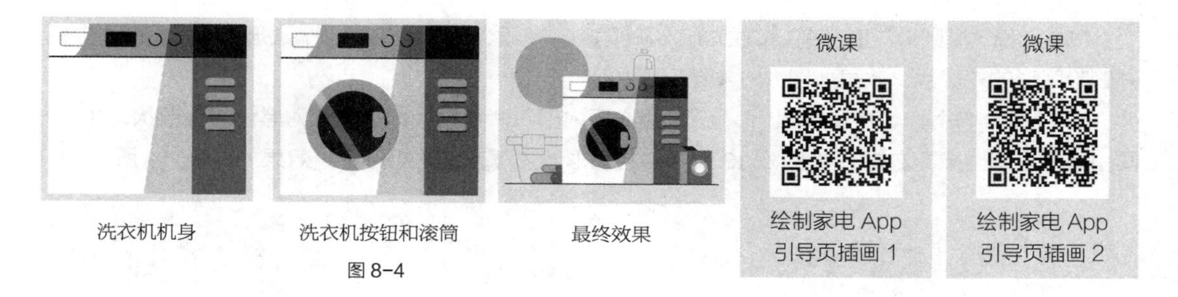

洗衣机机身　洗衣机按钮和滚筒　最终效果

图 8-4

8.1.3 任务制作

1. 绘制洗衣机机身

（1）按 Ctrl+N 组合键，弹出“创建新文档”对话框，在其中设置文档的宽度为 120 mm，高度为 100 mm，方向为横向，原色模式为 CMYK，分辨率为 300 dpi，单击“OK”按钮，创建一个文档。

（2）双击“矩形”工具□，绘制一个与页面大小相等的矩形，如图 8-5 所示。设置图形颜色的 CMYK 值为 2、9、22、0，填充图形，并删除图形的轮廓线，效果如图 8-6 所示。

图 8-5　图 8-6

（3）使用“矩形”工具□，再绘制一个矩形，填充图形为白色，并删除图形的轮廓线，效果如图 8-7 所示。在属性栏中将“圆角半径”选项均设为 1 mm 和 0 mm，单击“相对角缩放”按钮，取消角缩放，如图 8-8 所示。按 Enter 键，效果如图 8-9 所示。

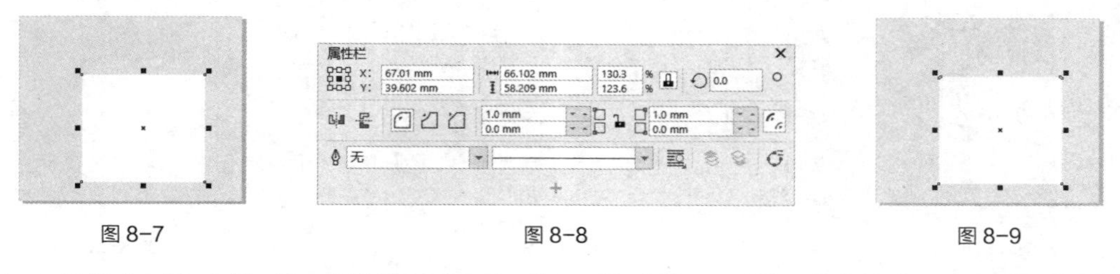

图 8-7　图 8-8　图 8-9

（4）按数字键盘上的+键，复制圆角矩形。选择“选择”工具，向上拖曳圆角矩形下侧中间的控制手柄到适当的位置，调整其大小，效果如图 8-10 所示。设置图形颜色的 CMYK 值为 47、0、17、0，填充图形，效果如图 8-11 所示。

图 8-10　图 8-11

（5）选择“椭圆形”工具，按住 Ctrl 键的同时，在适当的位置绘制一个圆形，填充图形为白色，并删除图形的轮廓线，效果如图 8-12 所示。

（6）选择“对象 > PowerClip > 置于图文框内部”命令，鼠标指针变为黑色箭头形状，在下方圆角矩形上单击鼠标左键，如图 8-13 所示。将圆形置入下方圆角矩形中，效果如图 8-14 所示。

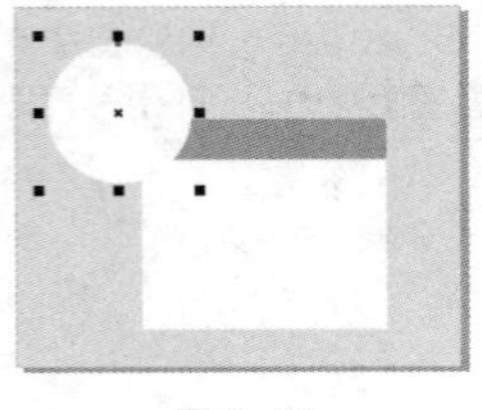

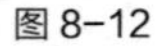
图 8-12

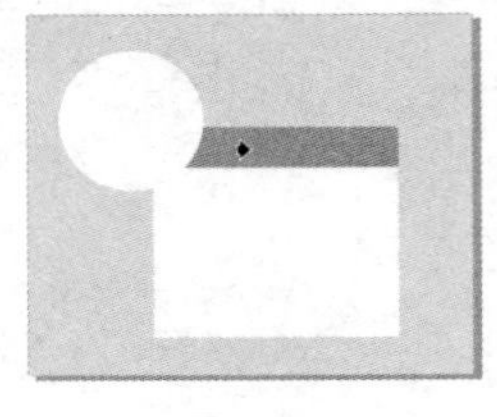

图 8-13

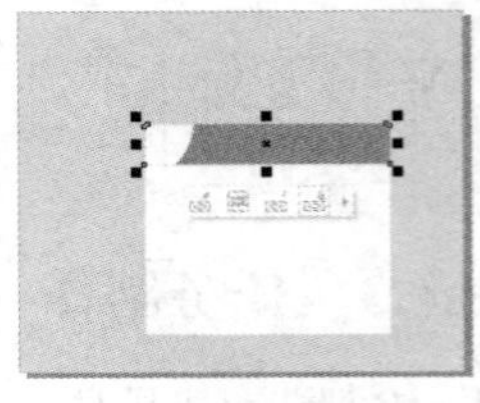

图 8-14

（7）选择“选择”工具，选取下方白色圆角矩形，如图 8-15 所示，按 Ctrl+C 组合键，复制图形，按 Ctrl+V 组合键，将复制的图形原位粘贴，如图 8-16 所示。设置图形颜色的 CMYK 值为 24、0、9、0，填充图形，效果如图 8-17 所示。

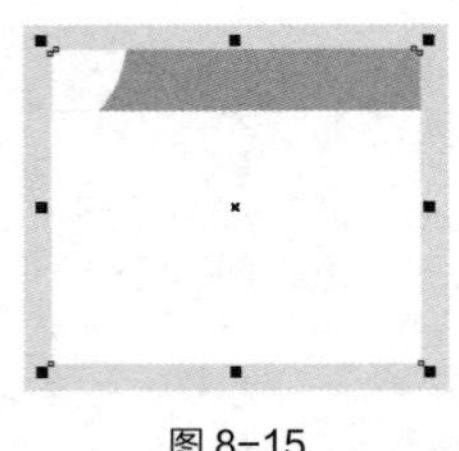

图 8-15

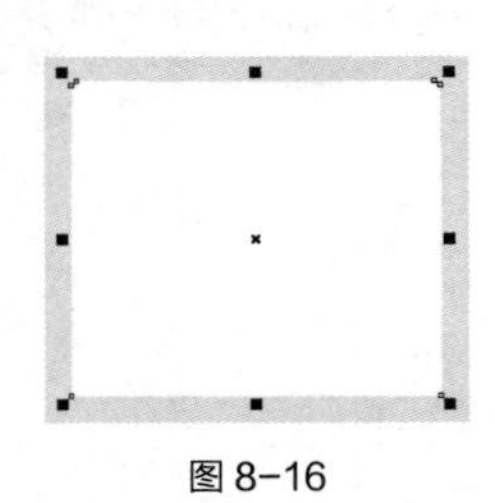

图 8-16

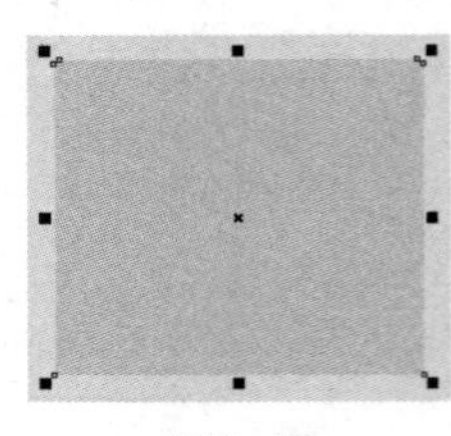

图 8-17

（8）向右拖曳圆角矩形左侧中间的控制手柄到适当的位置，调整其大小，效果如图 8-18 所示。在属性栏中将“圆角半径”选项均设为 0 mm 和 1.0 mm，如图 8-19 所示。按 Enter 键，效果如图 8-20 所示。

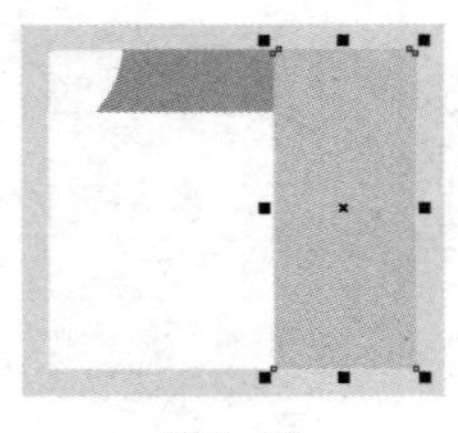

图 8-18

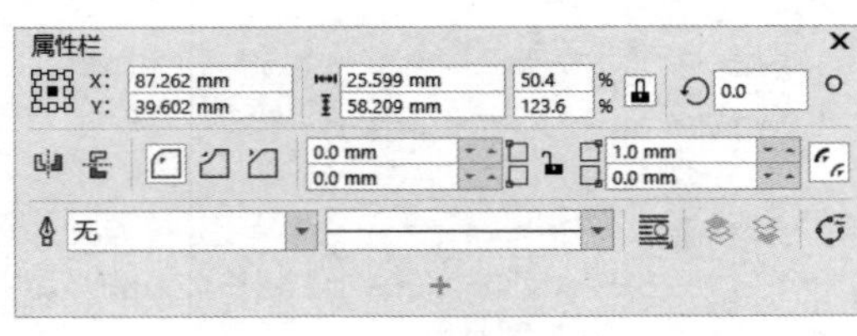

图 8-19

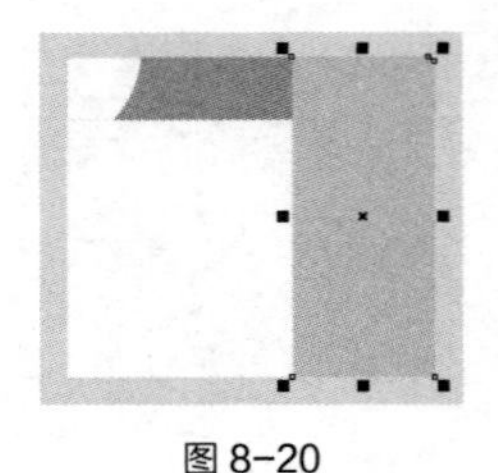

图 8-20

（9）单击属性栏中的“转换为曲线”按钮，将图形转换为曲线，如图 8-21 所示。选择“形状”工具，选中并向左拖曳左下角的节点到适当的位置，效果如图 8-22 所示。

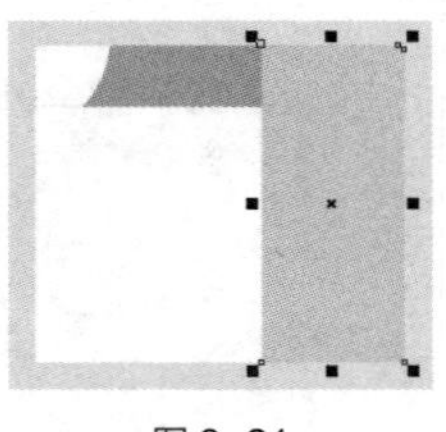

图 8-21

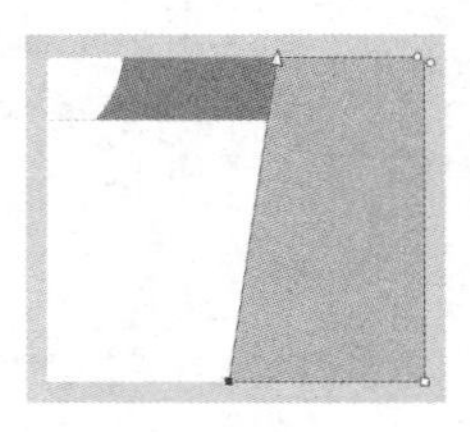

图 8-22

（10）选择“选择”工具，选取下方白色圆角矩形，如图 8-23 所示，按 Ctrl+C 组合键，复制图形，按 Ctrl+V 组合键，将复制的图形原位粘贴。设置图形颜色的 CMYK 值为 77、8、32、0，填充图形，效果如图 8-24 所示。

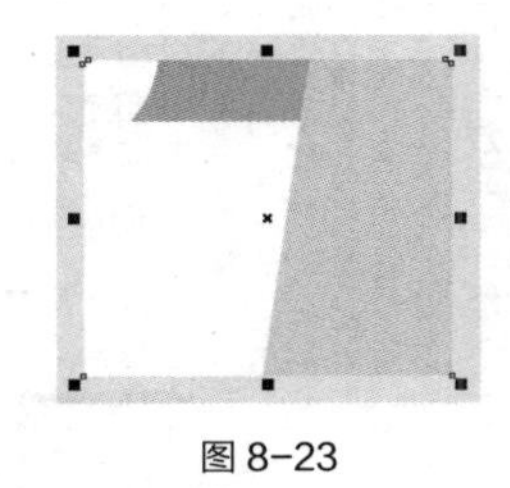
图 8-23

图 8-24

（11）向右拖曳圆角矩形左侧中间的控制手柄到适当的位置，调整其大小，效果如图 8-25 所示。在属性栏中将“圆角半径”选项均设为 0 mm 和 1.0 mm，如图 8-26 所示。按 Enter 键，效果如图 8-27 所示。

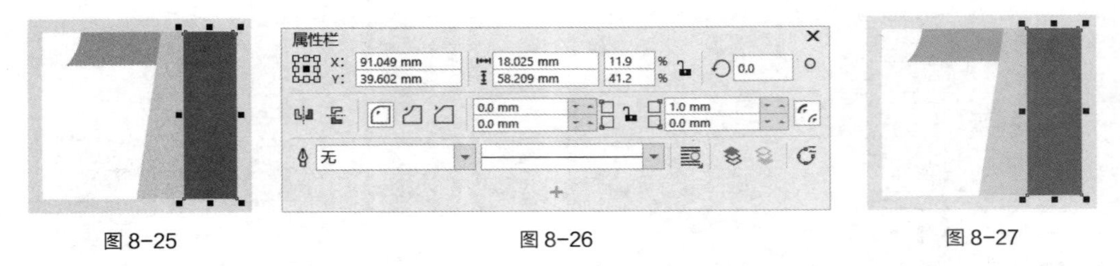

图 8-25　　图 8-26　　图 8-27

（12）使用相同的方法复制其他圆角矩形，并填充相应的颜色，效果如图 8-28 所示。选择“2 点线”工具，按住 Ctrl 键的同时，在适当的位置绘制一条直线，如图 8-29 所示。

图 8-28

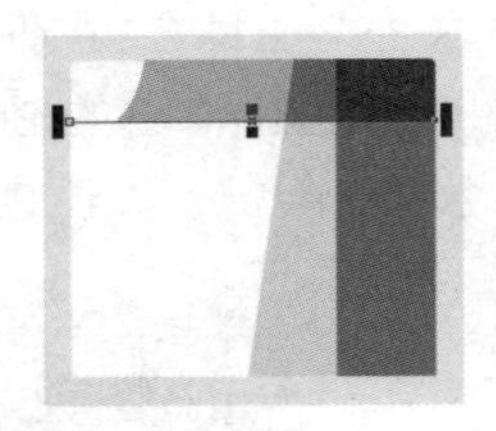
图 8-29

（13）按 F12 键，弹出“轮廓笔”对话框，在“颜色”选项中设置轮廓线颜色的 CMYK 值为 100、84、44、5，其他选项的设置如图 8-30 所示。单击“OK”按钮，效果如图 8-31 所示。

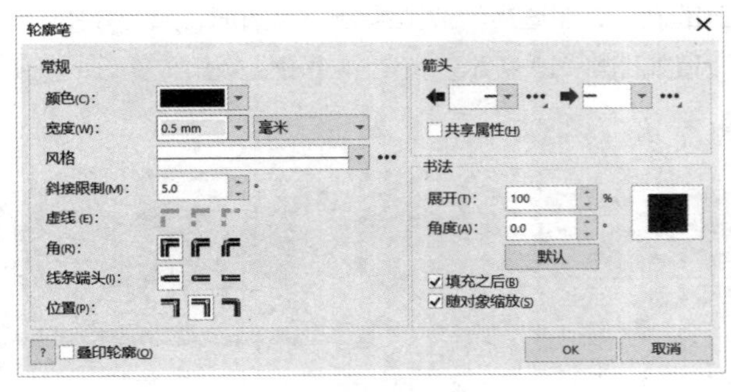

图 8-30

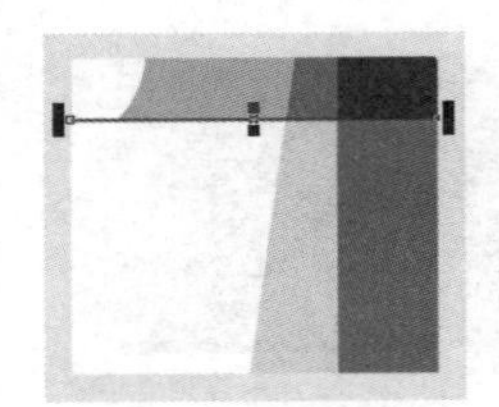
图 8-31

2. 绘制洗衣机按钮和滚筒

（1）选择“矩形”工具□，在适当的位置绘制一个矩形，如图 8-32 所示。在属性栏中将“圆角半径”选项设为 0 mm 和 1.0 mm。如图 8-33 所示。按 Enter 键，效果如图 8-34 所示。

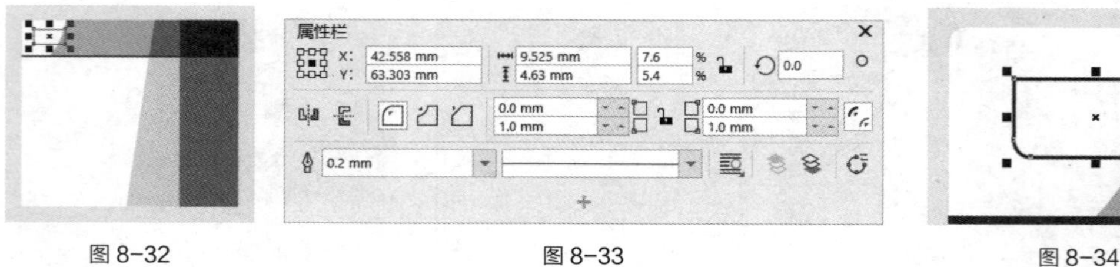

图 8-32　　图 8-33

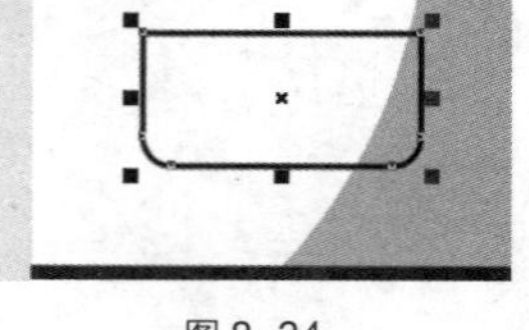

图 8-34

（2）按 F12 键，弹出“轮廓笔”对话框，在“颜色”选项中设置轮廓线颜色的 CMYK 值为 47、0、17、0，其他选项的设置如图 8-35 所示。单击“OK”按钮，效果如图 8-36 所示。

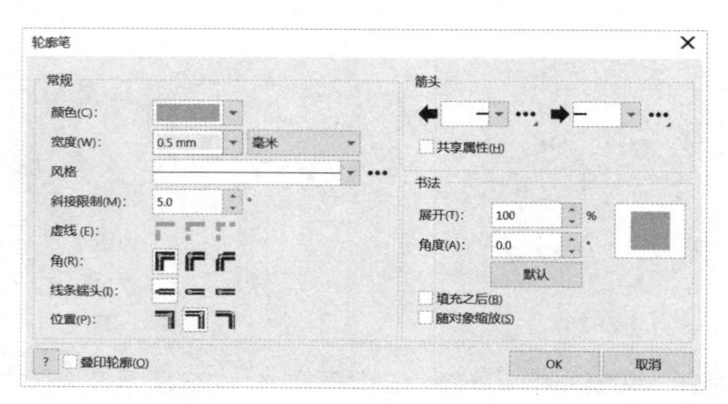

图 8-35

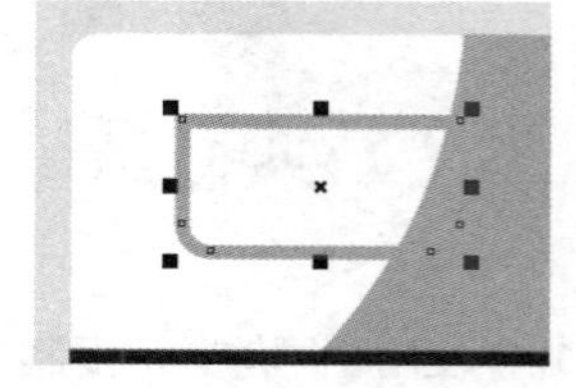

图 8-36

（3）选择“矩形”工具□，在适当的位置绘制一个矩形，设置图形颜色的 CMYK 值为 100、84、44、5，填充图形，并删除图形的轮廓线，效果如图 8-37 所示。在属性栏中将“圆角半径”选项均设为 0.5 mm。按 Enter 键，效果如图 8-38 所示。

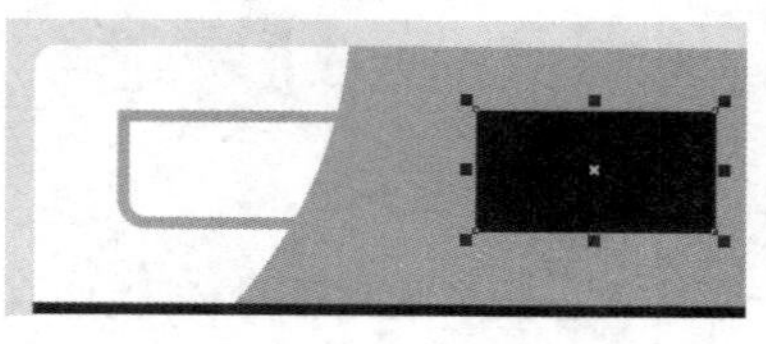

图 8-37

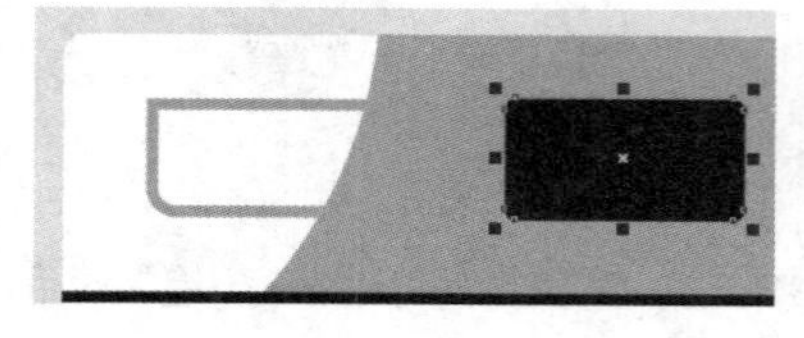

图 8-38

（4）选择“椭圆形”工具○，按住 Ctrl 键的同时，在适当的位置绘制一个圆形，如图 8-39 所示。在属性栏中单击“弧”按钮◌，其他选项的设置如图 8-40 所示。按 Enter 键，效果如图 8-41 所示。

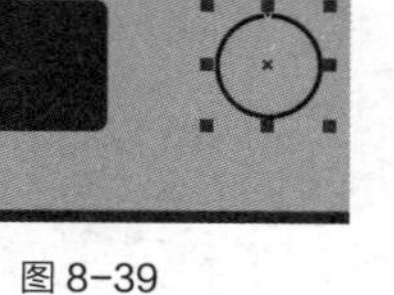

图 8-39

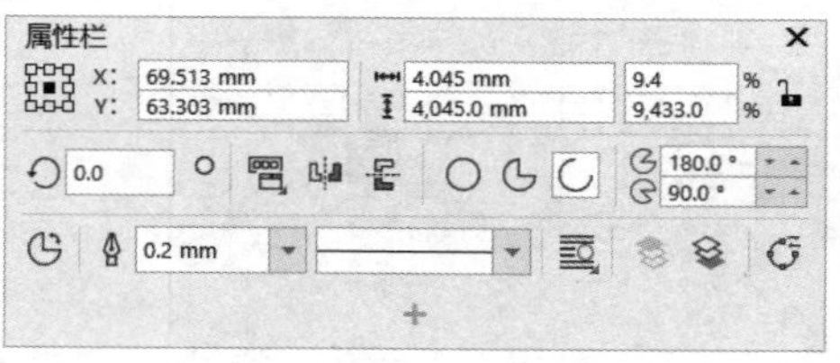

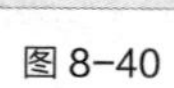

图 8-40

图 8-41

（5）按 F12 键，弹出“轮廓笔”对话框，在“颜色”选项中设置轮廓线颜色的 CMYK 值为 100、84、44、5，其他选项的设置如图 8-42 所示。单击“OK”按钮，效果如图 8-43 所示。

（6）按数字键盘上的+键，复制弧形。选择“选择”工具，按住 Shift 键的同时，水平向右拖曳复制的弧形到适当的位置，效果如图 8-44 所示。

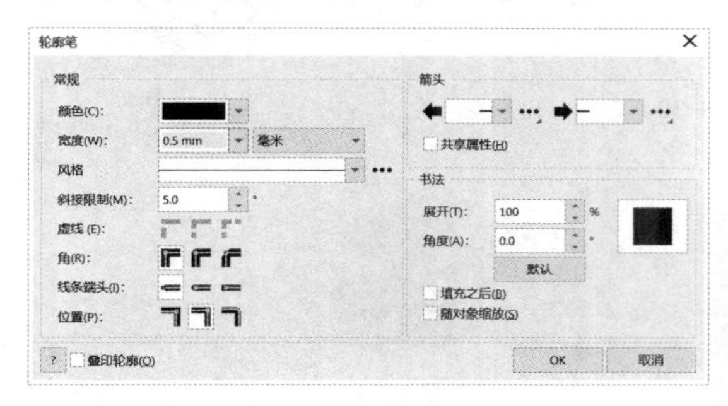

图 8-42

图 8-43

图 8-44

（7）选择“椭圆形”工具，按住 Ctrl 键的同时，在适当的位置绘制一个圆形，如图 8-45 所示。设置图形颜色的 CMYK 值为 100、84、44、5，填充图形，并删除图形的轮廓线，效果如图 8-46 所示。

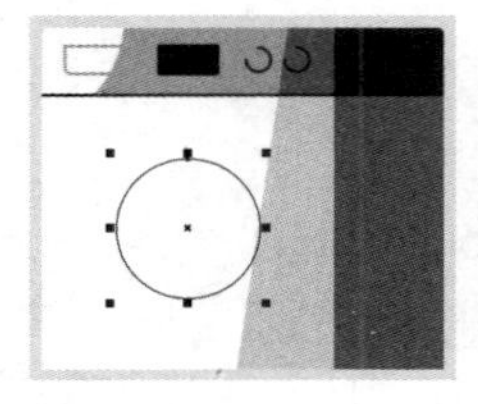

图 8-45

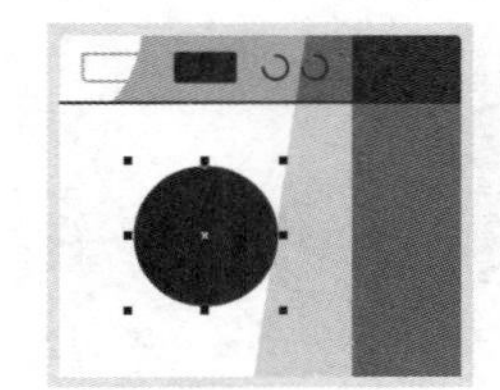

图 8-46

（8）按 F12 键，弹出“轮廓笔”对话框，在“颜色”选项中设置轮廓线颜色的 CMYK 值为 47、0、17、0，其他选项的设置如图 8-47 所示。单击“OK”按钮，效果如图 8-48 所示。

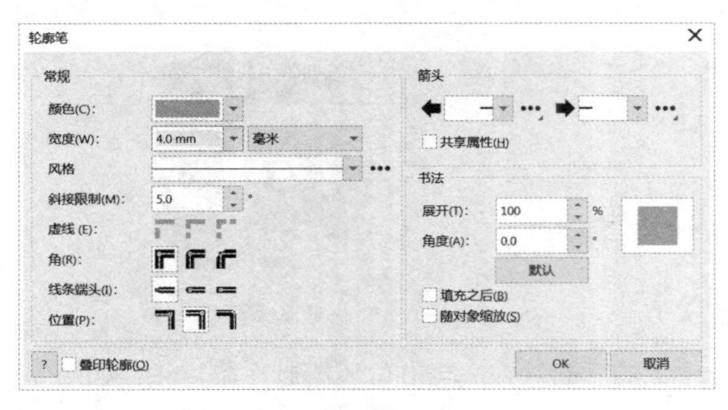

图 8-47

图 8-48

（9）选择“矩形”工具，在适当的位置绘制一个矩形，设置图形颜色的 CMYK 值为 47、0、17、0，填充图形，并删除图形的轮廓线，效果如图 8-49 所示。在属性栏中将“圆角半径”选项设为 1.0 mm 和 2.0 mm，如图 8-50 所示。按 Enter 键，效果如图 8-51 所示。

（10）使用“矩形”工具，再绘制一个矩形，如图 8-52 所示，设置图形颜色的 CMYK 值为 47、

0、17、0，填充图形，并删除图形的轮廓线，效果如图 8-53 所示。

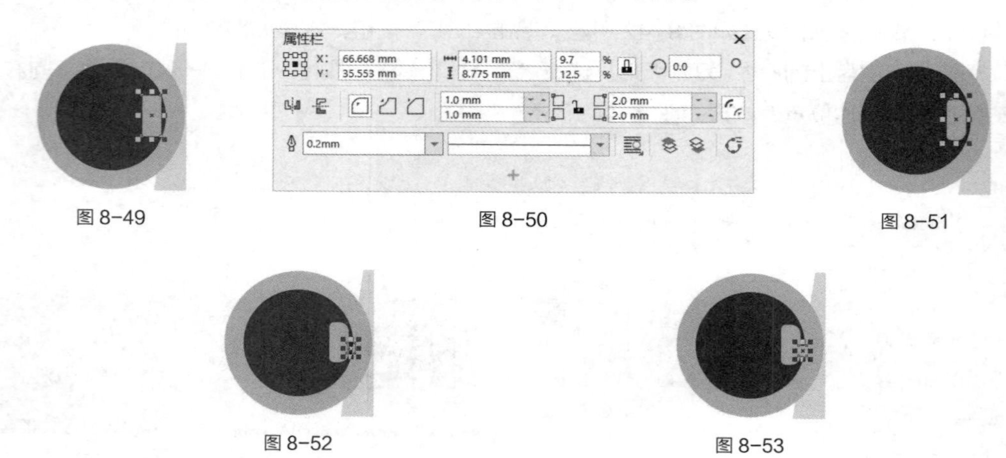

图 8-49　图 8-50　图 8-51

图 8-52　图 8-53

（11）选择“3 点矩形”工具，在适当的位置拖曳鼠标指针绘制一个倾斜矩形，填充图形为白色，并删除图形的轮廓线，效果如图 8-54 所示。

（12）选择“透明度”工具，在属性栏中单击“均匀透明度”按钮，其他选项的设置如图 8-55 所示。按 Enter 键，效果如图 8-56 所示。

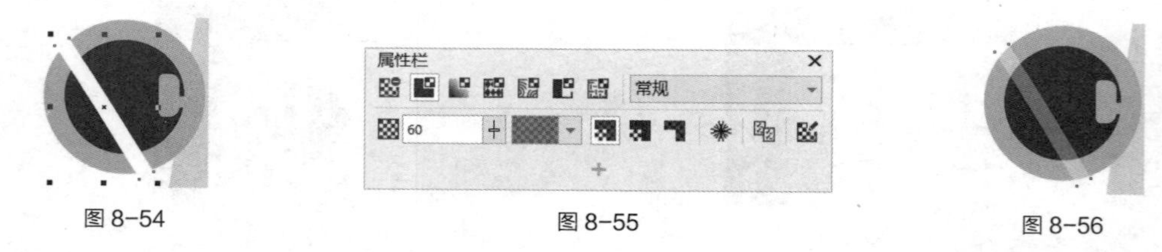

图 8-54　图 8-55　图 8-56

（13）选择“矩形”工具，在适当的位置绘制一个矩形，设置图形颜色的 CMYK 值为 47、0、17、0，填充图形，并删除图形的轮廓线，效果如图 8-57 所示。在属性栏中将“圆角半径”选项均设为 2.0 mm。按 Enter 键，效果如图 8-58 所示。

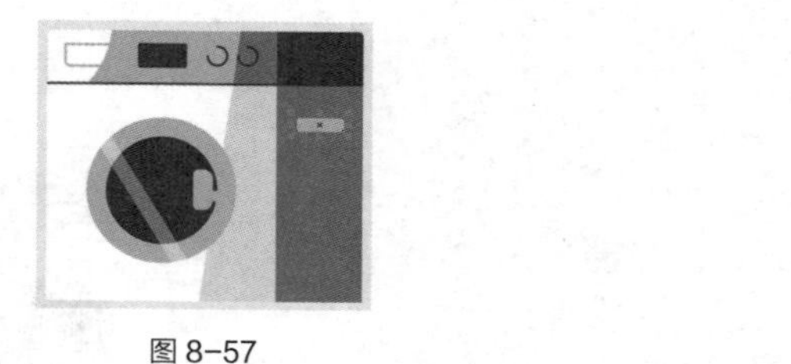

图 8-57　图 8-58

（14）选择“2 点线”工具，按住 Ctrl 键的同时，在适当的位置绘制一条直线，如图 8-59 所示。选择“属性滴管”工具，将鼠标指针放置在上方弧形上，鼠标指针变为图标，如图 8-60 所示。在弧形上单击鼠标左键吸取属性，鼠标指针变为图标，在需要的直线上单击鼠标左键，填充图形，效果如图 8-61 所示。

（15）选择“选择”工具，用圈选的方法将所绘制的圆角矩形和直线同时选取，如图 8-62 所示。按数字键盘上的+键，复制图形，按住 Shift 键的同时，垂直向下拖曳复制的图形到适当的位置，效果如图 8-63 所示。

（16）按住 Ctrl 键的同时，再连续按 D 键，按需要再复制出多个图形，效果如图 8-64 所示。用相同的方法绘制其他元素，效果如图 8-65 所示。家电 App 引导页插画制作完成。

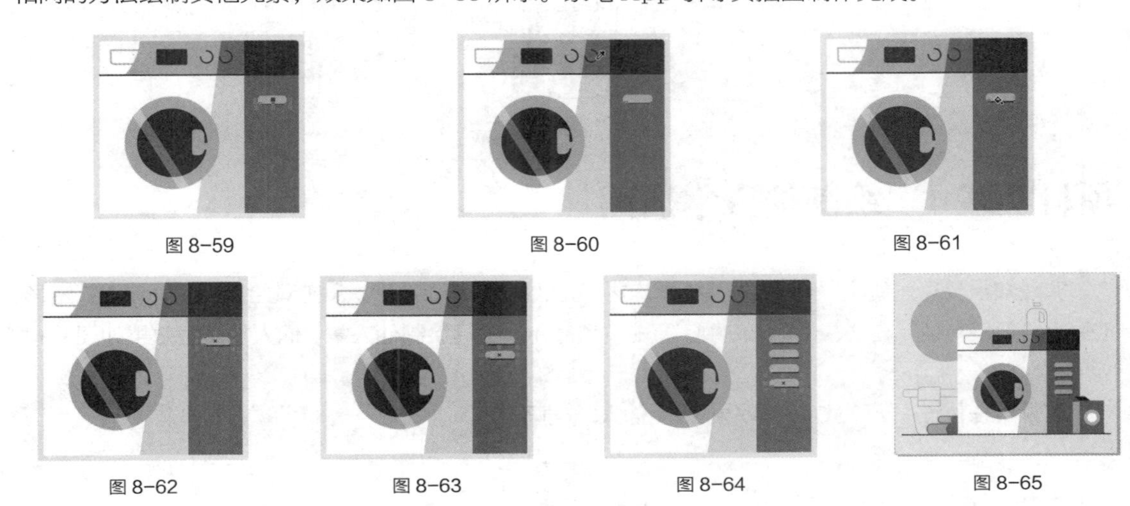

图 8-59　图 8-60　图 8-61

图 8-62　图 8-63　图 8-64　图 8-65

任务 8.2 绘制旅游插画

8.2.1 任务分析

本任务是为卡通图书绘制旅游插画。在插画绘制上要通过简洁的绘画语言表现出旅游的特点，以及它带来的乐趣。

在设计、绘制过程中，用简单的色块构成插画的背景效果，营造出晴空万里、郁郁葱葱的感觉。简单的缆车图形形象生动，突显出活力感。整个画面自然协调且富于变化，让人印象深刻。

本任务将使用“星形”工具、“形状”工具、“矩形”工具绘制山和树；使用“椭圆形”工具、“置于图文框内部”命令制作 PowerClip 效果；使用“矩形”工具、“圆角半径”选项、“移除前面对象”按钮、“椭圆形”工具、“水平镜像”按钮、“垂直镜像”按钮和填充工具绘制云彩、太阳和缆车。

8.2.2 任务效果

本任务效果如图 8-66 所示。

风景

云彩、太阳和缆车

最终效果

图 8-66

微课
绘制旅游插画 2

8.2.3 任务制作

项目实践 1 绘制仙人掌插画

实践知识要点 使用“矩形”工具、“转换为曲线”按钮、“形状”工具绘制花盆；使用“矩形”工具、“圆角半径”选项、“轮廓笔”工具、“贝塞尔”工具绘制仙人掌。仙人掌插画效果如图 8-67 所示。

效果所在位置 云盘\Ch08\效果\绘制仙人掌插画.cdr。

图 8-67

项目实践 2 绘制鸳鸯插画

实践知识要点 使用“矩形”工具、“圆角半径”选项、“椭圆形”工具、“饼形”按钮绘制鸳鸯身体和头部；使用“贝塞尔”工具、“手绘”工具、“置于图文框内部”命令绘制鸳鸯羽毛；使用“2 点线”工具、“轮廓笔”工具、“变形”工具、“拉链变形”按钮绘制装饰线条。鸳鸯插画效果如图 8-68 所示。

效果所在位置 云盘\Ch08\效果\绘制鸳鸯插画.cdr。

图 8-68

课后习题 1 绘制鲸鱼插画

习题知识要点 使用“矩形”工具、“手绘”工具和填充工具绘制插画背景；使用“矩形”工具、“椭圆形”工具、“移除前面对象”按钮、“贝塞尔”工具绘制鲸鱼；使用“艺术笔”工具绘制水花；使用“手绘”工具和“轮廓笔”工具绘制海鸥。鲸鱼插画效果如图 8-69 所示。

效果所在位置 云盘\Ch08\效果\绘制鲸鱼插画.cdr。

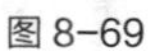
图 8-69

课后习题 2 绘制假日游轮插画

习题知识要点 使用“贝塞尔”工具、“水平镜像”按钮、“矩形”工具、“移除前面对象”按钮绘制游轮；使用“导入”命令、“对齐与分布”泊坞窗导入并对齐素材图片；使用“贝塞尔”工具、“轮廓笔”工具绘制波浪；使用“文本”工具添加标题文字。假日邮轮插画效果如图 8-70 所示。

效果所在位置 云盘\Ch08\效果\绘制假日游轮插画.cdr。

图 8-70

项目 9 宣传单设计

项目引入

宣传单是一种直销广告，对宣传活动和促销商品有着重要的作用。宣传单通过派送等形式，可以有效地将信息传送给目标受众。通过本项目的学习，读者可以掌握多种宣传单的设计方法和制作技巧。

项目目标

- 了解宣传单的概念。
- 掌握宣传单的分类和特点。

技能目标

- 掌握食品宣传单的制作方法。
- 掌握家居宣传单折页的制作方法。

素养目标

- 培养商业设计思维。
- 加深对中华优秀传统文化的热爱。

相关知识　宣传单概述

1. 宣传单的概念

宣传单是将产品和活动信息进行传播的一种广告形式，其最终目的是帮助宣传者推销产品和服务，如图 9-1 所示。

2. 宣传单的分类

宣传单大致可以分为两类，即营销类和公益宣传类。营销类宣传单一般是针对企业宣传、产品促销和新店开张等活动制定的，而公益宣传类宣传单主要包括环境保护和公益活动等内容，如图 9-2 所示。宣传单可以是单页或折页形式。

图 9-1

图 9-2

3. 宣传单的特点

好的宣传单都具有以下特点：第一是信息突出，对所在企业行为及宣传点有明显的展示，能够快速让目标受众产生兴趣并对其进行关注，如图 9-3 所示；第二是信息丰富，对具体业务或行为详细展示，通过项目细节打动目标受众；第三是目标明确，或是吸引到店，或是新品宣传，对目标受众预期进行有效引导。

图 9-3

任务 9.1 制作食品宣传单

9.1.1 任务分析

端午节是我国的传统节日，每年的这天，人们都要吃粽子。任务是为京津味食美食品有限责任公司设计、制作宣传单，该宣传单要作为大量派发之用，适合在展会、巡展、街头派发。宣传单的内容需简单明了，能够快速、有效地表达出卖点，第一时间吸引目标受众的注意力。

在设计制作过程中，通过浅色背景搭配精美的产品图片，体现出产品选料精良、美味可口的特点；通过艺术设计的标题文字，展现节日的氛围感以及产品特色，突出宣传主题，让人印象深刻。

本任务使用“文本”工具、“轮廓图”工具添加标题文字；使用“手绘”工具绘制装饰线条；使用“矩形”工具、“圆角半径”选项、“文本”工具绘制标志；使用“插入页面”命令添加页面；使用“字形”命令插入字形；使用“文本”工具、“制表位”命令添加产品品类；使用“文本”工具、“文本”泊坞窗添加其他相关信息。

9.1.2 任务效果

本任务效果如图 9-4 所示。

标题文字

产品信息

最终效果

图 9-4

9.1.3 任务制作

1. 制作宣传单正面

（1）按 Ctrl+N 组合键，弹出“创建新文档”对话框，在其中设置文档的宽度为 92 mm，高度为 210 mm，方向为纵向，原色模式为 CMYK，分辨率为 300 dpi，单击“OK”按钮，创建一个文档。

（2）选择“布局 > 页面大小”命令，弹出“选项”对话框，选择“页面尺寸”选项，在“出血”数值框中设置数值为 3.0，勾选“显示出血区域”复选框，如图 9-5 所示。单击“OK”按钮，页面效果如图 9-6 所示。

图 9-5

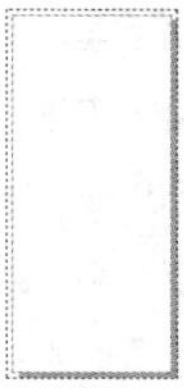

图 9-6

（3）按 Ctrl+I 组合键，弹出“导入”对话框，选择云盘中的“Ch09\素材\制作食品宣传单 01”文件，单击“导入”按钮，在页面中单击导入图片，如图 9-7 所示。按 P 键使图片在页面中居中对齐，效果如图 9-8 所示。

（4）选择“文本”工具，在页面中分别输入需要的文字。选择“选择”工具，在属性栏中选择合适的字体并设置文字大小，效果如图 9-9 所示。将输入的文字同时选取，设置文字颜色的 CMYK 值为 0、100、100、20，填充文字，效果如图 9-10 所示。

图 9-7　图 9-8　图 9-9　图 9-10

（5）选取文字“端”，选择“轮廓图”工具，在属性栏中将“填充色”选项设为白色，其他选项的设置如图 9-11 所示。按 Enter 键，效果如图 9-12 所示。用相同的方法为其他文字添加轮廓，效果如图 9-13 所示。

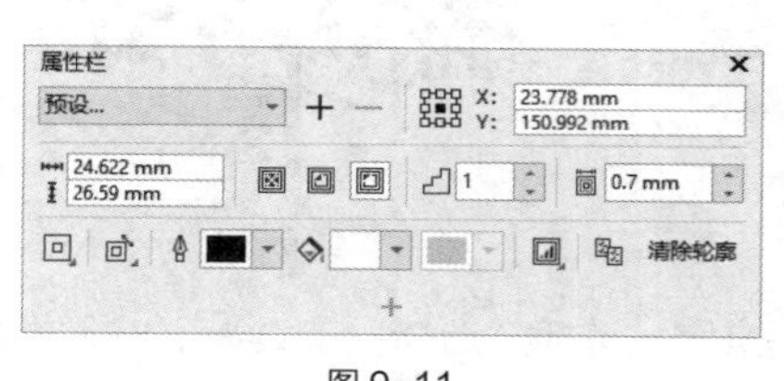

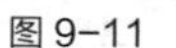

图 9-11　图 9-12　图 9-13

（6）选择“椭圆形”工具，按住 Ctrl 键的同时，在适当的位置绘制一个圆形。按 F12 键，弹出“轮廓笔”对话框，在“颜色”选项中设置轮廓线颜色的 CMYK 值为 0、100、100、20，其他选项的设置如图 9-14 所示。单击“OK”按钮，效果如图 9-15 所示。

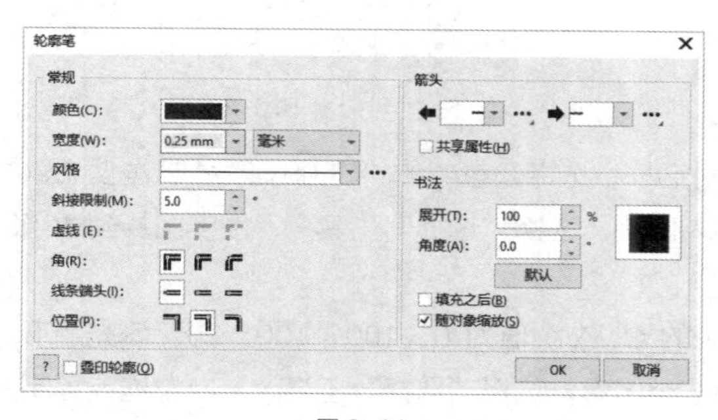

图 9-14　图 9-15

（7）选择“选择”工具，按数字键盘上的+键，复制一个圆形，按住 Shift 键的同时，水平向右拖曳复制的圆形到适当的位置，如图 9-16 所示。按住 Ctrl 键的同时，再连续按 D 键，按需要再复制出多个圆形，效果如图 9-17 所示。

（8）选择“文本”工具，在适当的位置分别输入需要的文字。选择“选择”工具，在属性栏中选择合适的字体并设置文字大小。设置文字颜色的 CMYK 值为 0、100、100、20，填充文字，效果如图 9-18 所示。

图 9-16

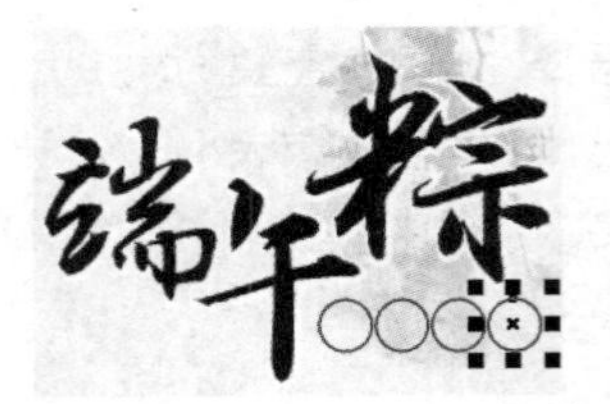

图 9-17

（9）选择“文本 > 文本”命令，在弹出的“文本”泊坞窗中进行设置，如图 9-19 所示。按 Enter 键，效果如图 9-20 所示。

图 9-18

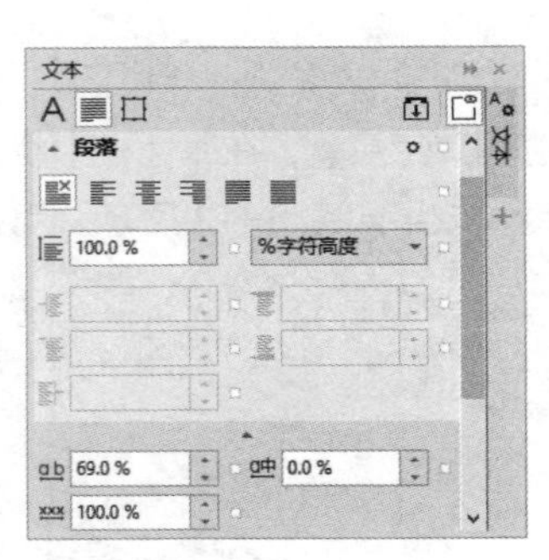

图 9-19

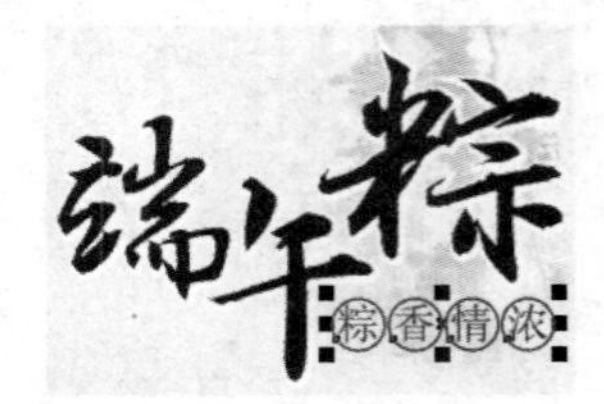

图 9-20

（10）选择“文本”工具字，在适当的位置输入需要的文字，选择“选择”工具，在属性栏中选择合适的字体并设置文字大小，效果如图 9-21 所示。在“CMYK 调色板”中的“70%黑”色块上单击鼠标左键，填充文字，效果如图 9-22 所示。

图 9-21

图 9-22

（11）按 Ctrl+I 组合键，弹出“导入”对话框，选择云盘中的“Ch09\素材\制作食品宣传单\02”文件，单击“导入”按钮，在页面中单击导入图片。选择“选择”工具，拖曳图片到适当的位置，并调整其大小，效果如图 9-23 所示。

（12）保持图形选取状态。设置图形颜色的 CMYK 值为 0、100、100、20，填充图形，效果如图 9-24 所示。按数字键盘上的+键，复制一个图形。选择“选择”工具，向左拖曳复制的图形到适当的位置并调整其大小，效果如图 9-25 所示。

图 9-23

图 9-24

图 9-25

（13）选择“文本”工具字，在适当的位置输入需要的文字。选择“选择”工具，在属性栏中选取适当的字体并设置文字大小，单击“将文本更改为垂直方向”按钮，更改文字方向，效果如图 9-26 所示。在“文本”泊坞窗中，选项的设置如图 9-27 所示。按 Enter 键，效果如图 9-28 所示。

图 9-26

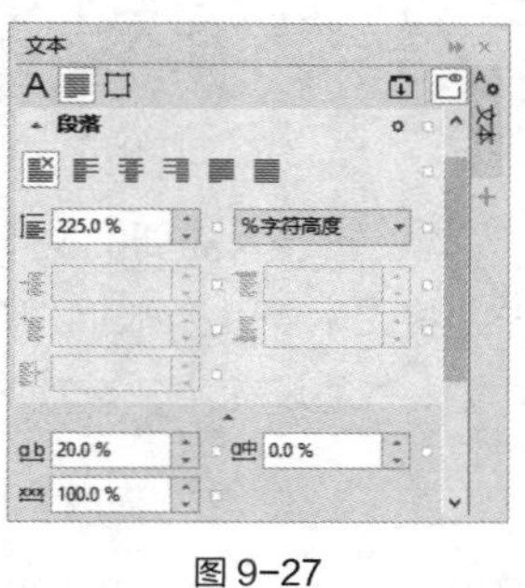
图 9-27

图 9-28

（14）选择“手绘”工具，按住 Ctrl 键的同时，在适当的位置绘制一条竖线。按 F12 键，弹出“轮廓笔”对话框，在“颜色”选项中设置轮廓线颜色的 CMYK 值为 40、0、100、30，其他选项的设置如图 9-29 所示。单击“OK”按钮，效果如图 9-30 所示。

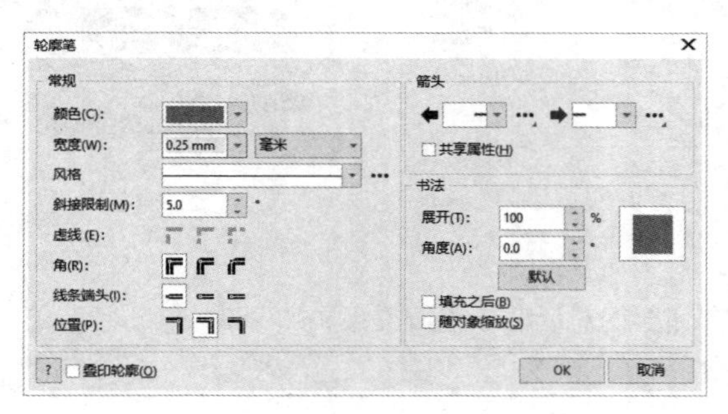
图 9-29

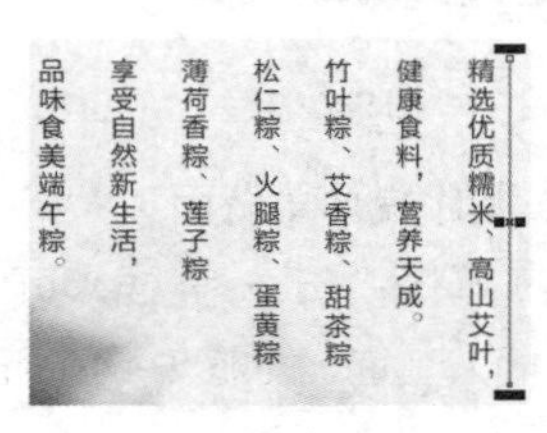

图 9-30

（15）选择“选择”工具，按数字键盘上的+键，复制一条竖线，按住 Shift 键的同时，向左拖曳复制的竖线到适当的位置，如图 9-31 所示。按住 Ctrl 键的同时，再连续按 D 键，按需要再复制出多条竖线，效果如图 9-32 所示。

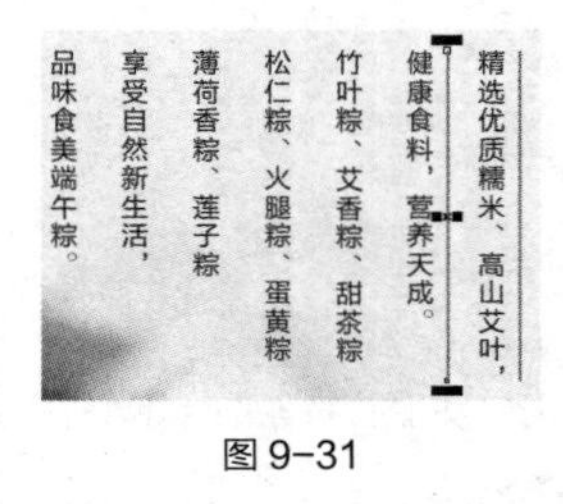
图 9-31

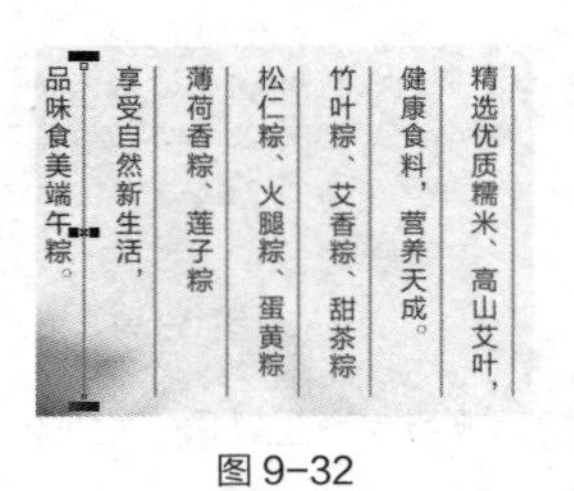
图 9-32

（16）选择“矩形”工具，在适当的位置绘制一个矩形，在属性栏中将“圆角半径”选项均设为 2.4 mm，如图 9-33 所示，按 Enter 键，效果如图 9-34 所示。设置图形颜色的 CMYK 值为 40、0、100、30，填充图形，并删除图形的轮廓线，效果如图 9-35 所示。

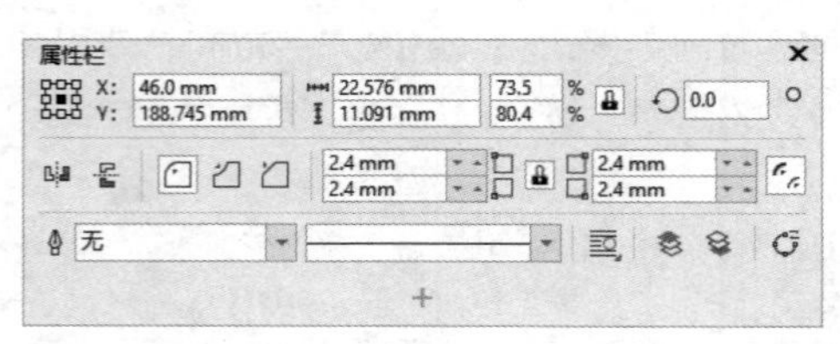

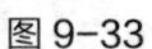
图 9-33

图 9-34

图 9-35

（17）选择“文本”工具字，在适当的位置输入需要的文字。选择“选择”工具，在属性栏中选取适当的字体并设置文字大小。单击“将文本更改为水平方向”按钮，更改文字方向，并填充文字为白色，效果如图 9-36 所示。在“文本”泊坞窗中，选项的设置如图 9-37 所示。按 Enter 键，效果如图 9-38 所示。

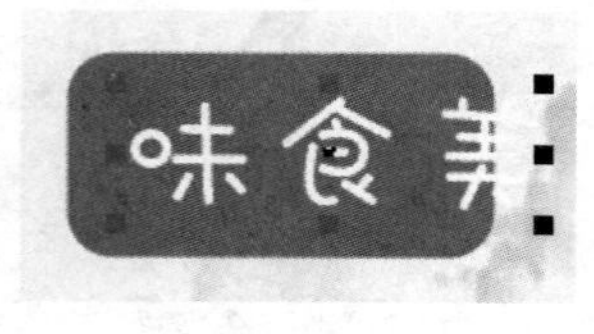

图 9-36

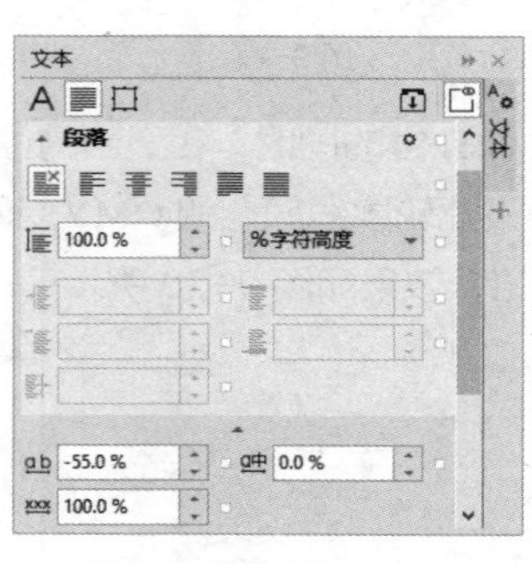

图 9-37

图 9-38

2. 制作宣传单背面

（1）选择“布局 > 插入页面”命令，在弹出的对话框中进行设置，如图 9-39 所示。单击“OK”按钮，插入页面，如图 9-40 所示。

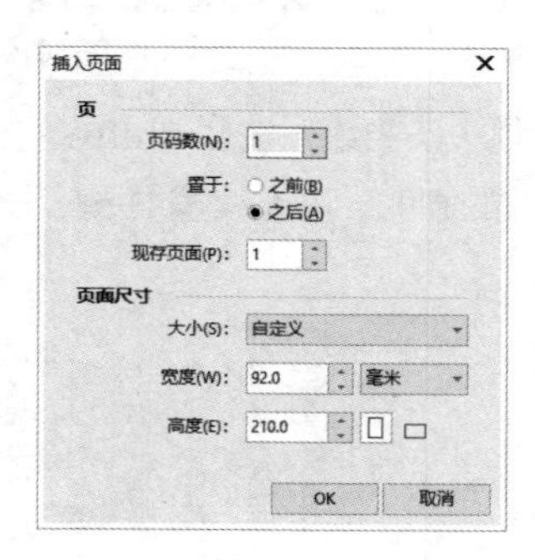

图 9-39

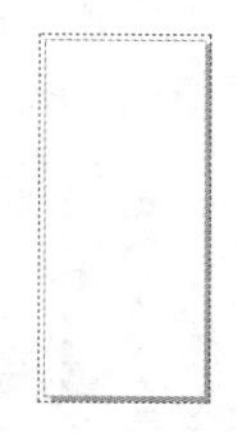
图 9-40

（2）双击“矩形”工具，绘制一个与页面大小相等的矩形，如图 9-41 所示。在属性栏中的“对象大小”选项中分别设置宽度为 98 mm，高度为 216 mm，按 Enter 键，矩形显示为设置的大小，效果如图 9-42 所示。设置图形颜色的 CMYK 值为 2、3、13、0，填充图形，并删除图形的轮廓线，效果如图 9-43 所示。

（3）选择“矩形”工具，在适当的位置绘制一个矩形，在属性栏中单击“扇形角”按钮，将“圆角半径”选项均设为 1.0 mm，如图 9-44 所示。按 Enter 键，效果如图 9-45 所示。设置图形颜色的 CMYK 值为 40、0、100、30，填充图形，并删除图形的轮廓线，效果如图 9-46 所示。

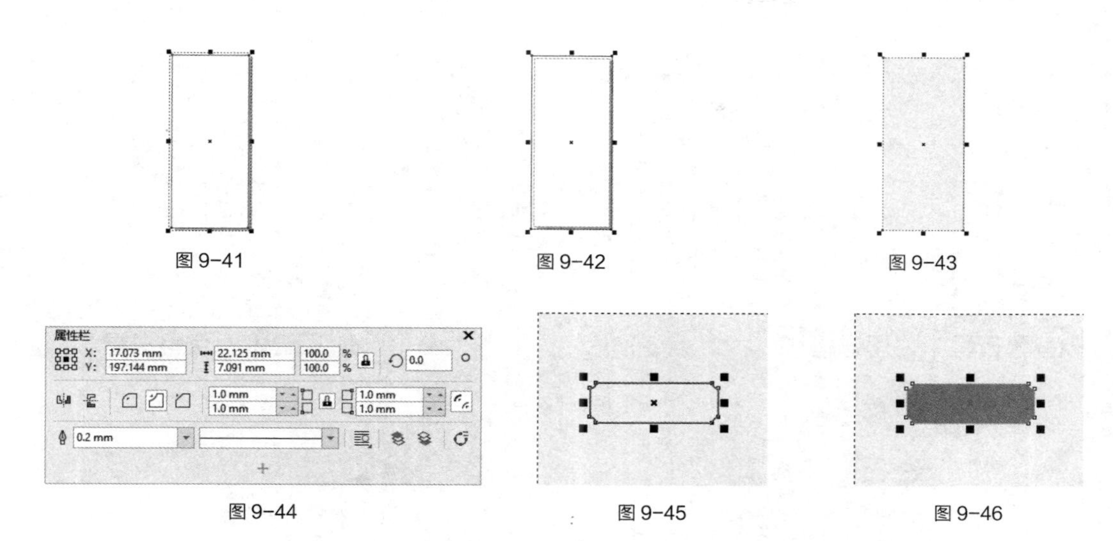

图 9-41 图 9-42 图 9-43

图 9-44 图 9-45 图 9-46

（4）选择“文本”工具字，在扇形角矩形上输入需要的文字。选择“选择”工具，在属性栏中选取适当的字体并设置文字大小，填充文字为白色，效果如图 9-47 所示。

（5）按 Ctrl+I 组合键，弹出“导入”对话框，选择云盘中的“Ch09\素材\制作食品宣传单\03 ~ 05”文件，单击“导入”按钮，在页面中分别单击导入图片。选择“选择”工具，将图片分别拖曳到适当的位置，并调整其大小，效果如图 9-48 所示。

（6）选择“文本”工具字，在适当的位置分别输入需要的文字。选择“选择”工具，在属性栏中分别选取适当的字体并设置文字大小，效果如图 9-49 所示。选取文字“粽福”，设置文字颜色的 CMYK 值为 40、0、100、30，填充文字，效果如图 9-50 所示。

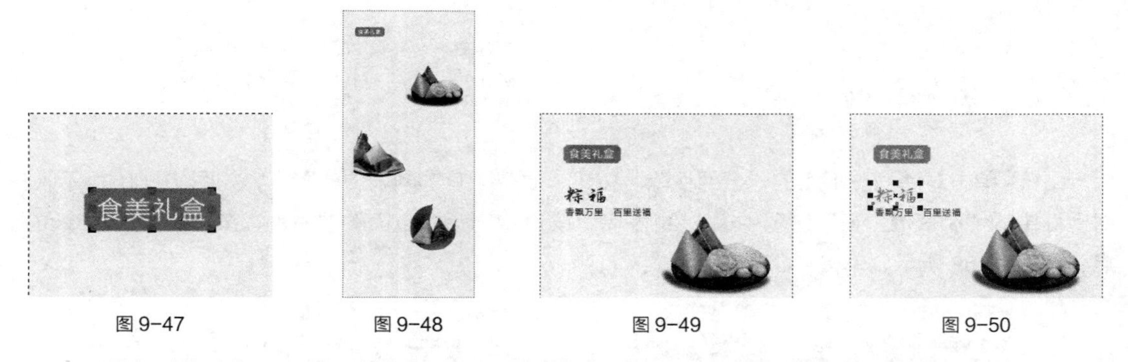

图 9-47 图 9-48 图 9-49 图 9-50

（7）选择“文本”工具字，在文字“里”右侧单击鼠标左键插入光标，如图 9-51 所示。选择“文本 > 字形”命令，弹出“字形”泊坞窗，在泊坞窗中按需要进行设置并选择需要的字形，如图 9-52 所示。双击需要的字形，插入字形，效果如图 9-53 所示。

（8）选择“文本”工具字，在适当的位置输入需要的文字。选择“选择”工具，在属性栏中选取适当的字体并设置文字大小，效果如图 9-54 所示。设置文字颜色的 CMYK 值为 0、100、100、20，填充文字，效果如图 9-55 所示。

（9）选择“文本”工具字，在页面外按住鼠标左键不放，拖曳出一个文本框。选择“选择”工具，在属性栏中选取适当的字体并设置文字大小，如图 9-56 所示。选择“文本 > 制表位”命令，弹出“制表位设置”对话框，如图 9-57 所示。

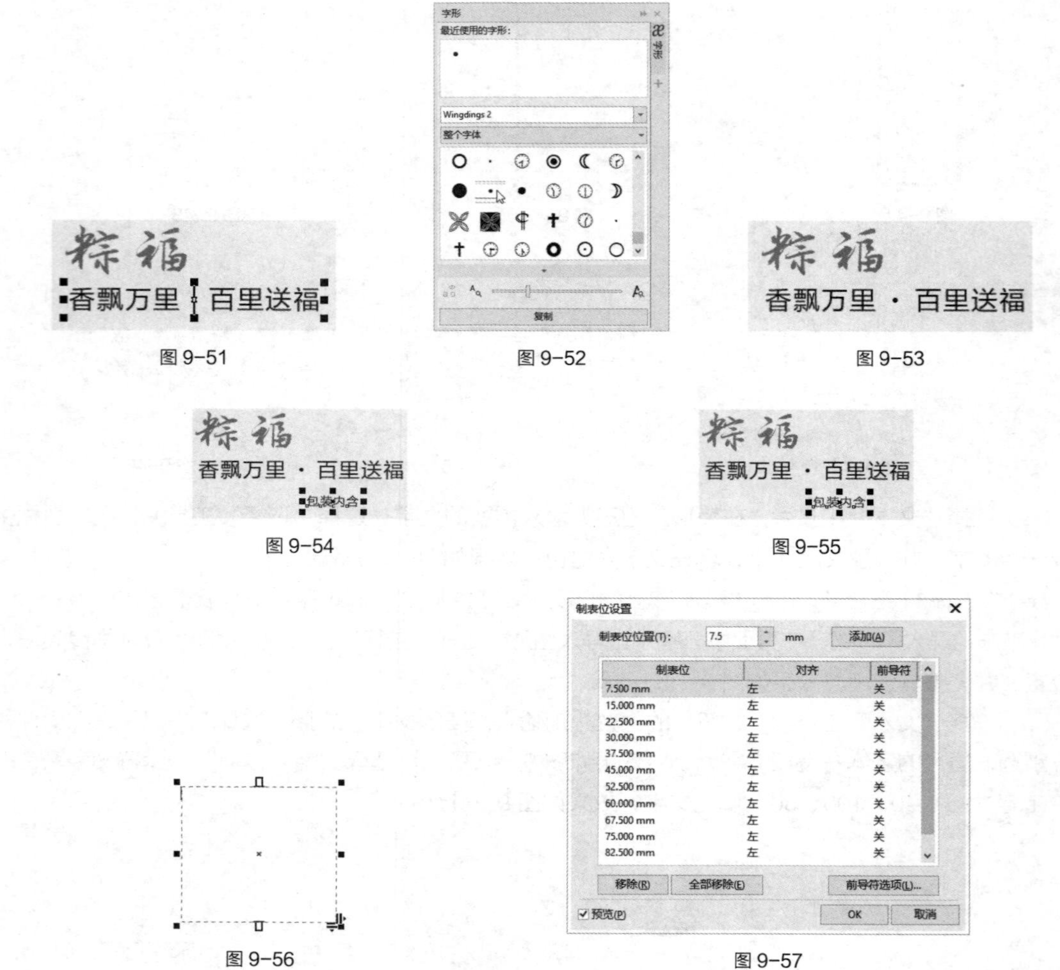

图 9-51　图 9-52　图 9-53

图 9-54　图 9-55

图 9-56　图 9-57

（10）单击对话框左下角的“全部移除”按钮，清空所有的制表位位置点，如图 9-58 所示。在对话框中的“制表位位置”选项中输入数值 15，按 1 次对话框上面的“添加”按钮，添加 1 个位置点，如图 9-59 所示，单击“OK”按钮。

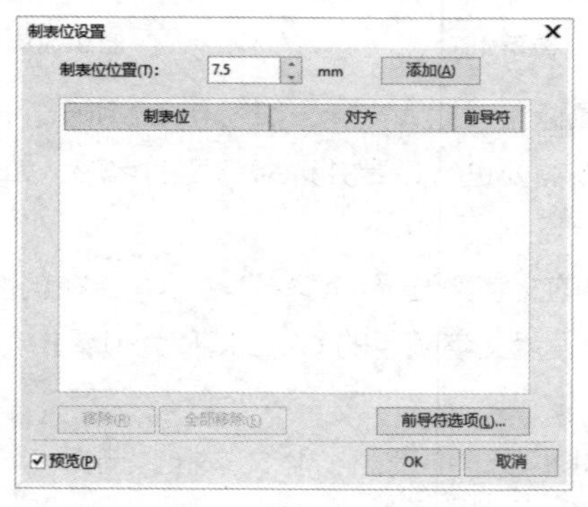

图 9-58

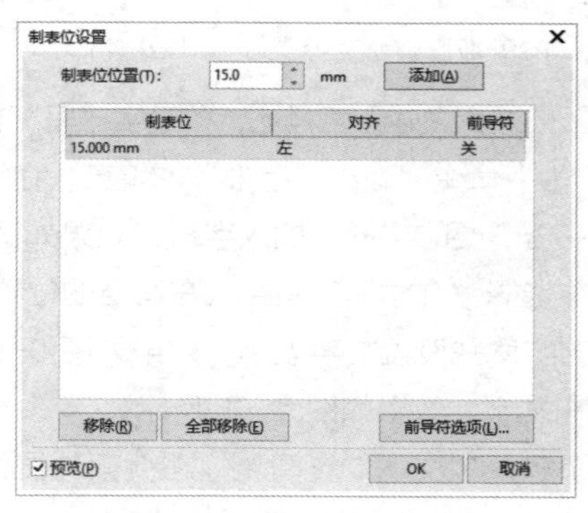

图 9-59

（11）将光标置于段落文本框中，如图 9-60 所示，输入文字“竹叶粽”，如图 9-61 所示。按一次 Tab 键，光标跳到下一个制表位位置点处，如图 9-62 所示，输入文字“100g×2/袋”，如图 9-63 所示。

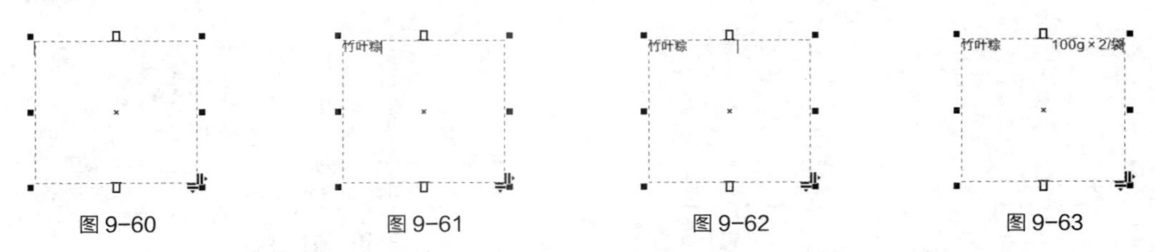

图 9-60　图 9-61　图 9-62　图 9-63

（12）按 Enter 键，将光标切换到下一行，输入文字“艾香粽”，如图 9-64 所示。用相同的方法依次输入其他需要的文字，效果如图 9-65 所示。

（13）在“文本”泊坞窗中，选项的设置如图 9-66 所示。按 Enter 键，效果如图 9-67 所示。

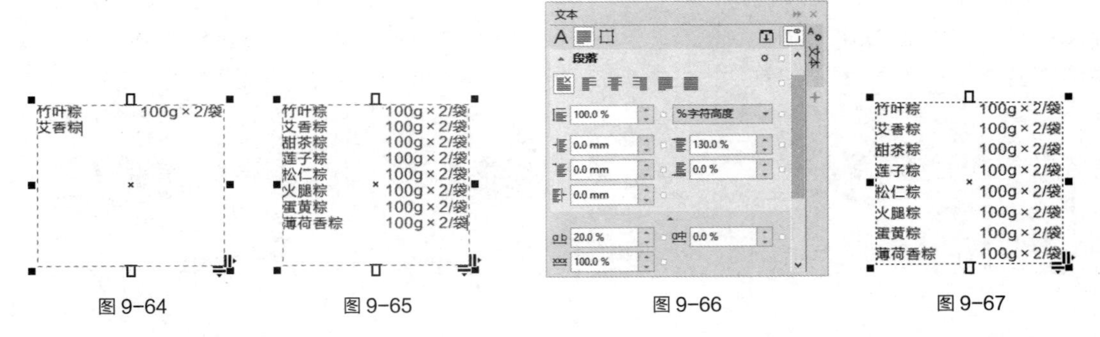

图 9-64　图 9-65　图 9-66　图 9-67

（14）选择“选择”工具，拖曳文字到页面中适当的位置，效果如图 9-68 所示。在“CMYK 调色板”中的“70%黑”色块上单击鼠标左键，填充文字，效果如图 9-69 所示。

（15）选择“手绘”工具，按住 Ctrl 键的同时，在适当的位置绘制一条直线，效果如图 9-70 所示。选择“选择”工具，按数字键盘上的+键，复制一条直线，按住 Shift 键的同时，垂直向下拖曳复制的直线到适当的位置，效果如图 9-71 所示。

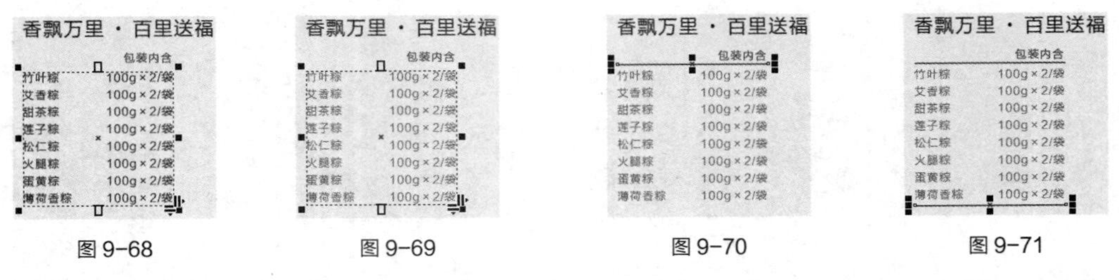

图 9-68　图 9-69　图 9-70　图 9-71

（16）选择“文本”工具，在适当的位置输入需要的文字。选择“选择”工具，在属性栏中选取适当的字体并设置文字大小，效果如图 9-72 所示。

（17）选择“文本”工具，选取文字“208.00”，在属性栏中选取适当的字体并设置文字大小，效果如图 9-73 所示。设置文字颜色的 CMYK 值为 0、100、100、20，填充文字，取消选取状态，效果如图 9-74 所示。用上述相同的方法制作出图 9-75 所示的效果。

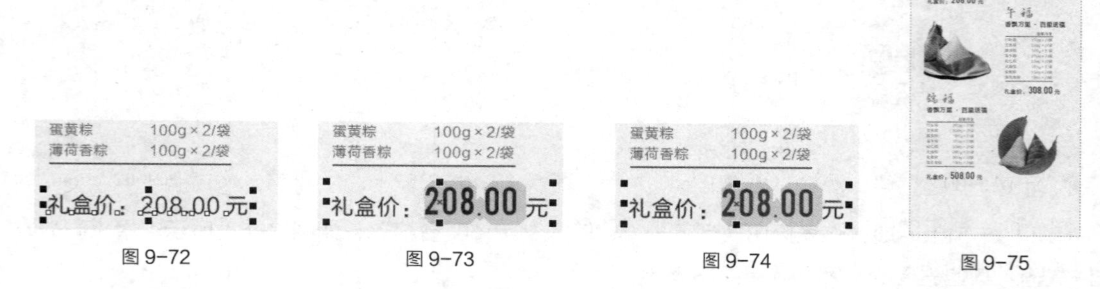

图 9-72　图 9-73　图 9-74　图 9-75

（18）选择“文本”工具，在适当的位置分别输入需要的文字。选择“选择”工具，在属性栏中分别选取适当的字体并设置文字大小，效果如图 9-76 所示。选取文字“订购……98”，设置文字颜色的 CMYK 值为 0、100、100、20，填充文字，效果如图 9-77 所示。选择“文本”工具，选取文字“010-68****98”，在属性栏中选取适当的字体，取消选取状态，效果如图 9-78 所示。

图 9-76　图 9-77　图 9-78

（19）选择“手绘”工具，按住 Ctrl 键的同时，在适当的位置绘制一条直线，在属性栏中的“轮廓宽度”选项 0.2 mm 中设置数值为 0.2 mm，如图 9-79 所示。在“线条样式”选项的下拉列表中选择需要的线条样式，如图 9-80 所示，直线效果如图 9-81 所示。食品宣传单背面制作完成，效果如图 9-82 所示。

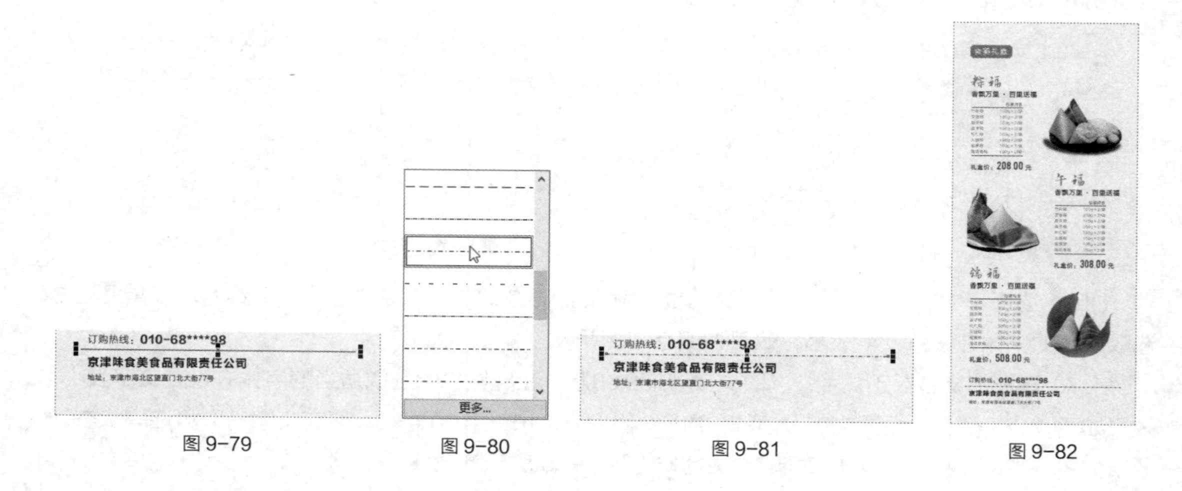

图 9-79　图 9-80　图 9-81　图 9-82

任务 9.2 制作家居宣传单折页

9.2.1 任务分析

顾凯美家居是一家致力于为现代生活空间提供高品质、时尚且实用家具的公司。该公司的产品涵盖客厅、卧室、餐厅、办公室以及户外空间的家具，每一件都经过精心设计并精选材料制作而成。现需为公司设计一套宣传单折页，要求设计能表现出公司特色，且能够吸引目标受众关注。

在设计、制作过程中，通过浅色渐变背景搭配精美的产品图片，体现出产品选料精良、舒适的特点；通过排版和设计，展现出时尚和现代感，突出宣传主题，让人印象深刻。

本任务使用“矩形”工具和“置入图文框内部”命令制作图片剪切蒙版；使用“文本”工具、“文本”泊坞窗添加正/背面和内页宣传信息，使用“矩形”工具、“2 点线”工具和“轮廓笔”工具绘制装饰图形。

9.2.2 任务效果

本任务效果如图 9-83 所示。

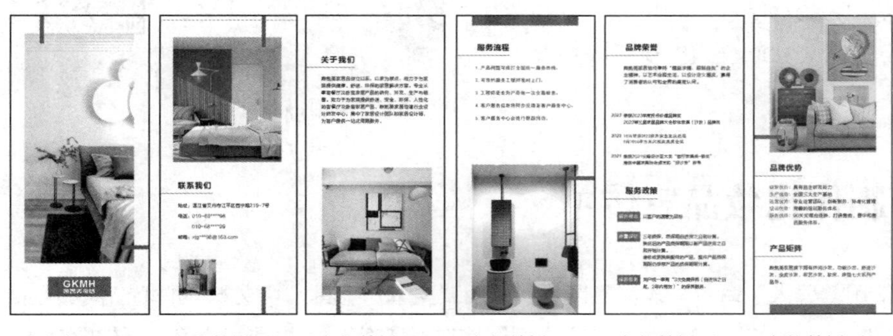

宣传单折页 1　宣传单折页 2　宣传单折页 3　宣传单折页 4　宣传单折页 5　宣传单折页 6

微课

制作家居宣传单折页 1

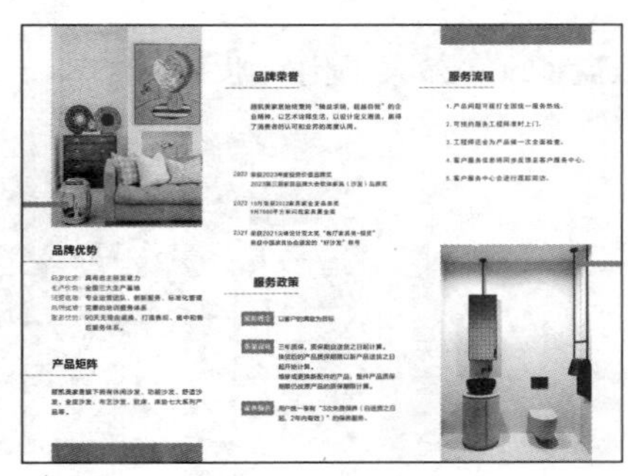

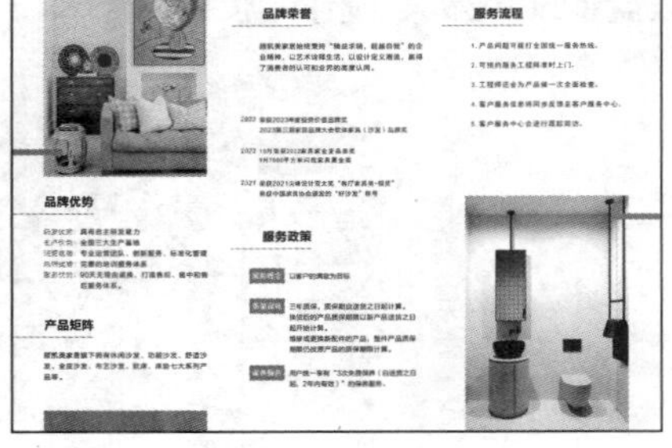

最终效果

图 9-83

9.2.3 任务制作

项目实践 1 制作农产品宣传单

实践知识要点 使用“矩形”工具、“网状填充”工具、“颜色”泊坞窗绘制宣传单背景；使用“椭圆形”工具、“转换为曲线”按钮、“形状”工具、“网状填充”工具、“颜色”泊坞窗绘制西红柿果实；使用“星形”工具、“角”泊坞窗、“封套”工具、“渐变填充”按钮和“椭圆形”工具绘制西红柿叶子；使用“文本”工具、“文本”泊坞窗添加宣传文字。农产品宣传单效果如图 9-84 所示。

效果所在位置 云盘\Ch09\效果\制作农产品宣传单.cdr。

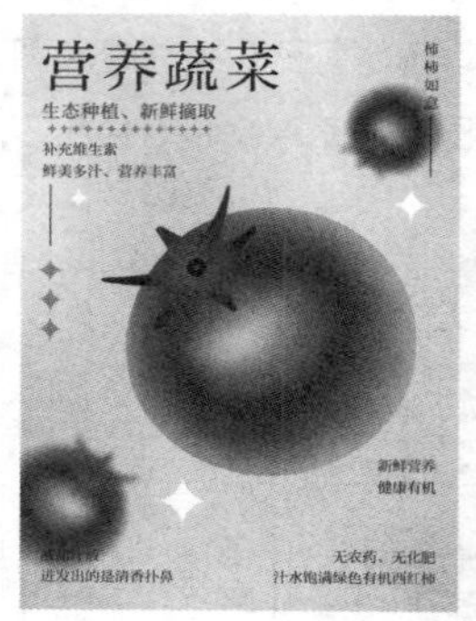

图 9-84

项目实践 2 制作化妆品宣传单

实践知识要点 使用“导入”命令导入产品图片；使用“文本”工具、“文本”泊坞窗添加宣传文字；使用“矩形”工具、“文本”工具、“合并”按钮制作镂空文字。化妆品宣传单效果如图 9-85 所示。

效果所在位置 云盘\Ch09\效果\制作化妆品宣传单.cdr。

图 9-85

课后习题 1　制作木雕宣传单

习题知识要点　使用“导入”命令添加展示图片；使用“文本”工具、“形状”工具添加并编辑标题文字；使用“椭圆形”工具、“矩形”工具、“圆角半径”选项绘制装饰图形；使用“文本”工具、“文本”泊坞窗添加其他相关信息。木雕宣传单效果如图 9-86 所示。

效果所在位置　云盘\Ch09\效果\制作木雕宣传单.cdr。

微课

制作木雕宣传单

图 9-86

课后习题 2　制作饮品宣传单

习题知识要点　使用“导入”命令导入图片；使用“文本”工具、“编辑填充”对话框、“木版画”命令、“晶体化”命令添加并编辑标题文字；使用“文本”工具、“文本”泊坞窗添加其他相关信息。饮品宣传单效果如图 9-87 所示。

效果所在位置　云盘\Ch09\效果\制作饮品宣传单.cdr。

图 9-87

项目 10 Banner 广告设计

项目引入

Banner 广告是帮助提高品牌转化率的重要表现形式，其设计质量的高低将直接影响目标受众是否购买产品或参加活动，因此，Banner 广告设计对于产品及 UI（User Interface，用户界面）乃至运营来说至关重要。通过本项目的学习，读者可以掌握多种 Banner 广告的设计方法和制作技巧。

项目目标

- 了解 Banner 广告的概念。
- 掌握 Banner 广告的设计风格和版式构图。

技能目标

- 掌握电商类 App 主页 Banner 广告的制作方法。
- 掌握时尚女鞋网页 Banner 广告的制作方法。

素养目标

- 培养商业设计思维。
- 培养信息提炼能力。

相关知识　Banner 广告概述

1. Banner 广告的概念

Banner 广告又称为横幅，是网络广告最常用的形式之一，用来宣传展示相关活动或产品，提高品牌转化率。Banner 广告常用于 Web 界面、App 界面或户外展示等，如图 10-1 所示。

2. Banner 广告的设计风格

Banner 广告的设计风格丰富多样，有中国风格、极简风格、插画风格、写实风格、2.5D 风格、三维风格等，如图 10-2 所示。

图 10-1

图 10-2

3. Banner 广告的版式构图

Banner 广告的版式构图比较丰富，常用的有左右构图、上下构图、左中右构图、上中下构图、对角线构图、十字形构图和包围形构图，如图 10-3 所示。

图 10-3

任务 10.1 制作电商类 App 主页 Banner 广告

10.1.1 任务分析

星辰电商是一家专业的综合性网上购物商城，销售家电、数码通信产品、家居百货等。现需要为新款全自动榨汁机设计一款 App 主页 Banner 广告，目的是引导目标受众进入并浏览网站。

在设计、制作过程中，以新品为主，要求使用直观醒目的文字来诠释广告内容，表现活动特色；画面色彩要富有朝气，给人精致好用的印象；设计风格具有特色，版式构图活而不散，能够引起目标受众的兴趣及购买欲望。

本任务将使用“文本”工具、“文本”泊坞窗添加标题文字；使用“多边形”工具、“形状”工具、“椭圆形”工具和“文本”工具制作功能展示标签；使用“矩形”工具、“圆角半径”选项和“文本”工具制作了解详情和购买按钮。

10.1.2 任务效果

本任务效果流程如图 10-4 所示。

Banner 广告底图

标题文字

最终效果

图 10-4

10.1.3 任务制作

1. 添加底图和标题文字

（1）按 Ctrl+N 组合键，弹出“创建新文档”对话框，在其中设置文档的宽度为 1920px，高度为 600px，方向为横向，原色模式为 RGB，分辨率为 72 dpi，单击“OK”按钮，创建一个文档。

（2）按 Ctrl+I 组合键，弹出“导入”对话框，选择云盘中的“Ch10\素材\制作电商类 App 主页 Banner 广告\01”文件，单击“导入”按钮，在页面中单击导入图片，如图 10-5 所示。按 P 键使图片在页面中居中对齐，效果如图 10-6 所示。

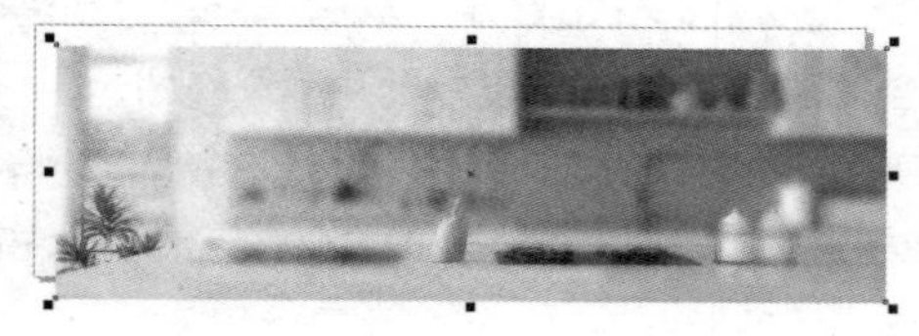

图 10-5

图 10-6

（3）按 Ctrl+I 组合键，弹出“导入”对话框，选择云盘中的“Ch10\素材\制作电商类 App 主页 Banner 广告\02、03”文件，单击“导入”按钮，在页面中分别单击导入图片。选择“选择”工具，分别拖曳图片到适当的位置，效果如图 10-7 所示。

图 10-7

（4）选择“透明度”工具▩，在属性栏中将“合并模式”选项设为“屏幕”，其他选项的设置如图 10-8 所示。按 Enter 键，透明效果如图 10-9 所示。

图 10-8

图 10-9

（5）选择“文本”工具字，在页面中分别输入需要的文字。选择“选择”工具，在属性栏中分别选取适当的字体并设置文字大小，效果如图 10-10 所示。用圈选的方法选取需要的文字，设置文字颜色的 RGB 值为 124、157、33，填充文字，效果如图 10-11 所示。

图 10-10

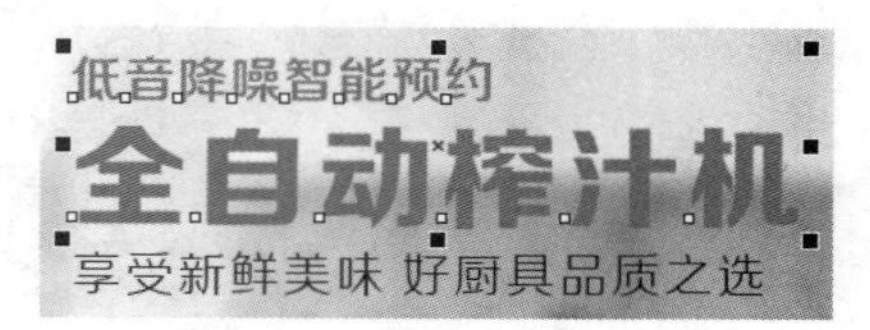

图 10-11

（6）选择“文本 > 文本”命令，在弹出的“文本”泊坞窗中进行设置，如图 10-12 所示。按 Enter 键，效果如图 10-13 所示。

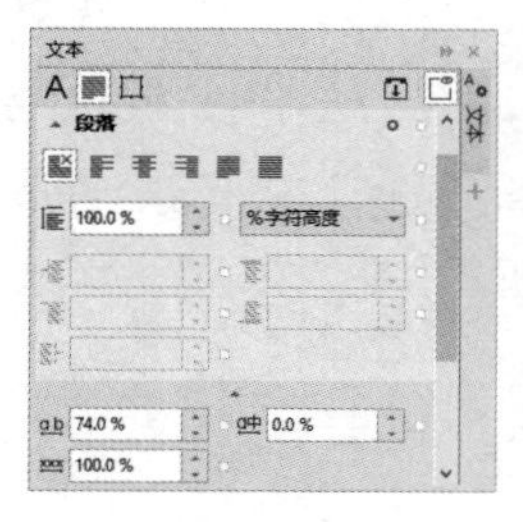

图 10-12

图 10-13

（7）在“文本”泊坞窗中，选项的设置如图 10-14 所示。按 Enter 键，效果如图 10-15 所示。

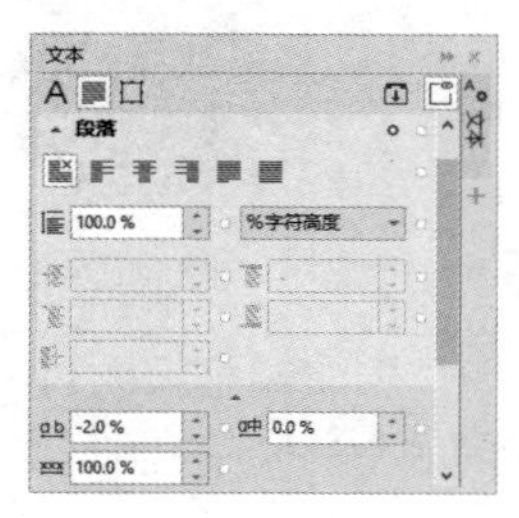

图 10-14

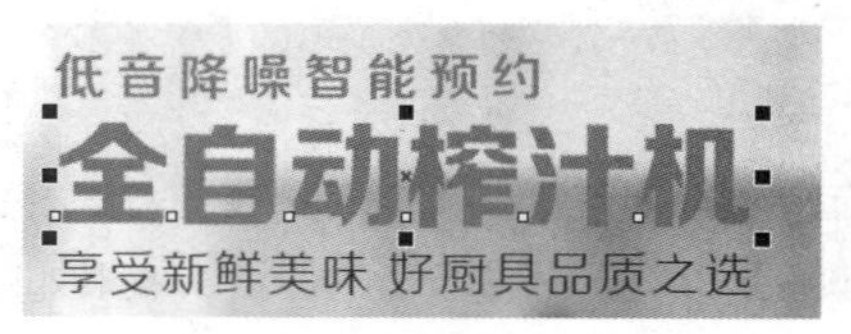

图 10-15

2. 制作功能展示标签

（1）选择“多边形”工具，在属性栏中的设置如图 10-16 所示。在页面外绘制一个多边形，效果如图 10-17 所示。

（2）选择“形状”工具，选取需要的节点，向内拖曳节点到适当的位置，如图 10-18 所示。设置图形颜色的 RGB 值为 124、157、33，填充图形，并删除图形的轮廓线，效果如图 10-19 所示。

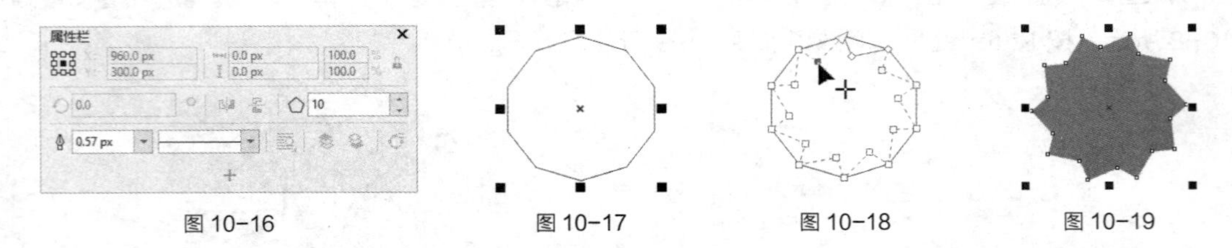

图 10-16　　图 10-17　　图 10-18　　图 10-19

（3）选择“椭圆形”工具，按住 Shift+Ctrl 组合键的同时，以多边形中心为圆心绘制一个圆形，效果如图 10-20 所示。

（4）按 F12 键，弹出“轮廓笔”对话框，在“颜色”选项中设置轮廓线颜色为白色，其他选项的设置如图 10-21 所示。单击“OK”按钮，效果如图 10-22 所示。

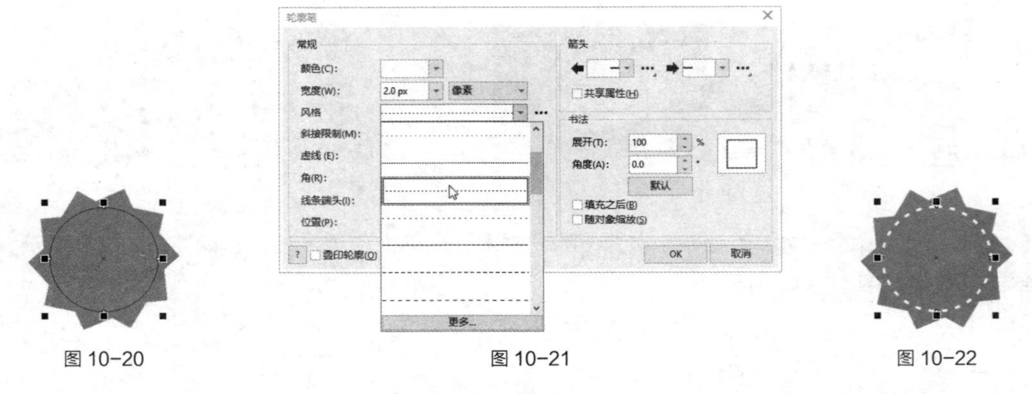

图 10-20　　图 10-21　　图 10-22

（5）选择“文本”工具，在适当的位置输入需要的文字。选择“选择”工具，在属性栏中选取适当的字体并设置文字大小，填充文字为白色，效果如图 10-23 所示。在“文本”泊坞窗中，选项的设置如图 10-24 所示。按 Enter 键，效果如图 10-25 所示。

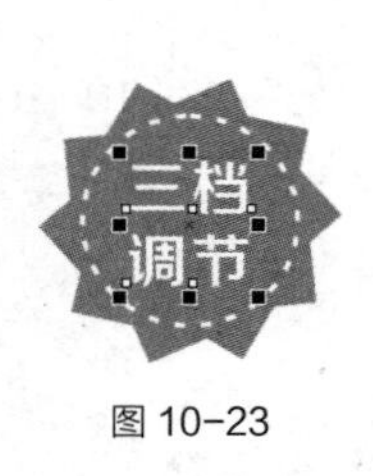

图 10-23

图 10-24

图 10-25

（6）选择“选择”工具，用圈选的方法将所绘制的图形同时选取，按 Ctrl+G 组合键，将其编组，拖曳编组图形到页面中适当的位置，效果如图 10-26 所示。用相同的方法制作“四叶刀头”“强劲动力”“环保材质”功能展示标签，效果如图 10-27 所示。

图 10-26

图 10-27

（7）选择“矩形”工具□，在适当的位置绘制一个矩形，设置图形颜色的 RGB 值为 124、157、33，填充图形，并删除图形的轮廓线，效果如图 10-28 所示。在属性栏中将“圆角半径”选项均设为 8.0 px，如图 10-29 所示。按 Enter 键，效果如图 10-30 所示。

图 10-28

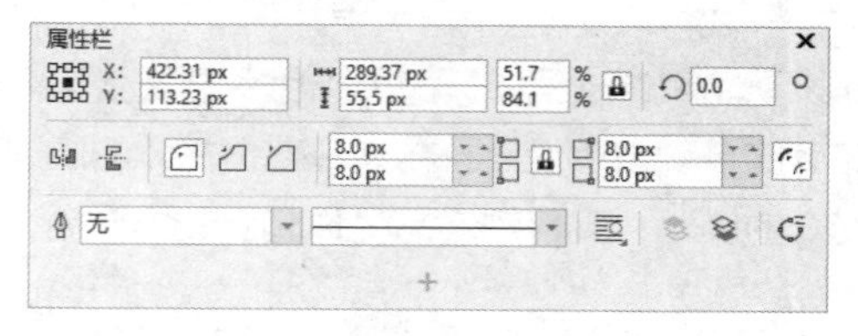

图 10-29

（8）按数字键盘上的+键，复制圆角矩形。选择“选择”工具，水平向右拖曳圆角矩形到适当的位置，效果如图 10-31 所示。

图 10-30

图 10-31

（9）保持图形选取状态。使用“选择”工具，向左拖曳圆角矩形右侧中间的控制手柄到适当的位置，调整其大小，效果如图 10-32 所示。

（10）选择“文本”工具字，在适当的位置分别输入需要的文字。选择“选择”工具，在属性栏中选取适当的字体并设置文字大小，填充文字为白色，效果如图 10-33 所示。

图 10-32

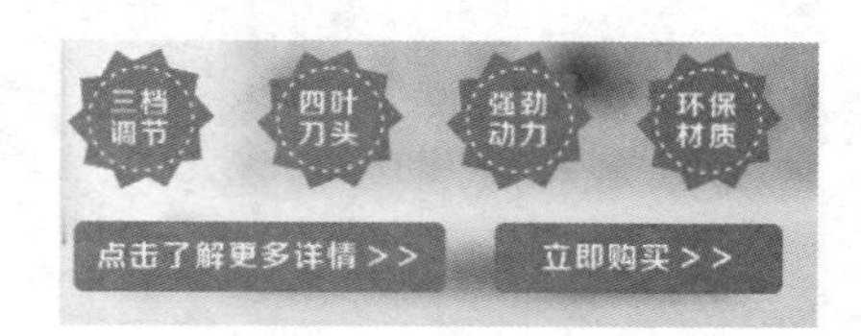

图 10-33

（11）电商类 App 主页 Banner 广告制作完成，效果如图 10-34 所示。

图 10-34

任务 10.2 制作时尚女鞋网页 Banner 广告

10.2.1 任务分析

韵雅时尚是一家致力于为现代女性提供高质量、设计时尚的女鞋的品牌。该品牌的产品系列涵盖多种类型，包括高跟鞋、平底鞋、运动鞋、凉鞋等。该品牌现推出换新季新款系列女鞋，要求进行 Banner 广告设计，用于平台宣传及推广，设计要符合现代设计风格，给人时尚优雅的感觉。

在设计、制作过程中，使用浅色系的背景和简单的几何图形营造出清新舒适的感觉，产品与展示台的完美结合和创意设计，在突出宣传主体的同时，展现出产品的高品质和精致、知性的特色，加深目标受众的印象；醒目的产品名称起到装饰作用，且宣传性强。

本任务将使用“文本”工具、“文本”泊坞窗和“填充”工具添加标题文字；使用“椭圆形”工具、“矩形”工具、“合并”命令和“文本”工具添加特惠标签；使用“矩形”工具、“圆角半径”选项制作了解详情按钮。

10.2.2 任务效果

本任务效果如图 10-35 所示。

Banner 广告底图

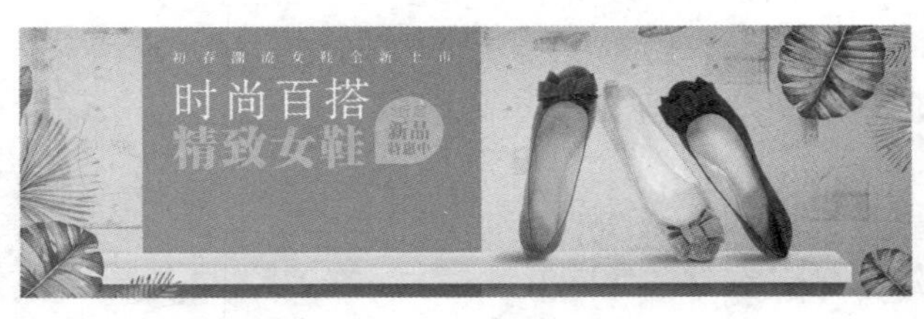

标题文字

最终效果

图 10-35

微课

制作时尚女鞋网页 Banner 广告

10.2.3 任务制作

项目实践 1 制作美妆类 App 主页 Banner 广告

实践知识要点 使用“矩形”工具、“透明度”工具制作半透明效果；使用“文本”工具、“文本”泊坞窗添加宣传性文字；使用“字形”命令插入字形；使用“矩形”工具、“圆角半径”选项、“2 点线”工具绘制装饰图形。美妆类 App 主页 Banner 广告效果如图 10-36 所示。

效果所在位置 云盘\Ch10\效果\制作美妆类 App 主页 Banner 广告.cdr。

图 10-36

项目实践 2 制作箱包类 App 主页 Banner 广告

实践知识要点 使用“文本”工具、“文本”泊坞窗添加标题文字；使用“转换为曲线”按钮、“形状”工具、“删除节点”按钮编辑标题文字；使用“矩形”工具、“圆角半径”选项、“文本”工具绘制“查看”按钮。箱包类 App 主页 Banner 广告效果如图 10-37 所示。

效果所在位置 云盘\Ch10\效果\制作箱包类 App 主页 Banner 广告.cdr。

图 10-37

课后习题 1　制作生活家电类 App 主页 Banner 广告

习题知识要点　使用“导入”命令导入底图；使用“文本”工具、“文本”泊坞窗添加产品名称和价格信息；使用“矩形”工具、“圆角半径”选项、“文本”工具制作功能展示标签。生活家电类 App 主页 Banner 广告效果如图 10-38 所示。

效果所在位置　云盘\Ch10\效果\制作生活家电类 App 主页 Banner 广告.cdr。

图 10-38

微课

制作生活家电类 App 主页 Banner 广告

课后习题 2　制作现代家具类网站 Banner 广告

习题知识要点　使用“文本”工具添加宣传性文字；使用“轮廓笔”工具添加文字轮廓；使用“矩形”工具、“阴影”工具制作“查看详情”按钮。现代家具类网站 Banner 广告效果如图 10-39 所示。

效果所在位置　云盘\Ch10\效果\制作现代家具类网站 Banner 广告.cdr。

图 10-39

项目 11 海报设计

项目引入

海报是广告艺术中的一种大众化载体，又名“招贴”或“宣传画”。由于海报具有尺寸大、远视性强、艺术性高的特点，因此，在宣传媒介中占有重要的地位。通过本项目的学习，读者可以掌握多种海报的设计方法和制作技巧。

项目目标

- 了解海报的概念。
- 掌握海报的分类和设计原则。

技能目标

- 掌握文化展览海报的制作方法。
- 掌握音乐会海报的制作方法。

素养目标

- 培养对艺术的兴趣。
- 提高艺术审美水平。

相关知识　海报概述

1. 海报的概念

海报是广告的表现形式之一，用来完成一定的信息传播任务。海报不仅以印刷品的形式在公共场合中张贴，也以数字化的形式在数字媒体上展示，如图 11–1 所示。

2. 海报的分类

海报按其用途不同大致可以分为商业海报、文化海报和公益海报等，如图 11–2 所示。

图 11-1

图 11-2

3. 海报的设计原则

海报设计应该遵循一定的设计原则，包括强烈的视觉表现、精准的信息传播、独特的设计个性、悦目的美学效果，如图 11-3 所示。

图 11-3

任务 11.1 制作文化展览海报

11.1.1 任务分析

本任务是为 Circle 平台设计、制作文化展览海报，该海报能够适用于平台传播，并以宣传博物馆活动为主要内容，要求内容明确清晰，能够表现宣传主题，展现平台品质。

在设计、制作过程中，首先使用黄色的背景营造出珍贵高雅的环境，起到衬托画面主体的作用。海报将文字与图片相结合，表明主题；色调典雅，带给人平静、放松的视觉感受；画面干净整洁，使观者体会到阅读的快乐；文字的设计清晰明了，提高阅读性。

本任务使用“选择”工具、“对齐与分布”泊坞窗排列、对齐图片；使用“文本”工具、“文本”泊坞窗添加标题和其他信息。

11.1.2 任务效果

本任务效果如图 11-4 所示。

图片排列

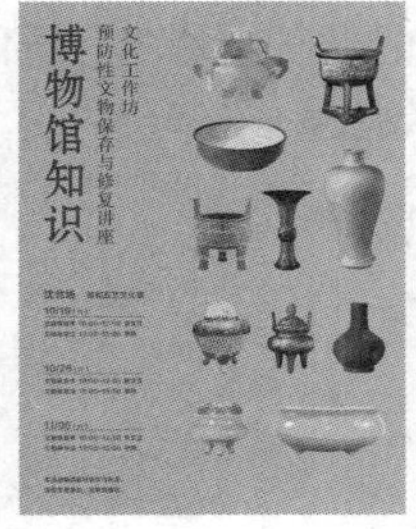

宣传文字

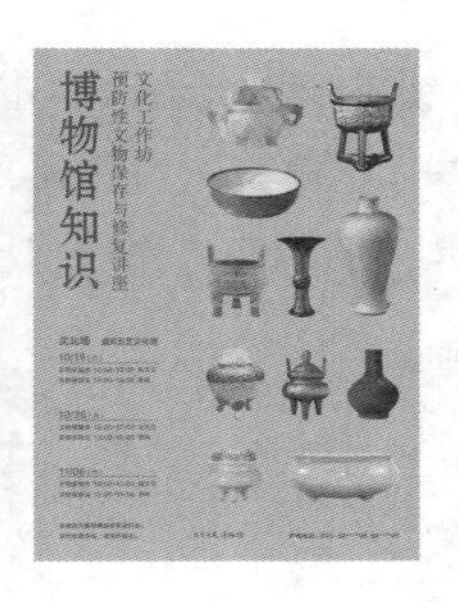

最终效果

图 11-4

11.1.3　任务制作

1. 导入并排列、对齐图片

（1）按 Ctrl+N 组合键，弹出“创建新文档”对话框，在其中设置文档的宽度为 420 mm，高度为 570 mm，方向为纵向，原色模式为 CMYK，分辨率为 300 dpi，单击“OK”按钮，创建一个文档。

（2）双击“矩形”工具，绘制一个与页面大小相等的矩形，如图 11-5 所示，设置图形颜色的 CMYK 值为 9、24、85、0，填充图形，并删除图形的轮廓线，效果如图 11-6 所示。

（3）按 Ctrl+I 组合键，弹出“导入”对话框，选择云盘中的“Ch11\素材\制作文化展览海报\01～11”文件，单击“导入”按钮，在页面中分别单击导入图片。选择“选择”工具，分别拖曳图片到适当的位置，效果如图 11-7 所示。

（4）选择“选择”工具，按住 Shift 键的同时，依次单击需要的图片将其同时选取，如图 11-8 所示。（从左至右依次单击图片，最右侧图片作为目标对象。）

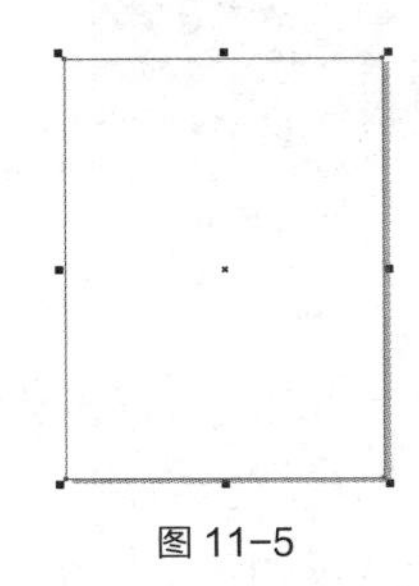
图 11-5

图 11-6

图 11-7

图 11-8

（5）选择“对象 > 对齐与分布 > 对齐与分布”命令，弹出“对齐与分布”泊坞窗，单击“底端对齐”按钮，如图 11-9 所示，图形底端对齐效果如图 11-10 所示。

图 11-9

图 11-10

（6）选择“选择”工具，按住 Shift 键的同时，依次单击需要的图片将其同时选取，如图 11-11 所示。在“对齐与分布”泊坞窗中，单击“左对齐”按钮，如图 11-12 所示，图形左对齐效果如图 11-13 所示。（从下向上依次单击图片，顶端图片作为目标对象。）

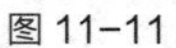
图 11-11

图 11-12

图 11-13

（7）选择“选择”工具，按住 Shift 键的同时，依次单击需要的图片将其同时选取，如图 11-14 所示。在“对齐与分布”泊坞窗中，单击“右对齐”按钮，如图 11-15 所示，图形右对齐效果如图 11-16 所示。（从上到下依次单击图片，底端图片作为目标对象。）

图 11-14

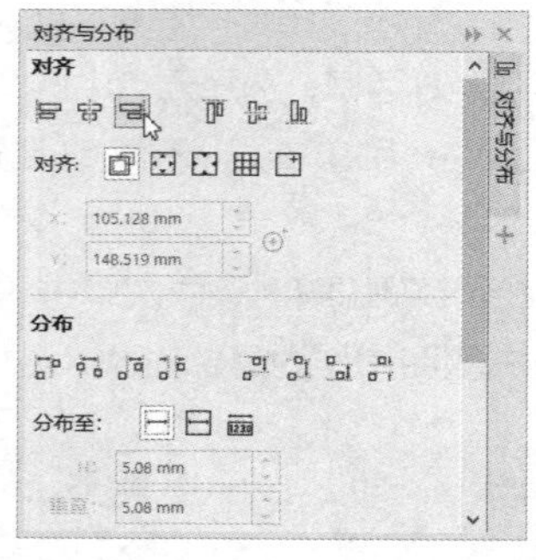

图 11-15

图 11-16

2. 添加并编辑宣传文字

（1）选择“文本”工具，在适当的位置输入需要的文字。选择“选择”工具，在属性栏中选取适当的字体并设置文字大小，单击“将文本更改为垂直方向”按钮，更改文字方向，效果如图 11-17 所示。设置文字颜色的 CMYK 值为 90、80、30、0，填充文字，效果如图 11-18 所示。

图 11-17

图 11-18

（2）选择“文本”工具字，在适当的位置拖曳出一个文本框，如图 11–19 所示。选择“选择”工具，在文本框中输入需要的文字，在属性栏中选取适当的字体并设置文字大小，效果如图 11–20 所示。设置文字颜色的 CMYK 值为 90、80、30、0，填充文字，效果如图 11–21 所示。

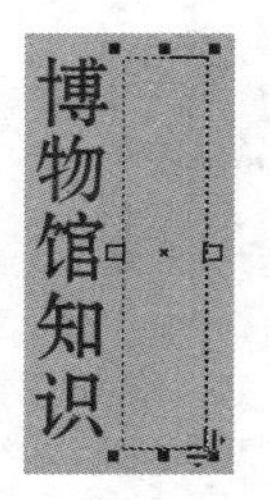

图 11–19

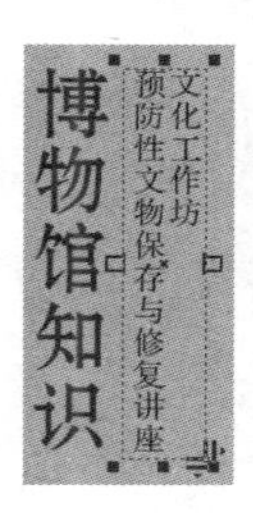

图 11–20

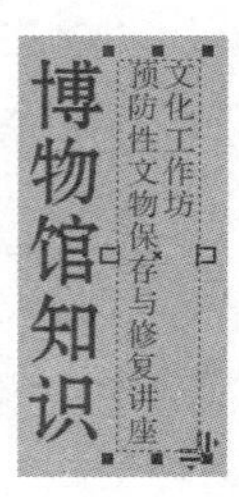

图 11–21

（3）选择“文本 > 文本”命令，在弹出的“文本”泊坞窗中进行设置，如图 11–22 所示。按 Enter 键，效果如图 11–23 所示。

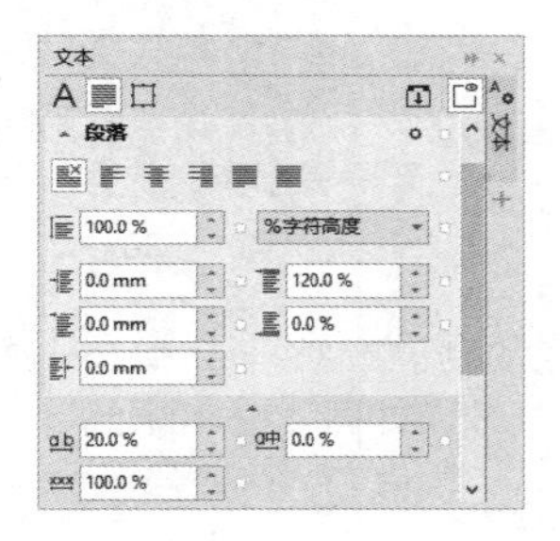

图 11–22

图 11–23

（4）选择“文本”工具字，在适当的位置拖曳出一个文本框，单击“将文本更改为水平方向”按钮，更改文字方向，如图 11–24 所示。在文本框中输入需要的文字，选择“选择”工具，在属性栏中选取适当的字体并设置文字大小，效果如图 11–25 所示。设置文字颜色的 CMYK 值为 90、80、30、0，填充文字，效果如图 11–26 所示。

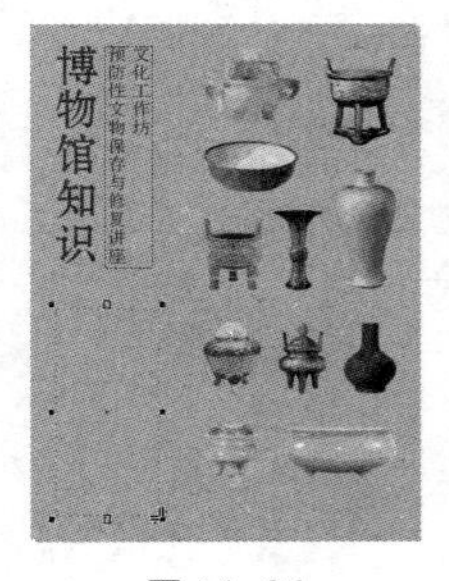

图 11–24

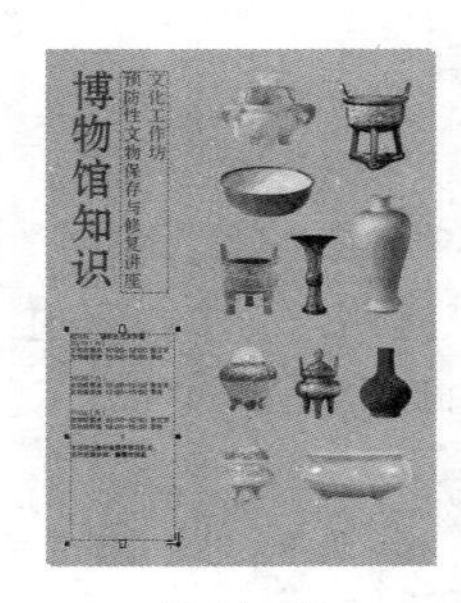

图 11–25

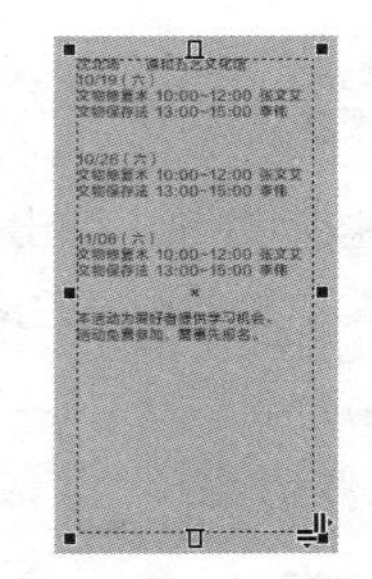
图 11–26

（5）在“文本”泊坞窗中，选项的设置如图 11–27 所示。按 Enter 键，效果如图 11–28 所示。

（6）选择“文本”工具字，选取文字“沈北场”，在属性栏中设置文字大小，效果如图 11–29 所示。选取文字“道和五艺文化馆”，在属性栏中设置文字大小，效果如图 11–30 所示。

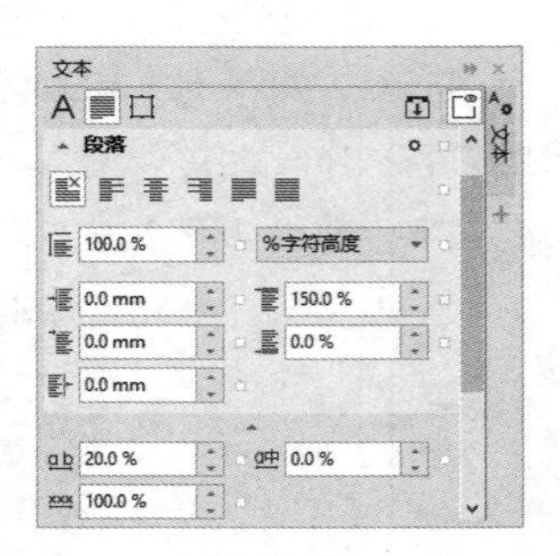
图 11-27

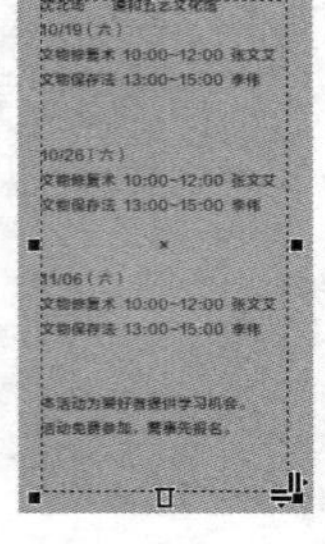
图 11-28

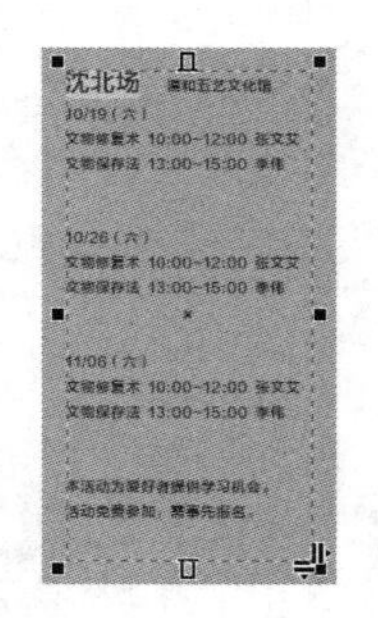
图 11-29

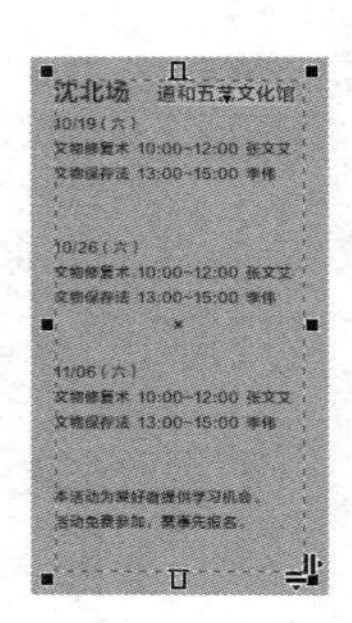
图 11-30

（7）用相同的方法分别选取其他文字，设置相应的文字大小，效果如图 11-31 所示。选择“2 点线”工具，按住 Ctrl 键的同时，在适当的位置绘制一条直线，如图 11-32 所示。

图 11-31

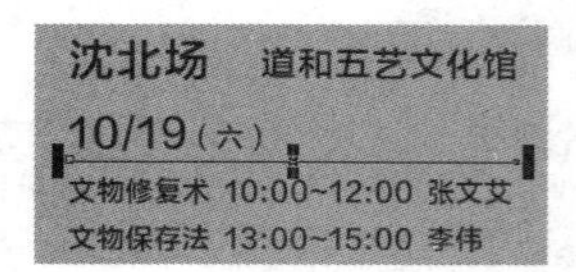

图 11-32

（8）按 F12 键，弹出“轮廓笔”对话框，在“颜色”选项中设置轮廓线颜色的 CMYK 值为 90、80、30、0，其他选项的设置如图 11-33 所示。单击“OK”按钮，效果如图 11-34 所示。

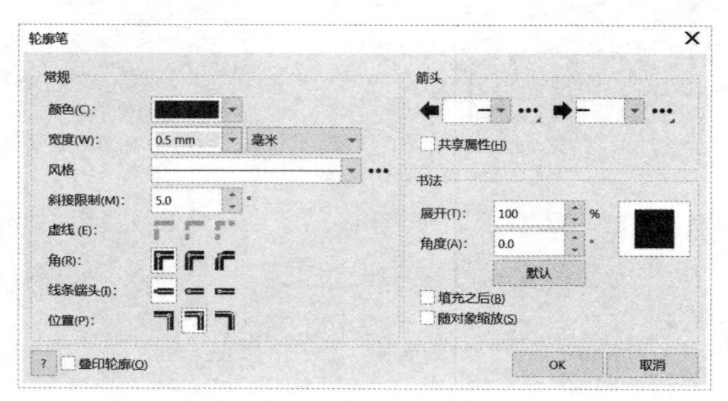
图 11-33

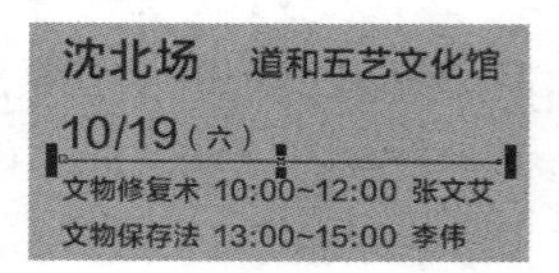

图 11-34

（9）选择“选择”工具，按数字键盘上的+键，复制直线。按住 Shift 键的同时，垂直向下拖曳复制的直线到适当的位置，效果如图 11-35 所示。按 Ctrl+D 组合键，按需要再复制一条直线，效果如图 11-36 所示。

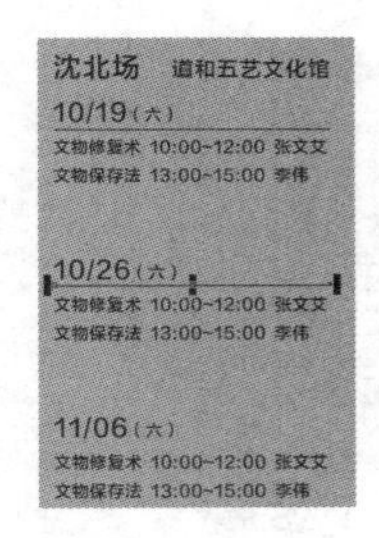

图 11-35

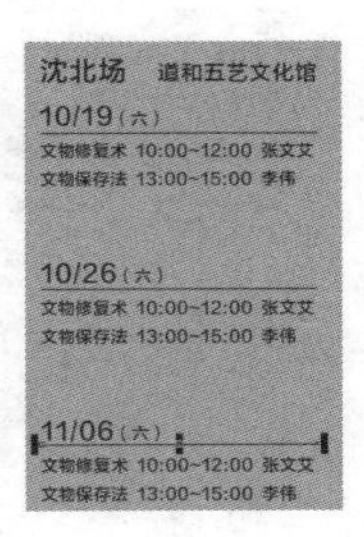

图 11-36

（10）选择“文本”工具，在适当的位置分别输入需要的文字。选择“选择”工具，在属性栏中分别选取适当的字体并设置文字大小，效果如图 11-37 所示。将输入的文字同时选取，设置文字颜色的 CMYK 值为 90、80、30、0，填充文字，效果如图 11-38 所示。文化展览海报制作完成，效果如图 11-39 所示。

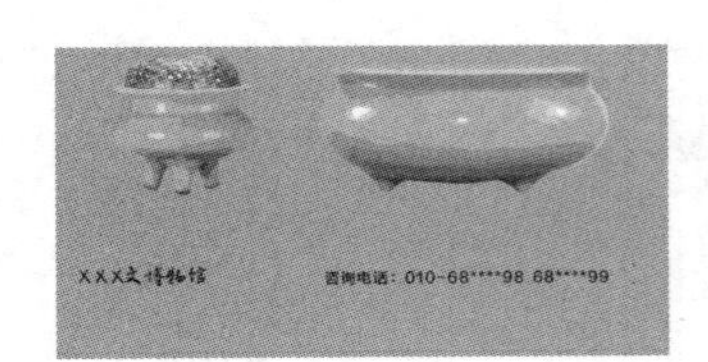

图 11-37

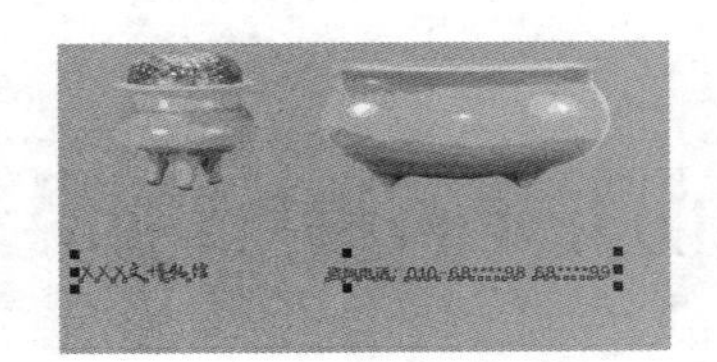
图 11-38

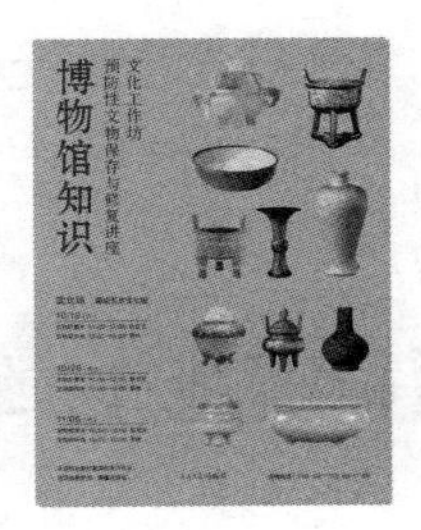

图 11-39

任务 11.2 制作音乐会海报

11.2.1 任务分析

中国古典乐器作为中华民族传统文化的重要组成部分，承载着丰富的历史、情感和智慧。本任务设计、制作一款音乐会海报，要求根据品牌的调性、产品的功能以及应用的场景等因素对海报进行设计。

在设计、制作过程中，以乐器为主，将文字与图片相结合，表明主题；整体色调淡雅，带给人平静、放松的视觉感受；画面色彩搭配适宜，营造出身心舒畅的氛围；设计风格具有特色，能吸引目标受众的目光并体现出传统特色之美。

本任务将使用“导入”命令、“颜色平衡”命令、“透明度”工具制作海报底图；使用“文本”工具、“文本”泊坞窗添加主题文字及参会内容；使用“字形”命令插入需要的字形；使用“矩形”工具、“旋转角度”选项、“2 点线”工具绘制装饰图形。

11.2.2 任务效果

本任务效果如图 11-40 所示。

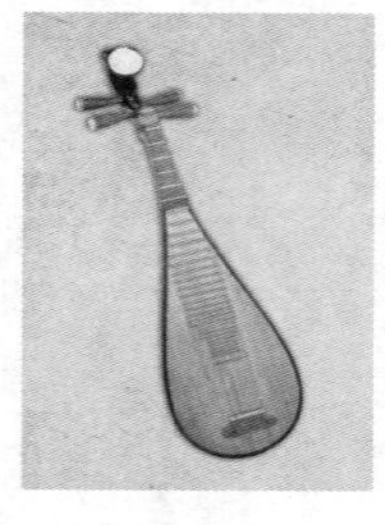
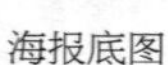
海报底图

主题文字

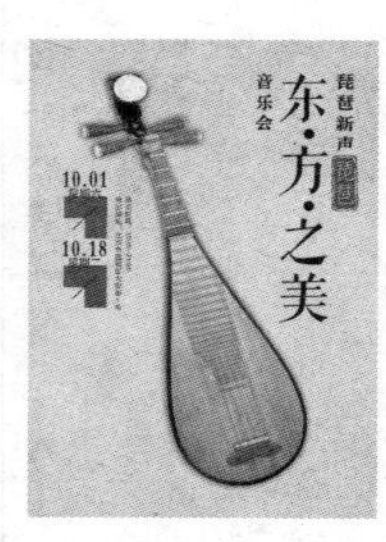

参会内容

最终效果

图 11-40

11.2.3 任务制作

项目实践 1 制作阅读平台推广海报

实践知识要点 使用“导入”命令、“透明度”工具添加海报背景；使用“文本”工具、“转换为曲线”命令、“形状”工具、“转换为线条”按钮添加并编辑标题文字；使用“矩形”工具、“圆角半径”选项、“2 点线”工具、“轮廓笔”对话框绘制装饰线条。阅读平台推广海报效果如图 11-41 所示。

效果所在位置 云盘\Ch11\效果\制作阅读平台推广海报.cdr。

图 11-41

项目实践 2　制作重阳节海报

实践知识要点　使用“导入”命令、“透明度”工具和“置于图文框内部”命令制作海报背景；使用“贝塞尔”工具、“文本”工具、“合并”命令制作印章；使用“文本”工具添加介绍文字。重阳节海报效果如图 11-42 所示。

效果所在位置　云盘\Ch11\效果\制作重阳节海报.cdr。

图 11-42

课后习题 1　制作招聘海报

习题知识要点　使用“矩形”工具、“轮廓图”工具和“置于图文框内部”命令制作海报背景；使用“文本”工具和“文本”泊坞窗添加宣传文字；使用“贝塞尔”工具绘制装饰图形。招聘海报效果如图 11-43 所示。

效果所在位置　云盘\Ch11\效果\制作招聘海报.cdr。

图 11-43

课后习题 2　制作咖啡厅海报

习题知识要点　使用“星形”工具、“椭圆形”工具、“轮廓笔”工具和“编辑填充”对话框制作标牌底图；使用“椭圆形”工具、“文本”工具、“使文本适合路径”命令制作文本绕路径排列效果；使用“文本”工具和“文本”泊坞窗添加信息文字；使用“2 点线”工具、“轮廓笔”工具绘制装饰线条。咖啡厅海报效果如图 11-44 所示。

效果所在位置　云盘\Ch11\效果\制作咖啡厅海报.cdr。

图 11-44

微课

制作咖啡厅海报 1

微课

制作咖啡厅海报 2

项目 12 图书封面设计

项目引入

精美的图书设计可以使读者享受到阅读带来的愉悦。图书设计涉及内容众多，如开本设计、封面设计、版本设计、使用材料等，本项目主要介绍图书封面设计。通过本项目的学习，读者可以掌握多种图书封面的设计方法和制作技巧。

项目目标

- 了解图书设计的概念和原则。
- 掌握图书设计的流程和结构。

技能目标

- 掌握刺绣图书封面的制作方法。
- 掌握剪纸图书封面的制作方法。

素养目标

- 加深对中华优秀传统文化的热爱。
- 培养对阅读的兴趣。

相关知识 图书封面设计概述

1. 图书设计的概念

图书设计是指图书的整体设计，是图书从策划、设计到成书的整体设计工作。图书设计是从开本、封面、版面、字体、插画，到纸张、印刷、装订和材料等各部分和谐一致的视觉艺术设计，其目的是使读者在阅读信息的同时获得美的享受，如图 12-1 所示。

2. 图书设计的原则

图书设计的原则有实用与美观的结合、整体与局部的和谐、内容与形式的统一、艺术与技术的呈现，如图 12-2 所示。

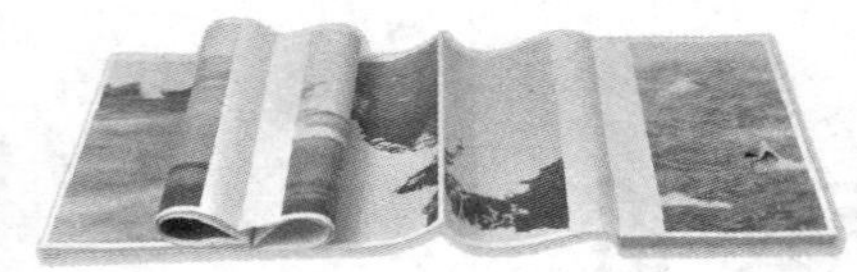

图 12-1

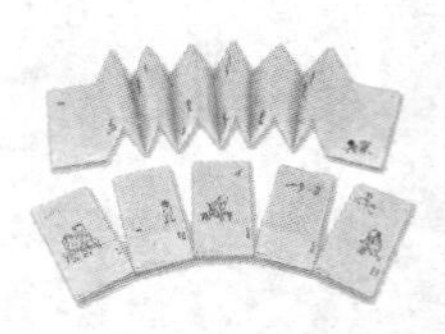

图 12-2

3. 图书设计的流程

图书设计的流程包括设计调研与考察、资料收集与整理、创意构思与草图、设计方案与调整、作品确认与制作，如图 12-3 所示。

图 12-3

4. 图书设计的结构

图书设计的结构包括封面、封底、书脊、腰封、勒口、订口、环衬、扉页等多个元素，如图 12-4 所示。

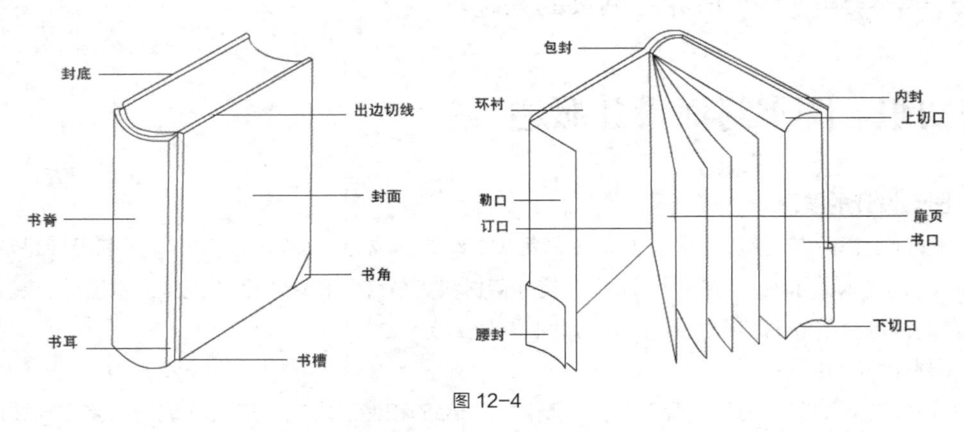

图 12-4

任务 12.1 制作刺绣图书封面

12.1.1 任务分析

《中国刺绣》是一本内容丰富的传统工艺类图书，由多名刺绣大师合著。该书全面阐述了中国刺绣的悠久历史、多样风格和精湛技艺。本任务是为《中国刺绣》制作图书封面，所以设计要求以刺绣图案为封面主要内容，并且合理搭配内容与用色，使图书看起来更具特色。

在设计、制作过程中，封面以刺绣作品为主，体现出本书特色；使用实景图片进行展示，在点明主旨的同时还增加了封面的丰富感，使封面看起来真实且富有特点；通过对封面的排版设计表现出图书精巧、细腻的风格。

本任务将使用辅助线分割页面；使用“文本”工具、“文本”泊坞窗添加封面名称和出版信息；使用“矩形”工具、“圆角半径”选项绘制装饰图形。

12.1.2 任务效果

本任务效果如图 12-5 所示。

微课

制作刺绣图书封面 1

微课

制作刺绣图书封面 2

封面

封底

最终效果

图 12-5

12.1.3 任务制作

1. 制作封面

（1）按 Ctrl+N 组合键，弹出“创建新文档”对话框，在其中设置文档的宽度为 380 mm，高度为 260 mm，方向为横，颜色模式为 CMYK，分辨率为 300 dpi，单击“OK”按钮，创建一个文档。

（2）选择“布局 > 页面大小”命令，弹出“选项”对话框，选择“页面尺寸”选项，在“出血”数值框中设置数值为 3.0，勾选“显示出血区域”复选框，如图 12-6 所示。单击“OK”按钮，页面效果如图 12-7 所示。

（3）选择“查看 > 标尺”命令，在视图中显示标尺。选择“选择”工具，在左侧标尺中拖曳出一条垂直辅助线，在属性栏中将“X”对象位置设为 185 mm，按 Enter 键，如图 12-8 所示。用相同的方法，在 195 mm 的位置上添加一条垂直辅助线，在页面空白处单击鼠标，如图 12-9 所示。

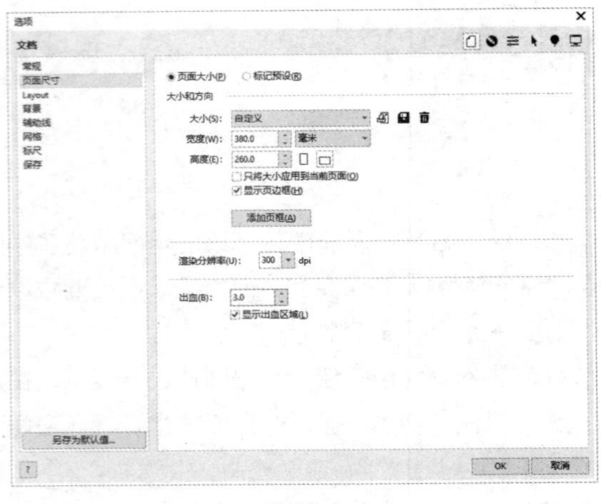

图 12-6

图 12-7

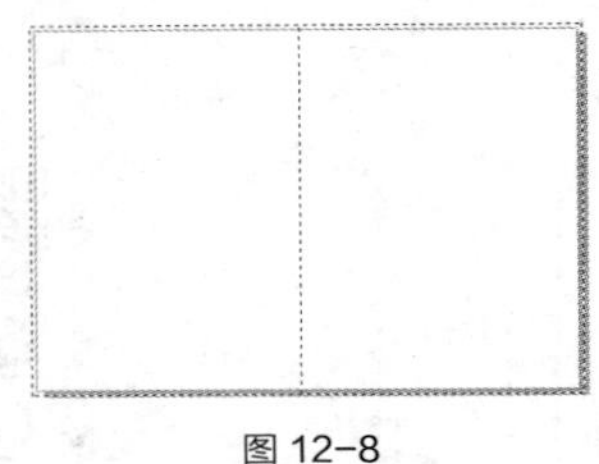

图 12-8

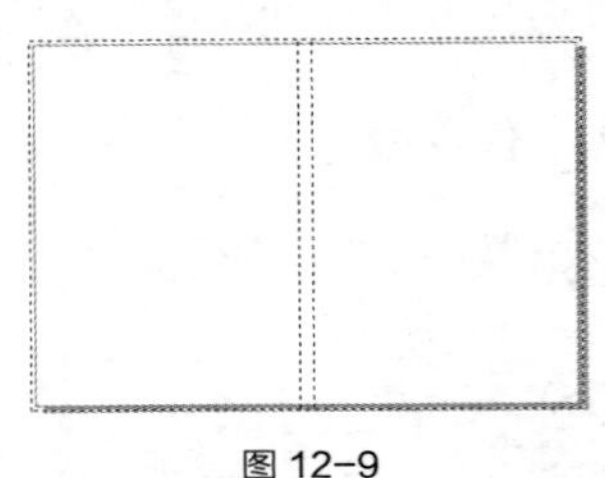

图 12-9

（4）按 Ctrl+I 组合键，弹出“导入”对话框，选择云盘中的“Ch12\素材\制作刺绣图书封面\01”文件，单击“导入”按钮，在页面中单击导入图片，如图 12-10 所示。按 P 键使图片在页面中居中对齐，效果如图 12-11 所示。选择“对象 > 锁定 > 锁定”命令，锁定所选图片。

（5）按 Ctrl+I 组合键，弹出“导入”对话框，选择云盘中的“Ch12\素材\制作刺绣图书封面\02”文件，单击“导入”按钮，在页面中单击导入图片。选择“选择”工具，拖曳图片到适当的位置，效果如图 12-12 所示。

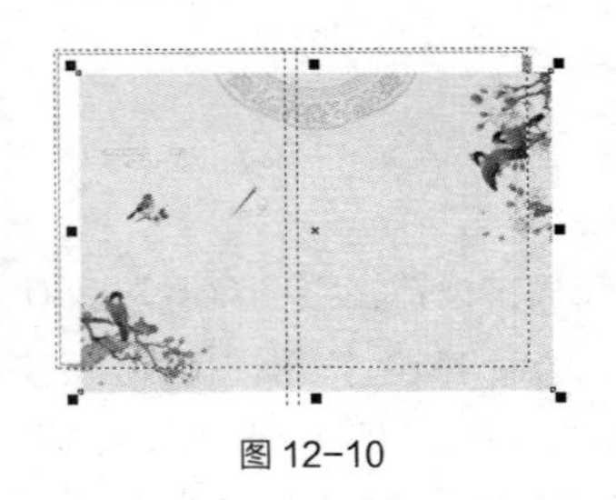

图 12-10

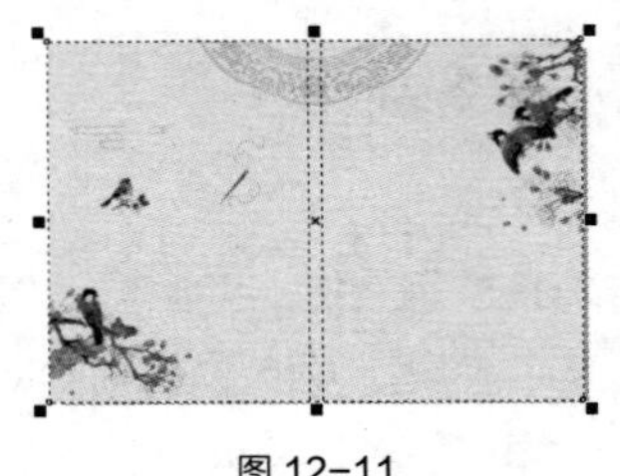

图 12-11

（6）选择“文本”工具字，在适当的位置输入需要的文字。选择“选择”工具，在属性栏中选取适当的字体并设置文字大小。设置文字颜色的 CMYK 值为 46、62、82、4，填充文字，效果如图 12-13 所示。

（7）选择“文本 > 文本”命令，在弹出的“文本”泊坞窗中进行设置，如图 12-14 所示。按 Enter 键，效果如图 12-15 所示。

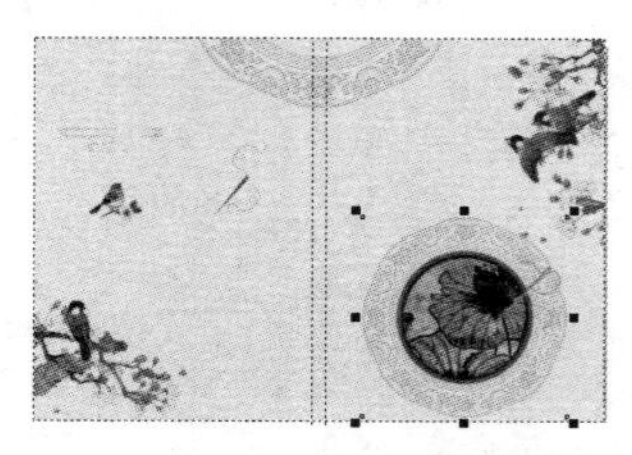

图 12-12

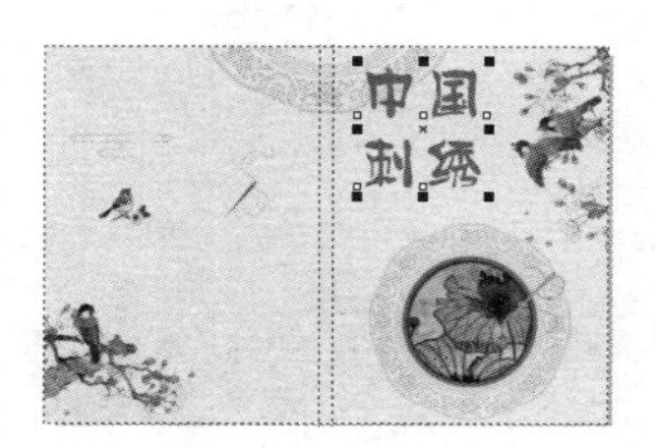

图 12-13

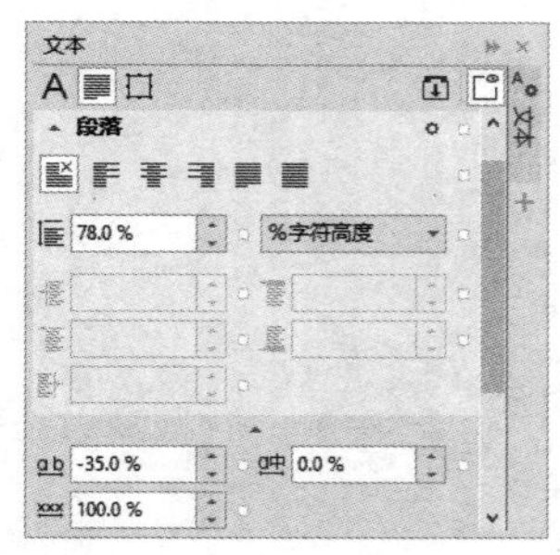

图 12-14

图 12-15

（8）选择“文本”工具，在适当的位置输入需要的文字。选择“选择”工具，在属性栏中选取适当的字体并设置文字大小，单击“将文本更改为垂直方向”按钮，更改文字方向，效果如图 12-16 所示。在“文本”泊坞窗中，选项的设置如图 12-17 所示。按 Enter 键，效果如图 12-18 所示。

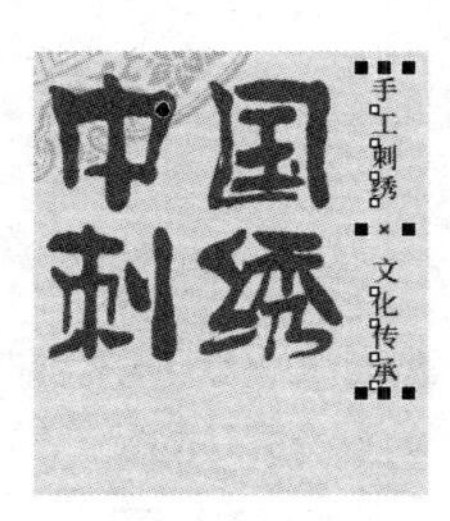

图 12-16

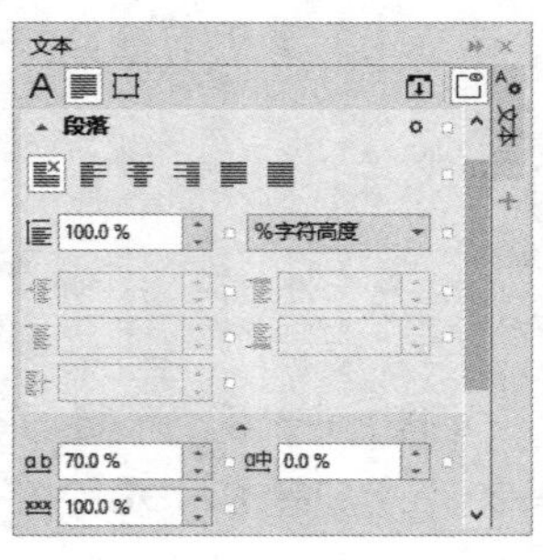

图 12-17

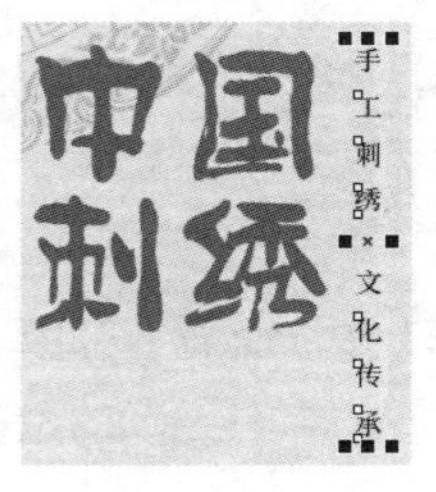

图 12-18

（9）选择“文本”工具，在文字“绣”下方单击插入光标，如图 12-19 所示。选择“文本 > 字形”命令，弹出“字形”泊坞窗，在泊坞窗中按需要进行设置并选择需要的字形，如图 12-20 所示。双击选取的字形，插入字形，效果如图 12-21 所示。

（10）选择“矩形”工具，在适当的位置绘制一个矩形，如图 12-22 所示。在属性栏中将“圆角半径”选项均设 2.0 mm，如图 12-23 所示。按 Enter 键，效果如图 12-24 所示。

（11）选择“3 点椭圆形”工具，在适当的位置绘制一个椭圆形，如图 12-25 所示。选择“选择”工具，按数字键盘上的+键，复制椭圆形。按住 Shift 键的同时，垂直向下拖曳复制的椭圆形到适当的位置，效果如图 12-26 所示。

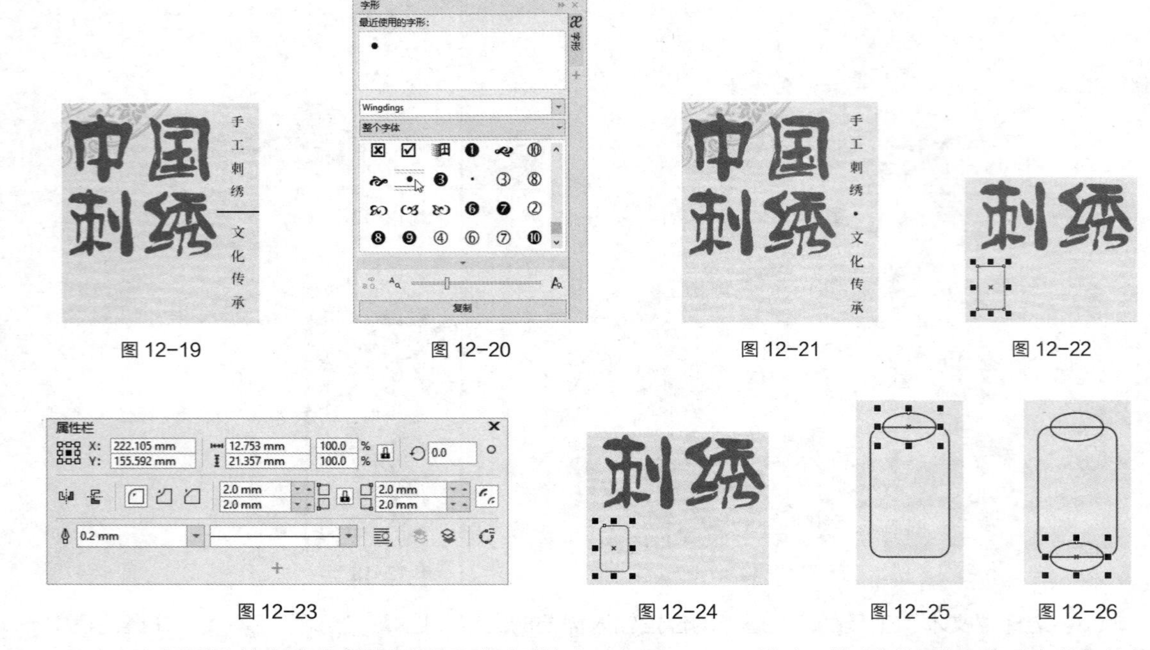

图 12-19　图 12-20　图 12-21　图 12-22

图 12-23　图 12-24　图 12-25　图 12-26

（12）用圈选的方法将所绘制的图形同时选取，如图 12-27 所示。单击属性栏中的“合并”按钮，合并图形，如图 12-28 所示。

图 12-27　图 12-28

（13）按 F12 键，弹出“轮廓笔”对话框，在“颜色”选项中设置轮廓线颜色的 CMYK 值为 46、62、82、4，其他选项的设置如图 12-29 所示。单击“OK”按钮，效果如图 12-30 所示。

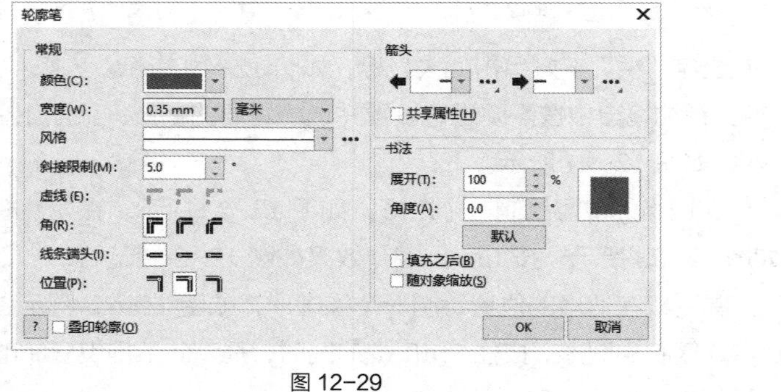

图 12-29

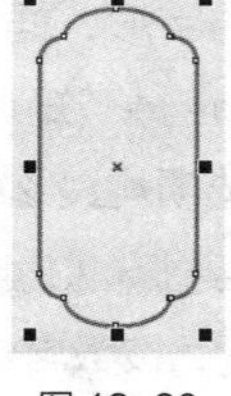

图 12-30

（14）选择“文本”工具，在适当的位置输入需要的文字。选择“选择”工具，在属性栏中选取适当的字体并设置文字大小，效果如图 12-31 所示。用相同的方法制作其他图形和文字，效果如

图 12-32 所示。

图 12-31

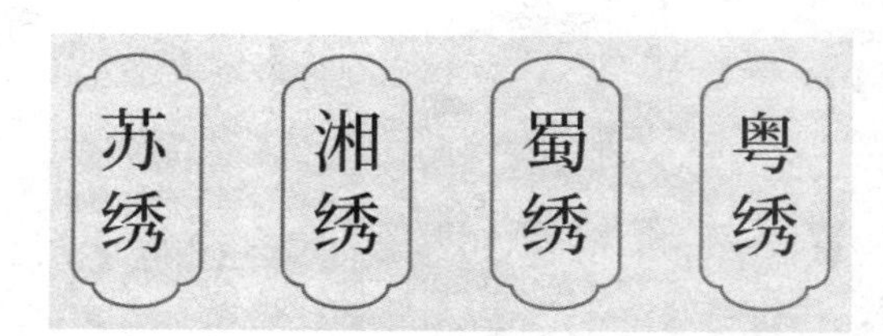

图 12-32

（15）选择“文本”工具，在适当的位置分别输入需要的文字。选择“选择”工具，在属性栏中分别选取适当的字体并设置文字大小，单击“将文本更改为水平方向”按钮，更改文字方向，效果如图 12-33 所示。选取文字“方晓婷 著”，设置文字颜色的 CMYK 值为 46、62、82、4，填充文字，效果如图 12-34 所示。

图 12-33

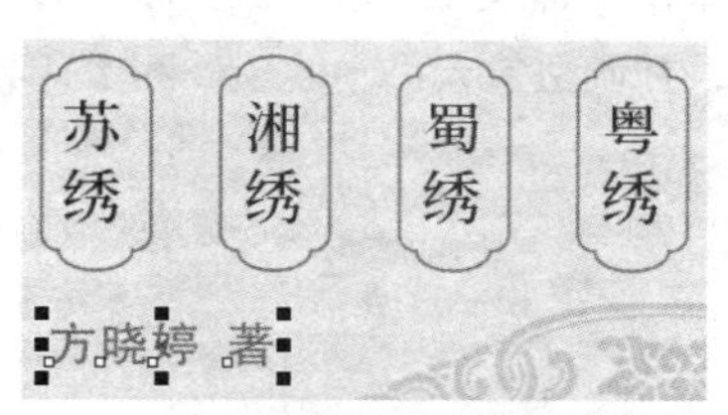

图 12-34

2. 制作封底和书脊

（1）按 Ctrl+I 组合键，弹出“导入”对话框，选择云盘中的“Ch12\素材\制作刺绣图书封面\03、04”文件，单击“导入”按钮，在页面中分别单击导入图片。选择“选择”工具，分别拖曳图片到适当的位置，并调整其大小，效果如图 12-35 所示。

（2）选择“文本”工具，在适当的位置输入需要的文字。选择“选择”工具，在属性栏中选取适当的字体并设置文字大小。单击“将文本更改为垂直方向”按钮，更改文字方向，填充文字为白色，效果如图 12-36 所示。

图 12-35

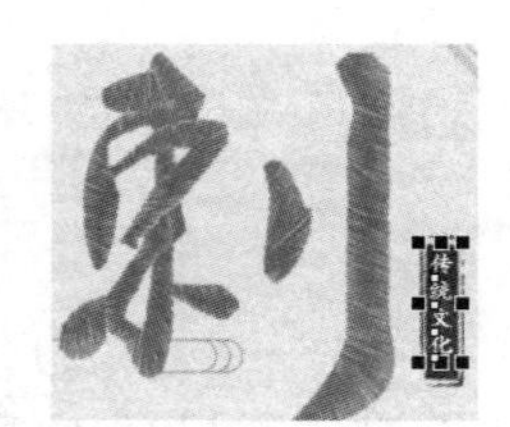

图 12-36

（3）在“文本”泊坞窗中，选项的设置如图 12-37 所示。按 Enter 键，效果如图 12-38 所示。

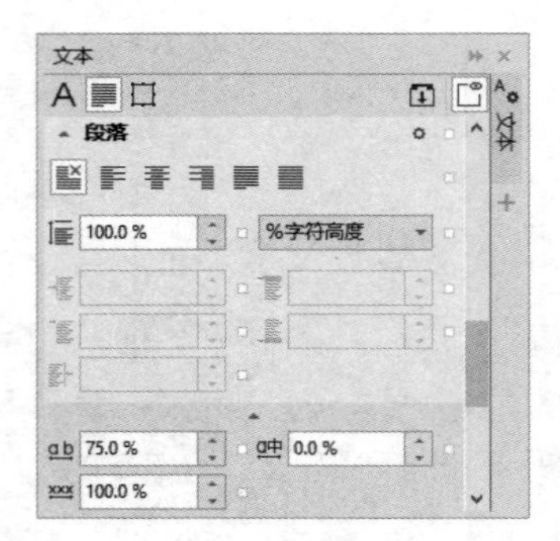

图 12-37

图 12-38

（4）选择“文本”工具字，在适当的位置输入需要的文字。选择“选择”工具，在属性栏中选取适当的字体并设置文字大小，单击“将文本更改为水平方向”按钮，更改文字方向。设置文字颜色的 CMYK 值为 46、62、82、4，填充文字，效果如图 12-39 所示。

（5）按 Ctrl+I 组合键，弹出“导入”对话框，选择云盘中的“Ch12\素材\制作刺绣图书封面\05、06”文件，单击“导入”按钮，在页面中分别单击导入图片。选择“选择”工具，分别拖曳图片到适当的位置，并调整其大小，效果如图 12-40 所示。

图 12-39

图 12-40

（6）选择“文本”工具字，在适当的位置拖曳出一个文本框，如图 12-41 所示。在文本框中输入需要的文字，选择“选择”工具，在属性栏中选取适当的字体并设置文字大小，效果如图 12-42 所示。设置文字颜色的 CMYK 值为 46、62、82、4，填充文字，效果如图 12-43 所示。

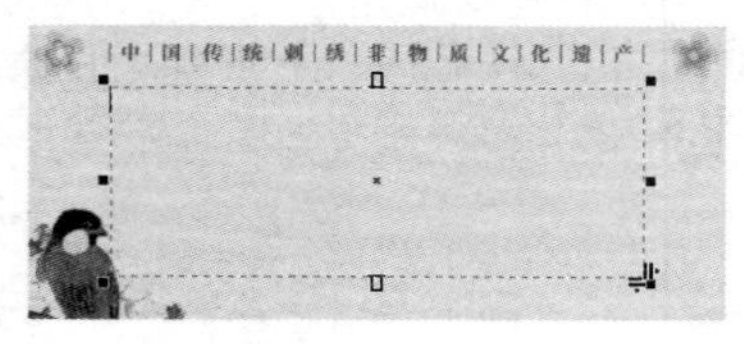

图 12-41

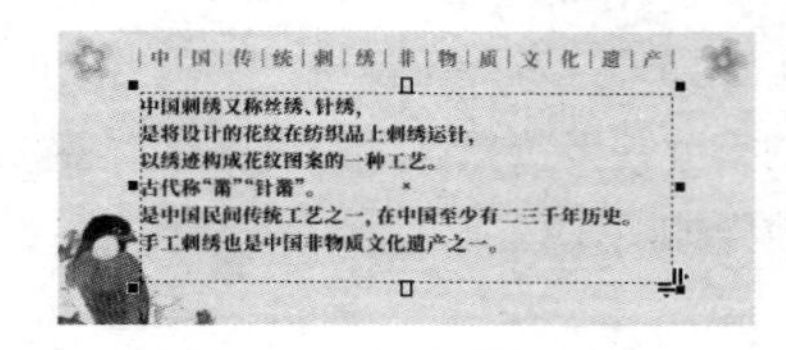

图 12-42

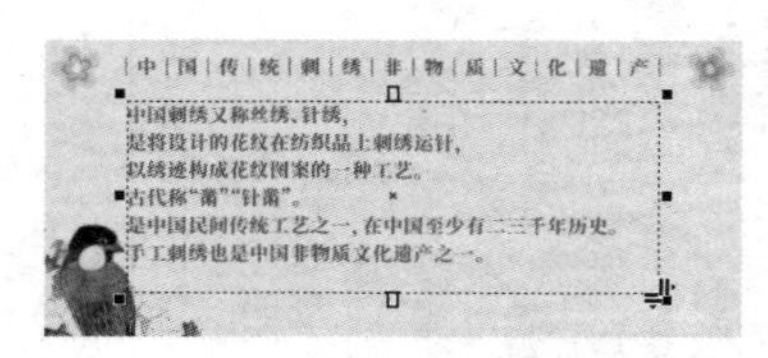

图 12-43

（7）在“文本”泊坞窗中，单击“中”按钮，其他选项的设置如图 12-44 所示。按 Enter 键，效果如图 12-45 所示。

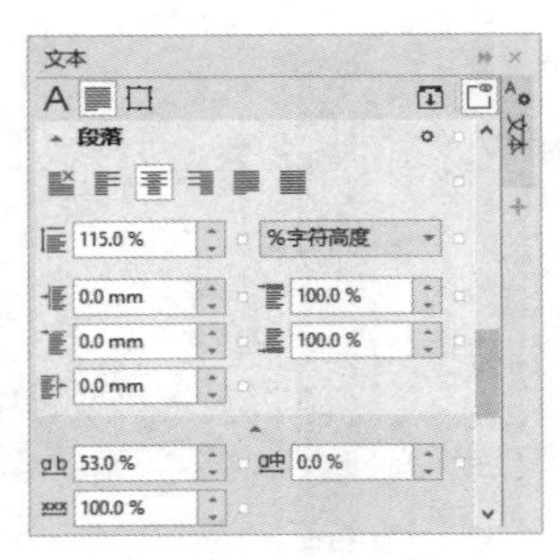

图 12-44

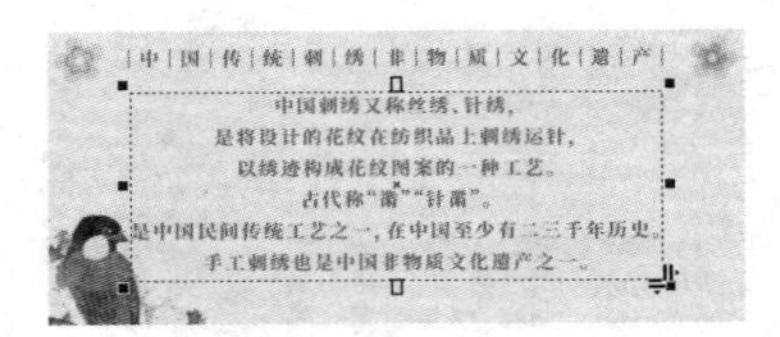

图 12-45

（8）选择“矩形”工具□，在适当的位置绘制一个矩形，填充图形为白色，并删除图形的轮廓线，效果如图 12-46 所示。

（9）选择“文本”工具字，在适当的位置输入需要的文字。选择“选择”工具▶，在属性栏中选取适当的字体并设置文字大小，效果如图 12-47 所示。

图 12-46

图 12-47

（10）选择“矩形”工具□，在书脊中适当的位置绘制一个矩形，设置图形颜色的 CMYK 值为 46、62、82、4，填充图形，并删除图形的轮廓线，效果如图 12-48 所示。

（11）选择“文本”工具字，在书脊中适当的位置分别输入需要的文字。选择“选择”工具▶，在属性栏中分别选取适当的字体并设置文字大小。单击“将文本更改为垂直方向”按钮，更改文字方向，填充文字为白色；效果如图 12-49 所示。

图 12-48

图 12-49

（12）选取书脊中的文字“中国刺绣”，在“文本”泊坞窗中，选项的设置如图 12-50 所示。按 Enter 键，效果如图 12-51 所示。

（13）按住 Shift 键同时，选取需要的文字，如图 12-52 所示，在“文本”泊坞窗中，选项的设置如图 12-53 所示。按 Enter 键，效果如图 12-54 所示。用相同的方法输入其他文字，效果如图 12-55 所示。刺绣图书封面制作完成。

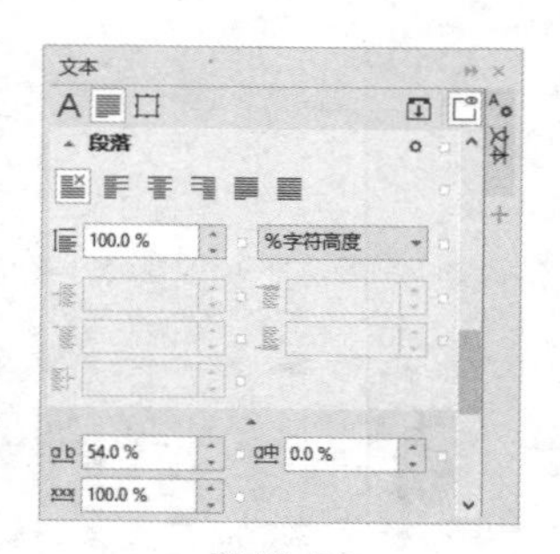
图 12-50

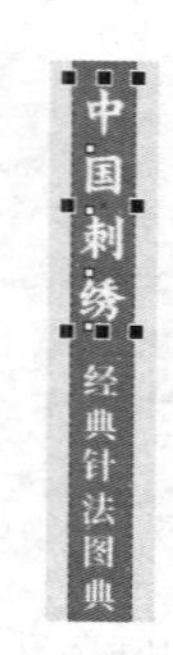
图 12-51

图 12-52

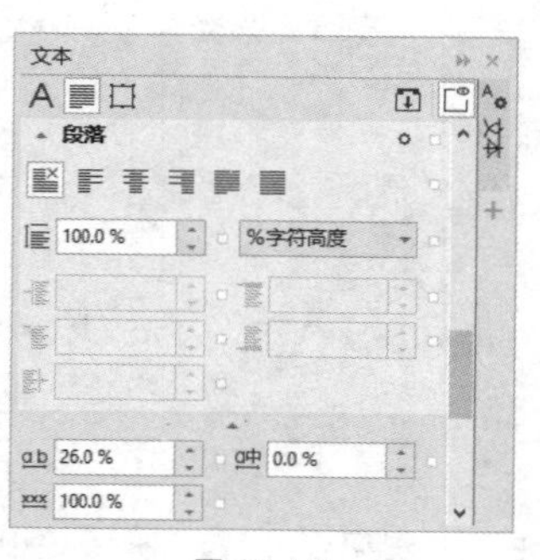
图 12-53

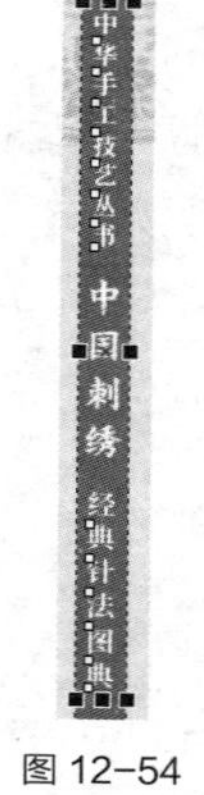
图 12-54

图 12-55

任务 12.2 制作剪纸图书封面

12.2.1 任务分析

《吉祥剪纸》是一本探索中国传统剪纸艺术的图书。本书深入研究了剪纸的历史、文化背景和技巧，为读者呈现了各种富有创意的剪纸作品。本任务为《吉祥剪纸》设计封面，封面要有剪纸作品呈现，将读者带入一个充满艺术和文化的世界，亲身体验剪纸的魅力。

在设计、制作过程中，整本书以纯色作为背景，脱离其他繁杂的装饰，突出剪纸作品主体；使用简单的文字变化，使读者的视线都集中在书名上，达到宣传的效果；在封底和书脊的设计上使用文字和图形组合的方式，增强图书对读者的吸引力。

本任务将使用辅助线分割页面；使用“打开”命令、“矩形”工具、“变换”泊坞窗、“置于图文框内部”命令制作封面背景；使用“文本”工具、“形状”工具添加封面名称和出版信息。

12.2.2 任务效果

本任务效果如图 12-56 所示。

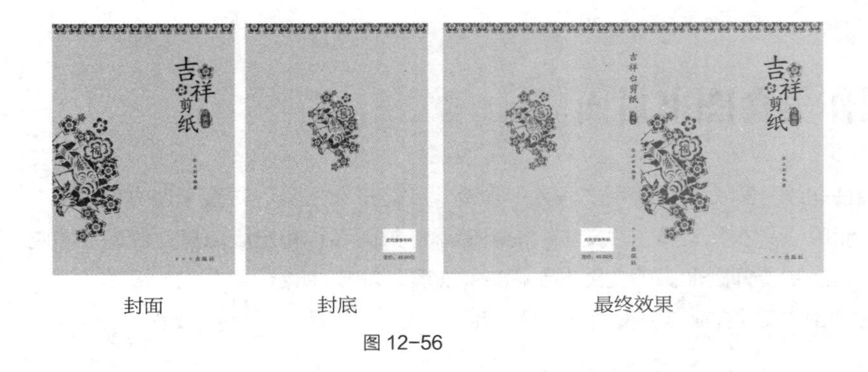

封面　　封底　　最终效果

图 12-56

12.2.3 任务制作

项目实践 1　制作创意家居图书封面

实践知识要点　使用辅助线分割页面；使用“导入”命令、“矩形”工具、“置于图文框内部”命令制作封面底图；使用“文本”工具、“文本”泊坞窗添加封面名称和出版信息；使用“字形”命令插入字形；使用“椭圆形”工具、“轮廓笔”工具、“常见形状”工具制作出版社标志；使用“透明度”工具为图片添加半透明效果。创意家居图书封面效果如图 12-57 所示。

效果所在位置　云盘\Ch12\效果\制作创意家居图书封面.cdr。

图 12-57

项目实践 2　制作美食图书封面

实践知识要点　使用辅助线分割页面；使用“导入”命令、“矩形”工具、“置于图文框内部”命令制作图框剪裁效果；使用“文本”工具、“文本”泊坞窗添加封面名称和出版信息；使用“椭圆形”工具、“轮廓笔”工具绘制装饰圆形。美食图书封面效果如图 12-58 所示。

效果所在位置　云盘\Ch12\效果\制作美食图书封面.cdr。

图 12-58

课后习题 1　制作茶鉴赏图书封面

习题知识要点　使用辅助线分割页面；使用“矩形”工具、“导入”命令和“置于图文框内部”命令制作图书封面；使用“高斯式模糊”命令制作图片的模糊效果；使用“文本”工具输入竖排和横排文字；使用“转换为曲线”命令和“渐变填充”按钮转换并填充图书名称。茶鉴赏图书封面效果如图 12-59 所示。

效果所在位置　云盘\Ch12\效果\制作茶鉴赏图书封面.cdr。

图 12-59

课后习题 2　制作化妆美容图书封面

习题知识要点　使用辅助线分割页面；使用“矩形”工具、“椭圆形”工具、“透明度”工具、“导入”命令和“双色图样填充”按钮制作封面背景；使用“文本”工具、“轮廓笔”工具和“文本”泊坞窗添加封面信息和介绍性文字；使用“2 点线”工具绘制装饰线条。化妆美容图书封面效果如图 12-60 所示。

效果所在位置　云盘\Ch12\效果\制作化妆美容图书封面.cdr。

图 12-60

项目 13 包装设计

项目引入

包装代表着一个商品的品牌形象。好的包装设计可以让产品脱颖而出，吸引消费者的注意力并引发其购买行为。包装设计可以起到美化商品及传达商品信息的作用，更可以极大地提高商品的价值。通过本项目的学习，读者可以掌握多种包装的设计方法和制作技巧。

项目目标

- 了解包装的概念。
- 掌握包装的分类和设计原则。

技能目标

- 掌握核桃奶包装的制作方法。
- 掌握夹心饼干包装的制作方法。

素养目标

- 培养商业设计思维。
- 培养空间想象力。

相关知识　包装概述

1. 包装的概念

包装最主要的功能之一是保护商品，其次是美化商品和传递信息。要想将包装设计好，除了需要遵循设计的基本原则外，还要着重研究消费者的心理活动，这样的包装设计才能使商品在同类商品中脱颖而出，如图 13-1 所示。

图 13-1

2. 包装的分类

包装按商品种类分类，包括建材商品包装、农牧水产品商品包装、食品和饮料商品包装、轻工日用品商品包装、纺织品和服装商品包装、医药商品包装、电子商品包装等，如图 13-2 所示。

图 13-2

3. 包装的设计原则

包装设计应遵循一定的设计原则，包括实用经济的原则、商品信息精准传达的原则、人性化便利的原则、表现文化和艺术性的原则、绿色环保的原则，如图 13-3 所示。

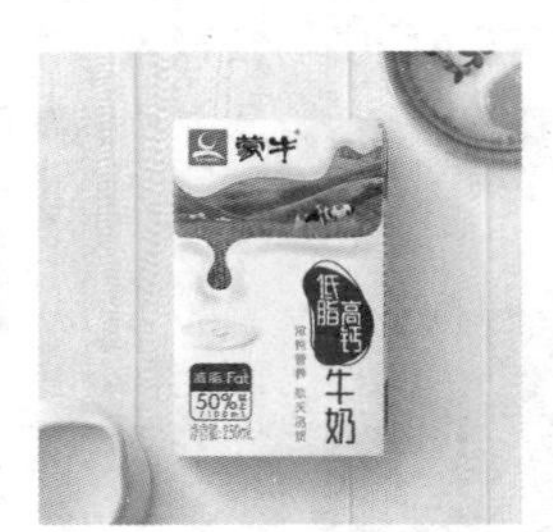

图 13-3

任务 13.1 制作核桃奶包装

13.1.1 任务分析

埃伦斯是一家以奶制品的分装与销售为主要业务的企业。现公司推出高钙低脂核桃奶，要求设计、制作一款包装，传达出核桃奶健康、美味的特点，并能够快速地吸引消费者的注意。

在设计、制作过程中，使用浅褐色作为包装的主色调，给人干净、清爽的印象，能拉近核桃奶与人们的距离；包装的正面使用充满田园风格的卡通插画，展现出自然、健康的销售卖点，同时增添活泼的气息；文字的整齐排列使包装看起来更加整齐、干净；时尚大方的设计能够得到消费者的喜爱。

本任务使用“椭圆形”工具、“3 点椭圆形”工具、“贝塞尔”工具、“形状”工具、“3 点曲线”工具和“轮廓笔”对话框绘制卡通形象；使用“文本”工具、“文本”泊坞窗添加商品名称及其他相关信息；使用“贝塞尔”工具、“文本”工具和“合并”按钮制作文字镂空效果。

13.1.2 任务效果

本任务效果如图 13-4 所示。

包装模型

卡通形象

产品信息

最终效果

图 13-4

微课

制作核桃奶包装 2

13.1.3 任务制作

1. 导入包装模型和绘制卡通形象

（1）按 Ctrl+N 组合键，弹出“创建新文档”对话框，在其中设置文档的宽度为 210 mm，高度为 297 mm，方向为纵向，原色模式为 CMYK，分辨率为 300 dpi，单击“OK”按钮，创建一个文档。

（2）按 Ctrl+I 组合键，弹出“导入”对话框，选择云盘中的“Ch13\素材\制作核桃奶包装\01”文件，单击“导入”按钮，在页面中单击导入图片，选择“选择”工具，拖曳图片到适当的位置，并调整其大小，效果如图 13-5 所示。选择“椭圆形”工具，在页面中拖曳鼠标指针绘制一个椭圆形，如图 13-6 所示。

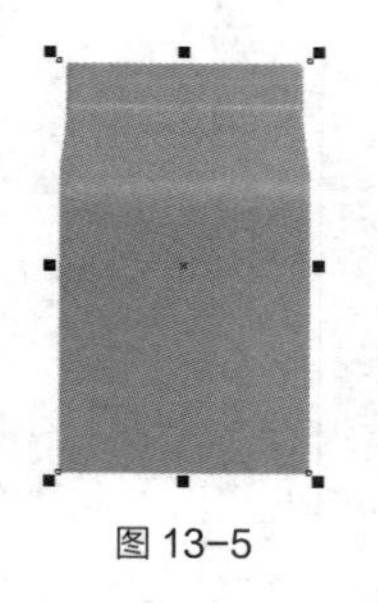

图 13-5

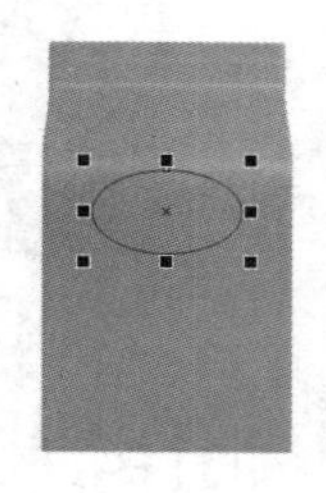

图 13-6

（3）单击属性栏中的“转换为曲线”按钮，将图形转换为曲线，如图 13-7 所示。选择“形状”工具，选中并向下拖曳椭圆形上方的节点到适当的位置，效果如图 13-8 所示。水平向右拖曳右侧的控制线到适当的位置，调整其大小，效果如图 13-9 所示。

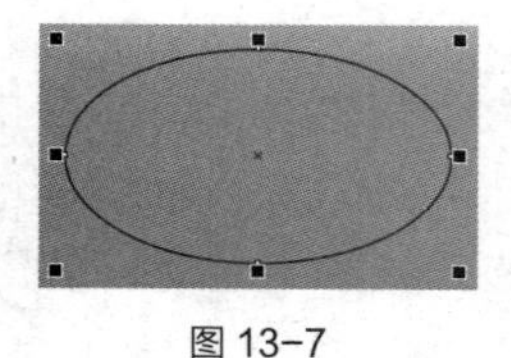

图 13-7

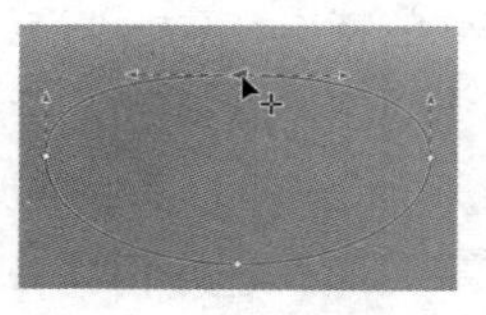

图 13-8

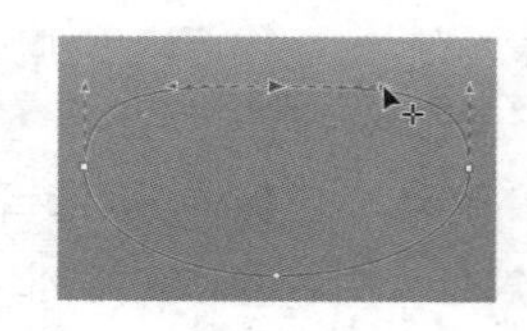

图 13-9

（4）选择“选择”工具，设置图形颜色的 CMYK 值为 0、20、20、0，填充图形，并删除图形的轮廓线，效果如图 13-10 所示。选择“3 点椭圆形”工具，在适当的位置拖曳鼠标指针绘制一个倾斜椭圆形，如图 13-11 所示。

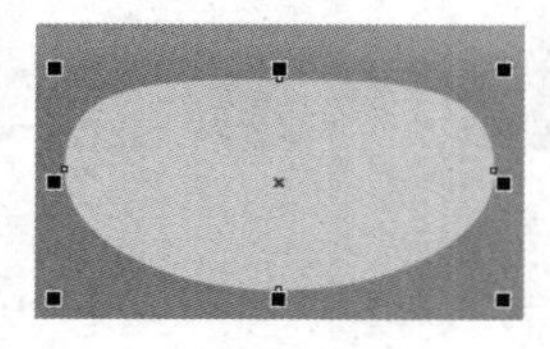
图 13-10

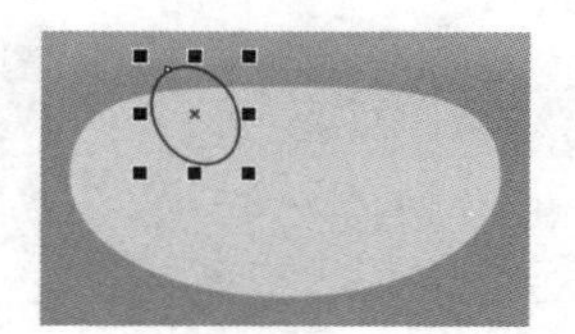
图 13-11

（5）选择“属性滴管”工具，将鼠标指针放置在下方粉色图形上，鼠标指针变为图标，如图 13-12 所示。在粉色图形上单击鼠标左键吸取属性，鼠标指针变为图标，在需要的图形上单击鼠标左键，如图 13-13 所示，填充图形，效果如图 13-14 所示。

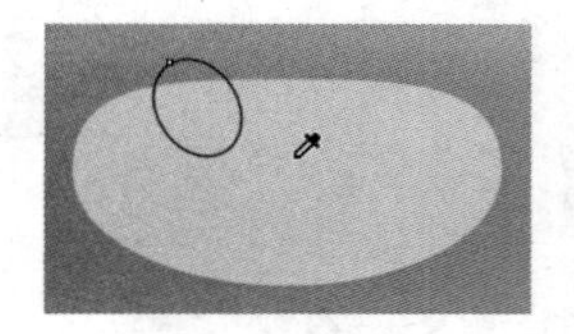
图 13-12

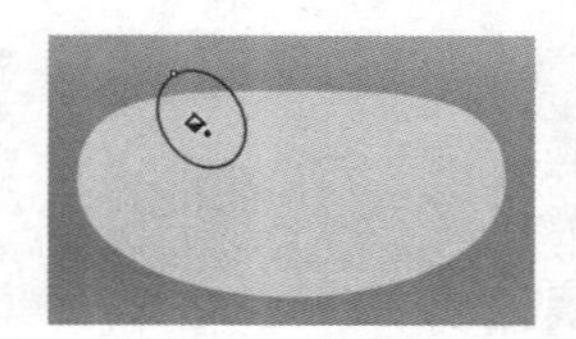
图 13-13

图 13-14

（6）选择“3 点椭圆形”工具，在适当的位置拖曳鼠标指针绘制一个倾斜椭圆形，设置图形颜色的 CMYK 值为 0、36、33、0，填充图形，并删除图形的轮廓线，效果如图 13-15 所示。

（7）选择“选择”工具，按数字键盘上的+键，复制椭圆形。向右下方拖曳复制的椭圆形到适当的位置，设置图形颜色的 CMYK 值为 38、73、79、2，填充图形，效果如图 13-16 所示。

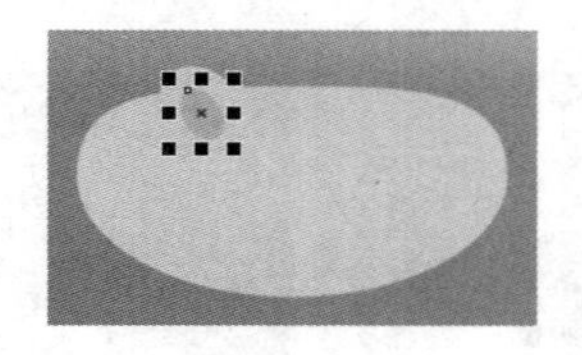
图 13-15

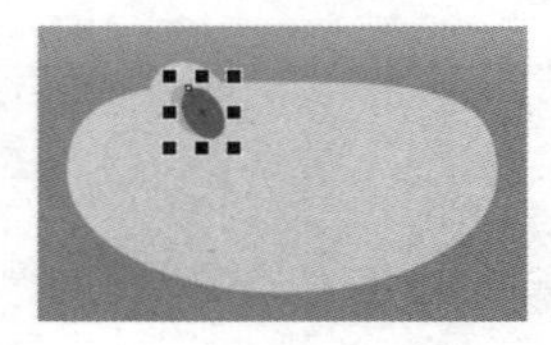
图 13-16

（8）选择“对象 > PowerClip > 置于图文框内部”命令，鼠标指针变为黑色箭头形状，在下方粉色椭圆形上单击鼠标左键，如图 13-17 所示。将棕色图形置入粉色椭圆形中，效果如图 13-18 所示。

图 13-17

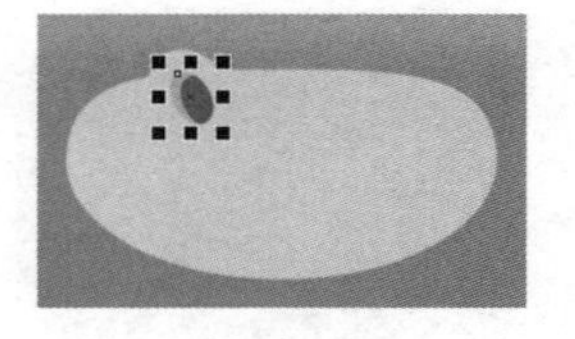
图 13-18

（9）选择“选择”工具，用圈选的方法将所绘制的椭圆形同时选取，按 Ctrl+G 组合键，将其组合，如图 13-19 所示。按数字键盘上的+键，复制图形。单击属性栏中的“水平镜像”按钮，水平翻转图形，效果如图 13-20 所示。按住 Shift 键的同时，水平向右拖曳镜像翻转的图形到适当的位置，效果如图 13-21 所示。

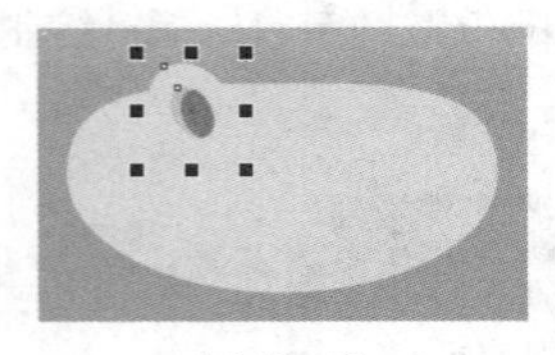
图 13-19

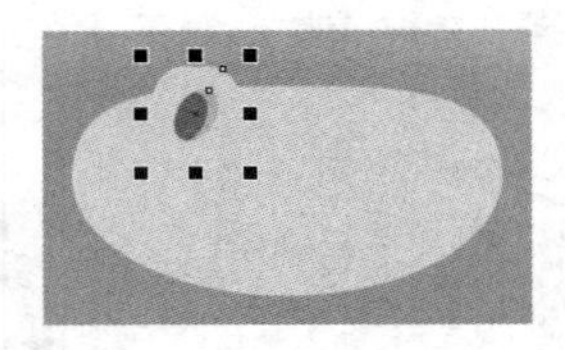
图 13-20

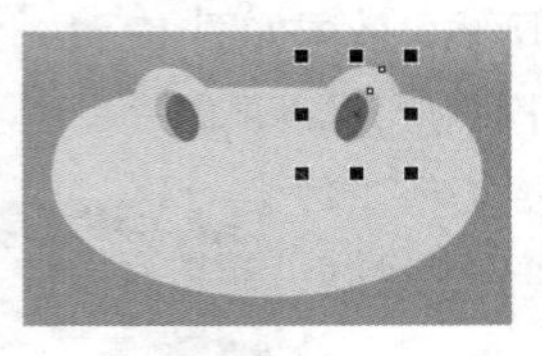
图 13-21

（10）选择“贝塞尔”工具，在适当的位置绘制一个不规则图形。按 F12 键，弹出“轮廓笔”对话框，在“颜色”选项中设置轮廓线颜色的 CMYK 值为 63、82、100、51，其他选项的设置如图 13-22 所示。单击“OK”按钮，效果如图 13-23 所示。

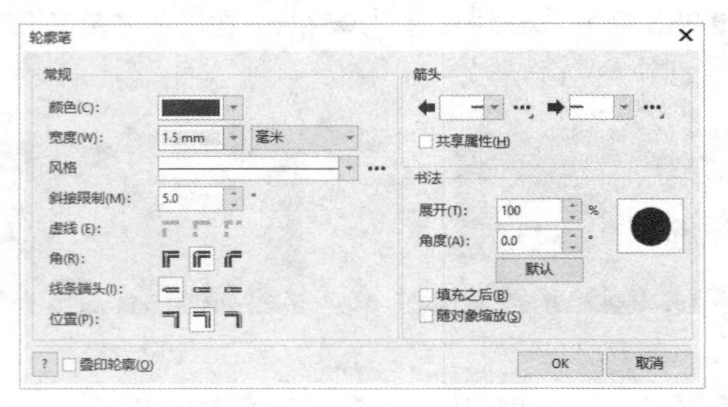

图 13-22

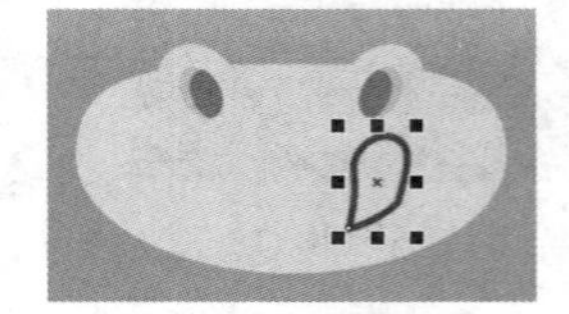
图 13-23

（11）选择“选择”工具，设置图形颜色的 CMYK 值为 0、75、51、0，填充图形，效果如图 13-24 所示。按数字键盘上的+键，复制图形。向左下方拖曳复制的图形到适当的位置，效果如图 13-25 所示。设置图形颜色的 CMYK 值为 31、91、80、0，填充图形，效果如图 13-26 所示。

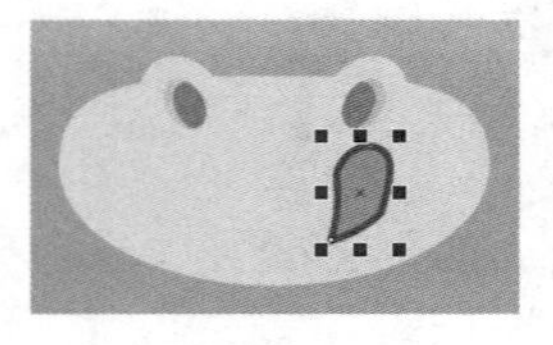
图 13-24

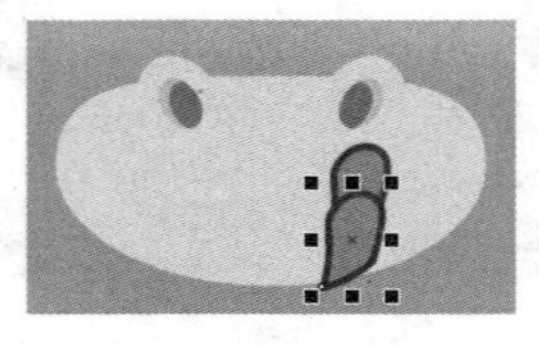
图 13-25

图 13-26

（12）选择“对象 ＞PowerClip＞ 置于图文框内部”命令，鼠标指针变为黑色箭头形状，在下方粉红色图形上单击鼠标左键，如图 13-27 所示。将红色图形置入下方粉红色图形中，效果如图 13-28 所示。

图 13-27

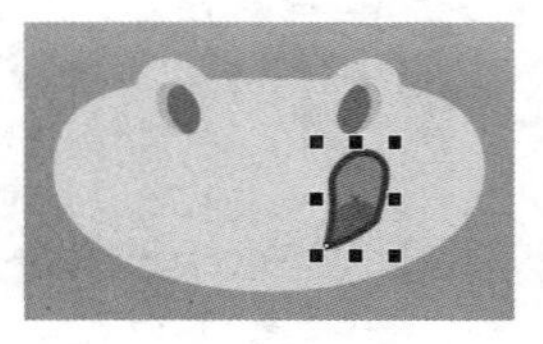
图 13-28

（13）选择“3 点曲线”工具，在适当的位置分别绘制两条曲线，效果如图 13-29 所示。选择“选择”工具，用圈选的方法将两条曲线同时选取，如图 13-30 所示。

图 13-29

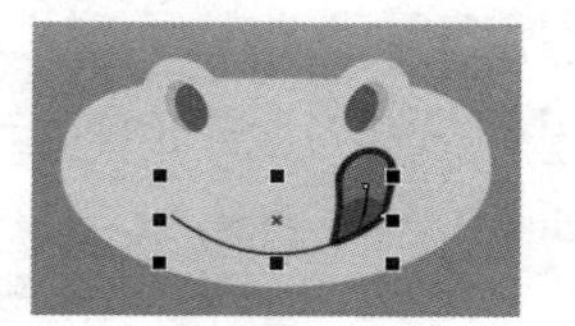

图 13-30

（14）按 F12 键，弹出“轮廓笔”对话框，在“颜色”选项中设置轮廓线颜色的 CMYK 值为 63、82、100、51，其他选项的设置如图 13-31 所示。单击“OK”按钮，效果如图 13-32 所示。

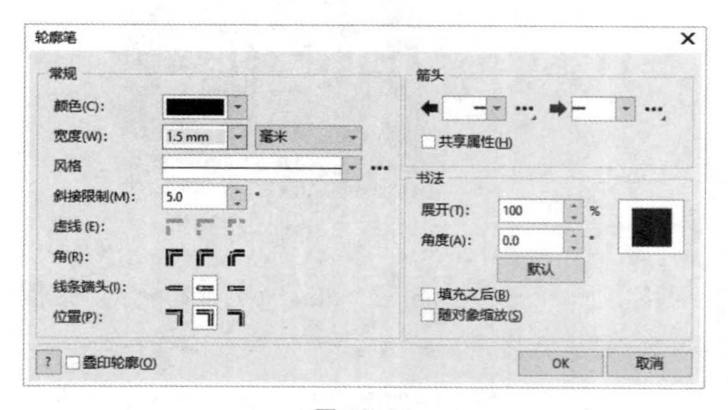

图 13-31

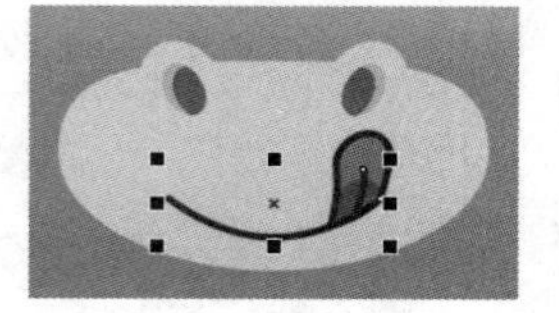

图 13-32

2. 添加产品信息

（1）用相同的方法绘制牛的其他部位，效果如图 13-33 所示。选择“文本”工具字，在页面中分别输入需要的文字。选择“选择”工具，在属性栏中分别选取适当的字体并设置文字大小，填充文字为白色，效果如图 13-34 所示。选取英文“MILK”，选择“文本 > 文本”命令，在弹出的“文本”泊坞窗中进行设置，如图 13-35 所示。按 Enter 键，效果如图 13-36 所示。

图 13-33

图 13-34

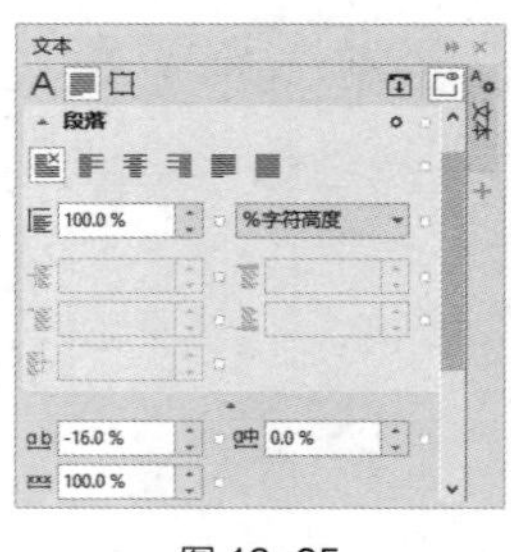

图 13-35

图 13-36

（2）按 Ctrl+Q 组合键，将文本转换为曲线，如图 13-37 所示。选择“形状”工具，用圈选的方法将文字下方需要的节点同时选取，如图 13-38 所示。垂直向下拖曳选中的节点到适当的位置，效果如图 13-39 所示。

图 13-37

图 13-38

图 13-39

（3）选择“文本”工具字，在适当的位置输入需要的文字。选择“选择”工具，在属性栏中选取适当的字体并设置文字大小。单击“将文本更改为垂直方向”按钮，更改文字方向，填充文字为白色，效果如图 13-40 所示。

（4）选择“文本”工具字，在适当的位置分别输入需要的文字。选择“选择”工具，在属性栏中分别选取适当的字体并设置文字大小。单击“将文本更改为水平方向”按钮，更改文字方向，填充文字为白色，效果如图 13-41 所示。

图 13-40

图 13-41

（5）选择“贝塞尔”工具，在适当的位置绘制一个不规则图形，如图 13-42 所示。设置图形颜色的 CMYK 值为 63、82、100、51，填充图形，并删除图形的轮廓线，效果如图 13-43 所示。

（6）选择“文本”工具字，在适当的位置输入需要的文字。选择“选择”工具，在属性栏中选取适当的字体并设置文字大小，效果如图 13-44 所示。

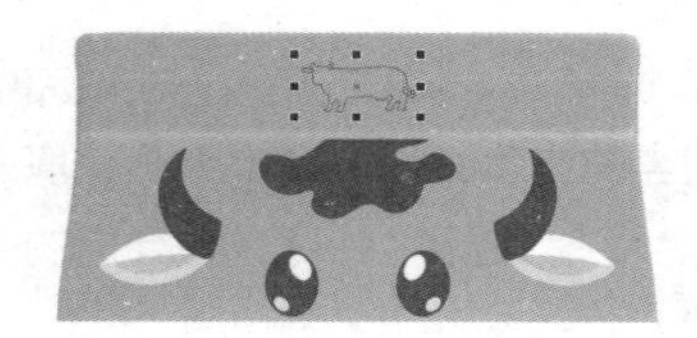
图 13-42

图 13-43

图 13-44

（7）选择“选择”工具，按住 Shift 键的同时，单击下方不规则图形将其同时选取，如图 13-45 所示。单击属性栏中的“合并”按钮，结合图形和文字，效果如图 13-46 所示。核桃奶包装制作完成，效果如图 13-47 所示。

图 13-45

图 13-46

图 13-47

任务 13.2　制作夹心饼干包装

13.2.1　任务分析

麦维特食品有限公司是一家以膨化食品为主要经营范围的食品公司，要求为本公司最新出产的全麦夹心饼干制作产品包装，包装重点表现新产品的特色，并且要与品牌的形象相贴合，能吸引消费者注意。

在设计、制作过程中，包装使用传统的纸盒装；包装风格干净、自然，突出品牌和卖点；使用实物图片引发消费者的联想。包装以紫色为底，与产品相对比，整体效果简洁、直观，明快、舒适，让人一目了然。

本任务将使用“矩形”工具、“导入”命令、“旋转角度”选项和“水平翻转”按钮制作包装底图；使用“3 点椭圆形”工具、“透明度”工具、“转换为位图”命令和“高斯式模糊”命令为产品图片添加阴影效果；使用“文本”工具、“拆分”命令、“转换为曲线”命令、“形状”工具和“填充”工具制作产品名称；使用“矩形”工具、“圆角半径”选项、“移除前面对象”按钮、“文本”工具和“文本”泊坞窗制作营养成分标签；使用“矩形”工具、“椭圆形”工具、“调和”工具和“文本”工具制作品牌名称。

微课

制作夹心饼干包装 1

微课

制作夹心饼干包装 2

微课

制作夹心饼干包装 3

13.2.2　任务效果

本任务效果如图 13-48 所示。

包装底图

产品名称

营养成分标签

最终效果

图 13-48

13.2.3　任务制作

扫码观看
本案例步骤

项目实践 1　制作柠檬汁包装

实践知识要点　使用“矩形”工具、“渐变填充”按钮和“PowerClip”命令制作包装底图；使用“文本”工具、“文本”泊坞窗、“轮廓图”工具、“封套”工具、“贝塞尔”工具、“轮廓笔”

工具添加产品名称和信息；使用“贝塞尔”工具、“导入”命令和“转换为位图”命令制作包装立体展示图。柠檬汁包装效果如图 13-49 所示。

效果所在位置 云盘\Ch13\效果\制作柠檬汁包装.cdr。

图 13-49

项目实践 2 制作巧克力豆包装

实践知识要点 使用“贝塞尔”工具、“渐变填充”按钮、“透明度”工具、“高斯式模糊”命令、“2 点线”工具和“转换为位图”命令制作包装底图；使用“椭圆形”工具、“3 点椭圆形”工具、“水平镜像”按钮和“形状”泊坞窗绘制小熊；使用“贝塞尔”工具、“形状”泊坞窗、“导入”命令和“置于图文框内部”命令绘制心形盒；使用“文本”工具、“文本”泊坞窗、“轮廓图”工具、“拆分轮廓图”命令制作产品名称。巧克力豆包装效果如图 13-50 所示。

效果所在位置 云盘\Ch13\效果\制作巧克力豆包装.cdr。

图 13-50

课后习题 1 制作大米包装

习题知识要点 使用“导入”命令、“矩形”工具、“渐变填充”按钮、“贝塞尔”工具绘制包装底图；使用“文本”工具、“文本”泊坞窗添加产品名称；使用“2 点线”工具、“贝塞尔”工具、“椭圆形”工具、“矩形”工具、“圆角半径”选项、“透明度”工具绘制装饰图形；使用“文本”

工具、“文本”泊坞窗、“表格”工具添加营养成分表和其他包装信息；使用“矩形”工具、“圆角半径”选项、“导入”命令和“置于图文框内部”命令制作图片剪裁效果。大米包装效果如图 13-51 所示。

效果所在位置 云盘\Ch13\效果\制作大米包装.cdr。

图 13-51

课后习题 2　制作肉酥包装

习题知识要点 使用“贝塞尔”工具、“矩形”工具、“打开”命令、“PowerClip”命令制作包装底图；使用“文本”工具、“转换为曲线”按钮绘制产品名称；使用“文本”工具、“文本”泊坞窗添加营养成分表和其他包装信息；使用“导出”命令、“导入”命令、“柱面”命令和“封套”工具制作铁盒立体展示图。肉酥包装效果如图 13-52 所示。

效果所在位置 云盘\Ch13\效果\制作肉酥包装.cdr。

图 13-52

项目 14 VI 设计

项目引入

视觉识别（Visual Identity，VI）设计通过具体的标志、符号和设计元素来表达企业的理念、文化特质和规范，将抽象概念以标准化、系统化的方式可视化，从而塑造企业形象和传达企业文化。通过本项目的学习，读者可以掌握多种 VI 的设计方法和制作技巧。

项目目标

- 了解 VI 设计的组成。
- 掌握 VI 设计的原则。

技能目标

- 掌握欣然智能家居标志的制作方法。
- 掌握欣然智能家居 VI 的制作方法。

素养目标

- 培养对新技术的关注。
- 培养商业设计思维。

相关知识　VI 设计概述

VI 设计是指设计一个组织或品牌的视觉标识体系，主要目的是通过视觉元素来传达企业独特的品牌特征和价值观。VI 涵盖了品牌的视觉形象定位、设计原则、标准规范以及应用指南，旨在确保品牌形象在各类传播媒介中的一致性和稳定性。通过 VI 的制定和执行，企业能够在市场上建立和传播统一的品牌形象，提升品牌辨识度、可信度和影响力，从而增强消费者对品牌的信任感和忠诚度，并在激烈的市场竞争中脱颖而出。VI 设计如图 14-1 所示。

图 14-1

1. VI 设计的组成

VI 设计一般包括基础和应用两大部分。

基础部分包括标志、标准字、标准色、标志和标准字的组合。

应用部分包括办公用品（信封、信纸、名片、请柬、文件夹等）、企业外部建筑环境（公共标识牌、路标指示牌等）、企业内部建筑环境（各部门标识牌、广告牌等）、交通工具（大巴士、货车等）、服装服饰（制服、文化衫、工作帽、胸卡等）等，如图 14-2 所示。

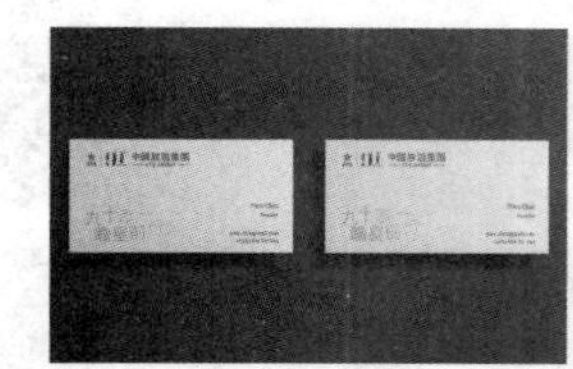

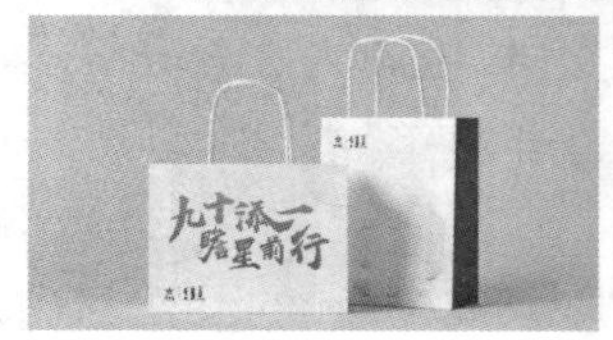

图 14-2

2. VI 设计的原则

VI 设计是为了让更多人了解企业的品牌或者产品和服务，并留下深刻的正面印象。进行 VI 设计时必须要注意统一性、差异性、民族性、有效性等基本原则。这些基本原则有助于确保 VI 设计与企业文化相融合，同时在不同文化和市场背景下有效传达企业的核心信息。

任务 14.1 制作欣然智能家居标志

14.1.1 任务分析

欣然智能家居是一家致力于为家庭提供智能、便捷和安全解决方案的家居企业。该企业的业务包括智能照明、温控、安全监控、家庭娱乐等。该企业通过创新科技和智能设备，力图提高家庭生活质量，减少能源浪费。本任务为欣然智能家居制作标志，在标志设计上要求体现出企业的经营理念、企业文化和发展方向；在设计语言和手法上要求以单纯、简洁、易识别的物像、图形和文字符号进行表达。

在设计、制作过程中，以汉字“家”为原型设计，清晰地表达了企业的定位；通过绿色来体现出企业节能环保的理念；标志整体简洁明了且可识别性强，传达了企业的核心信息，并具有吸引人的外观；整个标志设计简洁明快，主体清晰明确。

本任务将使用“文档选项”命令添加水平和垂直辅助线；使用“矩形”工具、“圆角半径”选项、“转换为曲线”按钮、“形状”工具、“轮廓笔”对话框、“贝塞尔”工具和“刻刀”工具制作标志图形；使用“文本”工具、“文本”泊坞窗和“手绘”工具制作标准字。

微课

制作欣然智能家居标志 1

14.1.2 任务效果

本任务效果如图 14-3 所示。

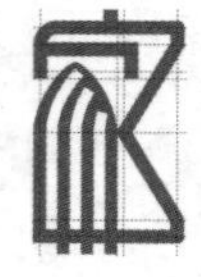

制作标志图形

欣然智能家居

—— 节 能 环 保 乐 享 智 能 生 活 ——

添加标准字

最终效果

图 14-3

14.1.3 任务制作

微课

制作欣然智能家居标志 2

1. 制作标志图形

（1）按 Ctrl+N 组合键，弹出“创建新文档”对话框，在其中设置文档的宽度为 210 mm，高度为 297 mm，方向为纵向，原色模式为 CMYK，分辨率为 300 dpi，单击“OK”按钮，创建一个文档。

（2）选择“布局 > 文档选项”命令，弹出“选项”对话框，选择“辅助线/Horizontal”选项，在“Y：”文本框中输入数值为 205.0，如图 14-4 所示。单击“添加”按钮，添加一条水平辅助线，页面如图 14-5 所示。用相同的方法在 199.0 mm、189.0 mm、167.0 mm、135.0 mm、129.0 mm 处添加 5 条水平辅助线，如图 14-6 所示。

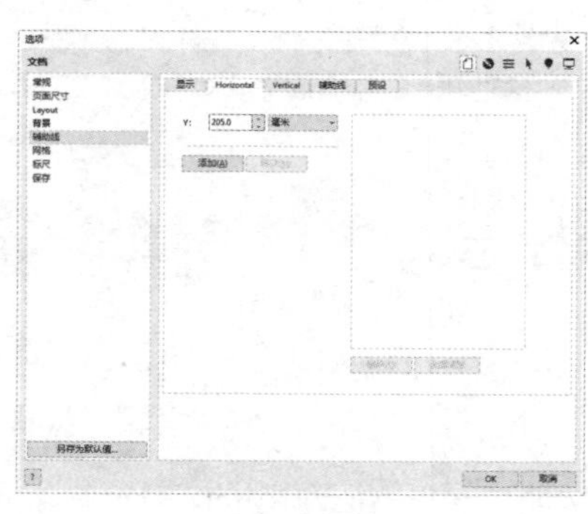

图 14-4

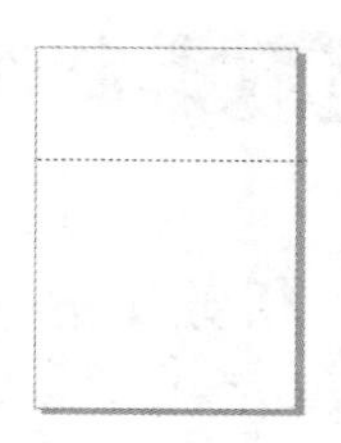

图 14-5

（3）选择“Vertical”选项，在“X：”文本框中输入数值为 80.0，如图 14-7 所示。单击“添加”按钮，添加一条垂直辅助线。用相同的方法在 110.0 mm、129.0 mm 处添加 2 条垂直辅助线，如图 14-8 所示。单击“OK”按钮，如图 14-9 所示。

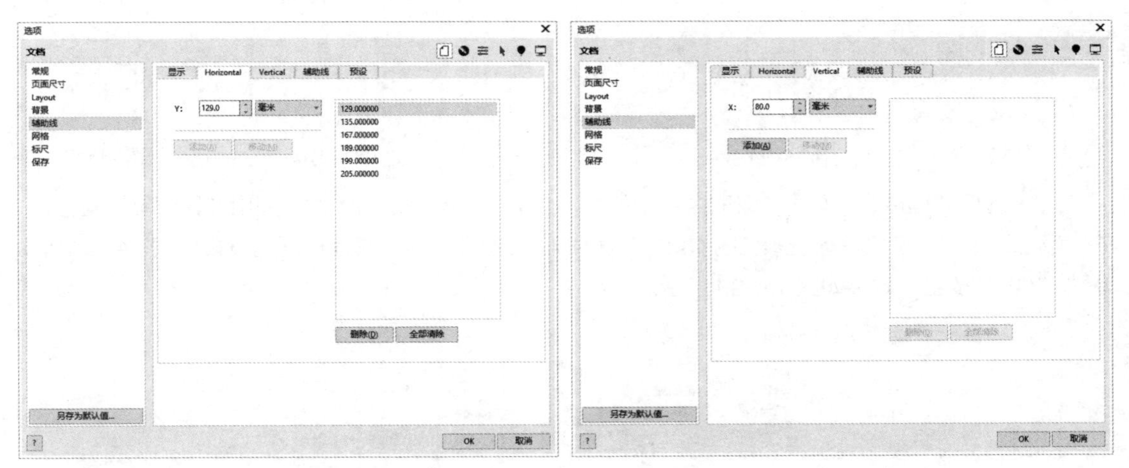

图 14-6　　　　图 14-7

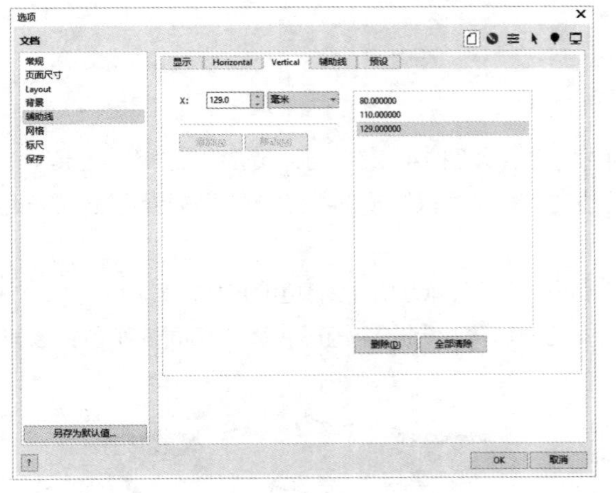

图 14-8

图 14-9

（4）选择“矩形”工具，在页面中适当的位置绘制一个矩形，如图 14-10 所示。在属性栏中将“圆角半径”选项设为 6.0 mm 和 0.0 mm，如图 14-11 所示。按 Enter 键，效果如图 14-12 所示。

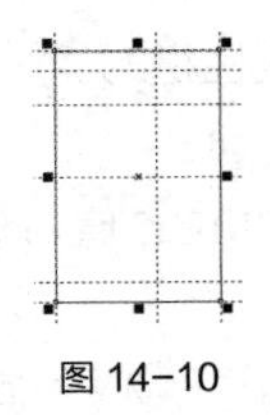

图 14-10

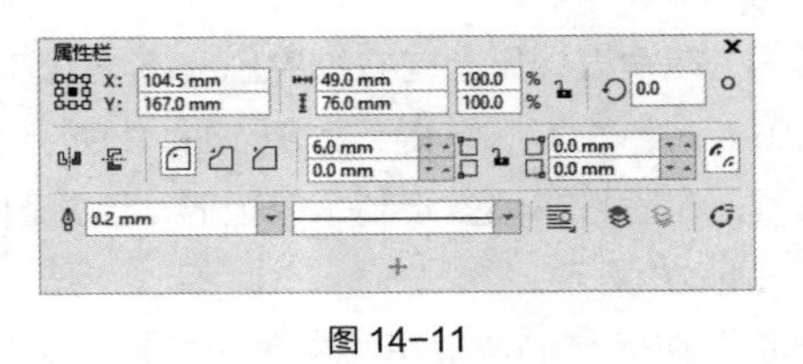

图 14-11

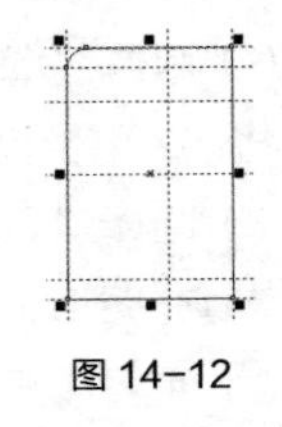

图 14-12

（5）单击属性栏中的“转换为曲线”按钮，将图形转换为曲线，如图 14-13 所示。选择“形状”工具，分别在适当的位置双击，添加 4 个节点，如图 14-14 所示。

（6）使用“形状”工具，单击选中需要的线段，如图 14-15 所示，按 Delete 键，删除选中的线段，如图 14-16 所示。选中并向左拖曳右侧需要的节点到适当的位置，效果如图 14-17 所示。

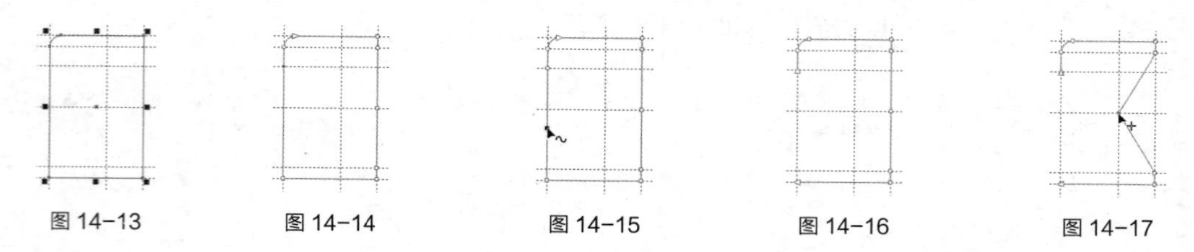

图 14-13　　图 14-14　　图 14-15　　图 14-16　　图 14-17

（7）选择“选择”工具，选取曲线，如图 14-18 所示。按 F12 键，弹出“轮廓笔”对话框，在“颜色”选项中设置轮廓线颜色的 CMYK 值为 79、24、51、0，其他选项的设置如图 14-19 所示。单击“OK”按钮，效果如图 14-20 所示。

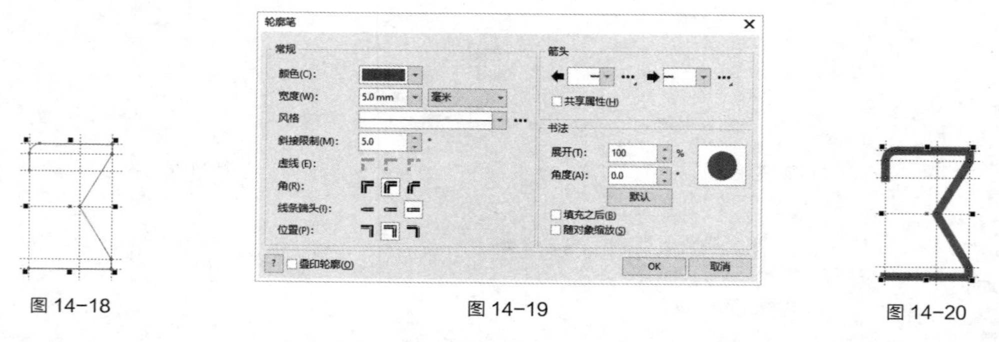

图 14-18　　图 14-19　　图 14-20

（8）按 Ctrl+Shift+Q 组合键，将轮廓转换为对象，如图 14-21 所示。选择“选择”工具，在水平标尺上向下拖曳出一条水平辅助线，在属性栏的“对象位置”选项中将“Y”坐标设为 186.5 mm，按 Enter 键，如图 14-22 所示。

（9）选择“矩形”工具，在适当的位置绘制一个矩形，设置图形颜色的 CMYK 值为 79、24、51、0，填充图形，效果如图 14-23 所示。用相同的方法再绘制一个矩形，填充相同的颜色，效果如图 14-24 所示。

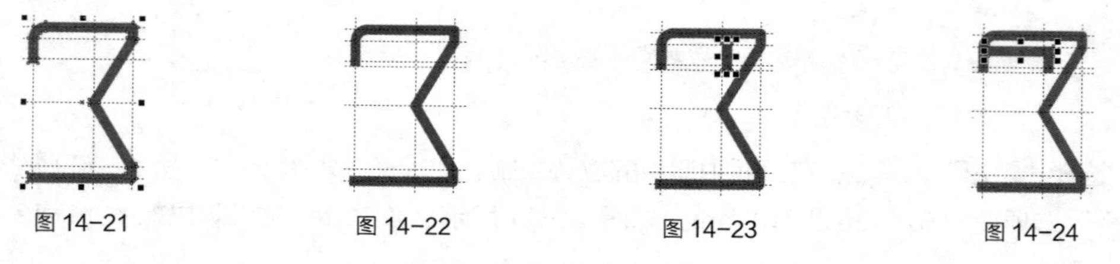

图 14-21　　图 14-22　　图 14-23　　图 14-24

（10）选择“选择”工具，在垂直标尺上向右拖曳出一条垂直辅助线，在属性栏的“对象位置”选项中将“X”坐标设为 107.5 mm，按 Enter 键，如图 14-25 所示。

（11）选择“矩形”工具，在适当的位置绘制一个矩形，设置图形颜色的 CMYK 值为 79、24、51、0，填充图形，效果如图 14-26 所示。

（12）使用“矩形”工具，在适当的位置再绘制一个矩形，设置图形颜色的 CMYK 值为 79、24、51、0，填充图形，效果如图 14-27 所示。在属性栏中将“圆角半径”选项设为 15.5 mm 和 0.0 mm，如图 14-28 所示。按 Enter 键，效果如图 14-29 所示。

图 14-25

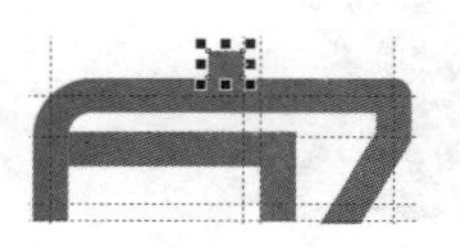
图 14-26

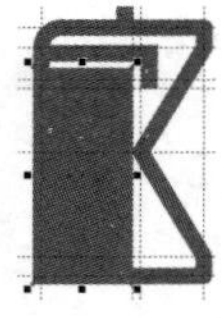
图 14-27

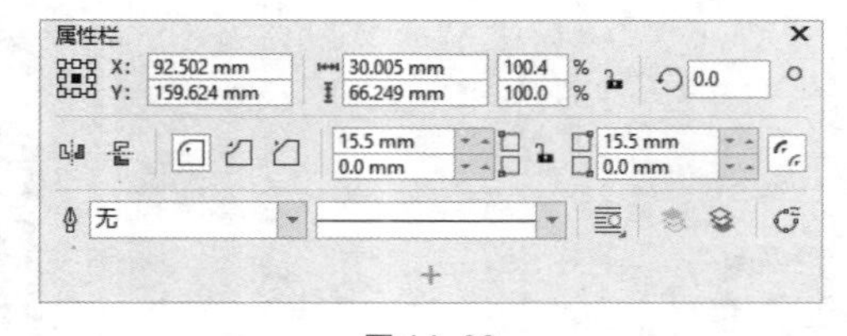

图 14-28

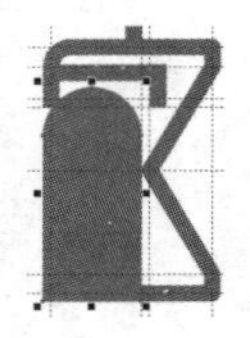
图 14-29

（13）单击属性栏中的“转换为曲线”按钮，将图形转换为曲线，如图 14-30 所示。选择“形状”工具，按住 Ctrl 键的同时，单击选中需要的节点，如图 14-31 所示，垂直向下拖曳选中的节点到适当的位置，效果如图 14-32 所示。

（14）使用“形状”工具，按住 Ctrl 键的同时，单击选中上方需要的两个节点，如图 14-33 所示。单击“减少节点”按钮，减少一个节点，自动将另一个节点转换为平滑节点，如图 14-34 所示。

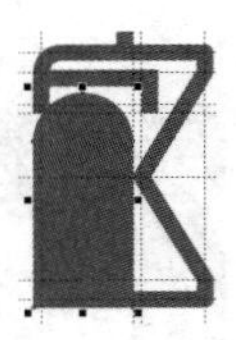
图 14-30

图 14-31

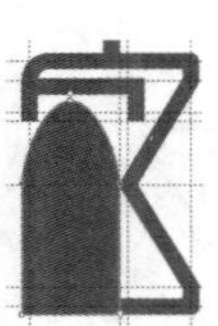
图 14-32

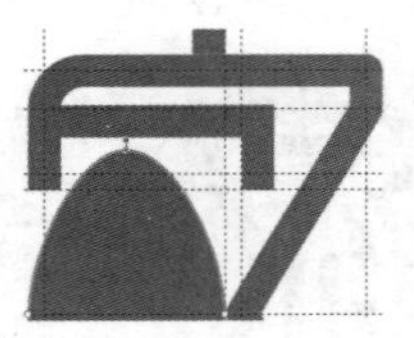
图 14-33

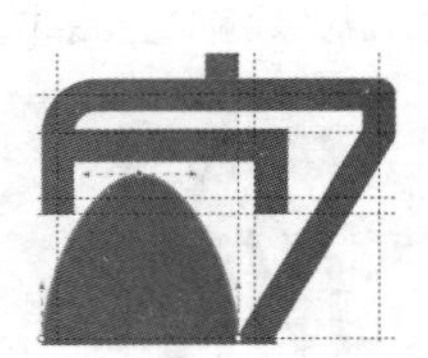
图 14-34

（15）单击属性栏中的“尖突节点”按钮，将平滑节点转换为尖突节点，如图 14-35 所示。向下拖曳节点右侧的控制手柄到适当的位置，调整其弧度，效果如图 14-36 所示。用相同的方法调整节点左侧的控制手柄到适当的位置，效果如图 14-37 所示。

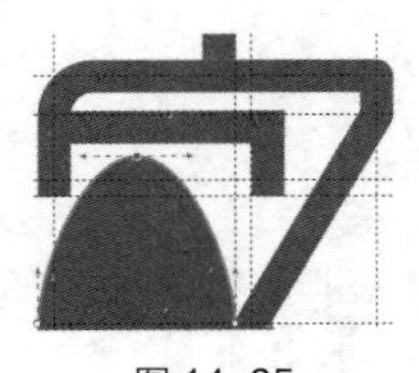
图 14-35

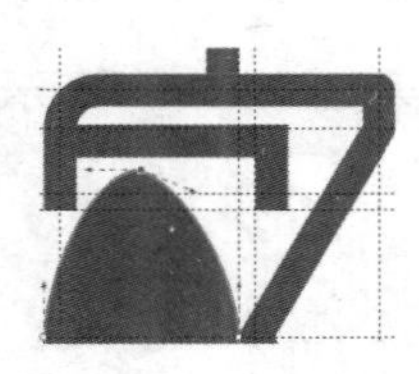
图 14-36

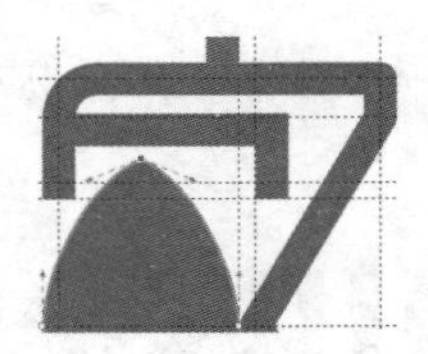
图 14-37

（16）选择“贝塞尔”工具，在适当的位置绘制一条曲线，如图 14-38 所示。选择“选择”工具，在属性栏的“对象位置”选项中将“X”坐标设为 89.0 mm；按 Enter 键，如图 14-39 所示。设置轮廓线颜色为白色，并在属性栏中的“轮廓宽度”选项中设置数值为 4.0 mm。按 Enter 键，效果如图 14-40 所示。

（17）选择“窗口 > 泊坞窗 > 变换”命令，弹出“变换”泊坞窗，单击“位置”按钮，选项的设置如图 14-41 所示。单击“应用”按钮，效果如图 14-42 所示。

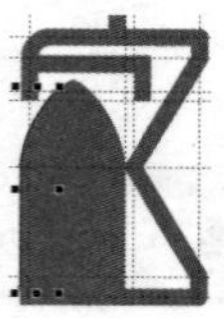
图 14-38

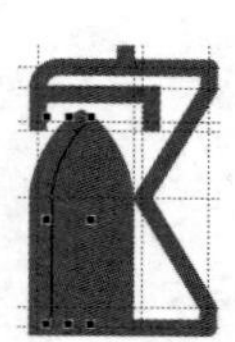
图 14-39

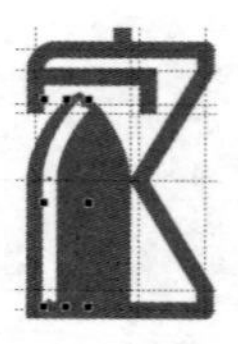
图 14-40

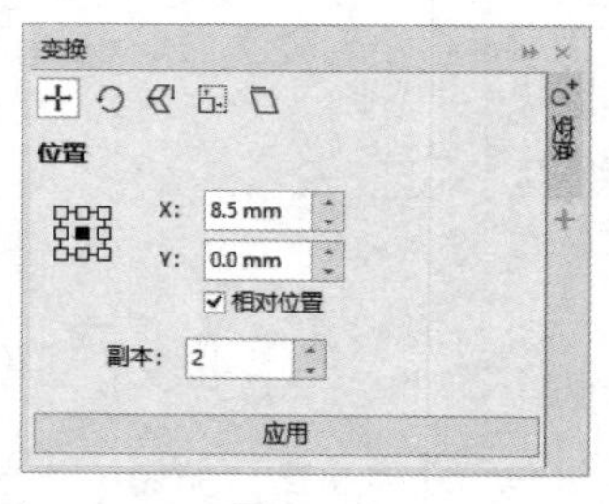

图 14-41

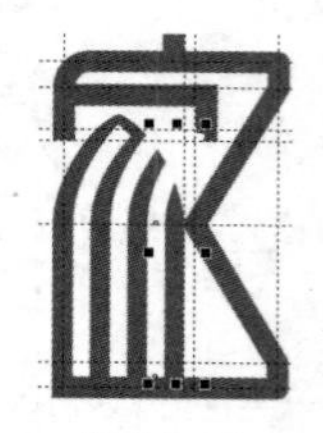
图 14-42

（18）用圈选的方法将刚复制的两条曲线同时选取，如图 14-43 所示。选择“刻刀”工具，在适当的位置按住鼠标左键并拖曳出一条裁切线，如图 14-44 所示。松开鼠标左键后，裁切曲线，如图 14-45 所示。

（19）选择“选择”工具，用圈选的方法将裁切后的曲线同时选取，如图 14-46 所示。按 Delete 键，删除选中的曲线，如图 14-47 所示。

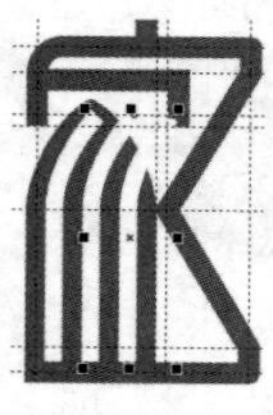
图 14-43

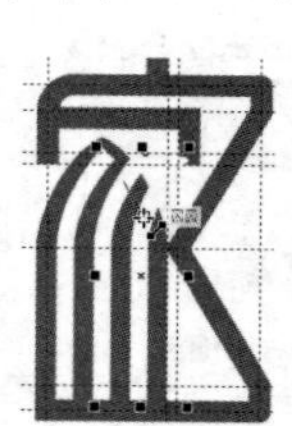
图 14-44

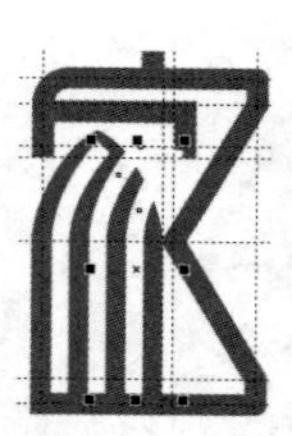
图 14-45

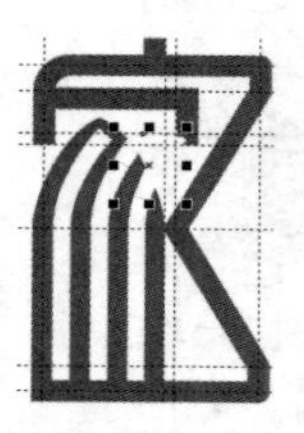
图 14-46

图 14-47

（20）选择“矩形”工具，在适当的位置绘制一个矩形，设置图形颜色的 CMYK 值为 79、24、51、0，填充图形，效果如图 14-48 所示。在“变换”泊坞窗中，单击“位置”按钮，选项的设置如图 14-49 所示。单击“应用”按钮，效果如图 14-50 所示。

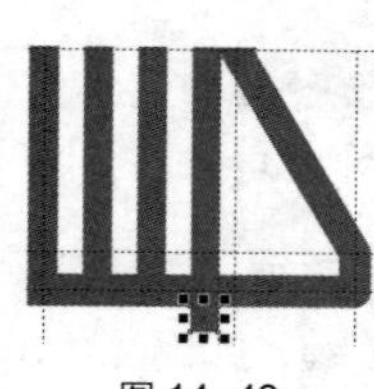
图 14-48

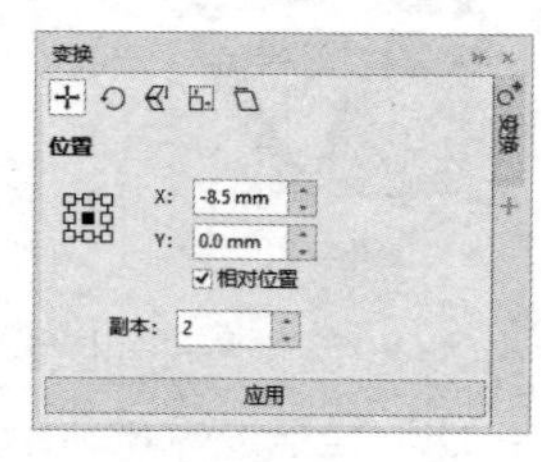

图 14-49

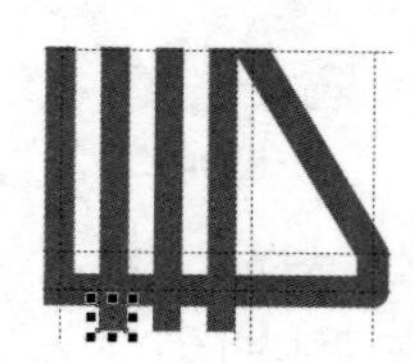
图 14-50

2. 添加标准字

（1）选择“文本”工具，在适当的位置输入需要的文字。选择“选择”工具，在属性栏中选取适当的字体并设置文字大小，效果如图 14-51 所示。选取上方文字“欣然智能家居”，设置文字颜色的 CMYK 值为 79、24、51、0，填充文字，效果如图 14-52 所示。

图 14-51

图 14-52

（2）按 Ctrl+T 组合键，弹出“文本”泊坞窗，单击“段落”按钮，切换到“段落”选项卡，选项的设置如图 14-53 所示。按 Enter 键，效果如图 14-54 所示。选取下方文字“节能……生活”，在“CMYK 调色板”中的“80%黑”色块上单击鼠标左键，填充文字，效果如图 14-55 所示。

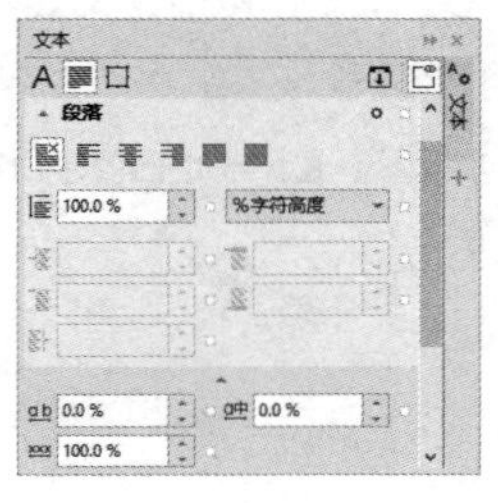

图 14-53

图 14-54

图 14-55

（3）在“文本”泊坞窗中，选项的设置如图 14-56 所示。按 Enter 键，效果如图 14-57 所示。

（4）选择“手绘”工具，按住 Ctrl 键的同时，在适当的位置绘制一条直线。在“CMYK 调色板”中的“80%黑”色块上单击鼠标右键，填充直线轮廓线，在属性栏中的“轮廓宽度”选项 0.2 mm 中设置数值为 0.4 mm，按 Enter 键，效果如图 14-58 所示。

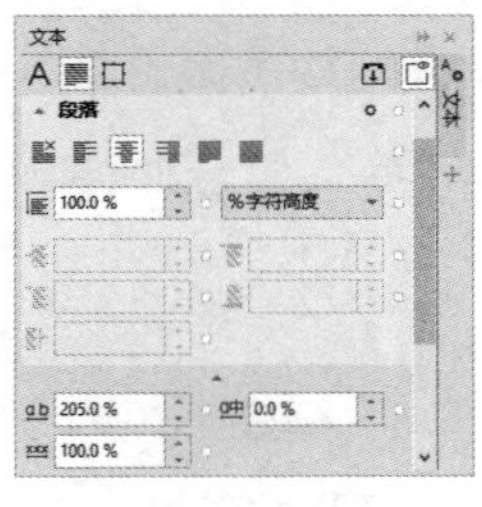

图 14-56

欣然智能家居
节能环保乐享智能生活

图 14-57

欣然智
节能环保乐

图 14-58

（5）按数字键盘上的+键，复制直线。选择“选择”工具，按住 Shift 键的同时，水平向右拖曳复制的直线到适当的位置，效果如图 14-59 所示。选择“查看 > 辅助线”命令，隐藏辅助线，效果如图 14-60 所示。欣然智能家居标志制作完成。

欣然智能家居
节能环保乐享智能生活

图 14-59

图 14-60

（6）按 Ctrl+S 组合键，弹出“保存绘图”对话框，将制作好的标志命名为“制作欣然智能家居标志”，保存为 CDR 格式，单击“保存”按钮，保存图像。

任务 14.2 制作欣然智能家居 VI

14.2.1 任务分析

VI 是一个企业传播经营理念、提高知名度、塑造企业形象的便捷途径之一。本任务是为欣然智能家居制作 VI 设计的基础部分。在设计、制作过程中，通过对标志规范、标准字、标准色、辅助色等内容的编辑、展示，树立企业整齐划一、干净利落的整体形象，有效地展现出品牌的精神面貌。

本任务将使用“矩形”工具、“圆角半径”选项、“2 点线”工具、“文本”工具和“文本”泊坞窗制作模板；使用“颜色滴管”工具制作颜色标注图标的填充效果；使用“矩形”工具、“2 点线”工具、“轮廓笔”对话框和“变换”泊坞窗制作标志预留空间；使用“平行度量”工具标注最小比例，使用“调和”工具制作企业辅助色。

14.2.2 任务效果

本任务效果如图 14-61 所示。

标志反白稿　标志墨稿　标志预留空间与最小比例限定　企业全称中文字体　企业标准色　企业辅助色

图 14-61

14.2.3 任务制作

项目实践 1 制作企业名片

实践知识要点 使用“矩形”工具、“对象大小”选项绘制名片；使用“导入”命令、“置于图文框内部”命令制作名片底图；使用“文本”工具、“文本”泊坞窗添加名片信息；使用“平行度量”工具对名片进行标注。企业名片效果如图 14-62 所示。

效果所在位置 云盘\Ch14\效果\制作企业名片.cdr。

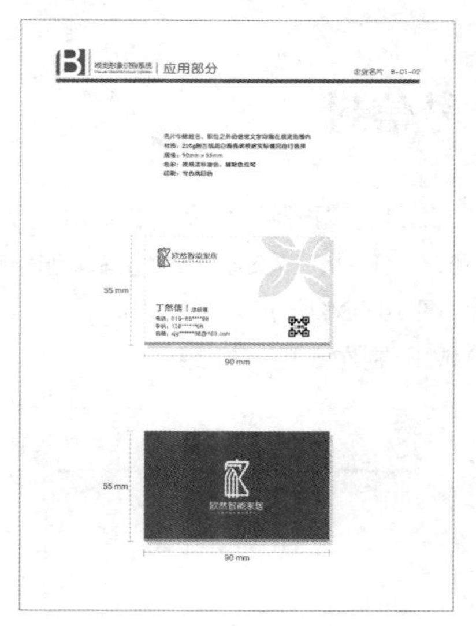

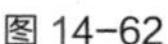

图 14-62

项目实践 2 制作企业信纸

实践知识要点 使用“矩形”工具、“2 点线”工具绘制信纸；使用“文本”工具、“文本”泊坞窗添加信纸内容；使用“平行度量”工具对信纸进行标注。企业信纸效果如图 14-63 所示。

效果所在位置 云盘\Ch14\效果\制作企业信纸.cdr。

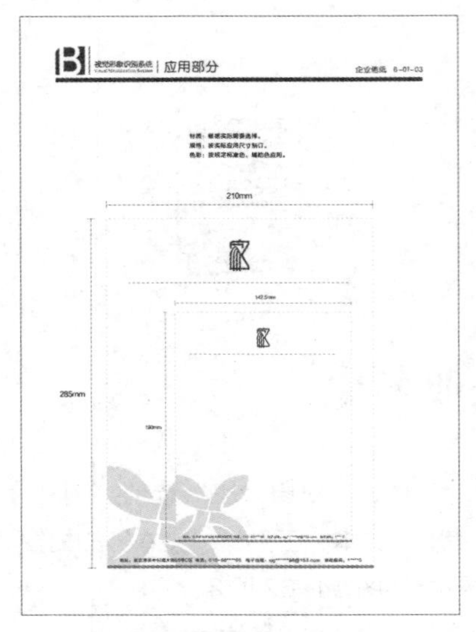

图 14-63

课后习题 1　制作 5 号信封

习题知识要点　使用“矩形”工具、“再制”命令、“圆角半径”选项、“转换为曲线”命令和“形状”工具绘制信封；使用“文本”工具、“文本”泊坞窗添加信封内容；使用“平行度量”工具对信封进行标注。5 号信封效果如图 14-64 所示。

效果所在位置　云盘\Ch14\效果\制作 5 号信封.cdr。

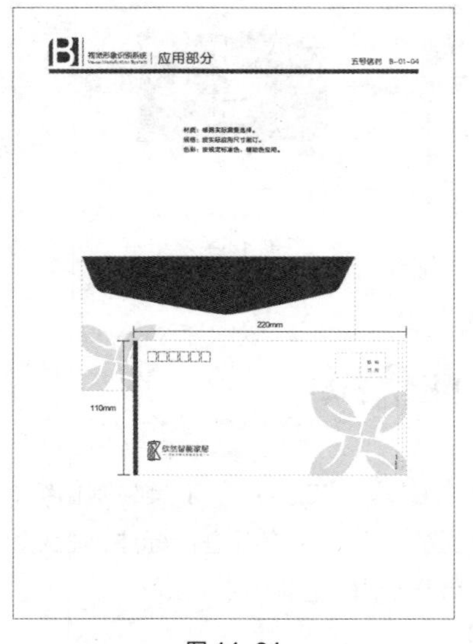

图 14-64

课后习题 2　制作纸杯

习题知识要点　使用“贝塞尔”工具、“导入”命令、“置于图文框内部”命令制作纸杯花纹；使用“3 点矩形”工具绘制纸杯粘接处；使用“矩形”工具、“圆角半径”选项、“转换为曲线”按钮、“形状”工具制作纸杯立体效果。纸杯效果如图 14-65 所示。

效果所在位置　云盘\Ch14\效果\制作纸杯.cdr。

图 14-65

课后习题 3　制作员工胸卡

习题知识要点　使用“矩形”工具、“贝塞尔”工具、“圆角半径”选项、“再制”命令、“渐变填充”按钮、“椭圆形”工具、“移除前面对象”按钮和“合并”按钮绘制员工胸卡；使用“文本”工具、“文本”泊坞窗添加胸卡信息。员工胸卡效果如图 14-66 所示。

效果所在位置　云盘\Ch14\效果\制作欣然智能家居 VI 应用部分.cdr。

图 14-66

扩展知识扫码阅读

设计基础

- 认识形体
- 透视原理
- 认识设计
- 认识构成
- 形式美法则
- 点线面
- 基本型与骨骼
- 认识色彩
- 认识图案
- 图形创意
- 版式设计
- 字体设计

>>>

设计应用

- 创意绘画
- 图标设计
- 装饰设计
- VI设计
- UI设计
- UI动效设计
- 标志设计
- 包装设计
- 广告设计
- 文创设计
- 网页设计
- H5页面设计
- 电商设计
- MG动画设计
- 网店美工设计
- 新媒体美工设计